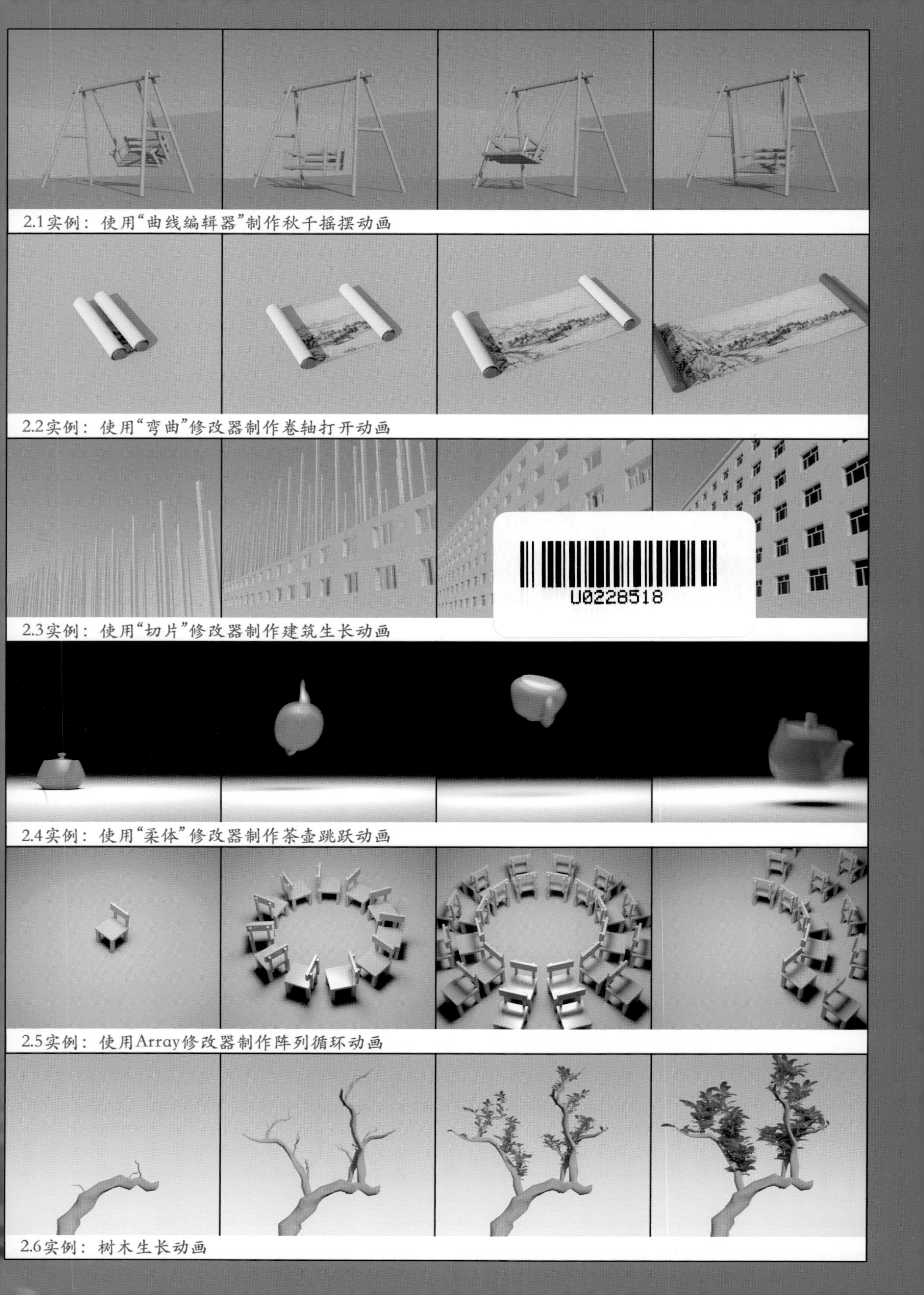

2.1实例：使用“曲线编辑器”制作秋千摇摆动画

2.2实例：使用“弯曲”修改器制作卷轴打开动画

2.3实例：使用“切片”修改器制作建筑生长动画

2.4实例：使用“柔体”修改器制作茶壶跳跃动画

2.5实例：使用Array修改器制作阵列循环动画

2.6实例：树木生长动画

3.1实例：使用“渐变坡度”贴图制作文字消失动画

3.2实例：使用“混合”材质制作材质转换动画

3.3实例：水下焦散动画

3.4实例：蜡烛火苗动画

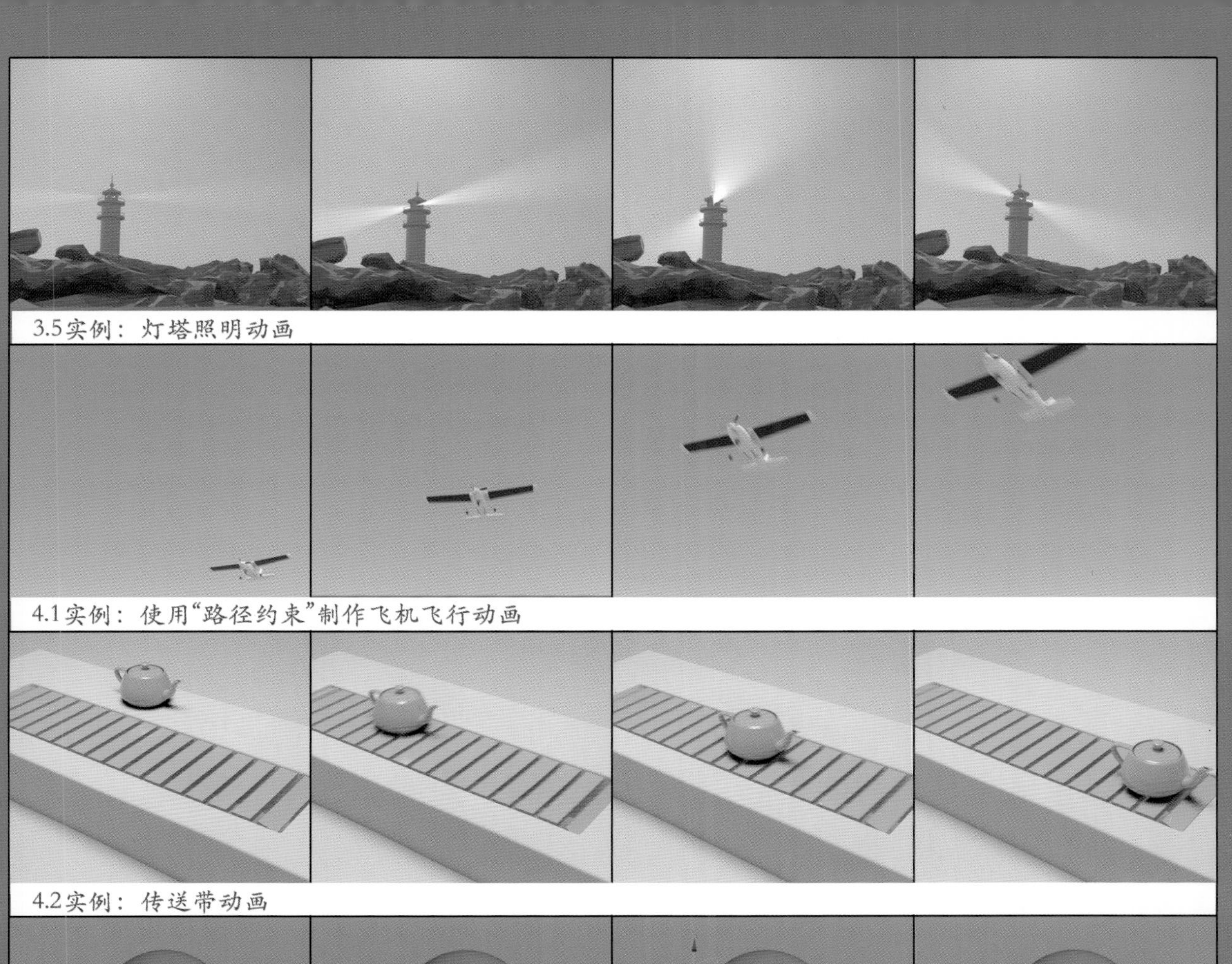

3.5实例：灯塔照明动画

4.1实例：使用“路径约束”制作飞机飞行动画

4.2实例：传送带动画

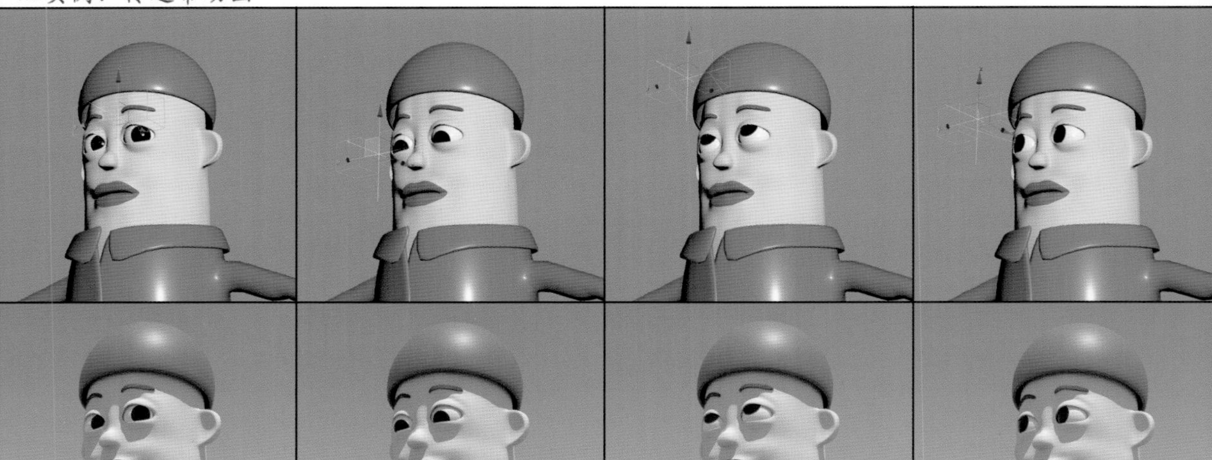

4.3实例：使用“注视约束”制作眼球注视动画

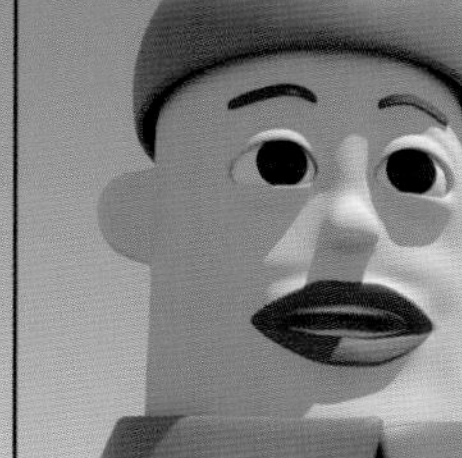

4.4实例：口型表情动画

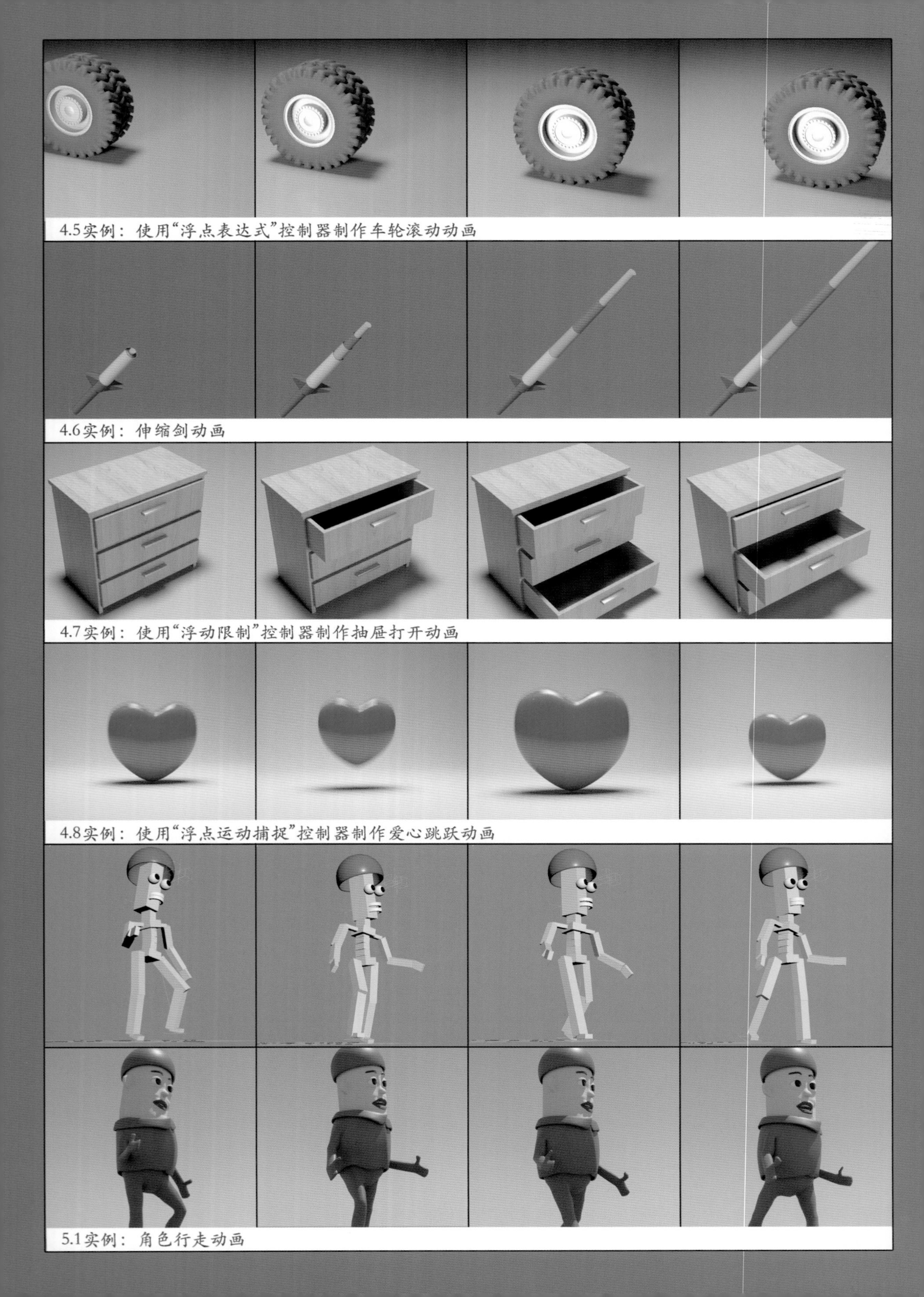
4.5实例：使用“浮点表达式”控制器制作车轮滚动动画

4.6实例：伸缩剑动画

4.7实例：使用“浮动限制”控制器制作抽屉打开动画

4.8实例：使用“浮点运动捕捉”控制器制作爱心跳跃动画

5.1实例：角色行走动画

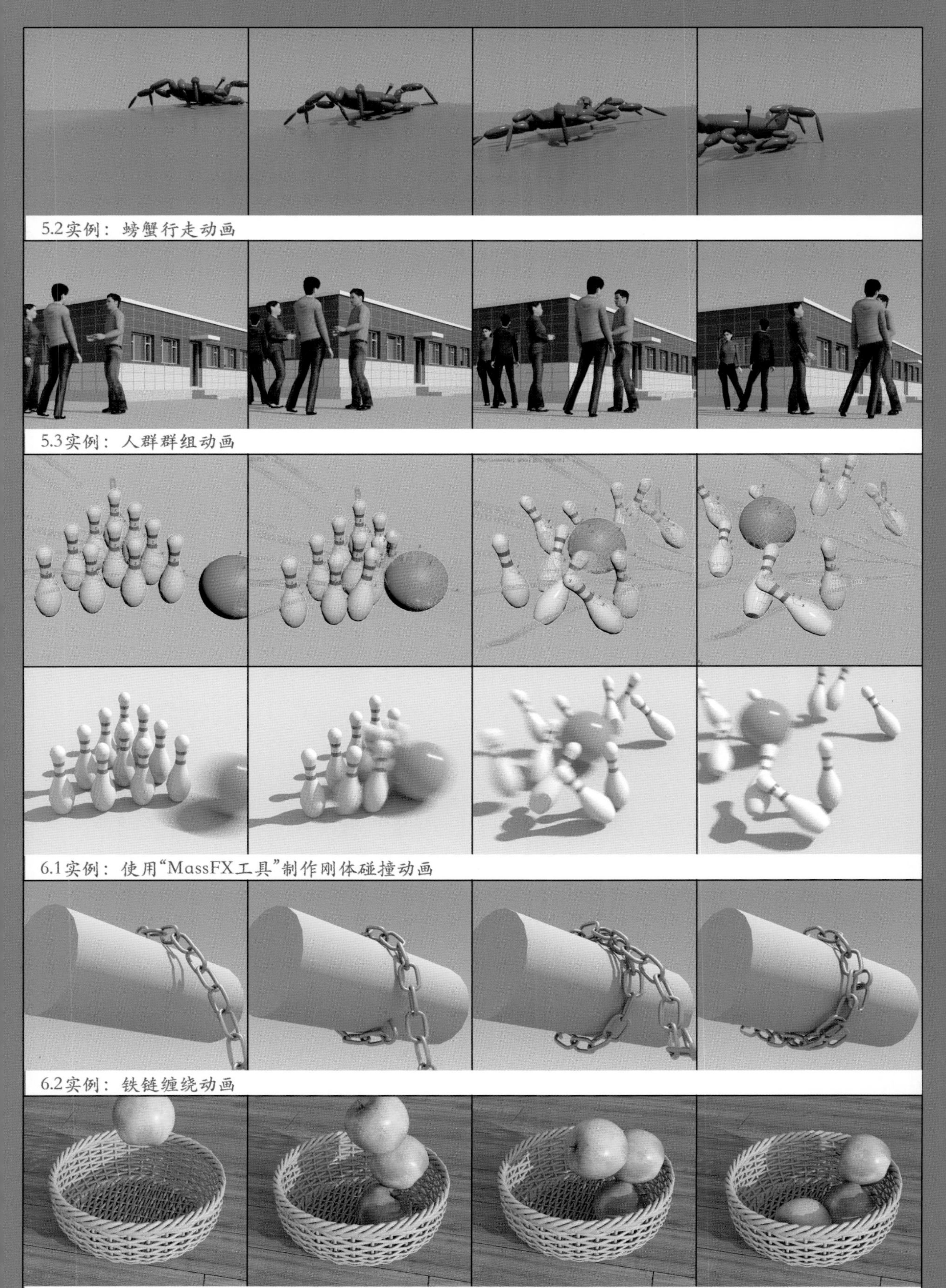

5.2实例：螃蟹行走动画

5.3实例：人群群组动画

6.1实例：使用“MassFX工具”制作刚体碰撞动画

6.2实例：铁链缠绕动画

6.3实例：使用“MassFX工具”制作自由落体动画

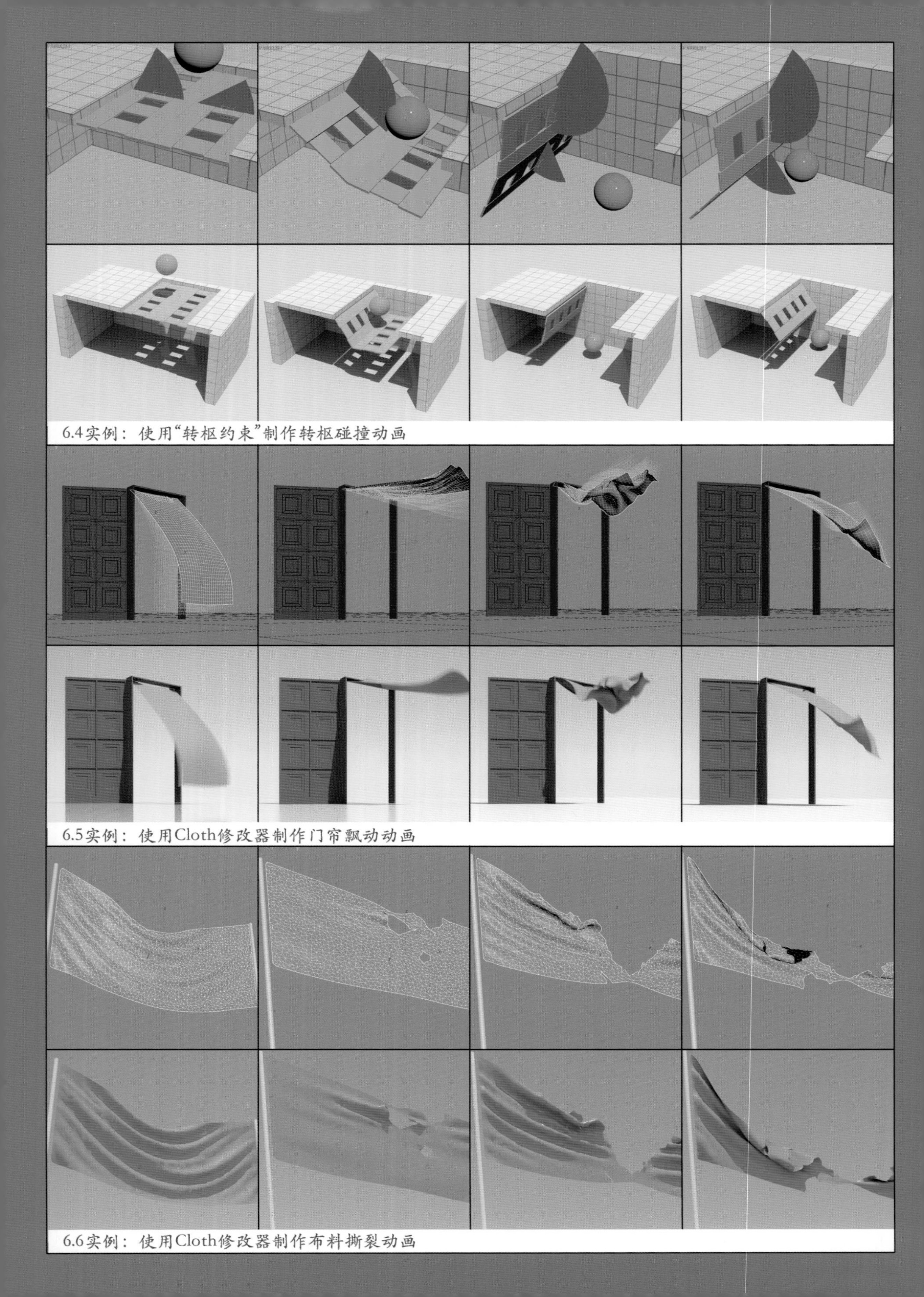

6.4实例：使用“转枢约束”制作转枢碰撞动画

6.5实例：使用Cloth修改器制作门帘飘动动画

6.6实例：使用Cloth修改器制作布料撕裂动画

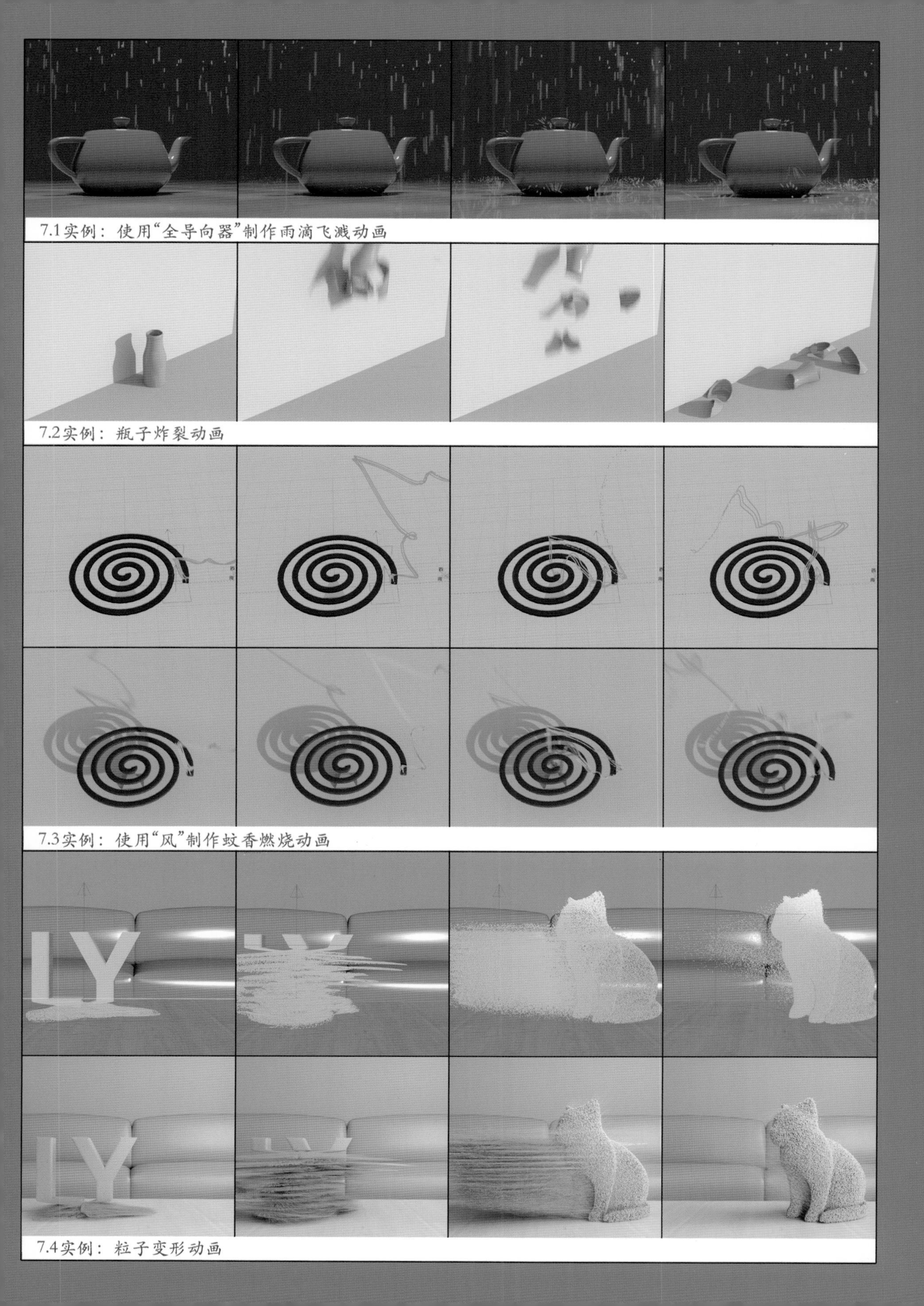
7.1实例：使用“全导向器”制作雨滴飞溅动画

7.2实例：瓶子炸裂动画

7.3实例：使用“风”制作蚊香燃烧动画

7.4实例：粒子变形动画

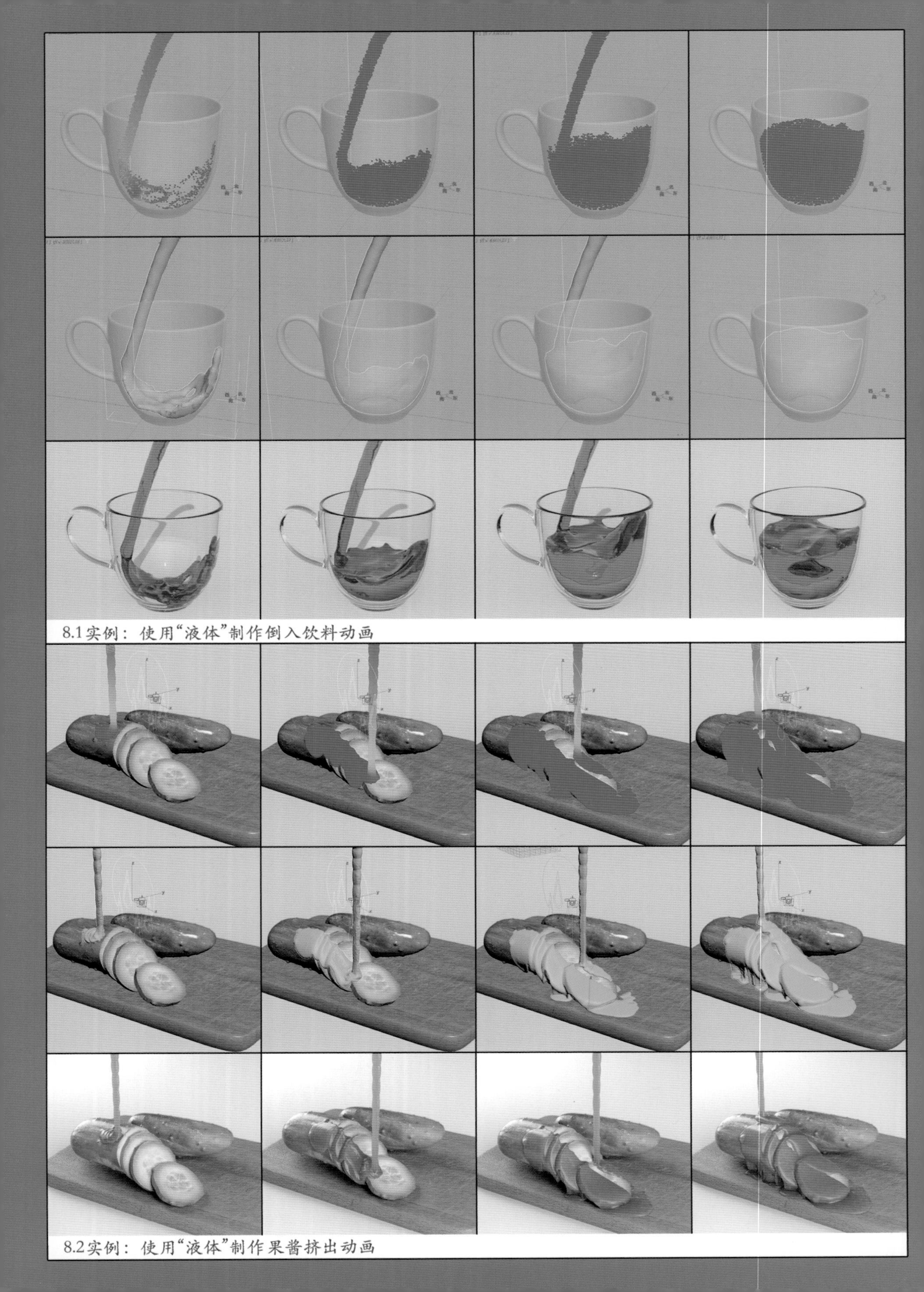

8.1实例：使用“液体”制作倒入饮料动画

8.2实例：使用“液体”制作果酱挤出动画

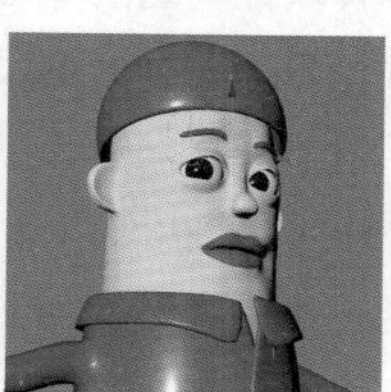

突破平面

平面设计与制作

3ds Max 三维动画特效剖析

来阳 / 编著

清華大學出版社
北京

内 容 简 介

本书定位于 3ds Max 的动画及特效制作领域，通过大量实例全面系统地讲解该软件的动画及特效制作技巧。全书共 8 章，第 1 章讲解软件动画的基础知识，第 2~8 章通过分门别类的方式，详细讲解关键帧动画、材质光影动画、控制器动画、角色动画、动力学动画、粒子动画和液体动画。

本书内容丰富、结构清晰、章节独立，读者可以直接阅读自己感兴趣的章节进行学习。本书提供的素材包括所有案例的工程文件、贴图文件及作者本人录制的教学视频文件。

本书注重联系实际工作应用，非常适合作为高校和培训机构相关专业的课程培训教材，也可以作为三维动画自学人员的参考用书。另外，本书所有内容均采用中文版 3ds Max 2024 软件进行编写，请读者注意。

图书在版编目（CIP）数据

突破平面 3ds Max 三维动画特效剖析 / 来阳编著 . —北京：清华大学出版社，2024.2
（平面设计与制作）
ISBN 978-7-302-65587-9

Ⅰ . ①突… Ⅱ . ①来… Ⅲ . ①三维动画软件 Ⅳ . ① TP391.414

中国国家版本馆 CIP 数据核字 (2024) 第 042490 号

责任编辑：陈绿春
封面设计：潘国文
责任校对：胡伟民
责任印制：宋　林

出版发行：清华大学出版社
网　　址：https://www.tup.com.cn，https://www.wqxuetang.com
地　　址：北京清华大学学研大厦 A 座　　　邮　　编：100084
社 总 机：010-83470000　　　邮　　购：010-62786544
投稿与读者服务：010-62776969，c-service@tup.tsinghua.edu.cn
质 量 反 馈：010-62772015，zhiliang@tup.tsinghua.edu.cn
印 装 者：北京嘉实印刷有限公司
经　　销：全国新华书店
开　　本：188mm×260mm　　印　张：11.25　　插　页：4　　字　数：370 千字
版　　次：2024 年 4 月第 1 版　　印　次：2024 年 4 月第 1 次印刷
定　　价：79.00 元

产品编号：103223-01

本书以目前最为流行的三维动画制作软件3ds Max为基础，以实际工作中较为常见的动画案例来详细讲解该软件的动画及特效制作技术，使读者能够快速根据书中案例查询到能够解决自己动画制作中所遇到问题的解决方案。

本书适合对3ds Max软件有一定操作基础，并希望使用其来进行三维动画及特效制作的从业人员进行阅读与学习，也适合高校动画相关专业的学生学习参考。相比市面上的同类图书，本书具有以下特点。

（1）操作规范。本书严格按照实际工作中三维动画的制作流程进行分析和讲解。

（2）实用性强。本书中的大多数案例均选自笔者从业多年所接触的工作项目，在案例的选择上非常注重实例的实用性及典型性，力求用最少的篇幅让读者获得更多的动画制作知识。

（3）微课教学。本书所有案例均配有教学视频，方便读者学习操作。

（4）性价比高。本书共8章，共计52个动画实例，全方位地向读者展示3ds Max动画及特效案例的制作过程，物超所值。

本书的配套素材和视频教学文件请扫描下面的二维码进行下载，如果在下载过程中碰到问题，请联系陈老师，邮箱：chenlch@tup.tsinghua.edu.cn。

由于作者水平有限，书中疏漏之处在所难免。如果有任何技术问题请扫描下面的二维码联系相关技术人员解决。

在本书的出版过程中，清华大学出版社的编辑老师为本书的出版做了很多工作，在此表示诚挚的谢意。

配套素材

视频教学

技术支持

来阳

2024年3月

目录

Contents

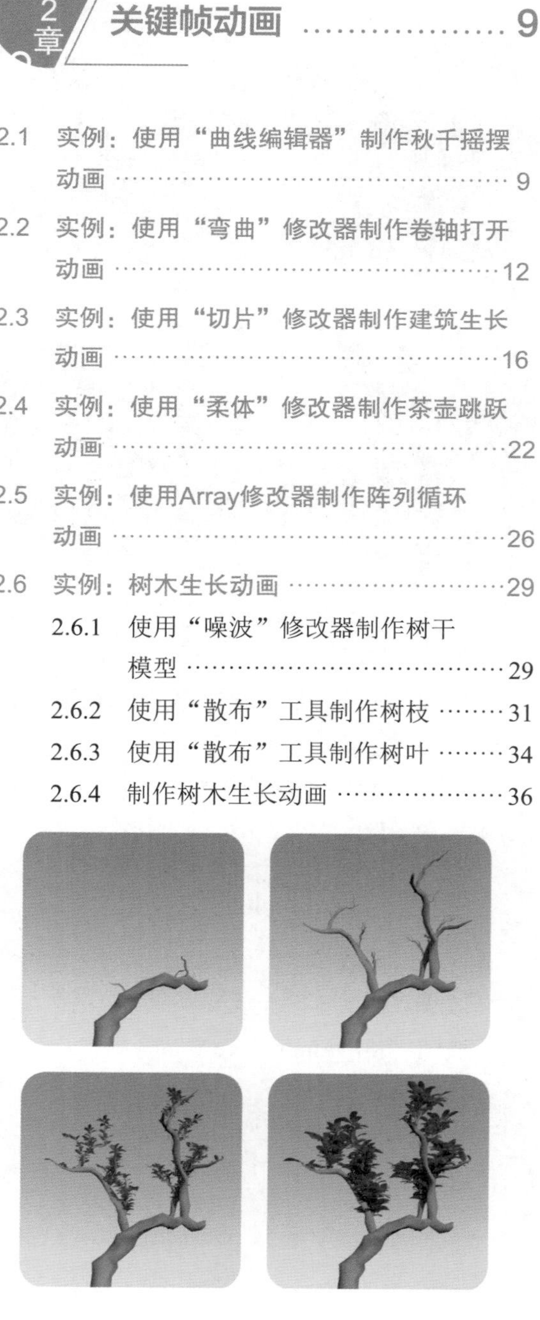

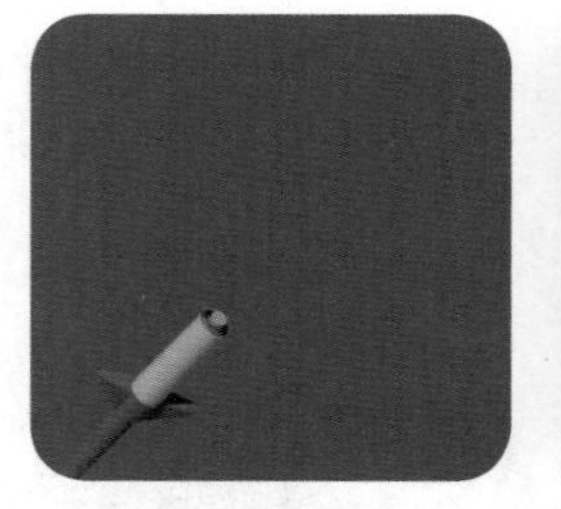
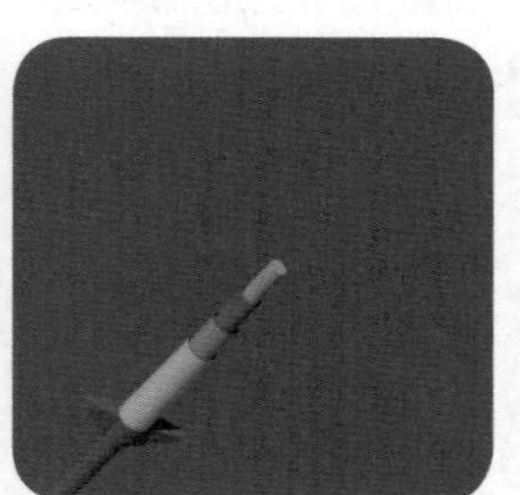
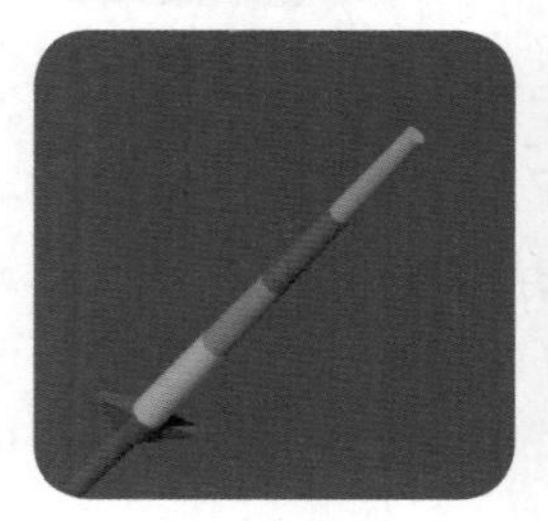
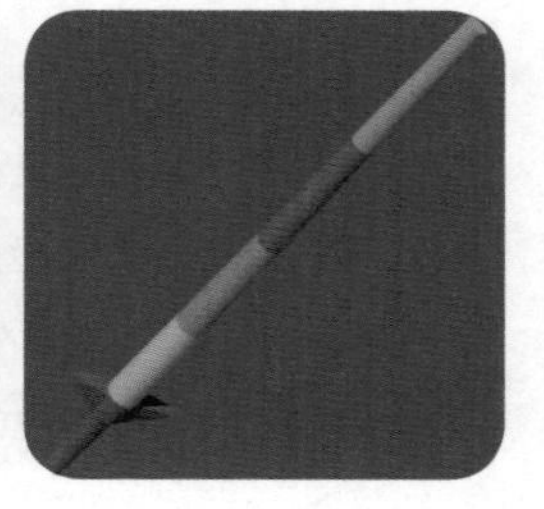

第5章 角色动画 ………………… 97

第6章 动力学动画 ……………117

第7章 粒子动画 ………………141

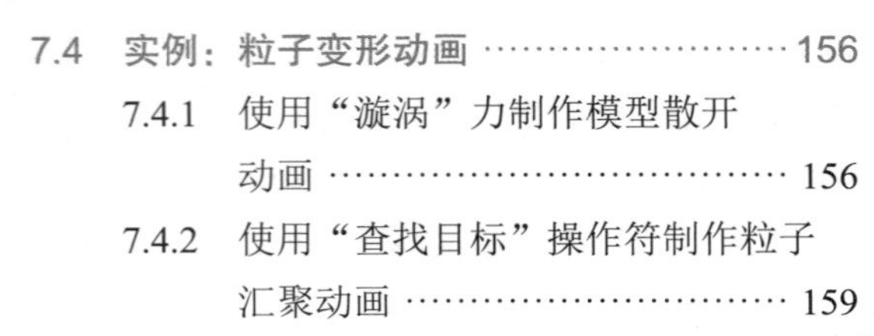

第
8
章

第1章 3ds Max动画基础知识

1.1 动画概述

动画是一门集合了漫画、电影、数字媒体等多种艺术形式的综合艺术，也是一门年轻的学科。经过100多年的历史发展，动画已经形成了较为完善的理论体系和多元化产业，其独特的艺术魅力深受人们的喜爱。在本书中，动画仅狭义地理解为使用3ds Max软件来设置对象的形变及运动过程记录。迪士尼公司早在20世纪30年代就提出了著名的“动画12原理”，这些传统动画的基本原理不但适用于定格动画、黏土动画、二维动画，也同样适用于三维电脑动画。使用3ds Max软件创作的虚拟元素与现实中的对象合成在一起，可以带给观众超强的视觉感受和真实体验。读者在学习本章内容之前，建议阅读一下相关书籍并掌握一定的动画基础理论，这样非常有助于我们能够制作出更加令人信服的动画效果。尽管在当下的数字时代，我们已经开始习惯使用计算机来制作电脑动画，但是制作动画的基础原理及表现方式仍然继续沿用着动画先驱者们为我们所总结出来的经验，并在此基础上不断完善、更新及应用。图1-1所示为中文版3ds Max 2024的软件启动界面。

图 1-1

1.2 计算机动画应用领域

计算机图形技术始于20世纪50年代早期，最初主要应用于军事作战、计算机辅助设计与制造等专业领域，而非现在的艺术设计专业。在20世纪90年代后期，计算机技术应用技术开始变得成熟，随着计算机价格的下降，使得图形图像技术开始被越来越多的视觉艺术专业人员所关注、学习。随着数字时代的发展和各学科之间的交叉融合，计算机动画的应用领域不断扩大，除了在我们所熟知的动画片制作领域，我们还可以在影视动画、游戏展示、产品设计、建筑表现等各行各业中看到计算机动画的身影。图1-2~图1-5所示分别为使用三维软件所制作的动画影像效果。

图 1-2

图 1-3

图 1-4

图 1-5

1.3 动画基础知识

1.3.1 关键帧基本知识

关键帧动画是中文版3ds Max 2024软件动画技术中最常用的，也是最基础的动画设置技术。说简单些，就是在物体动画的关键时间点上来进行设置数据记录，3ds Max则根据这些关键点上的数据设置来完成中间时间段内的动画计算，这样一段流畅的三维动画就制作完成了。在软件界面的右下方找到“自动”按钮并单击，软件即可开始记录用户对当前场景所做的改变，如图1-6所示。

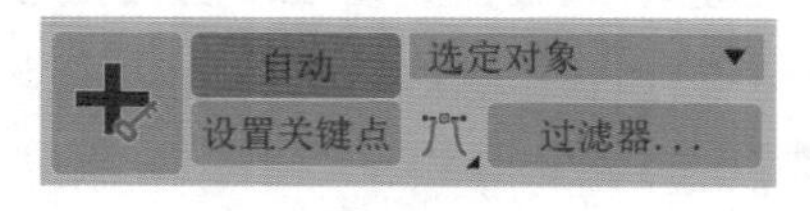

图 1-6

1.3.2 时间配置

“时间配置”对话框提供了帧速率、时间显示、播放和动画的设置，用户可以使用此对话框更改动画的长度或者拉伸或重缩放，还可以设置活动时间段和动画的开始帧和结束帧。单击“时间配置”按钮，即可打开该对话框，如图1-7所示。

“时间配置”对话框中的参数设置如图1-8所示。

图 1-7

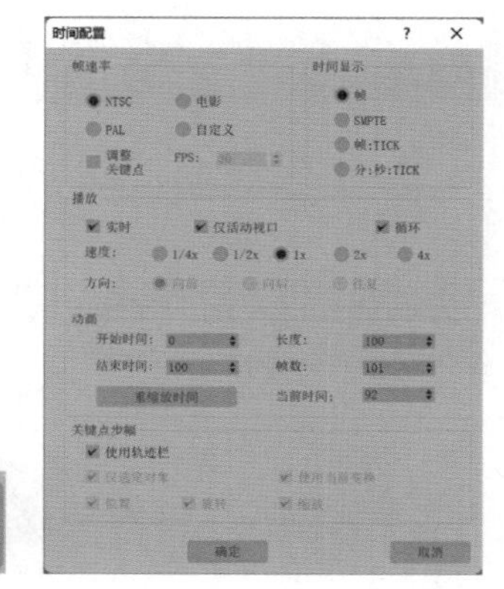

图 1-8

■ 工具解析

“帧速率”组

- ✧ NTSC/电影/PAL/自定义：是3ds Max提供给用户选择的4个不同的帧速率选项，用户可以选择其中一个用来作为当前场景的帧速率渲染标准。
- ✧ 调整关键点：勾选该选项将关键点缩放到全部帧，迫使量化。
- ✧ FPS：当用户选择了不同的帧速率选项，这里可以显示当前场景文件采用每秒多少帧数来设置动画的帧速率。例如欧美国家的视频使用 30 fps 的帧速率，电影使用 24 fps 的帧速率，而 Web 和媒体动画则使用更低的帧速率。

“时间显示”组

- ✧ 帧/SMPTE/帧：TICK/分：秒：TICK：用来设置场景文件以何种方式来显示场景的动画时间，默认状态下为“帧”显示，如图1-9所示。当该选项设置为SMPET选项时，场景时间显示状态如图1-10所示。当该选项设置为“帧：TICK”选项时，场景时间显示状态如图1-11所示。当该选项设置为“分：秒：TICK”选项时，场景时间显示状态如图1-12所示。

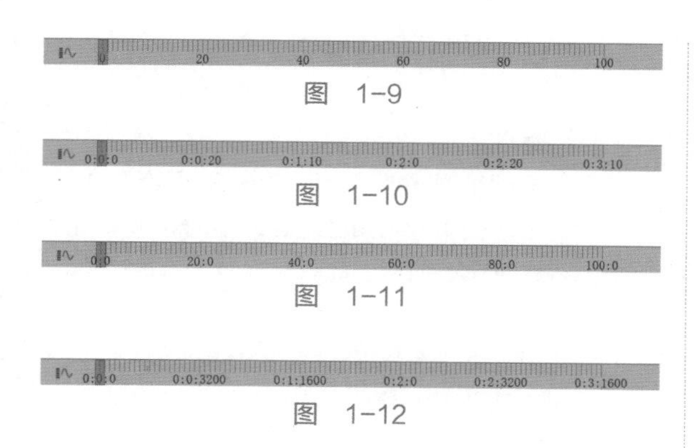

图　1-9

图　1-10

图　1-11

图　1-12

“播放”组

✧ 实时：可使视口播放跳过帧，与当前“帧速率”设置保持一致。
✧ 仅活动视口：可以使播放只在活动视口中进行。禁用该选项后，所有视口都将显示动画。
✧ 循环：控制动画只播放一次，还是反复播放。启用后，播放将反复进行。
✧ 速度：可以选择五个播放速度，如1x 是正常速度，1/2x 是半速等。速度设置只影响在视口中的播放。默认设置为 1x。
✧ 方向：将动画设置为向前播放、反转播放或往复播放。

“动画”组

✧ 开始时间/结束时间：设置在时间滑块中显示的活动时间段。
✧ 长度：显示活动时间段的帧数。
✧ 帧数：设置渲染的帧数。
✧ “重缩放时间”按钮  重缩放时间 ：单击以打开“重缩放时间”对话框，如图1-13所示。

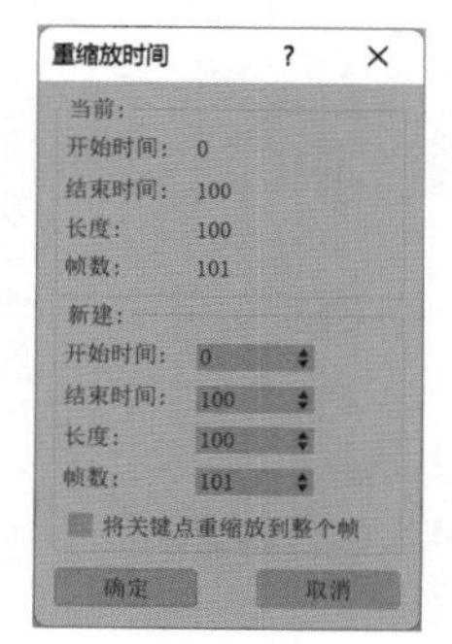

图　1-13

✧ 当前时间：指定时间滑块的当前帧。

“关键点步幅”组

✧ 使用轨迹栏：使关键点模式能够遵循轨迹栏中的所有关键点。
✧ 仅选定对象：在使用“关键点步幅”模式时只考虑选定对象的变换。
✧ 使用当前变换：禁用“位置”“旋转”和“缩放”，并在“关键点模式”中使用当前变换。
✧ 位置/旋转/缩放：指定“关键点模式”所使用的变换类型。

1.4　轨迹视图-曲线编辑器

“轨迹视图”提供了两种基于图形的不同编辑器，分别是“曲线编辑器”和“摄影表”。其主要功能为查看及修改场景中的动画数据，另外，用户也可以在此为场景中的对象重新指定动画控制器，以便插补或控制场景中对象的关键帧及参数。

在3ds Max 2024软件界面的主工具栏上单击“曲线编辑器”按钮，如图1-14所示，即可打开“轨迹视图-曲线编辑器”面板，如图1-15所示。

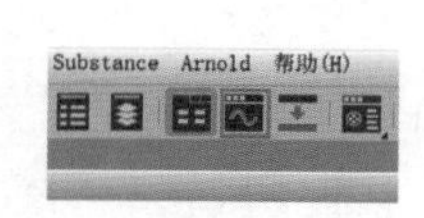

图　1-14

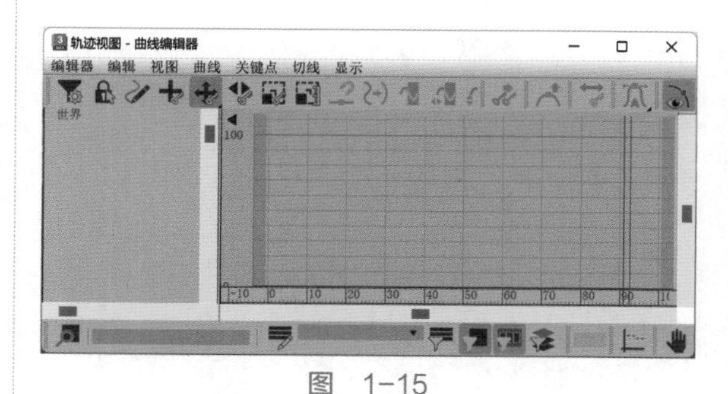

图　1-15

在“轨迹视图-曲线编辑器”面板中，执行菜单栏“编辑器”|“摄影表”命令，即可将“轨迹视图-曲线编辑器”面板切换为“轨迹视图-摄影表”面板，如图1-16所示。

另外，轨迹视图的这两种编辑器还可以通过在视图中右击，在弹出的快捷菜单中找到相应的命令来打开，如图1-17所示。

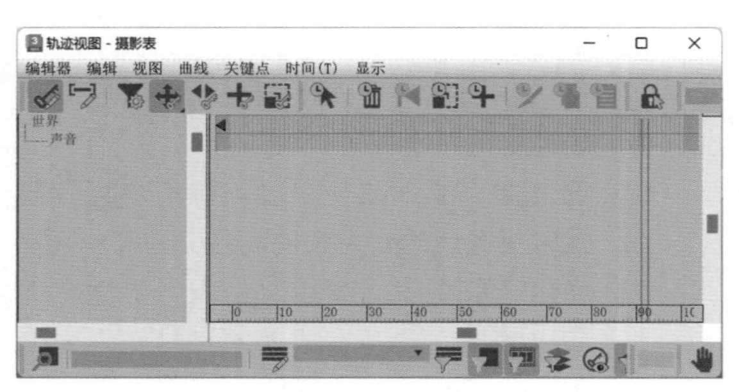

图 1-16

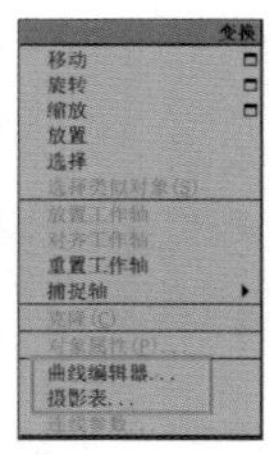

图 1-17

1.4.1 “新关键点”工具栏

“轨迹视图-曲线编辑器”面板中的第一个工具栏就是“新关键点”工具栏，其中包含的命令图标如图1-18所示。

图 1-18

■ 工具解析

- ✧ 过滤器：使用“过滤器”可以确定在“轨迹视图”中显示哪些场景组件。单击该按钮可以打开“过滤器”对话框，如图1-19所示。

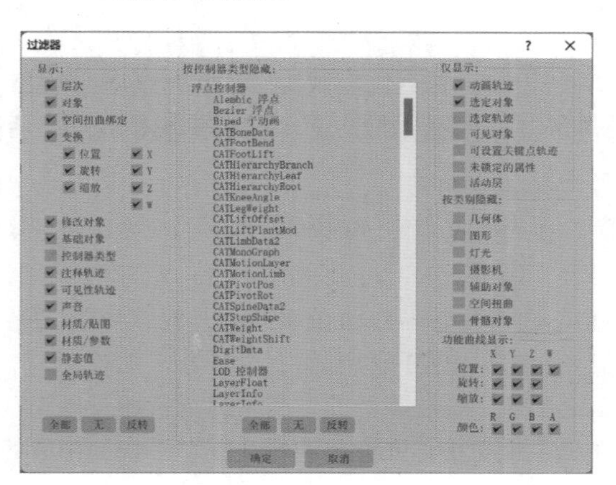

图 1-19

- ✧ 锁定当前选择：锁定用户选定的关键点，这样就不能无意中选择其他关键点。
- ✧ 绘制曲线：可使用该选项绘制新曲线，或直接在函数曲线图上绘制草图来修改已有曲线。
- ✧ 添加/移除关键点：在现有曲线上创建关键点。按住 Shift 键可移除关键点。
- ✧ 移动关键点：在关键点窗口中水平和垂直、仅水平或仅垂直移动关键点。
- ✧ 滑动关键点：在“曲线编辑器”中使用“滑动关键点”可移动一个或多个关键点，并在用户移动时滑动相邻的关键点。
- ✧ 缩放关键点：可使用“缩放关键点”压缩或扩展两个关键帧之间的时间量。
- ✧ 缩放值：按比例增加或减少关键点的值，而不是在时间上移动关键点。
- ✧ 捕捉缩放：将缩放原点移动到第一个选定关键点。
- ✧ 简化曲线：单击该按钮可以弹出“简化曲线”对话框，在此设置“阈值”来减少轨迹中的关键点数量，如图1-20所示。

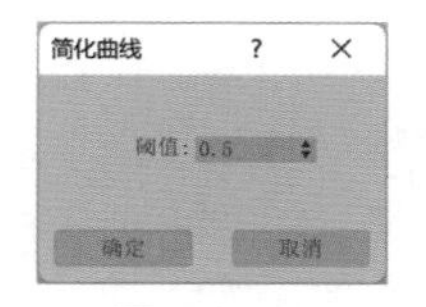

图 1-20

- ✧ 参数曲线超出范围类型：单击该按钮可以弹出“参数曲线超出范围类型”对话框，用于指定动画对象在用户定义的关键点范围之外的行为方式。对话框中共包括“恒定”“周期”“循环”“往复”“线性”和“相对重复”6个选项，如图1-21所示。其中，“恒定”曲线类型结果如图1-22所示，“周期”曲线类型结果如图1-23所示，“循环”曲线类型结果如图1-24所示，“往复”曲线类型结果如图1-25所示，“线性”曲线类型结果如图1-26所示，“相对重复”曲线类型结果如图1-27所示。

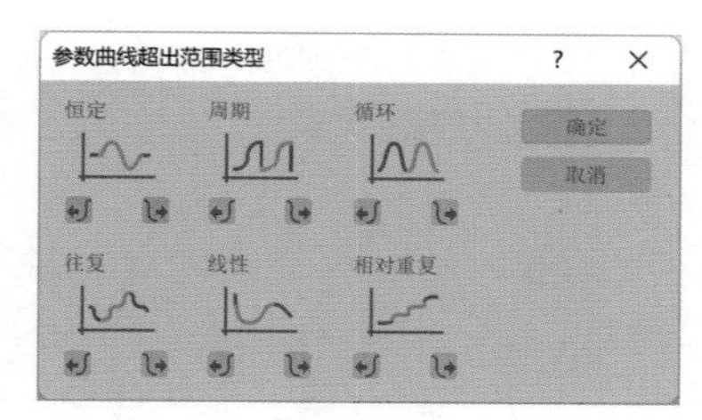

图　1-21

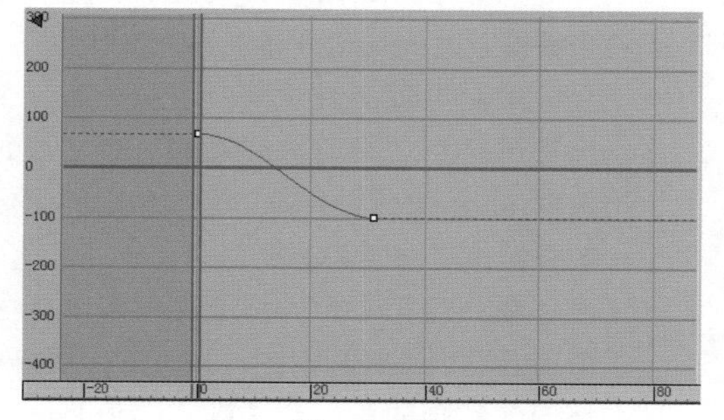

图　1-22

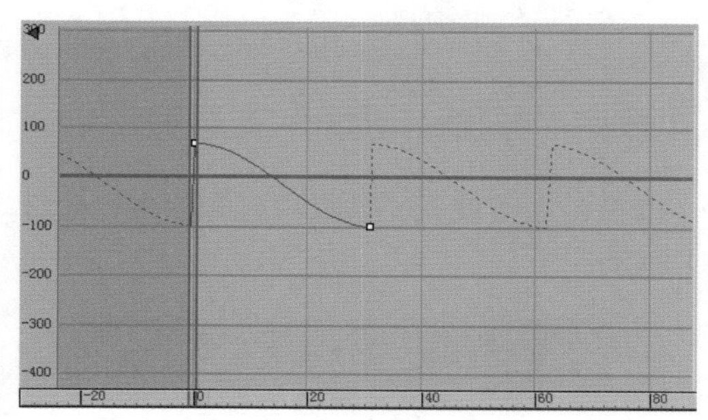

图　1-23

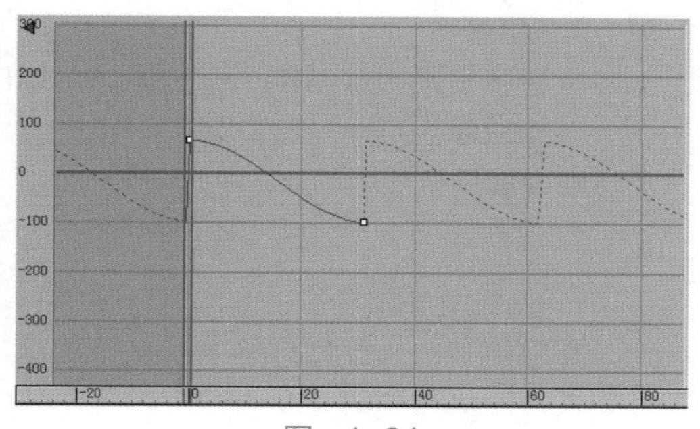

图　1-24

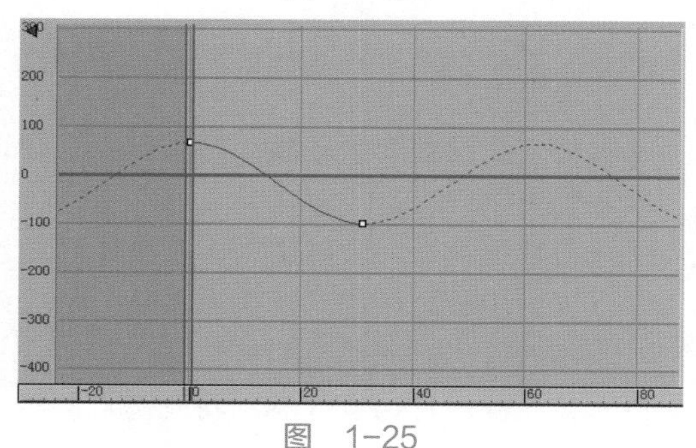

图　1-25

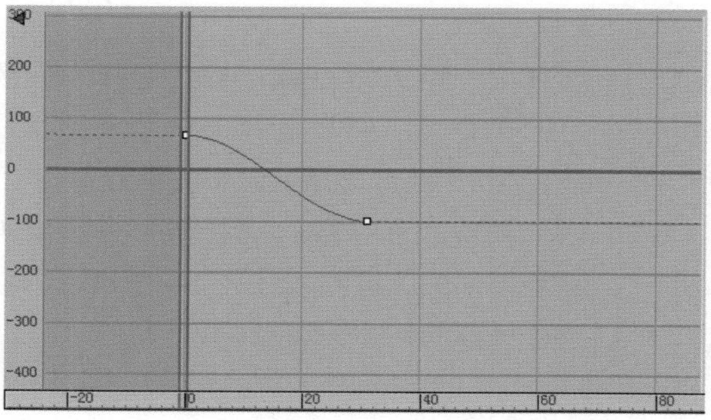

图　1-26

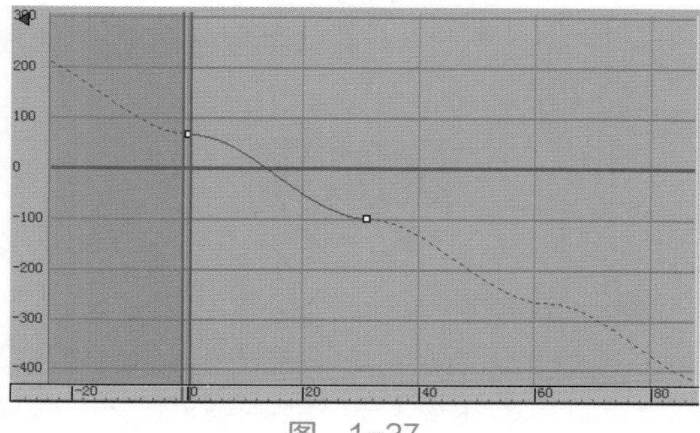

图　1-27

- ✧ 减缓曲线超出范围类型：用于指定减缓曲线在用户定义的关键点范围之外的行为方式。调整减缓曲线会降低效果的强度。
- ✧ 增强曲线超出范围类型：用于指定增强曲线在用户定义的关键点范围之外的行为方式。调整增强曲线会增加效果的强度。
- ✧ 减缓/增强曲线启用/禁用切换：启用/禁用减缓曲线和增强曲线。
- ✧ 区域关键点工具：在矩形区域内移动和缩放关键点。

1.4.2　“关键点选择工具”工具栏

“关键点选择工具”工具栏中包含的命令图标如图1-28所示。

图　1-28

■ 工具解析

✧ 选择下一组关键点：取消选择当前选定的关键点，然后选择下一个关键点。按住Shift键可选择上一个关键点。

✧ 增加关键点选择：选择与一个选定关键点相邻的关键点。按住Shift键可取消选择外部的两个关键点。

1.4.3 “切线工具”工具栏

“切线工具”工具栏中包含的命令图标如图1-29所示。

图 1-29

■ 工具解析

✧ 放长切线：增长选定关键点的切线。如果选中多个关键点，则按住Shift键以仅增长内切线。

✧ 镜像切线：将选定关键点的切线镜像到相邻关键点。

✧ 缩短切线：减短选定关键点的切线。如果选中多个关键点，则按住Shift键以仅减短内切线。

1.4.4 “仅关键点”工具栏

“仅关键点”工具栏中包含的命令图标如图1-30所示。

图 1-30

■ 工具解析

✧ 轻移：将关键点稍微向右移动。按住Shift键可将关键点稍微向左移动。

✧ 展平到平均值：确定选定关键点的平均值，然后将平均值指定给每个关键点。按住Shift键可焊接所有选定关键点的平均值和时间。

✧ 展平：将选定关键点展平到与所选内容中的第一个关键点相同的值。

✧ 缓入到下一个关键点：减少选定关键点与下一个关键点之间的差值。按住Shift键可减少与上一个关键点之间的差值。

✧ 分割：使用两个关键点替换选定关键点。

✧ 均匀隔开关键点：调整间距，使所有关键点按时间在第一个关键点和最后一个关键点之间均匀分布。

✧ 松弛关键点：减缓第一个和最后一个选定关键点之间的关键点的值和切线。按住Shift键可对齐第一个和最后一个选定关键点之间的关键点。

✧ 循环：将第一个关键点的值复制到当前动画范围的最后一帧。按住Shift键可将当前动画的第一个关键点的值复制到最后一个动画。

1.4.5 “关键点切线”工具栏

“关键点切线”工具栏中包含的命令图标如图1-31所示。

图 1-31

■ 工具解析

✧ 将切线设置为自动：按关键点附近的功能曲线的形状进行计算，将高亮显示的关键点设置为自动切线。

✧ 将切线设置为样条线：将高亮显示的关键点设置为样条线切线，它具有关键点控制柄，可以通过在“曲线”窗口中拖动进行编辑。在编辑控制柄时按住Shift键以中断连续性。

✧ 将切线设置为快速：将关键点切线设置为快。

✧ 将切线设置为慢速：将关键点切线设置为慢。

✧ 将切线设置为阶越：将关键点切线设置为步长。使用阶跃来冻结从一个关键点到另一个关键点的移动。

✧ 将切线设置为线性：将关键点切线设置为线性。

✧ 将切线设置为平滑：将关键点切线设置为平滑。用它来处理不能继续进行的移动。

提示

我们在制作动画之前，还可以通过单击“新建关键点的默认入/出切线”按钮来进行设定关键点的切线类型，如图1-32所示。

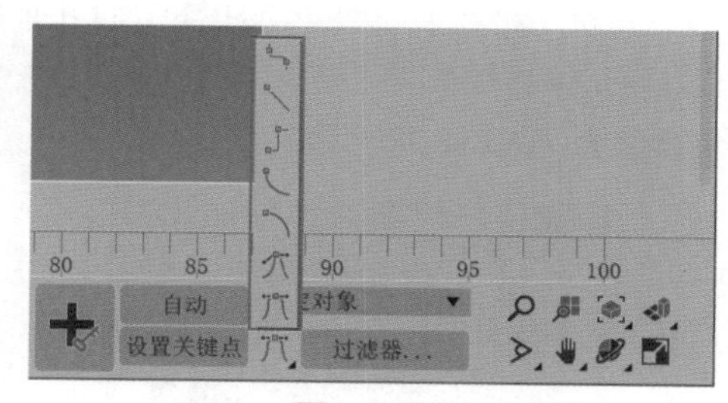

图　1-32

1.4.6　“切线动作”工具栏

“切线动作”工具栏中包含的命令图标如图1-33所示。

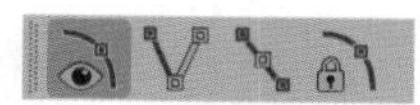

图　1-33

■ 工具解析

✧ 显示切线切换：切换显示或隐藏切线，图1-34和图1-35所示为显示及隐藏切线后的曲线显示结果对比。

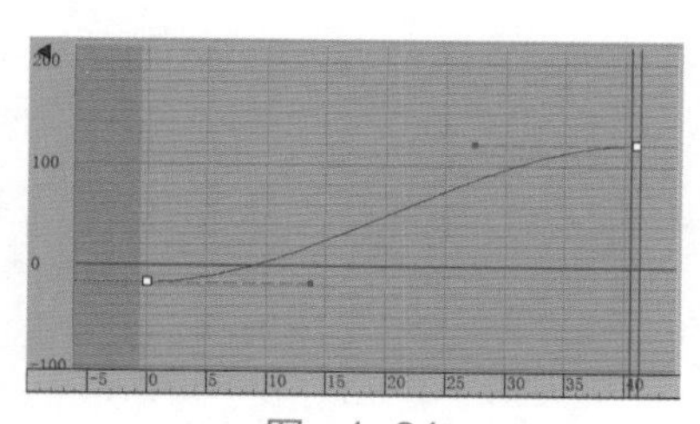

图　1-34

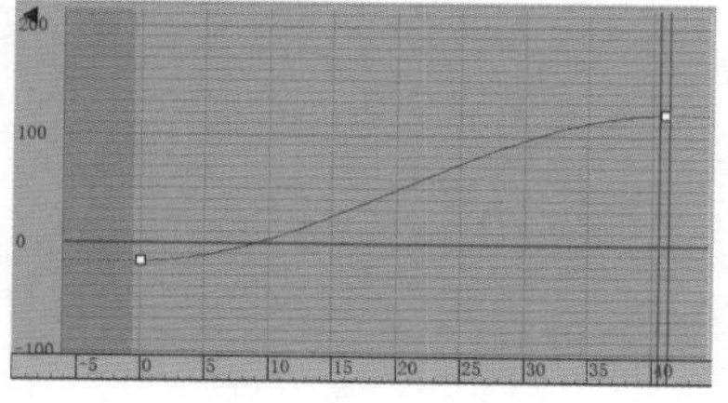

图　1-35

✧ 断开切线：允许将两条切线（控制柄）连接到一个关键点，使其能够独立移动，以便不同的运动能够进出关键点。

✧ 统一切线：如果切线是统一的，按任意方向移动控制柄，从而使控制柄之间保持最小角度。

✧ 锁定切线切换：单击该按钮可以锁定切线。

1.4.7　“缓冲区曲线”工具栏

“缓冲区曲线”工具栏中包含的命令图标如图1-36所示。

图　1-36

■ 工具解析

✧ 使用缓冲区曲线：切换是否在移动曲线/切线时创建原始曲线的重影图像。

✧ 显示/隐藏缓冲区曲线：切换显示或隐藏缓冲区（重影）曲线。

✧ 与缓冲区交换曲线：交换曲线与缓冲区（重影）曲线的位置。

✧ 快照：将缓冲区（重影）曲线重置到曲线的当前位置。

✧ 还原为缓冲区曲线：将曲线重置到缓冲区（重影）曲线的位置。

1.4.8　“轨迹选择”工具栏

“轨迹选择”工具栏中包含的命令图标如图1-37所示。

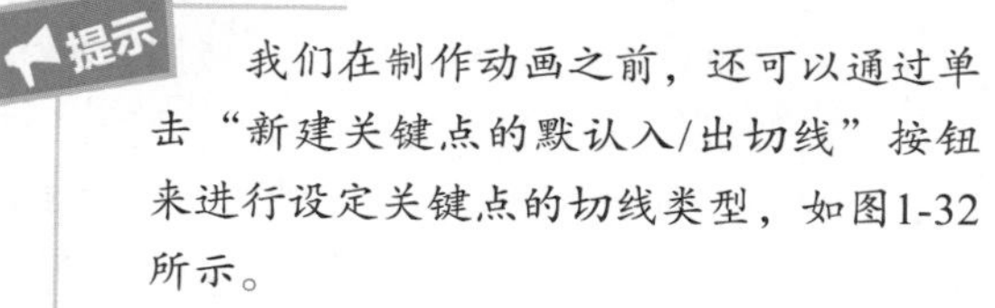

图　1-37

■ 工具解析

✧ 缩放选定对象：将当前选定对象放置在控制器窗口中“层次”列表的顶部。

✧ 按名称选择：通过在可编辑字段中输入轨迹名称，可以高亮显示“控制器”

窗口中的轨迹。

- ✧ 过滤器-选定轨迹切换：启用此选项后，“控制器”窗口仅显示选定轨迹。
- ✧ 过滤器-选定对象切换：启用此选项后，“控制器”窗口仅显示选定对象的轨迹。
- ✧ 过滤器-动画轨迹切换：启用此选项后，“控制器”窗口仅显示带有动画的轨迹。
- ✧ 过滤器-活动层切换：启用此选项后，“控制器”窗口仅显示活动层的轨迹。
- ✧ 过滤器-可设置关键点轨迹切换：启用此选项后，“控制器”窗口仅显示可设置关键点轨迹。
- ✧ 过滤器-可见对象切换：启用此选项后，“控制器”窗口仅显示包含可见对象的轨迹。
- ✧ 过滤器-解除锁定属性切换：启用此选项后，“控制器”窗口仅显示未锁定其属性的轨迹。

1.4.9 “控制器”窗口

“控制器”窗口能显示对象名称和控制器轨迹，还能确定哪些曲线和轨迹可以用来进行显示和编辑。用户可以根据需要使用层次列表右键菜单在控制器窗口中展开和重新排列层次列表项。在轨迹视图“显示”菜单中也可以找到一些导航工具。默认行为是仅显示选定的对象轨迹。使用“手动导航”模式，可以单独折叠或展开轨迹，或者按Alt键并右击，可以显示另一个菜单来折叠和展开轨迹，如图1-38所示。

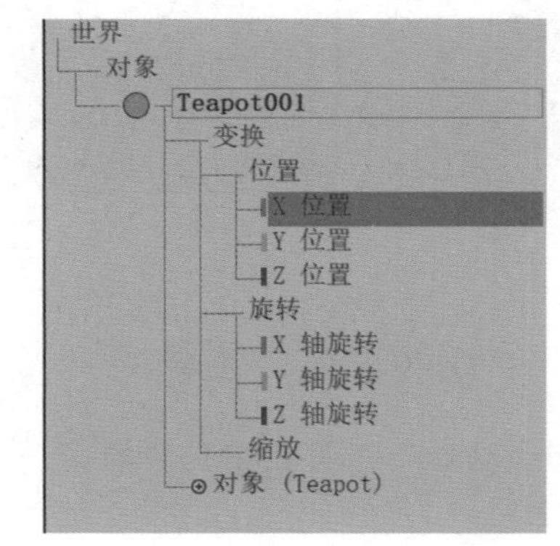

图 1-38

第2章 关键帧动画

中文版3ds Max 2024是欧特克公司出品的旗舰级别动画软件，旨在为广大三维动画师提供功能丰富、强大的动画工具来制作优秀的动画作品。该软件中的大部分参数均可设置关键帧动画，本书从关键帧动画的设置开始讲解，通过制作一些简单的实例来带领读者由浅入深、一步一步地学习该软件动画方面的有关知识。本章先从简单的关键帧动画开始介绍，需要注意的是每一个实例所涉及的动画命令都不一样。

2.1 实例：使用“曲线编辑器”制作秋千摇摆动画

本实例将使用关键帧动画技术为对象的旋转属性设置关键帧动画来制作秋千来回摇摆的动画效果，图2-1所示为本实例的动画完成渲染效果。

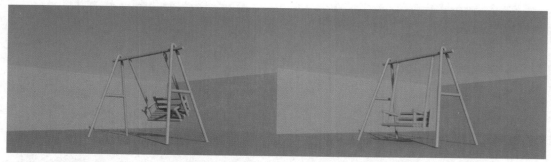

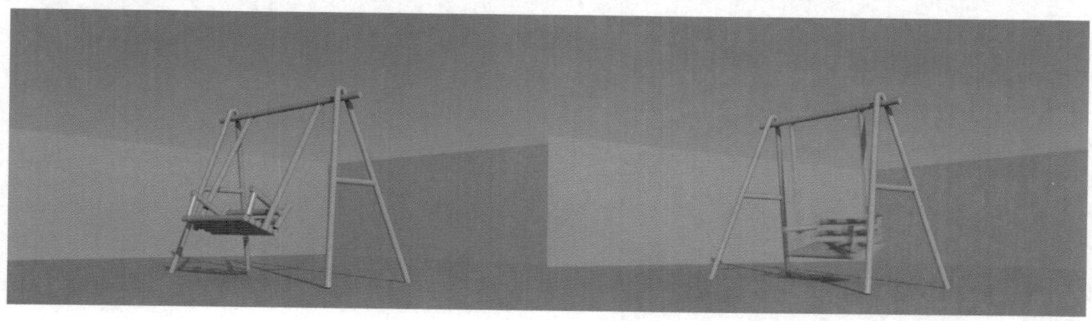

图 2-1

01 启动中文版3ds Max 2024软件，打开配套资源文件“秋千.max”，里面有一个设置好了材质的秋千模型，如图2-2所示。

图 2-2

▶02 选择场景中的椅子模型，我们可以看到其坐标轴位于模型自身的中心位置处，如图2-3所示。

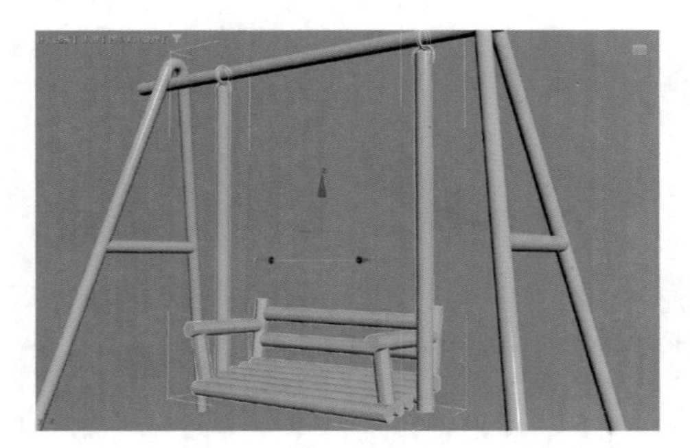

图 2-3

▶03 在“层次”面板中单击“仅影响轴”按钮，使其处于背景色为蓝色的按下状态，如图2-4所示。

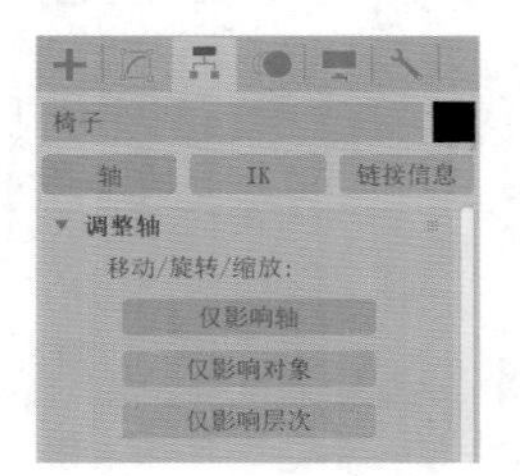

图 2-4

▶04 在“前”视图中调整椅子模型的坐标轴至图2-5所示位置处。

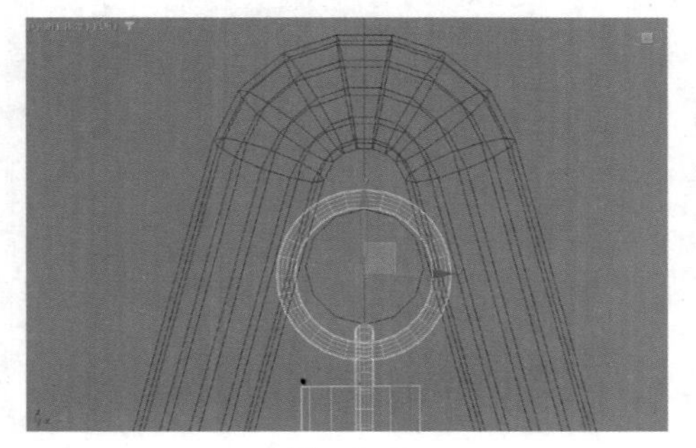

图 2-5

▶05 设置完成后，再次单击“仅影响轴”按钮，使其处于未按下状态，如图2-6所示。

▶06 单击软件界面下方右侧的“自动”按钮，使其处于背景色为红色的按下状态，如图2-7所示。

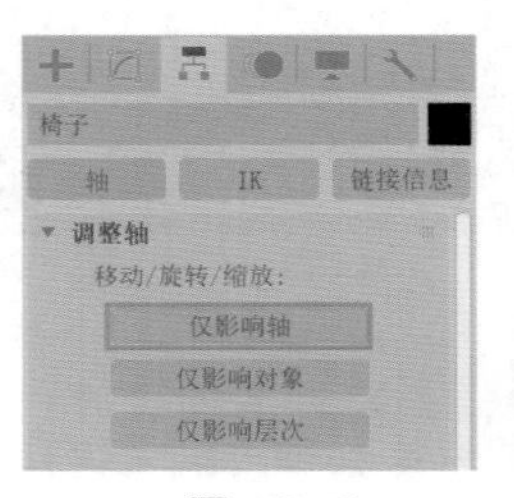

图 2-6

图 2-7

“自动”按钮的快捷键是N。

▶07 在0帧和20帧位置处，分别旋转椅子的角度至图2-8和图2-9所示。动画制作完成后，再次单击“自动”按钮，关闭自动关键点模式。

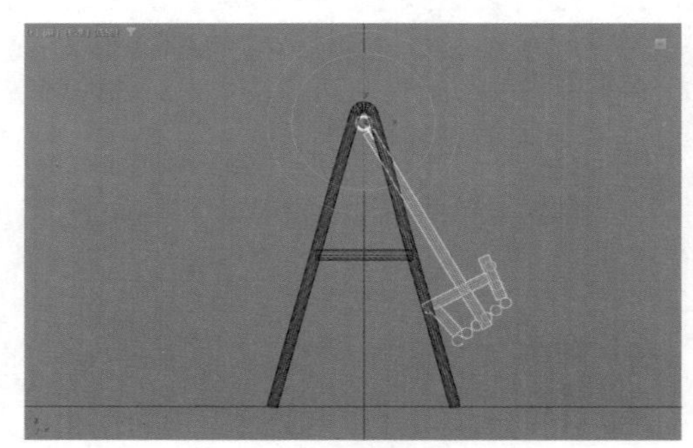

图 2-8

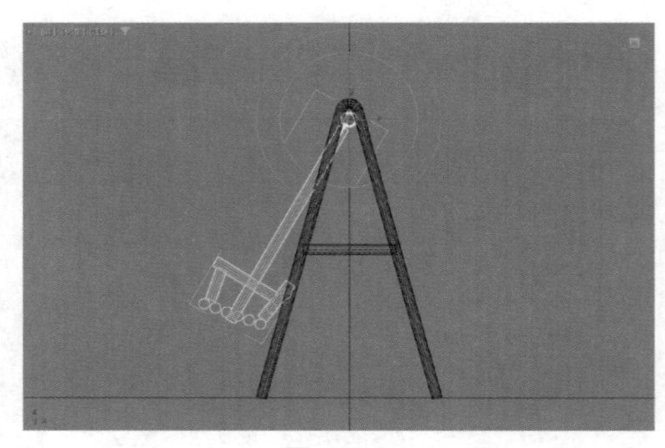

图 2-9

提示

选择木箱子模型，执行菜单栏“视图”|“显示重影”命令，可以看到椅子的动画重影效果，如图2-10所示。

图　2-10

▶08 在“主工具栏”面板中，单击“曲线编辑器”图标，如图2-11所示。

图　2-11

▶09 在弹出的“轨迹视图-曲线编辑器”面板中可以查看椅子的动画曲线效果，如图2-12所示。

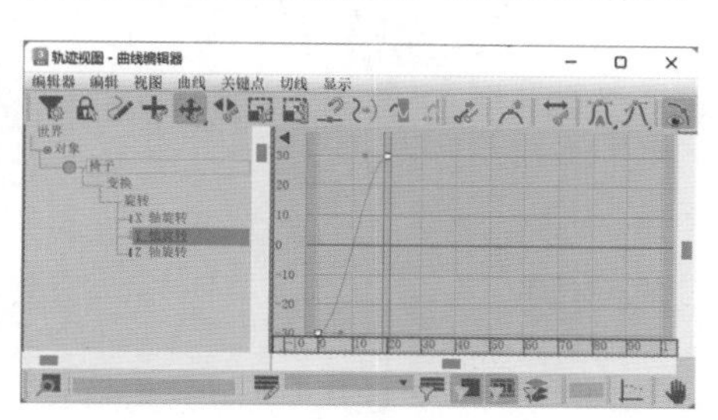

图　2-12

▶10 单击“参数曲线超出范围类型”图标，如图2-13所示。

▶11 在自动弹出的“参数曲线超出范围类型”对话框中，设置曲线类型为“往复”，如图2-14所示。

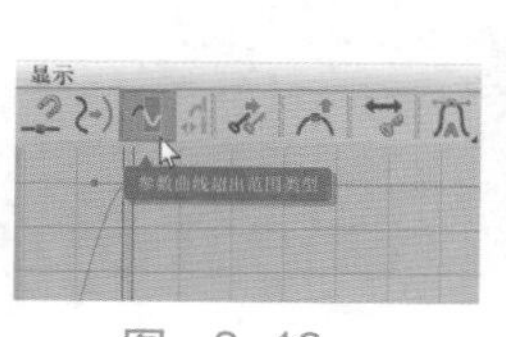

图　2-13

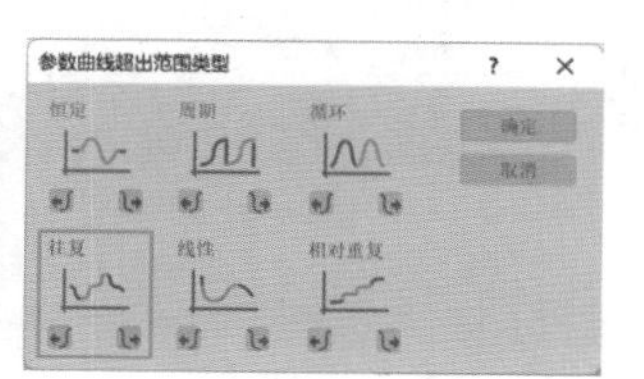

图　2-14

▶12 设置完成后，椅子的动画曲线显示结果如图2-15所示。

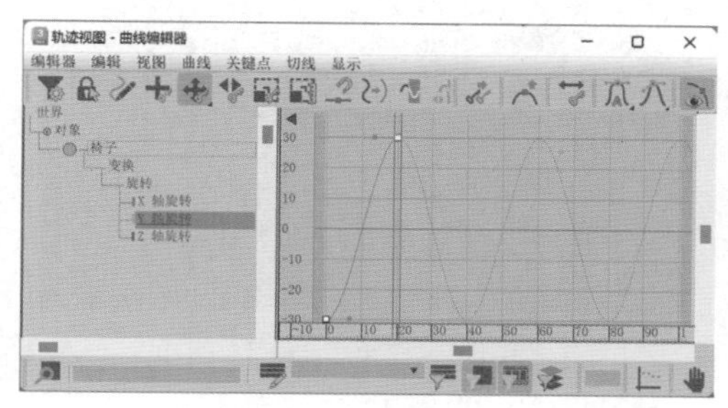

图　2-15

▶13 设置完成后，播放场景动画，即可看到秋千来回摆动的动画效果，如图2-16所示。

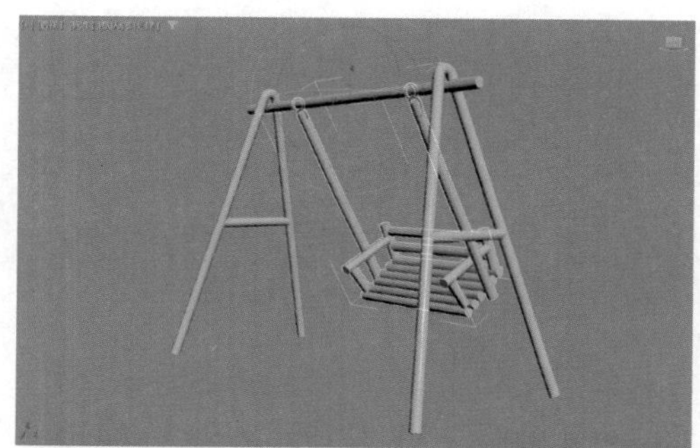

图　2-16

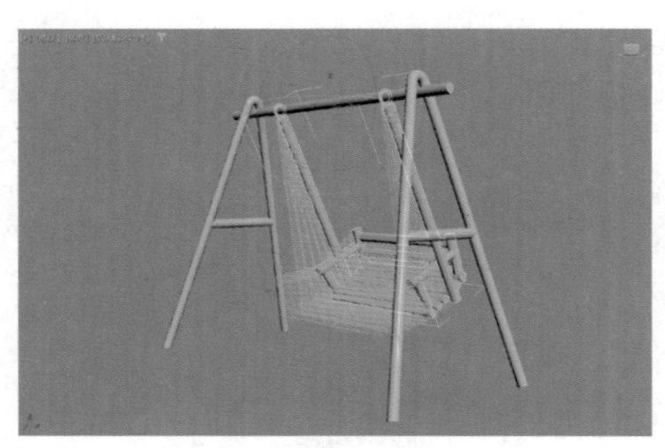

图 2-16（续）

提示

这个动画的制作技巧在于如何在“轨迹视图-曲线编辑器”面板中为动画设置“往复”循环。

2.2 实例：使用“弯曲”修改器制作卷轴打开动画

本实例将使用关键帧动画技术制作一个卷轴打开的动画效果，图2-17所示为本实例的动画完成渲染效果。

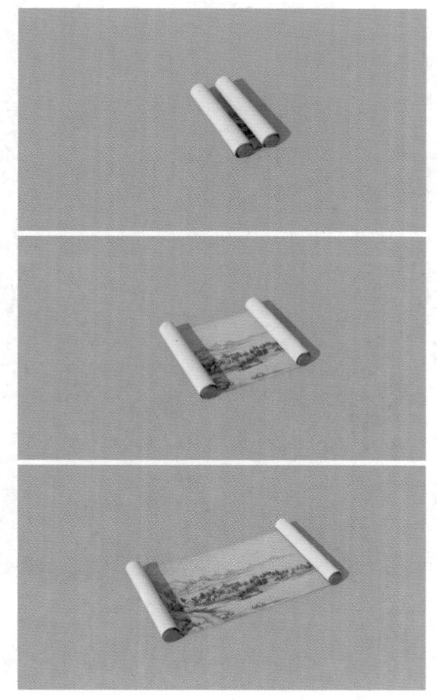

图 2-17

图 2-17（续）

01 启动中文版3ds Max 2024软件，打开配套资源文件“卷轴.max”，里面有一个打开的卷轴模型，如图2-18所示。

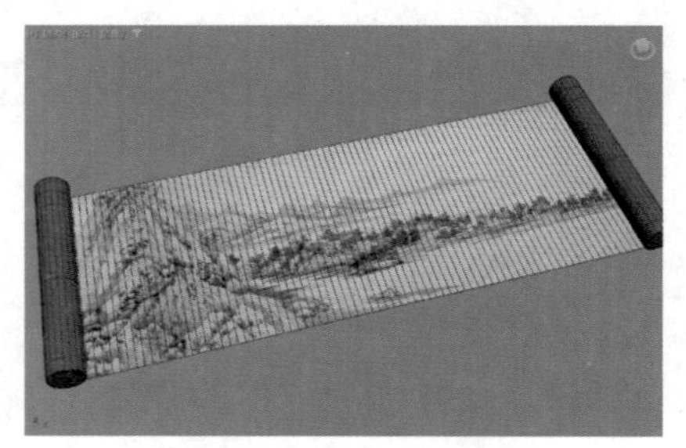

图 2-18

02 选择画模型，在“修改”面板中添加“多边形选择”修改器，如图2-19所示。

图 2-19

03 在“顶”视图中，选择图2-20所示的顶点。

图 2-20

04 在“修改”面板中添加“X变换”修改器，如图2-21所示。

图 2-21

▶05 在“X变换”修改器的“中心”子层级中查看其中心位置，如图2-22所示，并调整中心的位置至图2-23所示。

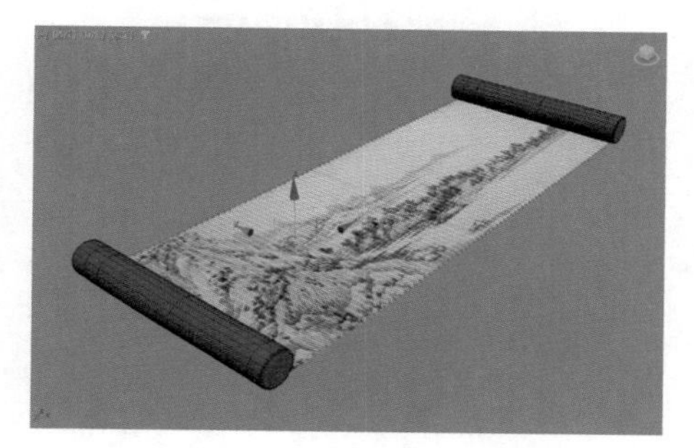
图 2-22

图 2-23

▶06 在“X变换”修改器的Gizmo子层级中，使用“旋转工具”沿Y轴对选择的顶点旋转1°，如图2-24所示。

图 2-24

提示
在这里使用“X变换”修改器的目的是卷轴卷起来后，使其中间产生一点缝隙效果，避免渲染时因面重叠在一起，产生“闪烁”现象。

▶07 在“修改”面板中添加“弯曲”修改器，如图2-25所示。

图 2-25

提示
“弯曲”修改器在“修改器列表”中的名称为中文显示，添加完成后，在“修改器堆栈”中其名称则显示为英文Bend。

▶08 在“参数”卷展栏中，设置“角度”为-2000，“弯曲轴”为X，勾选“限制效果”复选框，设置“上限”为0，“下限”为-150，如图2-26所示。设置完成后，卷轴的弯曲效果如图2-27所示。

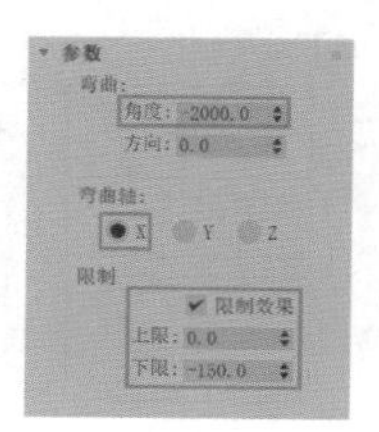

图 2-26

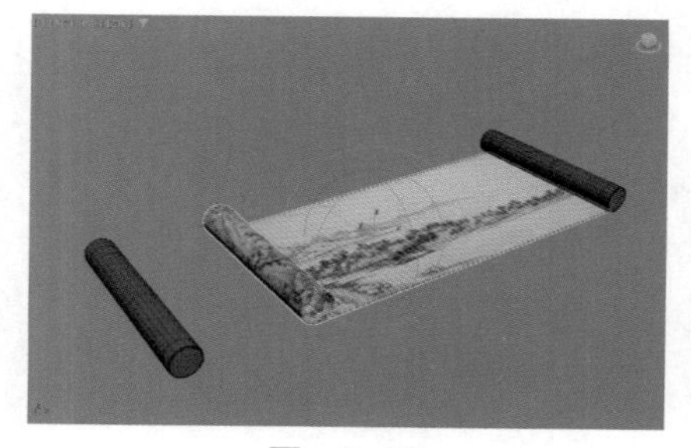
图 2-27

▶09 在“弯曲”修改器的“中心”子层级中，调整中心的位置至图2-28所示，则可以控制卷轴的开合动画效果。

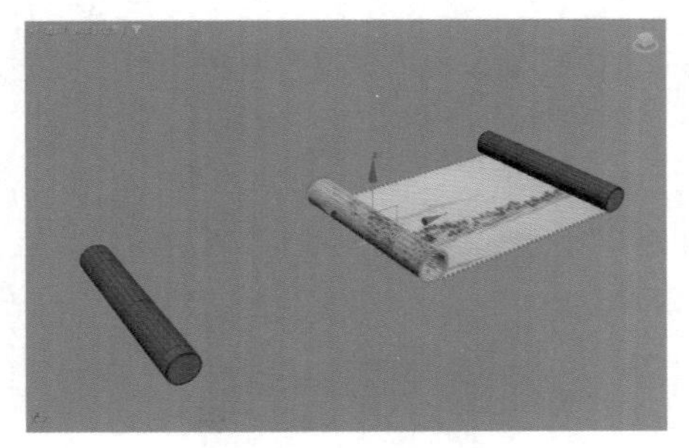

图 2-28

▶10 单击软件界面下方右侧的“自动”按钮，使其处于背景色为红色的按下状态，如图2-29所示。

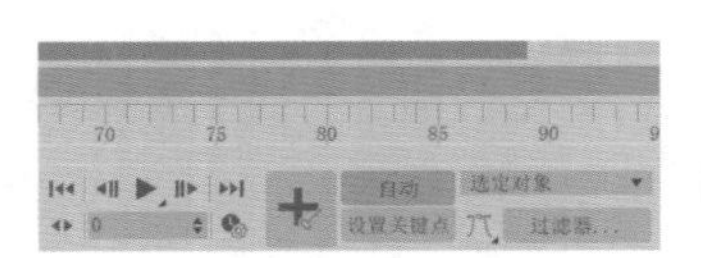

图 2-29

▶11 在60帧位置处，调整“弯曲”修改器的中心的位置至图2-30所示，使得卷轴为打开状态。动画制作完成后，再次单击“自动”按钮，关闭自动关键点模式。

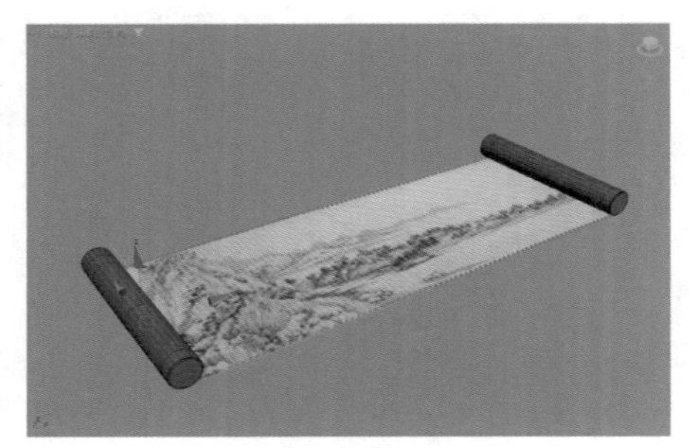

图 2-30

▶12 在“修改”面板中添加第2个“多边形选择”修改器，如图2-31所示。

图 2-31

▶13 在“透视”视图中，选择图2-32所示的顶点。

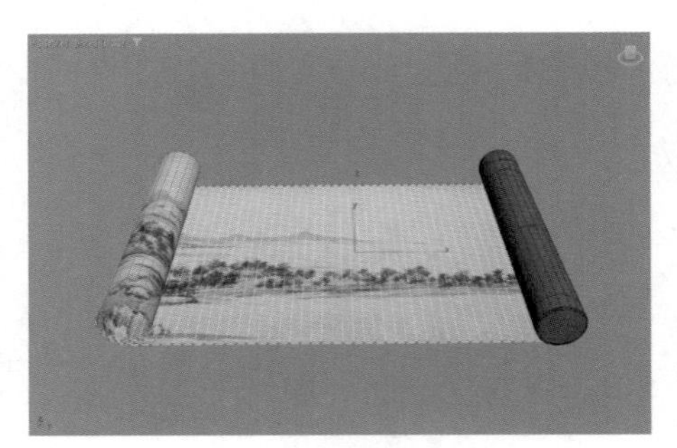

图 2-32

▶14 在“修改”面板中添加“X变换”修改器，如图2-33所示。

图 2-33

▶15 在“X变换”修改器的“中心”子层级中查看其中心位置，如图2-34所示，并调整中心的位置至图2-35所示。

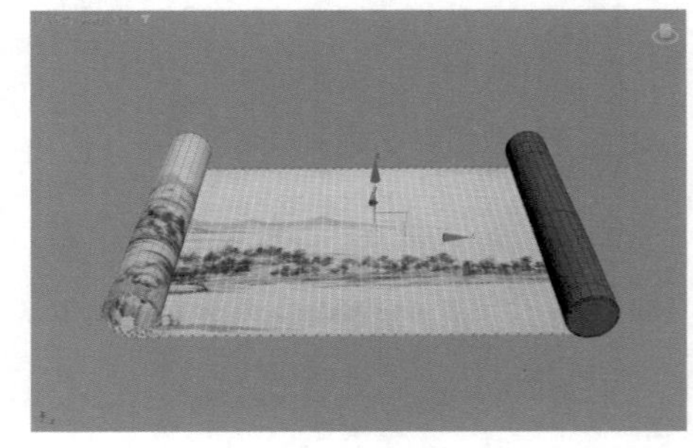

图 2-34

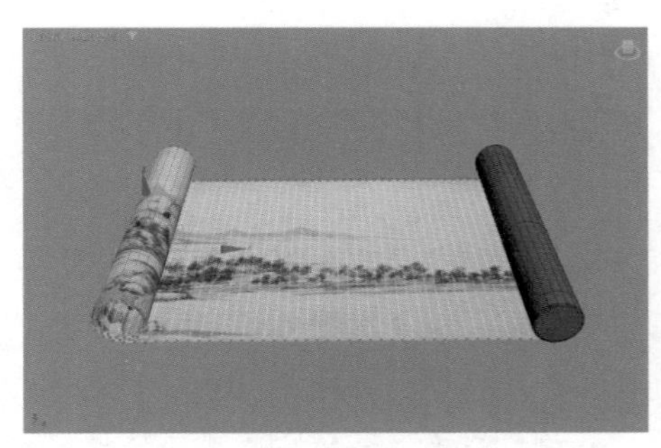

图 2-35

▶16 在“X变换”修改器的Gizmo子层级中，使用“旋转工具”沿Y轴对选择的顶点旋转1°，如图2-36所示。

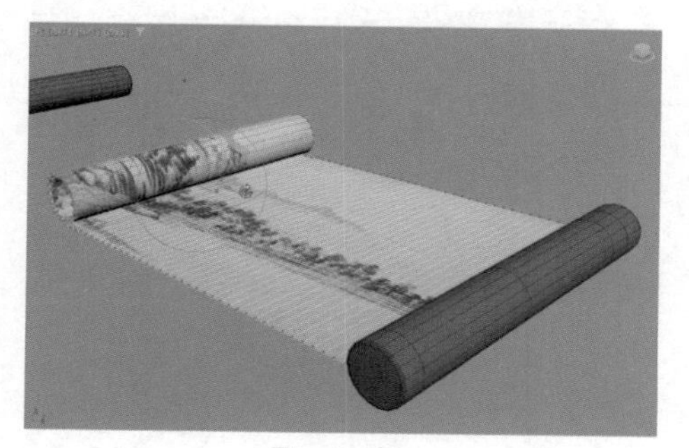
图　2-36

17 在“修改”面板中添加“弯曲”修改器，如图2-37所示。

18 在“参数”卷展栏中，设置“角度”为-2000，“弯曲轴”为X，勾选“限制效果”复选框，设置“上限”为150，“下限”为0，如图2-38所示。设置完成后，卷轴的弯曲效果如图2-39所示。

图　2-37

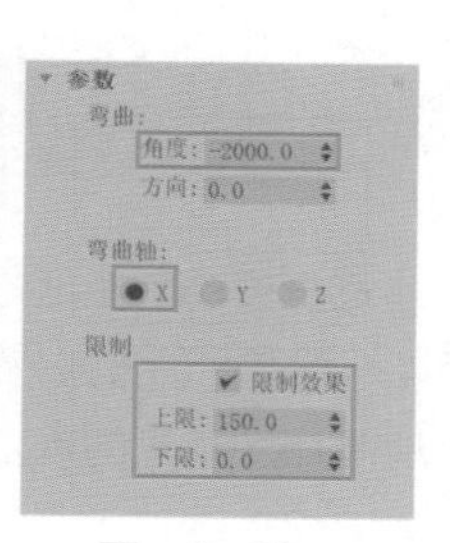

图　2-38

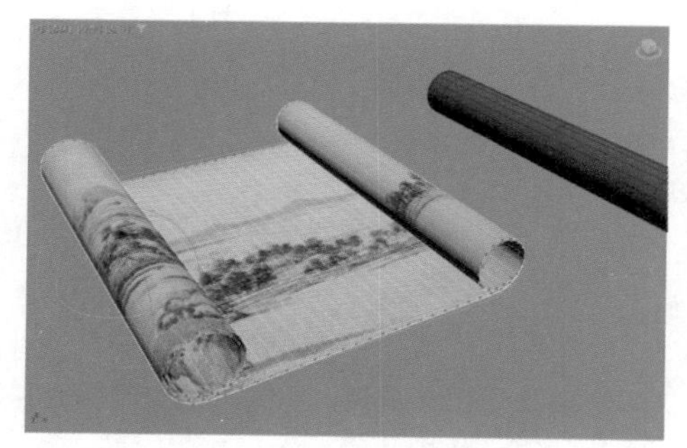
图　2-39

19 在“弯曲”修改器的“中心”子层级中，调整中心的位置至图2-40所示。

20 单击软件界面下方右侧的“自动”按钮，使其处于背景色为红色的按下状态，如图2-41所示。

21 在60帧位置处，调整“弯曲”修改器的中心的位置至图2-42所示，使得卷轴为打开状态。

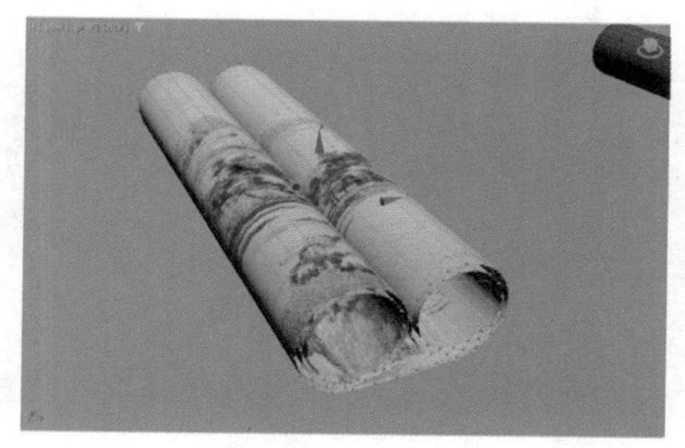
图　2-40

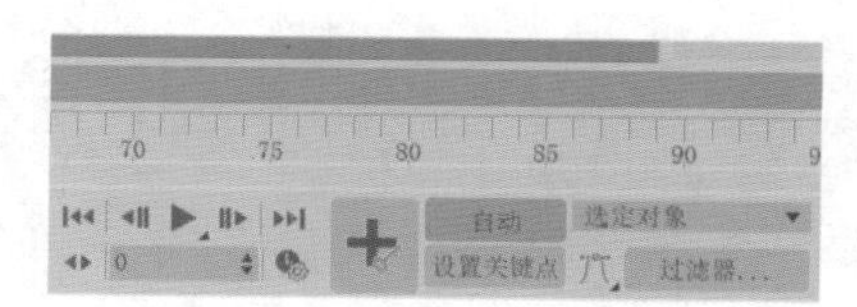

图　2-41

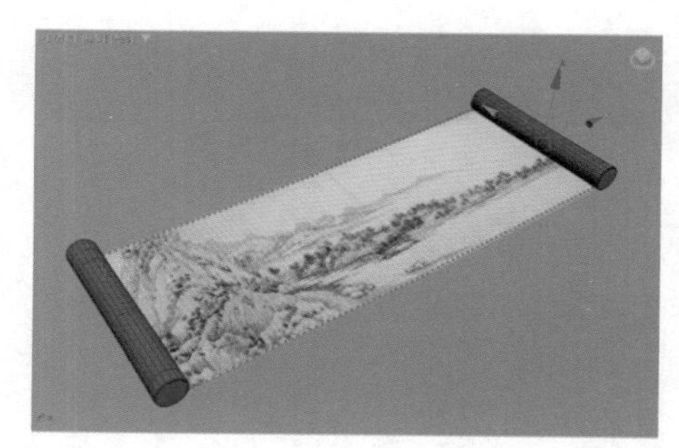
图　2-42

22 在场景中选择画两侧的轴模型，如图2-43所示。

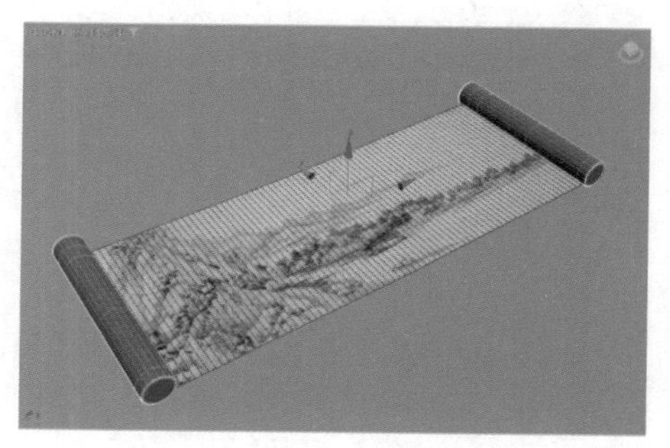
图　2-43

23 在60帧位置处，将光标放置在“时间滑块”按钮上并右击，在系统自动弹出的“创建关键点”对话框中勾选“位置”和“旋转”复选框，如图2-44所示。

24 单击该对话框下方的“确定”按钮，即可在场景中的60帧位置处创建关键帧，如图2-45所示。

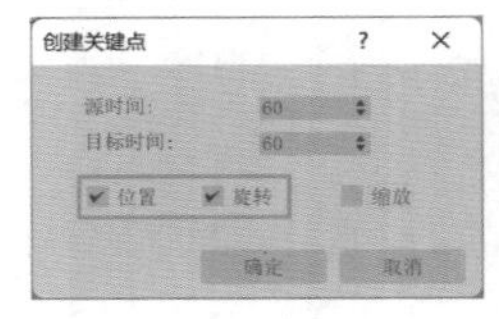

图 2-44

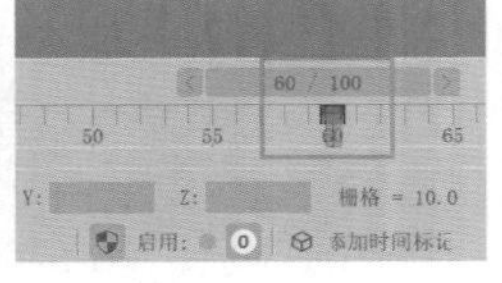

图 2-45

25 在0帧位置处，分别调整画轴模型的位置至图2-46所示。

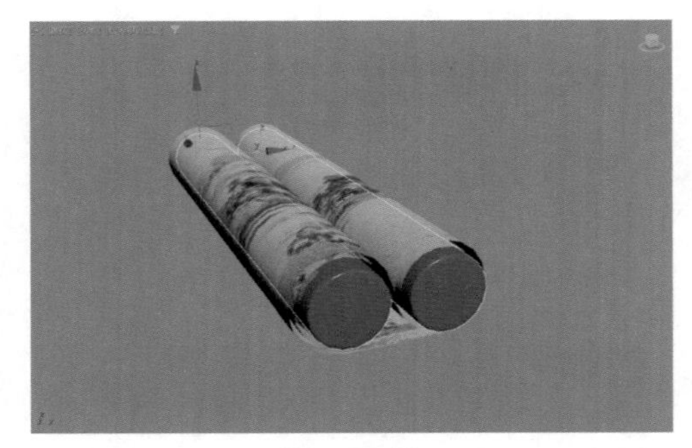

图 2-46

26 本实例的最终动画完成效果如图2-47所示。

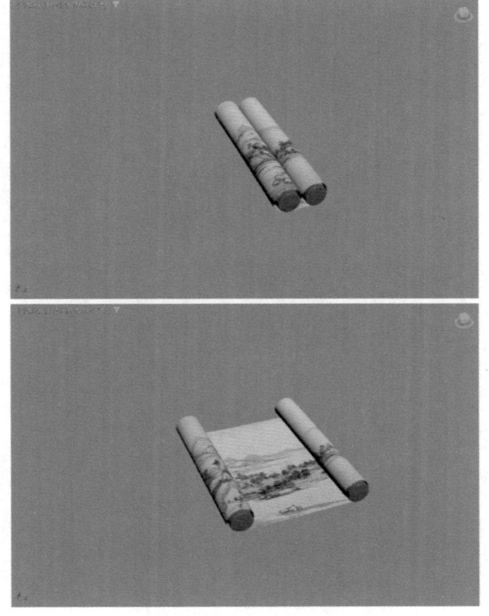

图 2-47

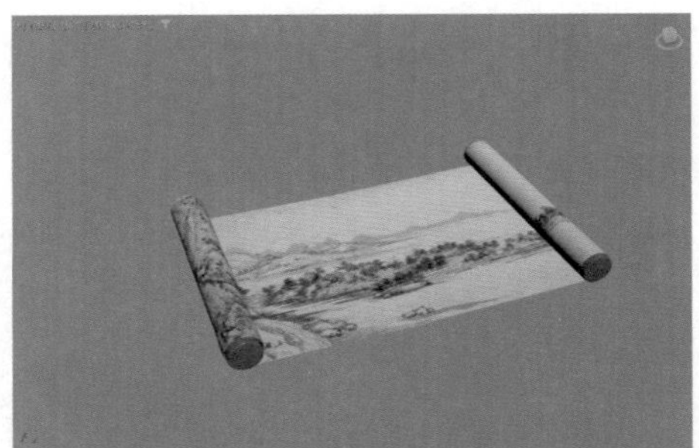

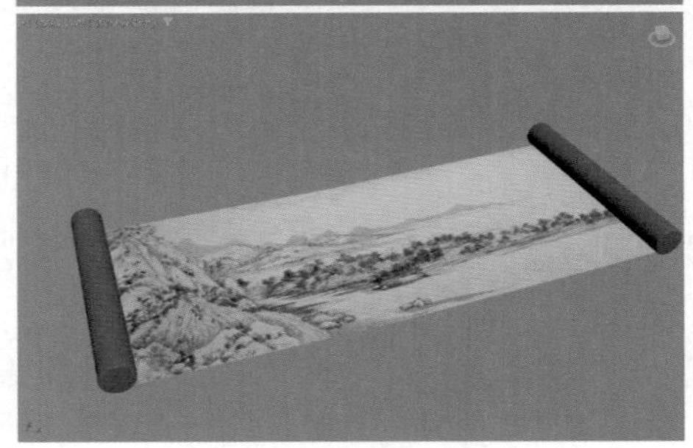

图 2-47（续）

2.3 实例：使用“切片”修改器制作建筑生长动画

建筑生长动画在地产表现项目中备受欢迎，该动画以一种夸张的方式为观众提供新奇的视觉效果，极大地增加了视频的观赏性。在本实例中，我们将使用关键帧动画技术来制作一栋建筑生长的动画效果，图2-48所示为本实例的动画完成渲染效果。

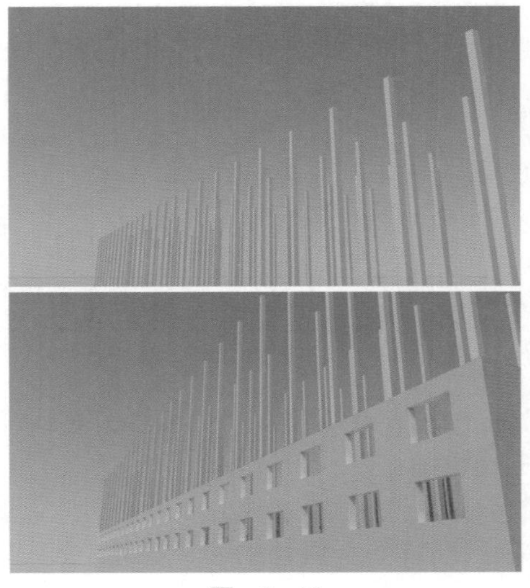

图 2-48

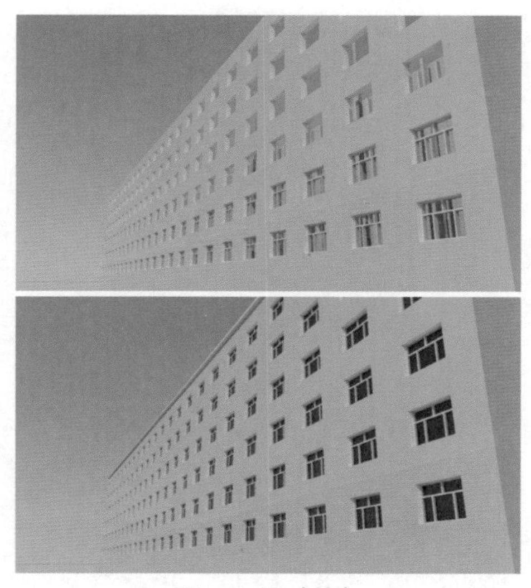

图　2-48（续）

▶01 启动中文版3ds Max 2024软件，打开配套资源文件“楼房.max”，里面有一栋楼房模型，场景中已经设置好了材质、灯光和摄影机，如图2-49所示。

图　2-49

▶02 渲染场景，渲染结果如图2-50所示。

图　2-50

▶03 在“场景资源管理器”面板中，单击名称为“墙体”“屋顶”“窗框”“玻璃”模型前面的眼睛按钮，将其隐藏起来，如图2-51所示。

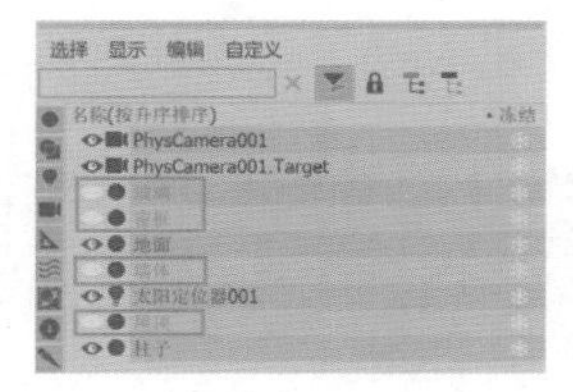

图　2-51

▶04 在场景中选择柱子模型，如图2-52所示。

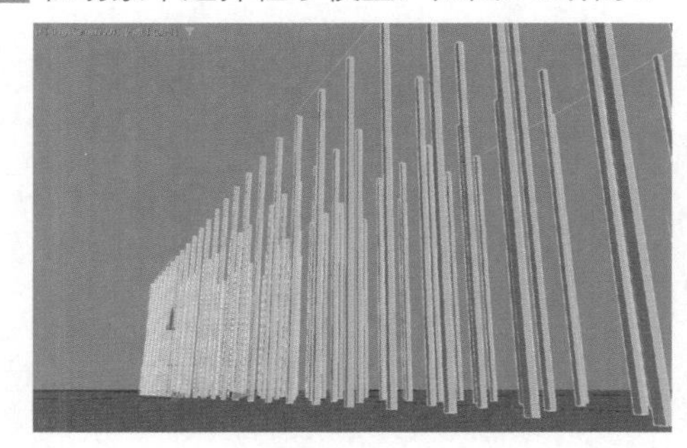

图　2-52

▶05 在“修改”面板中，为其添加“切片”修改器，如图2-53所示。

▶06 在“切片”卷展栏中，设置“切片类型”为“移除正”，如图2-54所示。视图中的柱子模型会完全消失，如图2-55所示。

图　2-53

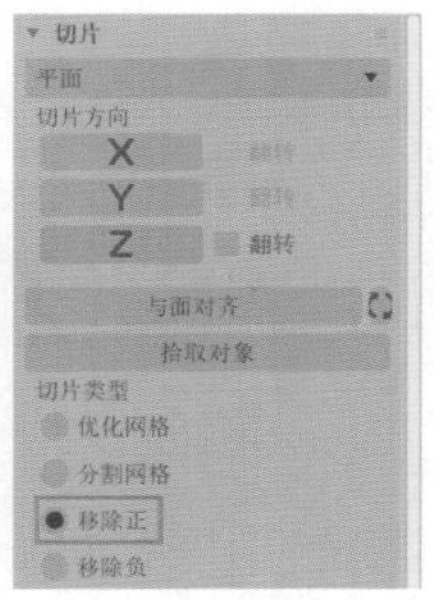

图　2-54

图　2-55

▶07 单击软件界面下方右侧的“自动”按钮，使其处于背景色为红色的按下状态，如图2-56所示。

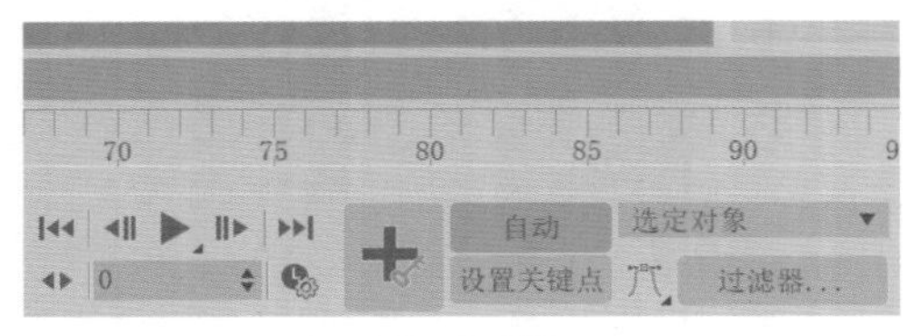

图 2-56

▶08 进入“切片”修改器的“切片平面”子层级，在30帧位置处，调整其位置至图2-57所示。

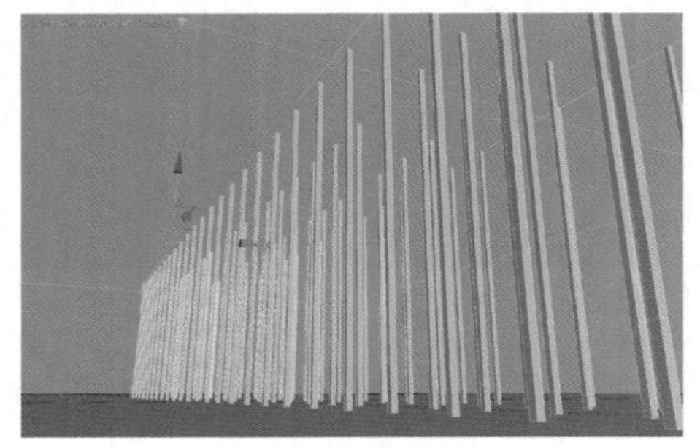

图 2-57

▶09 将之前隐藏的墙体模型显示出来，并为其添加“切片”修改器，如图2-58所示。

图 2-58

▶10 进入“切片”修改器的“切片平面”子层级，在60帧位置处，调整其位置至图2-59所示。

图 2-59

▶11 将0帧位置处的关键帧调整到30帧位置处，如图2-60所示。这样使得墙体模型动画的时间处于柱子模型动画时间之后。

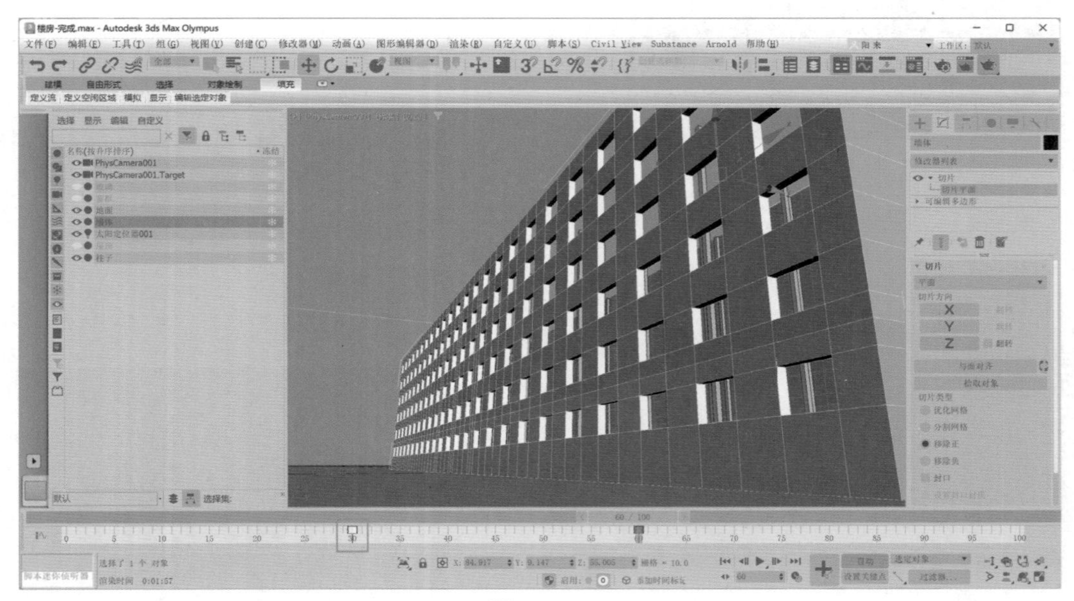

图 2-60

▶12 将之前隐藏的窗框模型显示出来，并为其添加“切片”修改器，使用同样的操作步骤为其制作生长动画，并调整动画的时间帧位置为60帧~90帧，如图2-61所示。

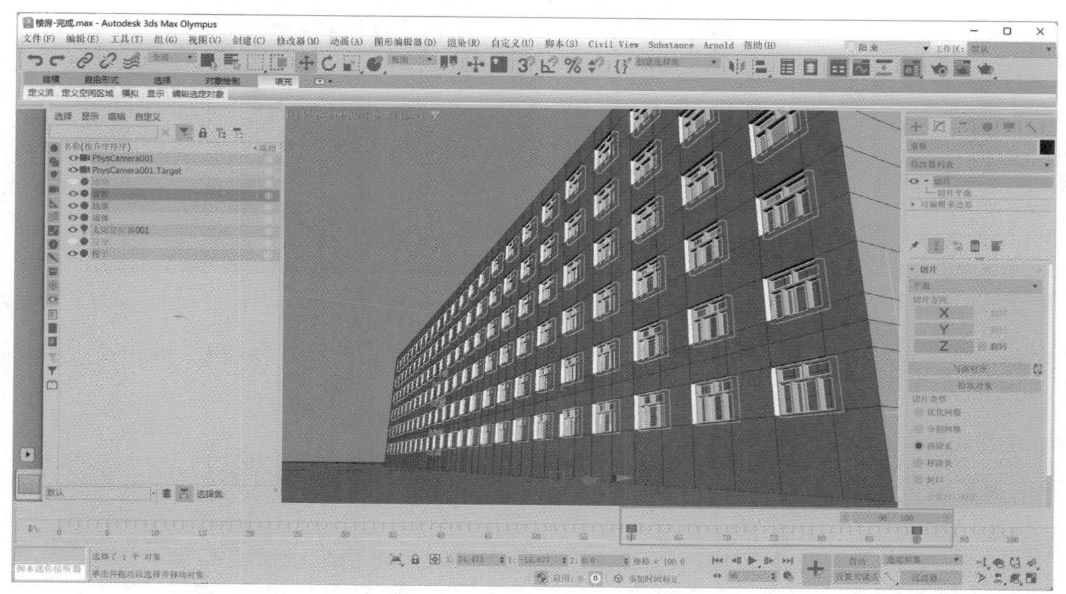

图　2-61

▶13 将之前隐藏的玻璃模型显示出来，并为其添加“切片”修改器，使用同样的操作步骤为其制作生长动画，并调整动画的时间帧位置为90帧~120帧，如图2-62所示。

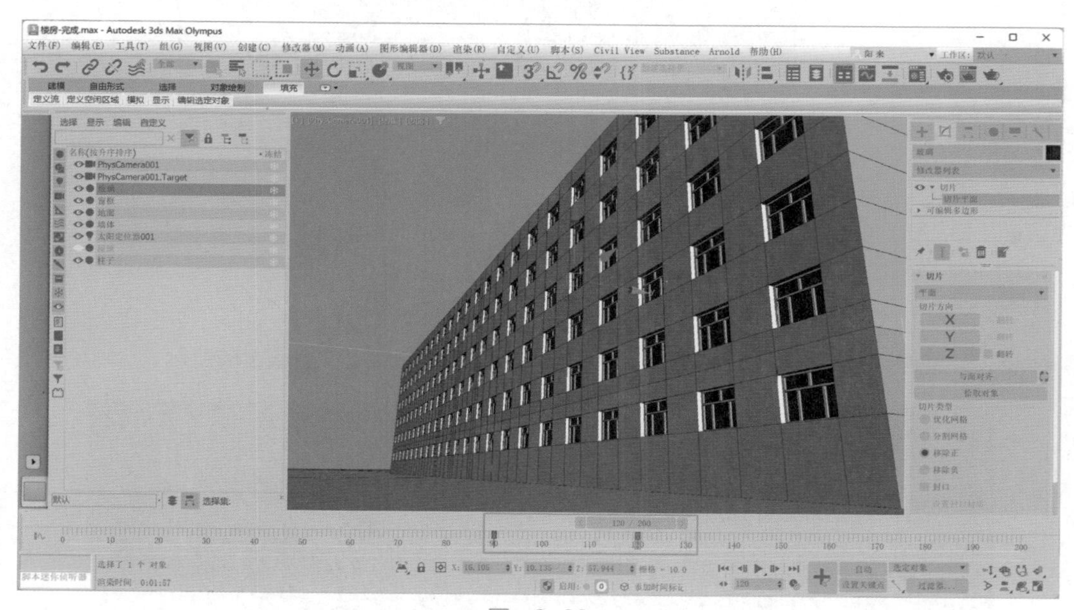

图　2-62

▶14 将之前隐藏的屋顶模型显示出来，并为其添加“切片”修改器，如图2-63所示。

▶15 在“切片”卷展栏中，单击“切片方向”下方的X按钮，设置“切片类型”为“移除负”，如图2-64所示。设置完成后，视图中屋顶模型的视图显示结果如图2-65所示。

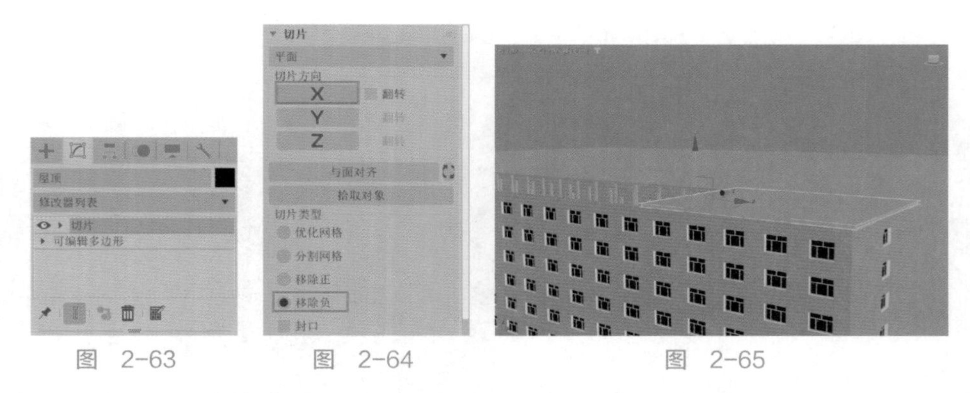

图 2-63　　图 2-64　　图 2-65

▶16 使用同样的操作步骤为其制作生长动画，并调整动画的时间帧位置为120帧~150帧，如图2-66所示。

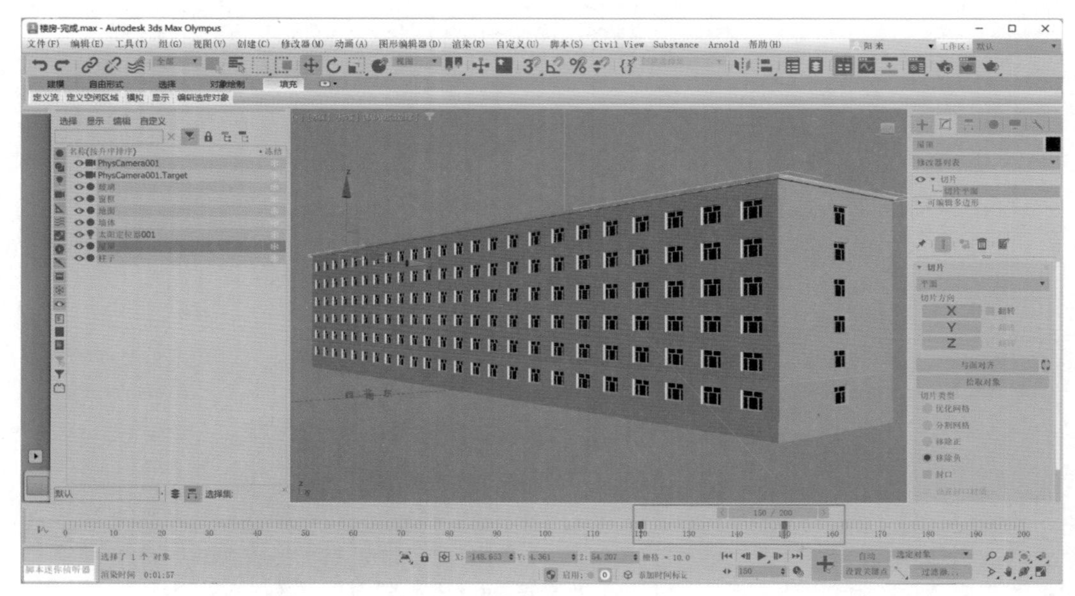

图 2-66

▶17 按C键，将视图切换至"摄影机"视图，本实例制作完成的动画效果如图2-67所示。

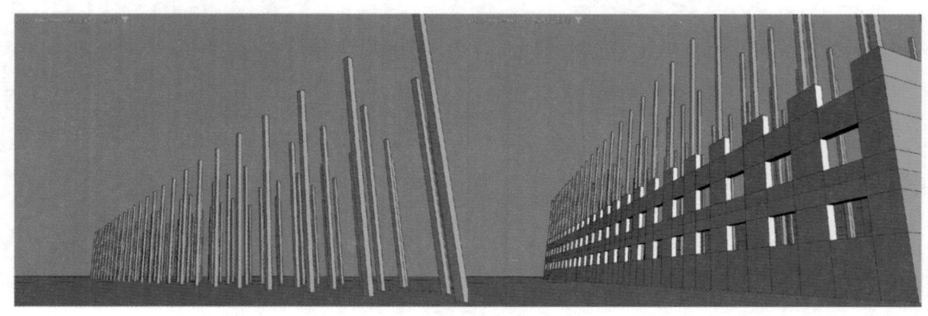

图 2-67

图　2-67（续）

提示

动画制作完成后，可以单击视图左上角的+号，在弹出的菜单中执行“创建预览”|“创建预览动画”命令，如图2-68所示。

在系统自动弹出的“生成预览”对话框中，单击下方右侧的“创建”按钮，如图2-69所示，即可为动画文件创建视频预览动画。

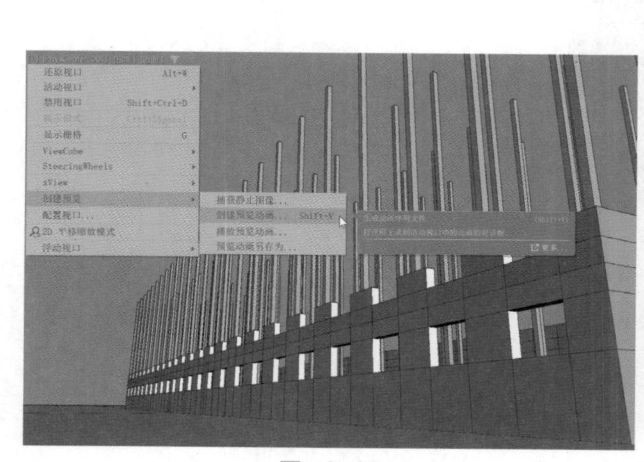

图　2-68

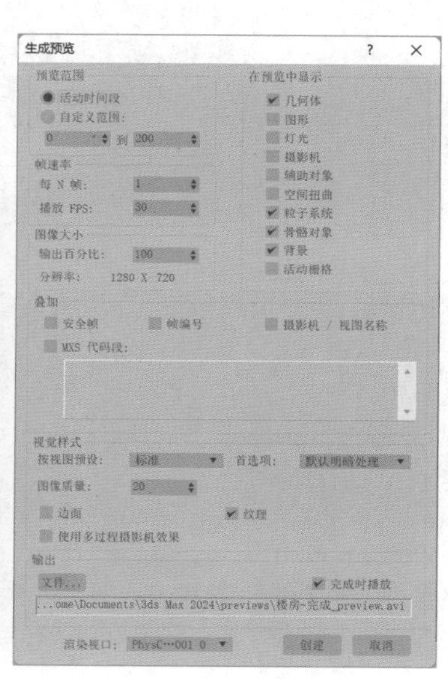

图　2-69

2.4 实例：使用“柔体”修改器制作茶壶跳跃动画

本实例通过制作一个茶壶跳跃的动画效果来讲解曲线编辑器的基本使用方法，图2-70为本实例的动画完成渲染效果。

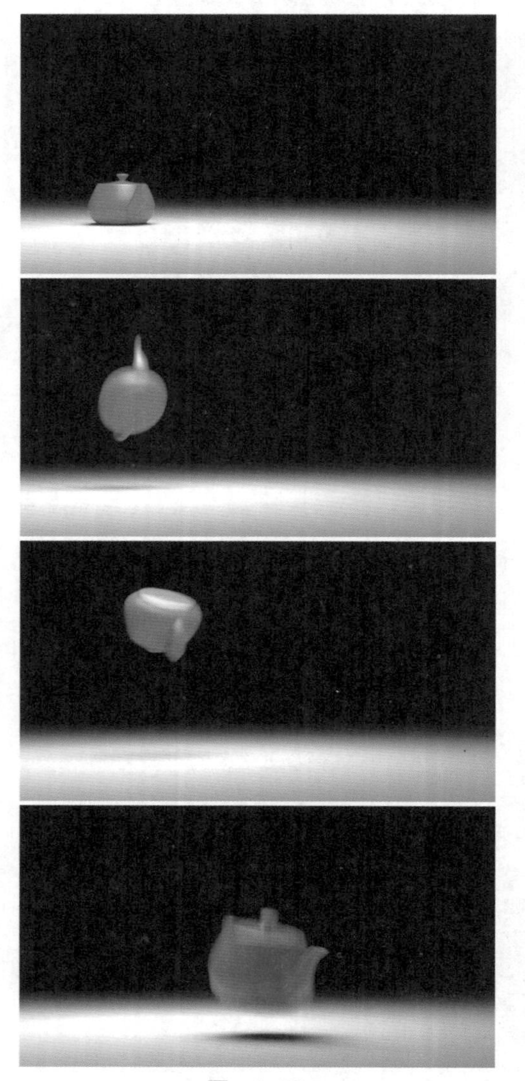

图 2-70

01 启动中文版3ds Max 2024软件，在“创建”面板中，单击“茶壶”按钮，如图2-71所示。在场景中创建一个茶壶模型。

02 在“参数”卷展栏中，设置“半径”为20，如图2-72所示。

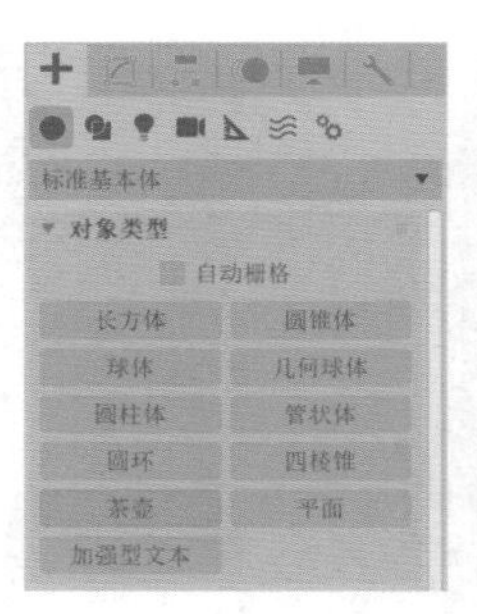

图 2-71

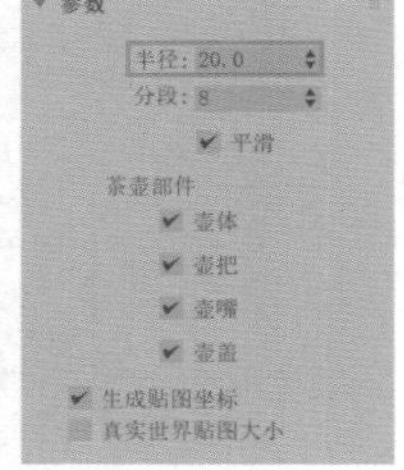

图 2-72

03 设置完成后，场景中茶壶模型的视图显示结果如图2-73所示。

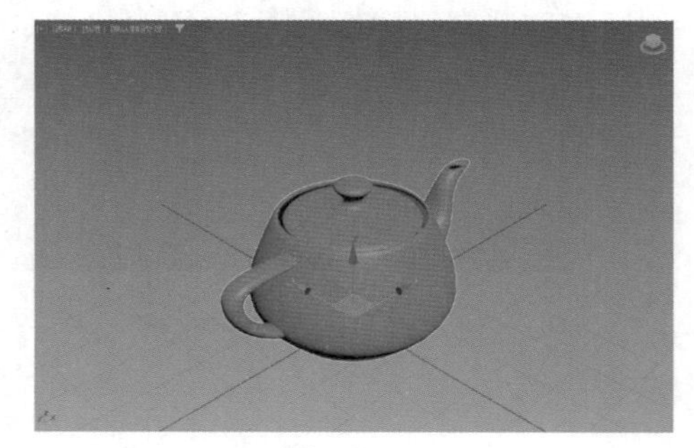

图 2-73

04 单击软件界面下方右侧的“新建关键点的默认入/出切线（线性）”按钮，设置新建关键点的类型为线性，如图2-74所示。

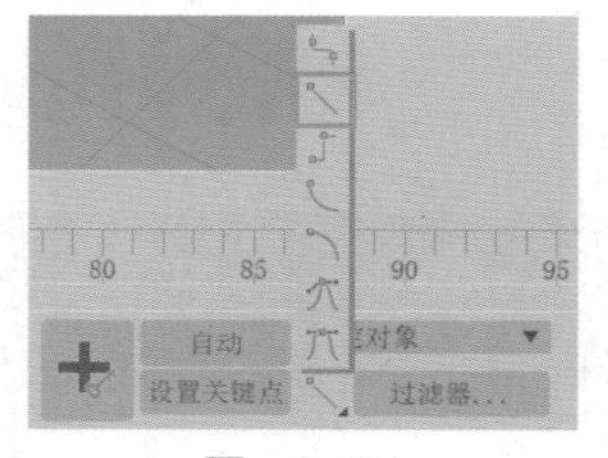

图 2-74

> **提示**
>
> 通过单击“新建关键点的默认入/出切线（线性）”按钮，我们可以预先设置动画曲线的形态。

05 在20帧位置处，将光标放置在“时间滑块”按钮上并右击，在系统自动弹出的“创建关键点”对话框中，勾选“位置”和“旋转”复选框，如图2-75所示。

06 单击该对话框下方的“确定”按钮，即可在场景中的20帧位置处创建关键帧，如图2-76所示。

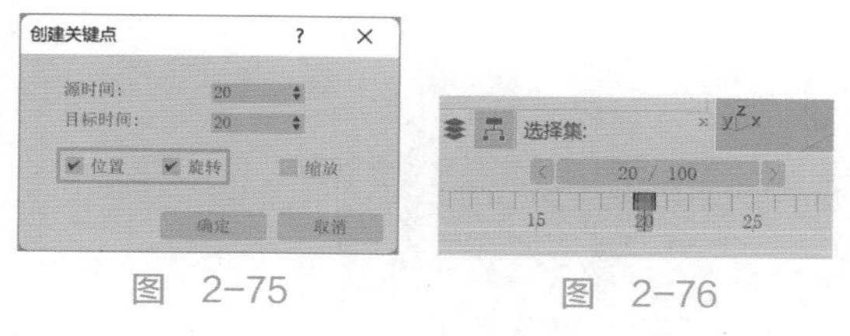

图　2-75　　　　图　2-76

▶07 单击软件界面下方右侧的“自动”按钮，使其处于背景色为红色的按下状态，如图2-77所示。

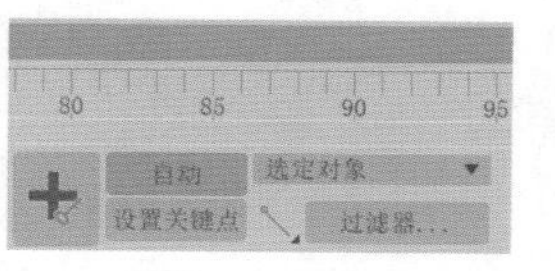

图　2-77

▶08 在60帧位置处，沿X轴移动茶壶的位置至图2-78所示，即可在60帧位置处生成一个关键帧。

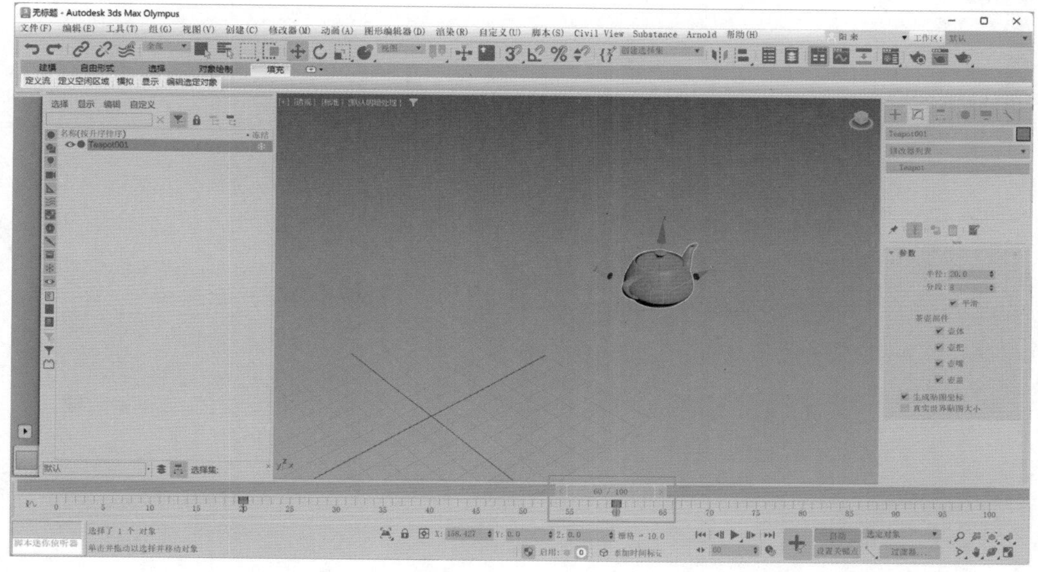

图　2-78

▶09 单击“主工具栏”上的“角度捕捉切换”图标，如图2-79所示。

▶10 在视图中沿Y轴将茶壶模型旋转360°，如图2-80所示。

图　2-79

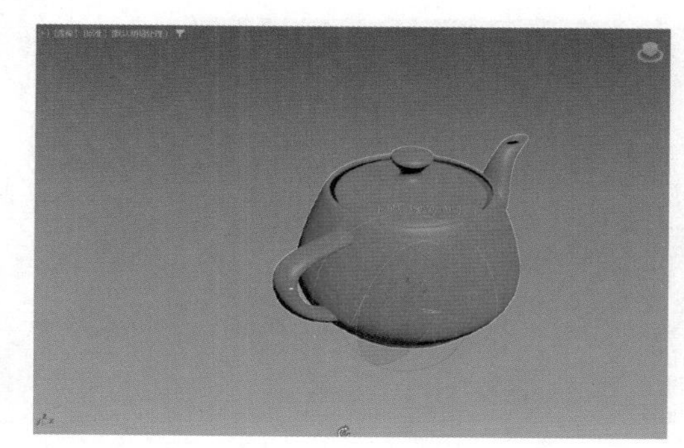

图　2-80

▶11 在40帧位置处，沿Z轴移动茶壶模型的位置至图2-81所示，即可在40帧位置处生成一个关键帧。

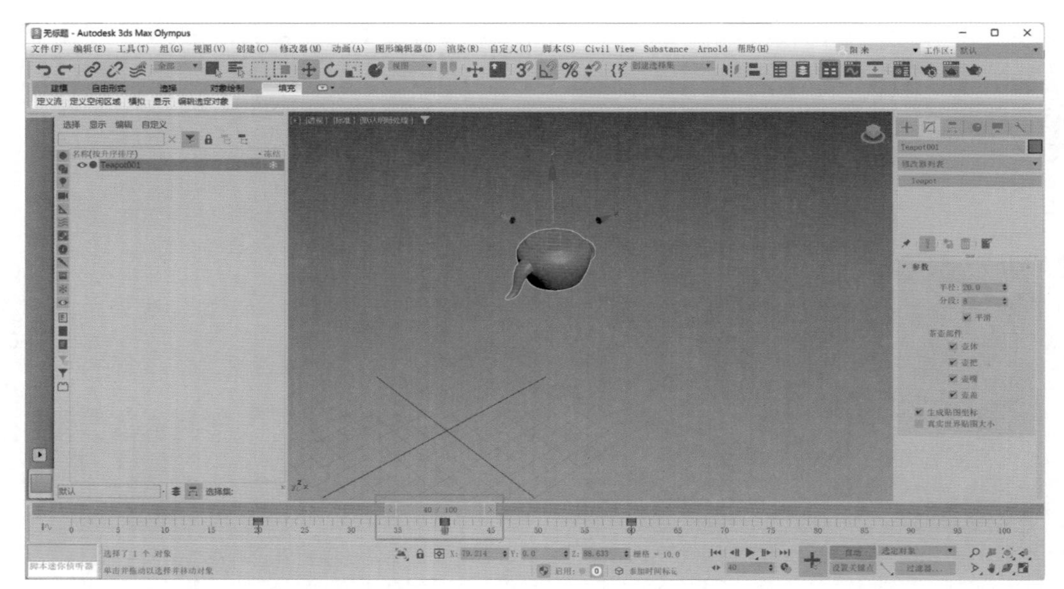

图 2-81

▶12 在“运动”面板中，单击“运动路径”按钮，如图2-82所示，即可在场景中显示出茶壶模型的运动路径，如图2-83所示。

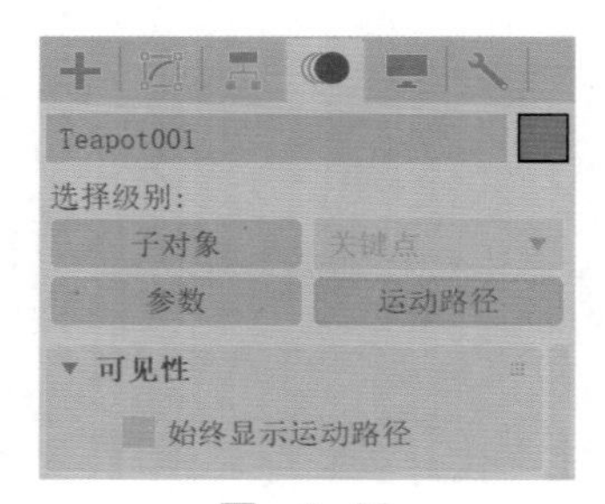

图 2-82

图 2-83

▶13 在“主工具栏”面板中，单击“曲线编辑器”图标，如图2-84所示，即可在系统弹出的“轨迹视图-曲线编辑器”面板中查看茶壶模型的动画曲线，如图2-85所示。

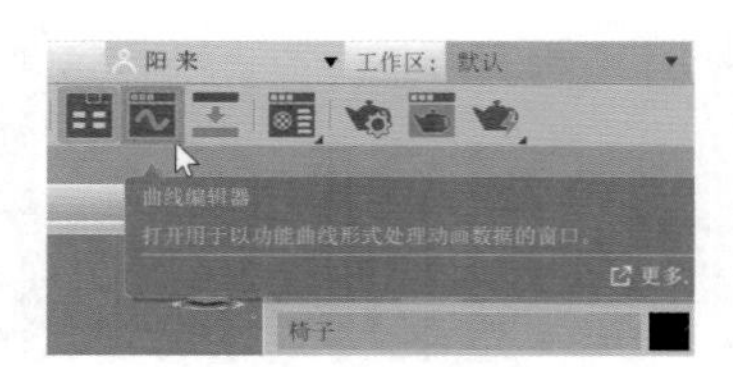

图 2-84

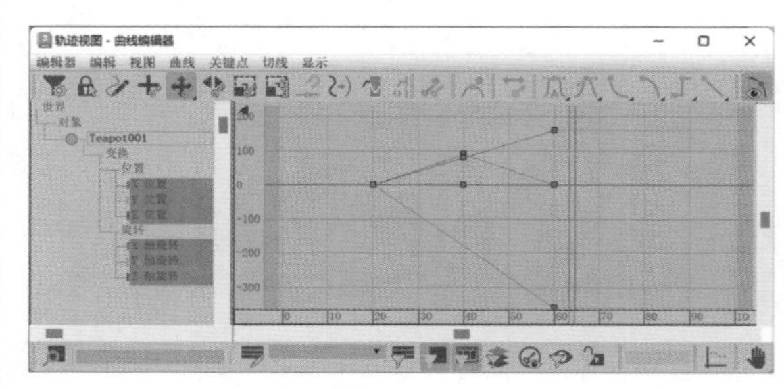

图 2-85

▶14 在“轨迹视图-曲线编辑器”面板中，选择茶壶模型“Z位置”动画曲线上如图2-86所示的关键点。

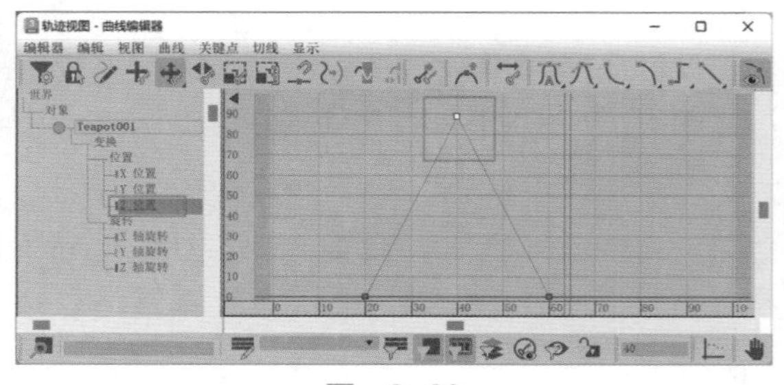

图 2-86

▶15 单击“将切线设置为慢速”图标，使得茶壶模型在跳跃时的上升阶段速度越来越慢，设置完成后，茶壶模型的动画曲线显示结果如图2-87所示。

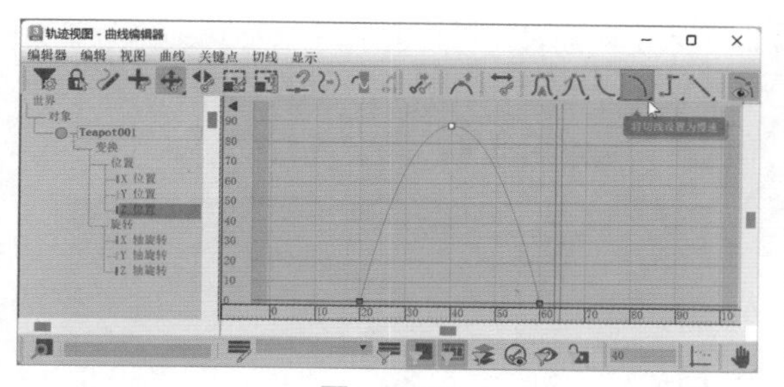

图 2-87

▶16 关闭“轨迹视图-曲线编辑器”面板后，茶壶模型运动路径在视图中的显示结果如图2-88所示。

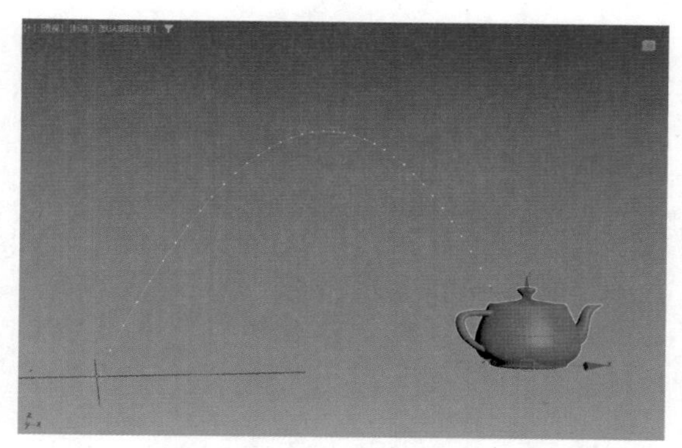

图 2-88

▶17 播放场景动画，这时，我们会发现茶壶跳跃的动作感觉很慢。接下来，将原本处于40帧的关键帧移动至30帧，将原本处于60帧的关键帧移动至40帧，如图2-89所示。

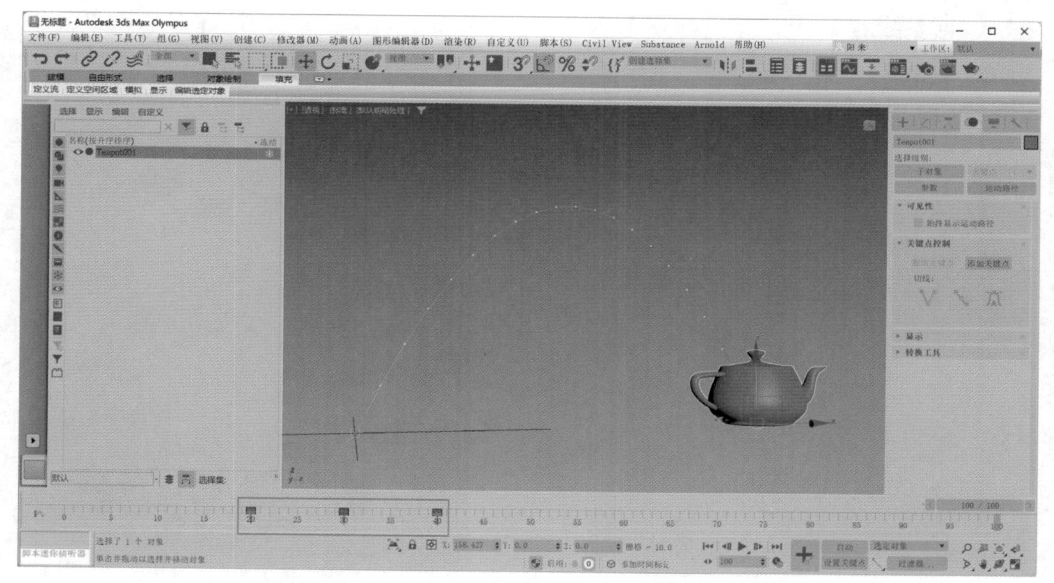

图 2-89

▶18 设置完成后，再次播放场景动画，可以看到茶壶模型的动作加快了许多。

▶19 在“修改”面板中，为茶壶模型添加“柔体”修改器，如图2-90所示。

▶20 在“参数”卷展栏中，设置“柔软度”为0.5，如图2-91所示。

图 2-90

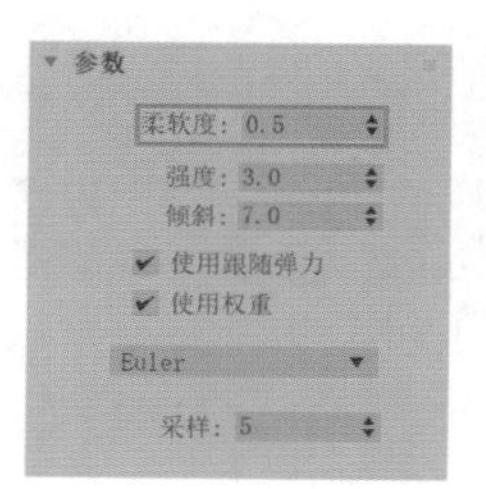

图 2-91

提示 “柔软度”值越大，茶壶在运动的过程中产生的形变也就越夸张。

▶21 本实例制作完成的动画效果如图2-92所示。

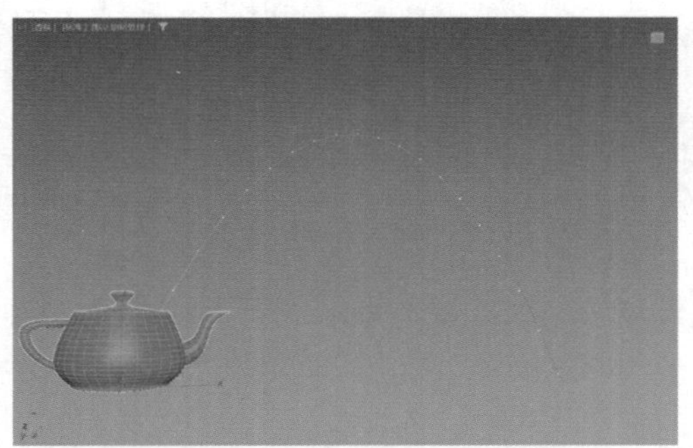
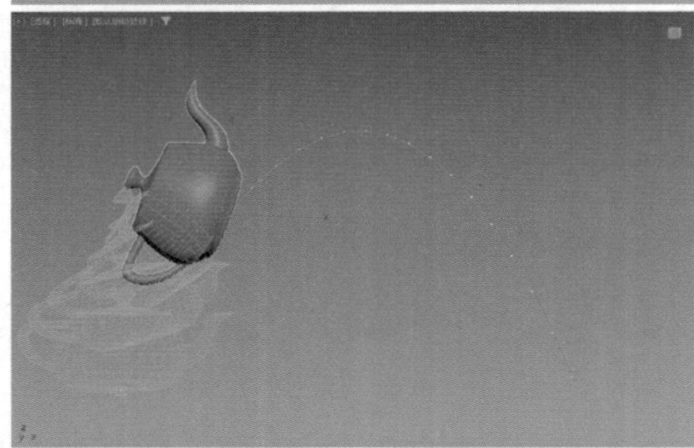
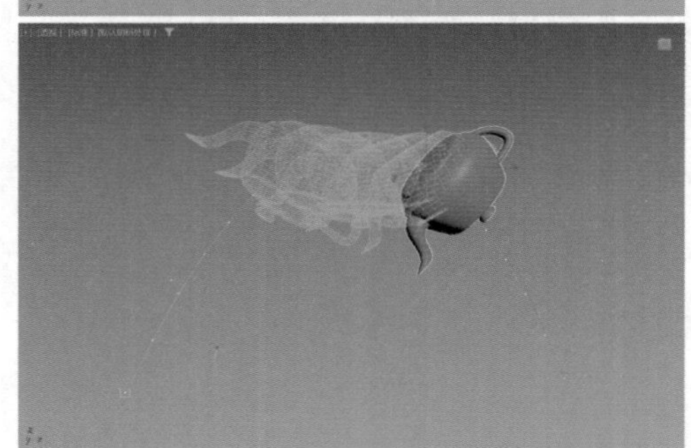
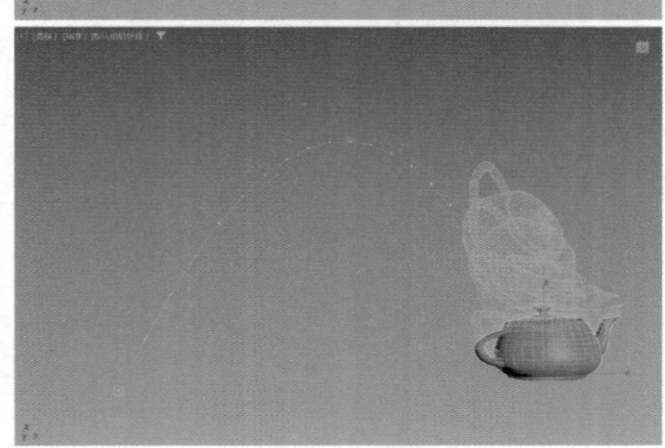

图 2-92

2.5 实例：使用Array修改器制作阵列循环动画

本实例通过制作一把椅子的循环动画效果来讲解阵列动画的制作技巧，图2-93所示为本实例的动画完成渲染效果。

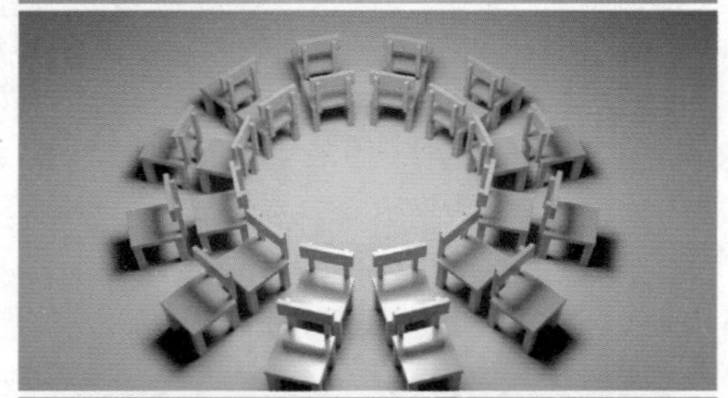

图 2-93

▶01 启动中文版3ds Max 2024软件，打开配套资源文件“椅子.max”，里面有一把椅子模型，如图2-94所示。

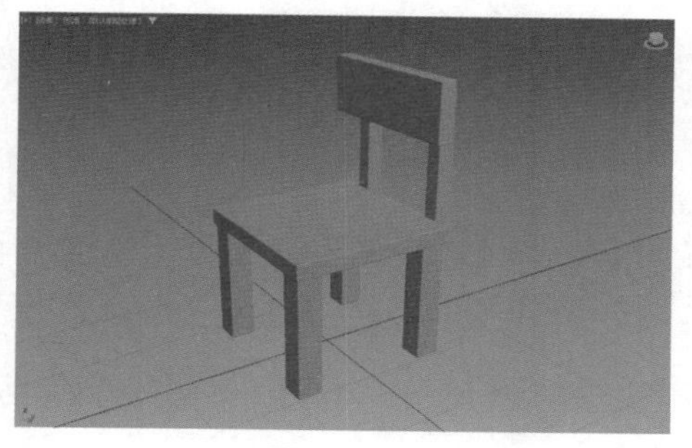

图 2-94

▶02 选择椅子模型，在“修改”面板中，添加Array（阵列）修改器，如图2-95所示。

图 2-95

▶03 Array（阵列）修改器添加完成后，椅子模型的视图显示结果如图2-96所示。

图 2-96

▶04 在“分布”卷展栏中，设置“分布”的方式为“径向”，“计数”为1，“半径”为0，如图2-97所示。

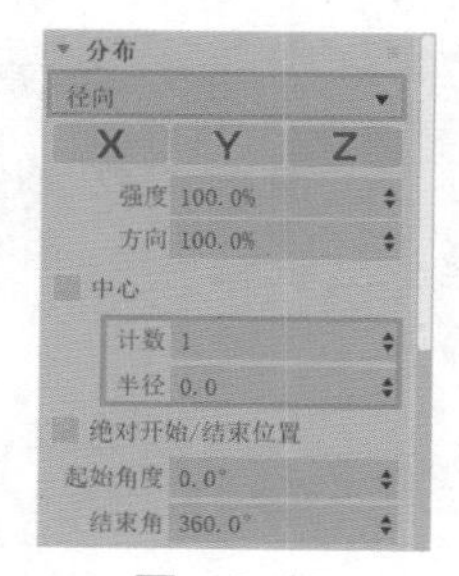

图 2-97

▶05 单击软件界面下方右侧的“自动”按钮，使其处于背景色为红色的按下状态，如图2-98所示。

图 2-98

▶06 在50帧位置处，设置“计数”为12，“半径”为60，如图2-99所示。

▶07 在“变换”卷展栏中，为“局部旋转”的Z属性设置关键帧，如图2-100所示。

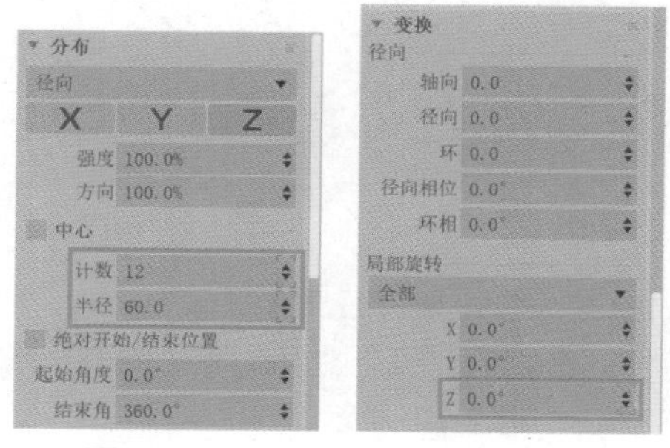

图 2-99　　图 2-100

▶08 在70帧位置处，设置“局部旋转”的Z值为90，如图2-101所示。

▶09 在“分布”卷展栏中，设置“环”为1，“偏移”为0，并分别为它们设置关键帧，如图2-102所示。

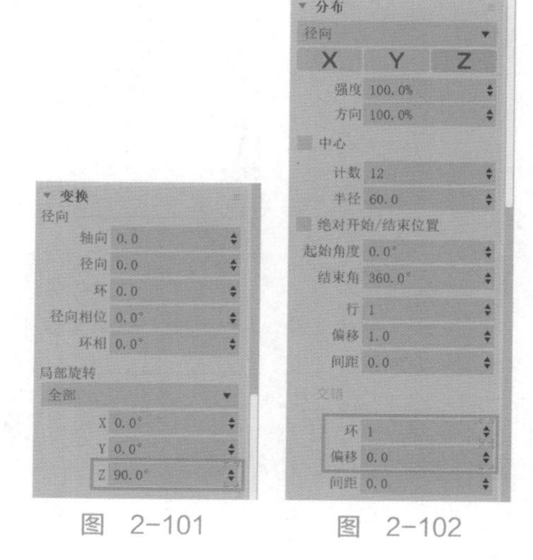

图 2-101　　图 2-102

▶10 在90帧位置处，设置“环”为3，“偏移”为2，如图2-103所示。

▶11 在120帧位置处，为“计数”和“结束角”设置关键帧，如图2-104所示。

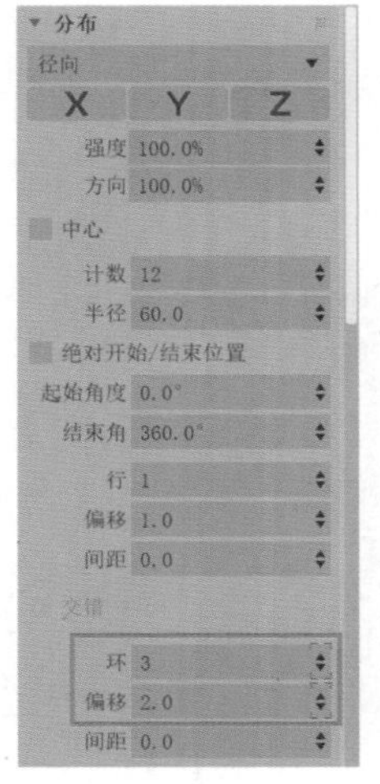

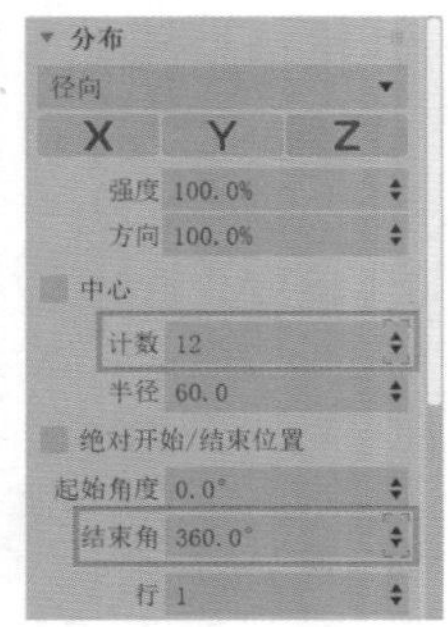

图 2-103　　图 2-104

▶12 在150帧位置处，设置“计数”为1，“结束角”为0，并为“半径”“环”和“偏移”属性设置关键帧，如图2-105所示。

▶13 在170帧位置处，设置“半径”为0，“环”为1，“偏移”为0，如图2-106所示。

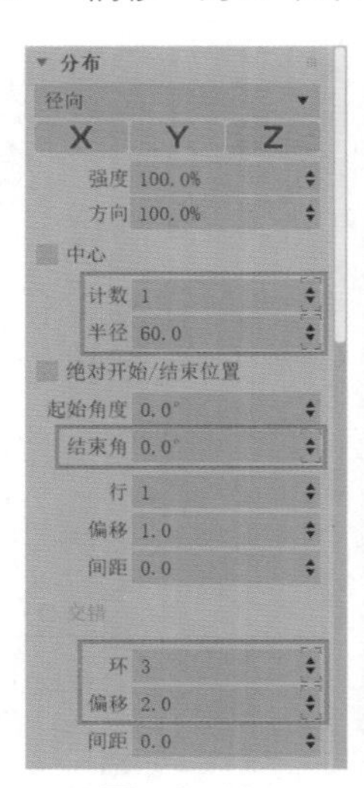

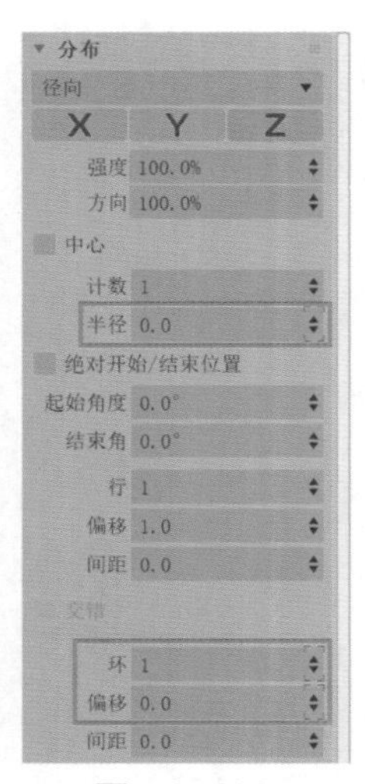

图 2-105　　图 2-106

▶14 在“变换”卷展栏中，为“局部旋转”的Z属性设置关键帧，如图2-107所示。

▶15 在190帧位置处，设置“局部旋转”的Z值为0，如图2-108所示。

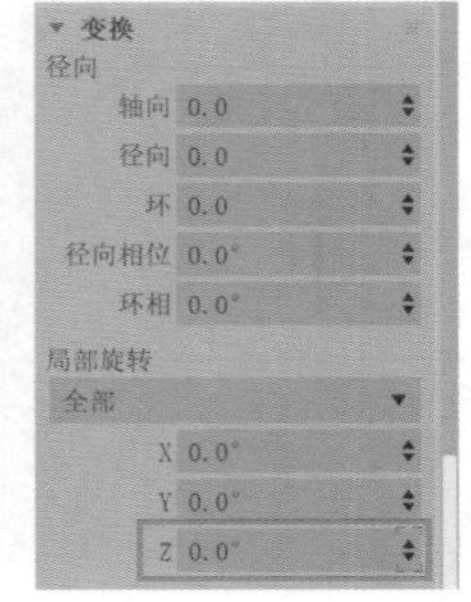

图 2-107　　图 2-108

▶16 执行菜单栏“视图”|“显示重影”命令，本实例制作完成的动画效果如图2-109所示。

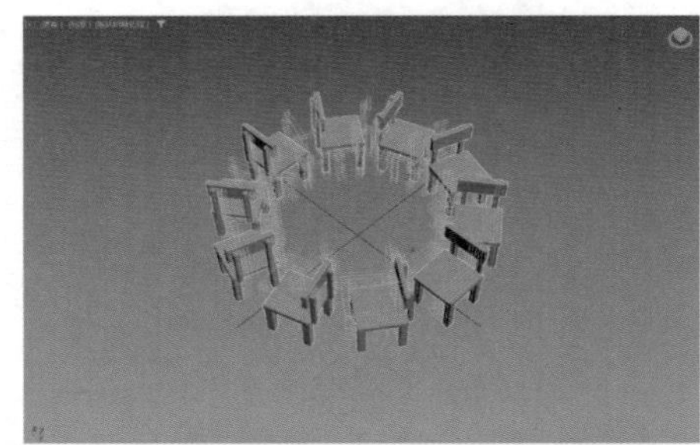

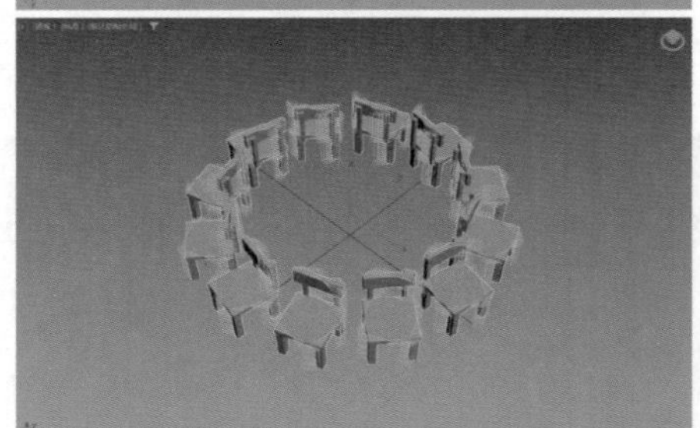

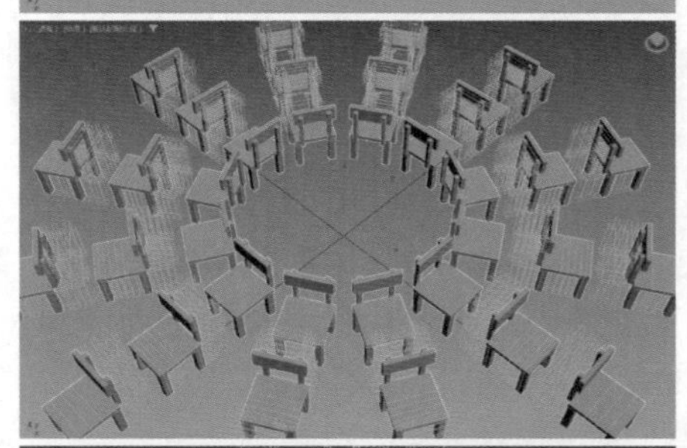

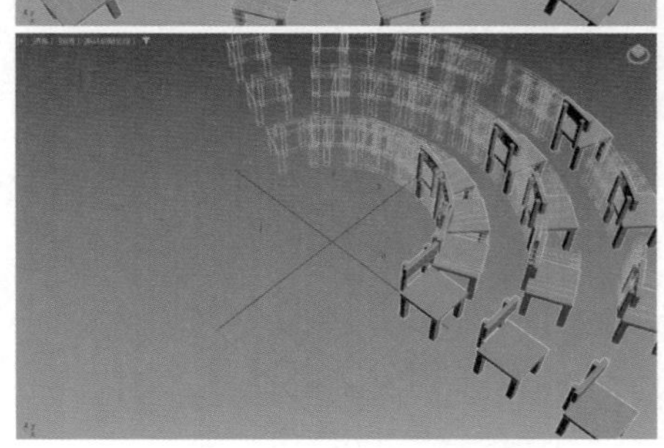

图 2-109

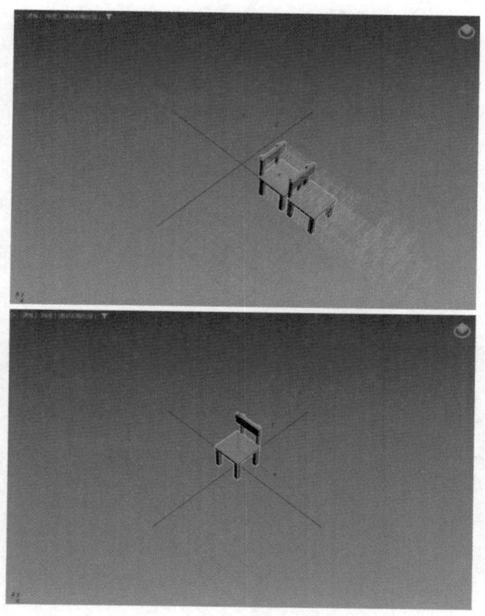

图　2-109（续）

图　2-110（续）

2.6　实例：树木生长动画

本实例将使用关键帧动画技术制作一个树木生长的动画效果，图2-110所示为本实例的动画完成渲染效果。

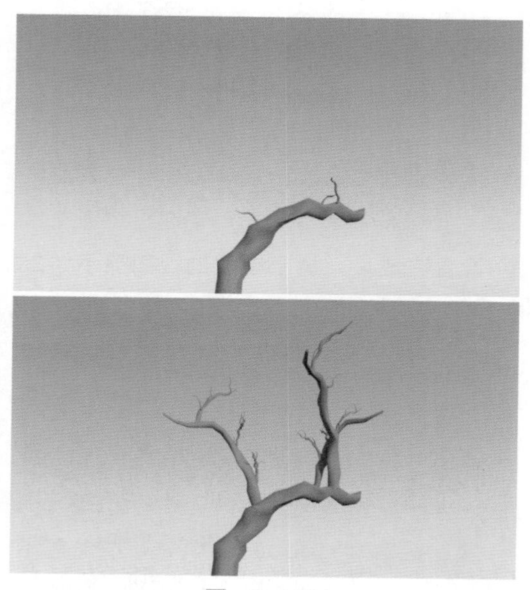

图　2-110

2.6.1　使用“噪波”修改器制作树干模型

01 启动中文版3ds Max 2024软件，打开配套资源文件“树枝.max”，里面有3个树枝模型和1片树叶模型，如图2-111所示。

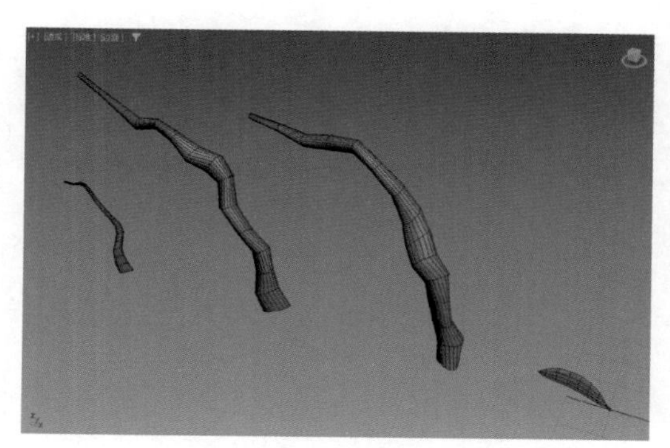

图　2-111

02 在“创建”面板中，单击“圆锥体”按钮，如图2-112所示。在场景中创建一个圆锥体模型。

03 在“修改”面板中，更改圆锥体的名称为“树干”，并在“参数”卷展栏中，设置圆锥体的参数值至图2-113所示。

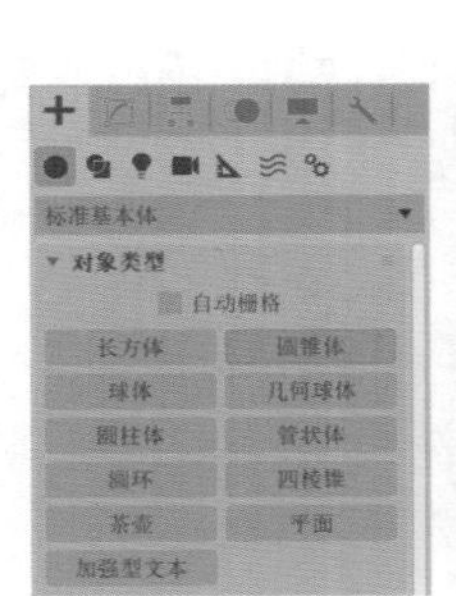

图 2-112　　图 2-113

▶04 设置完成后，圆锥体模型的视图显示结果如图2-114所示。

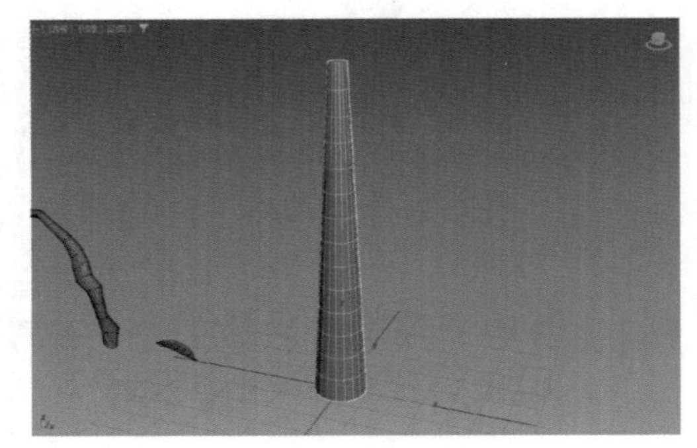

图 2-114

▶05 在“修改”面板中，为树干模型添加“扭曲”修改器，如图2-115所示。

图 2-115

提示

“扭曲”修改器在“修改器列表”中的名称为中文显示，添加完成后，在“修改器堆栈”中其名称则显示为英文Twist。

▶06 在“参数”卷展栏中，设置“角度”为130，如图2-116所示。

▶07 设置完成后，树干模型的视图显示结果如图2-117所示。

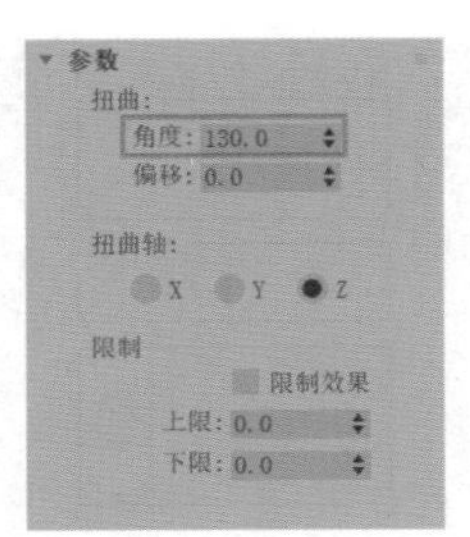

图 2-116

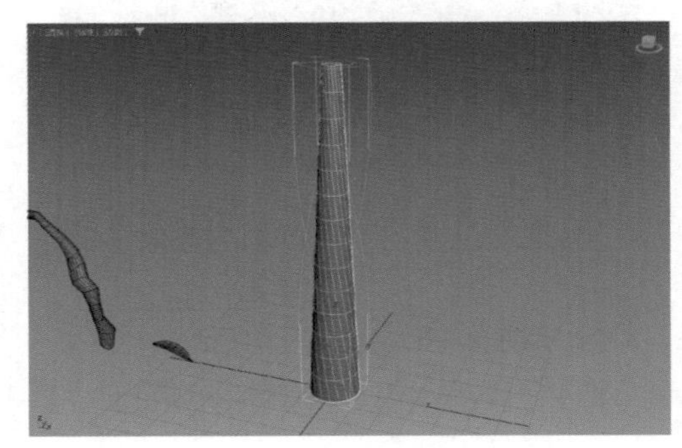

图 2-117

▶08 在“修改”面板中，为树干模型添加“弯曲”修改器，如图2-118所示。

▶09 在“参数”卷展栏中，设置“角度”为115，如图2-119所示。

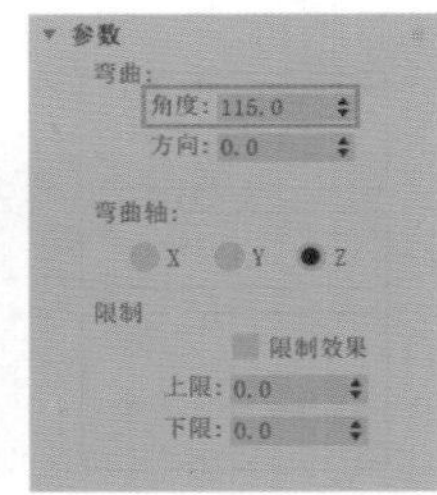

图 2-118　　图 2-119

▶10 设置完成后，树干模型的视图显示结果如图2-120所示。

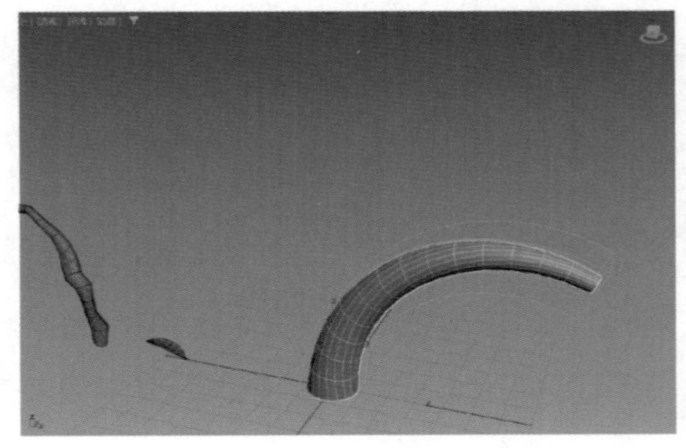

图 2-120

▶11 在“修改”面板中，为树干模型添加“噪波”修改器，如图2-121所示。

图　2-121

提示

“噪波”修改器在“修改器列表”中的名称为中文显示，添加完成后，在“修改器堆栈”中其名称则显示为英文Noise。

▶12 在“参数”卷展栏中，设置“比例”为10，“强度”组中的X/Y/Z值均为9，如图2-122所示。

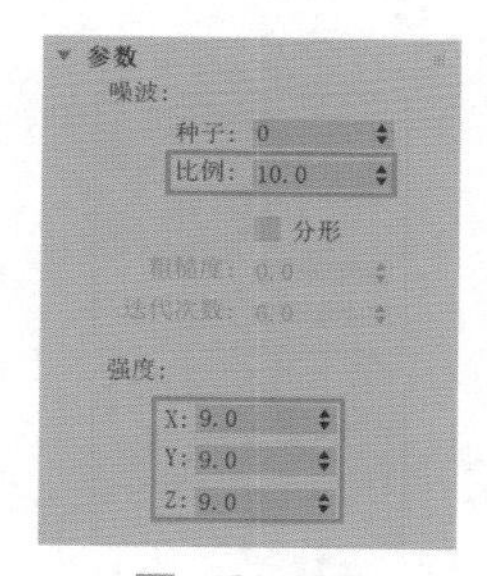

图　2-122

▶13 设置完成后，树干模型的视图显示结果如图2-123所示。

图　2-123

提示

场景中树枝模型的制作方法与树干模型的制作方法基本相同，读者可以自行尝试进行制作。制作完成后的树枝模型最后需要转换为多边形对象，才可以使用“散布”命令。

2.6.2　使用“散布”工具制作树枝

▶01 选择场景中的树干模型，在“修改”面板中添加“多边形选择”修改器，如图2-124所示。

图　2-124

▶02 选择如图2-125所示的面，用来作为将来树枝生长的区域。

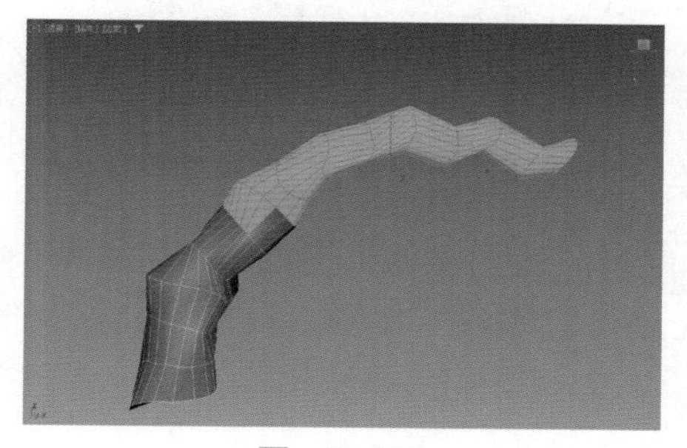
图　2-125

▶03 选择如图2-126所示的名称为“树枝01”的树枝模型。

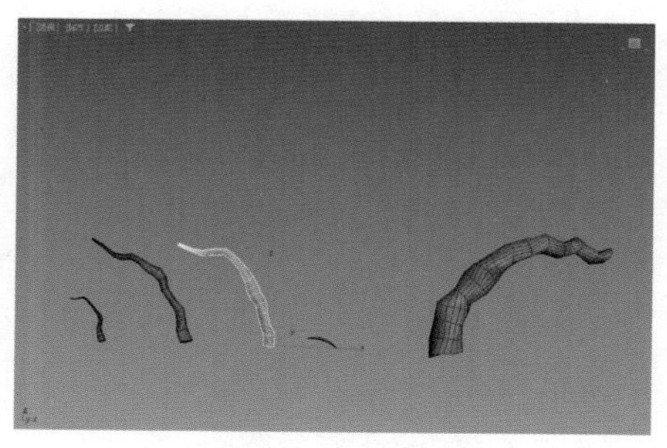
图　2-126

▶04 在“创建”面板中，单击“散布”按钮，如图2-127所示。

▶05 在“拾取分布对象”卷展栏中，单击“拾取分布对象”按钮，再单击场景中的树干模型，这样，树干模型的名称会自动出现在“对象”的后方，如图2-128所示。

▶06 设置完成后，“树枝01”模型的视图显示结果如图2-129所示。

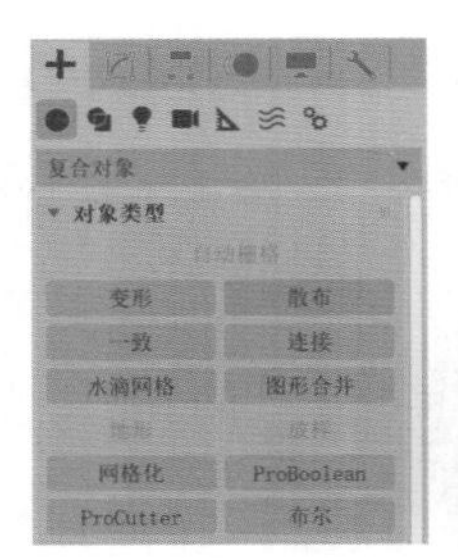

图 2-127

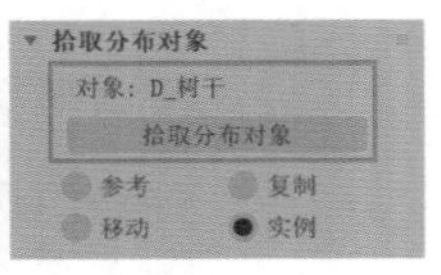

图 2-128

图 2-129

提示

我们现在所看到的这个模型实际上是“树枝01”模型，树干模型是没有变化的，可以将其隐藏起来。

▶07 在“散布对象”卷展栏中，设置“重复数”为3，取消勾选“垂直”复选框，勾选“仅使用选定面”复选框，设置“分布方式”为“跳过N个”，该值为253，如图2-130所示。

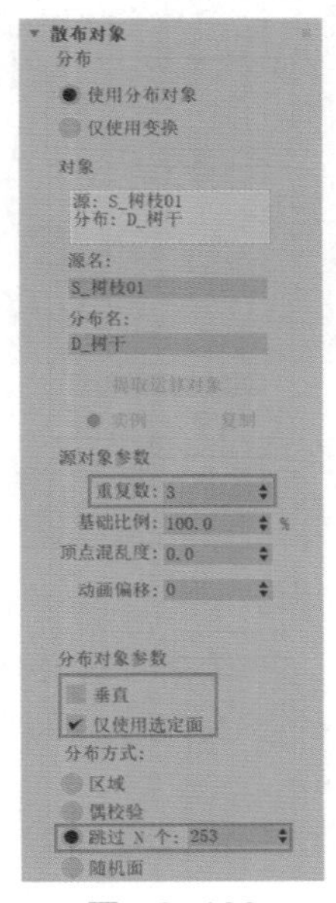

图 2-130

▶08 设置完成后，“树枝01”模型的视图显示结果如图2-131所示。

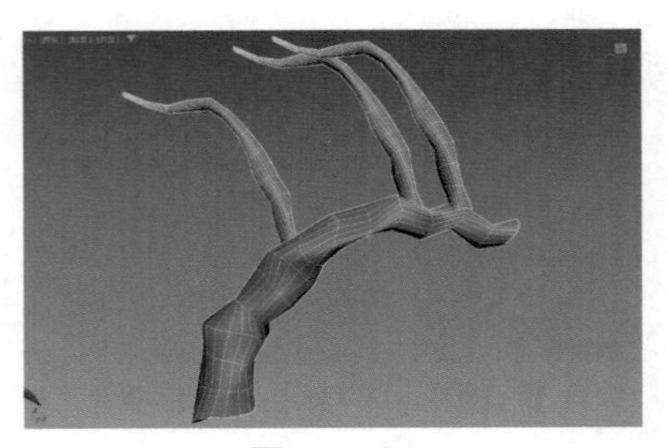

图 2-131

▶09 在“变换”卷展栏中，设置“旋转”组中的Z为360，“比例”组中的X为30，勾选“使用最大范围”和“锁定纵横比”复选框，如图2-132所示。

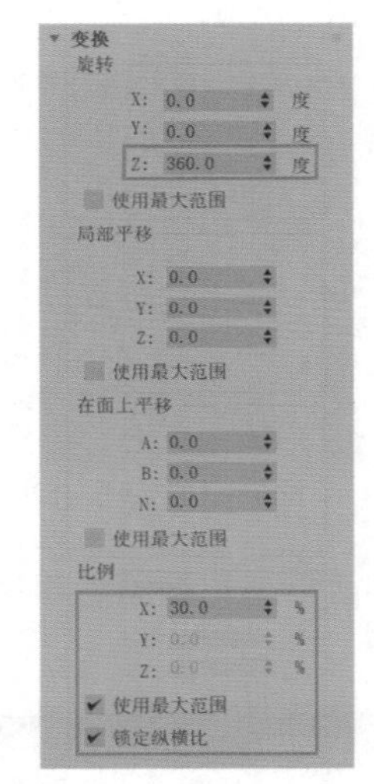

图 2-132

▶10 设置完成后，“树枝01”模型的视图显示结果如图2-133所示。

图 2-133

▶11 在“修改”面板中，为“树枝01”模型添加“多边形选择”修改器，如图2-134所示。

图　2-134

▶12 选择如图2-135所示的面，用来作为将来“树枝02”模型的生长区域。

图　2-135

▶13 选择如图2-136所示的名称为“树枝02”的树枝模型。

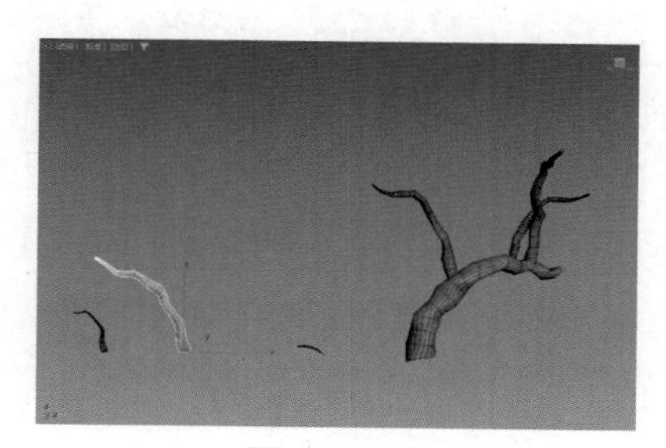

图　2-136

▶14 以同样的操作方式将其散布于刚刚做好的“树枝01”模型上，如图2-137所示。

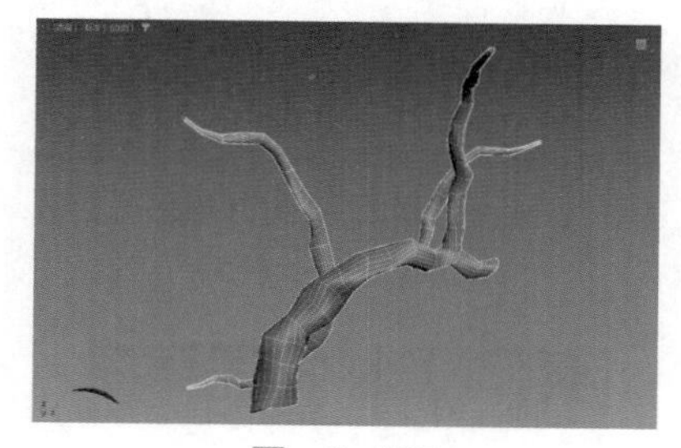

图　2-137

▶15 在“散布对象”卷展栏中，设置“重复数”为8，“基础比例”为35，取消勾选“垂直”复选框，勾选“仅使用选定面”复选框，设置“分布方式”为“跳过N个”，该值为150，如图2-138所示。

▶16 在“变换”卷展栏中，设置“旋转”组中的Z为360，“比例”组中的X为30，勾选“使用最大范围”和“锁定纵横比”复选框，如图2-139所示。

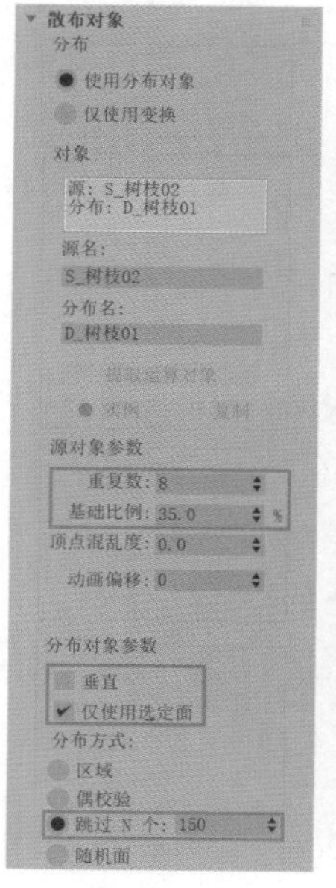

图　2-138

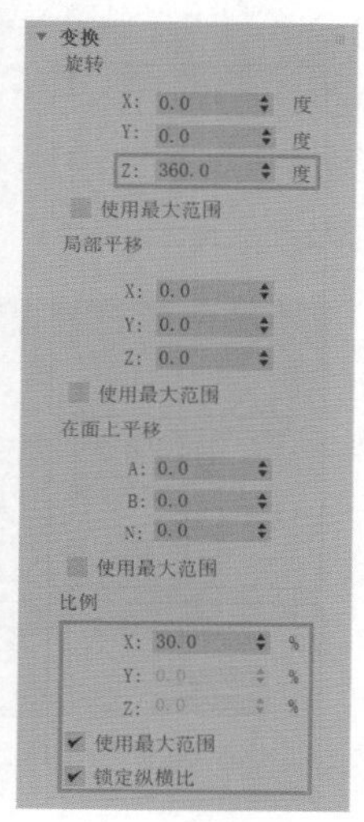

图　2-139

▶17 设置完成后，“树枝02”模型的视图显示结果如图2-140所示。

图　2-140

▶18 在“修改”面板中，为“树枝02”模型添加“多边形选择”修改器，如图2-141所示。

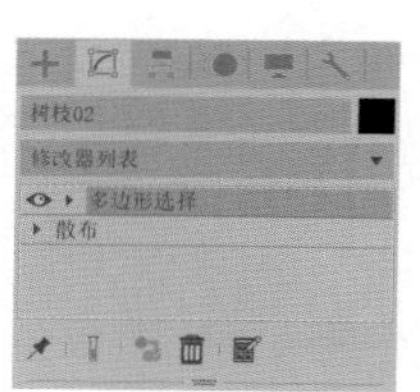

图　2-141

19 选择如图2-142所示的面，用来作为将来“树枝03”模型的生长区域。

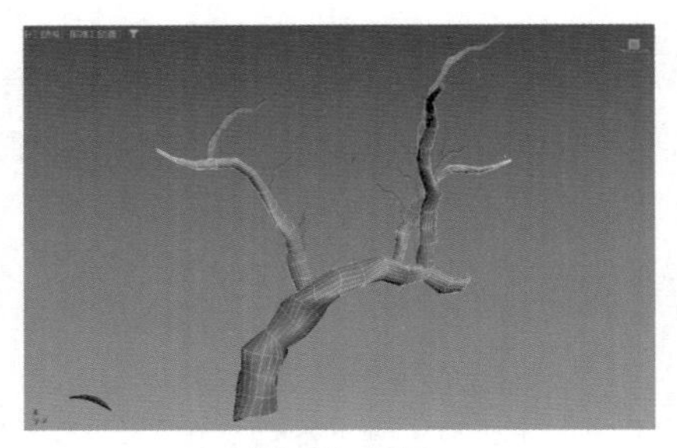

图 2-142

20 选择如图2-143所示的名称为“树枝03”的树枝模型。

图 2-143

21 以同样的操作方式将其散布于刚刚制作好的“树枝02”模型上，如图2-144所示。

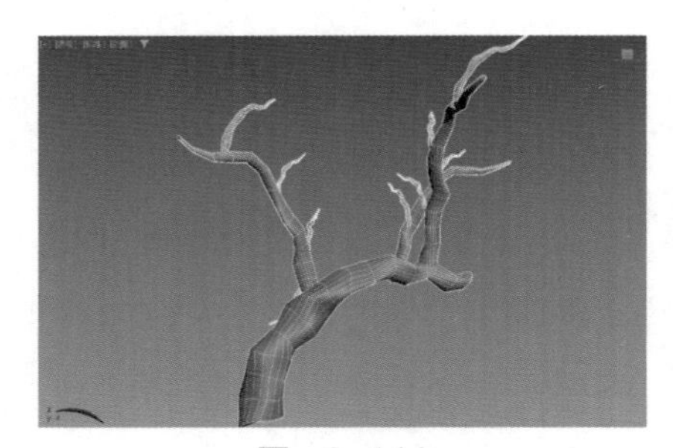

图 2-144

22 在“散布对象”卷展栏中，设置“重复数”为30，“基础比例”为50，取消勾选“垂直”复选框，勾选“仅使用选定面”复选框，设置“分布方式”为“跳过N个”，该值为200，如图2-145所示。

23 在“变换”卷展栏中，设置“旋转”组中的Z为360，“比例”组中的X为50，勾选“使用最大范围”和“锁定纵横比”复选框，如图2-146所示。

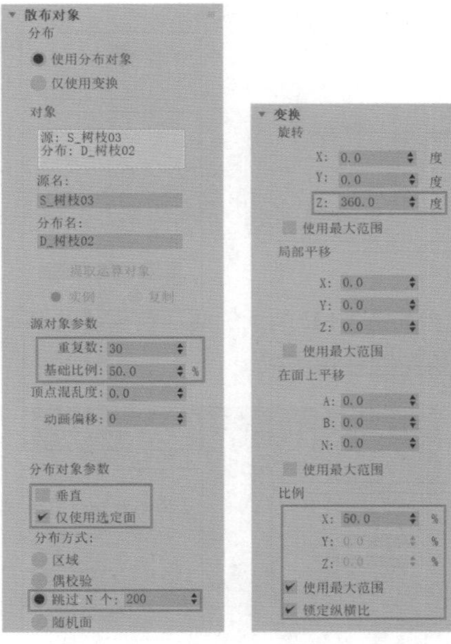

图 2-145　　图 2-146

24 设置完成后，“树枝03”模型的视图显示结果如图2-147所示。

图 2-147

2.6.3 使用“散布”工具制作树叶

01 在“修改”面板中，为“树枝03”模型添加“多边形选择”修改器，如图2-148所示。

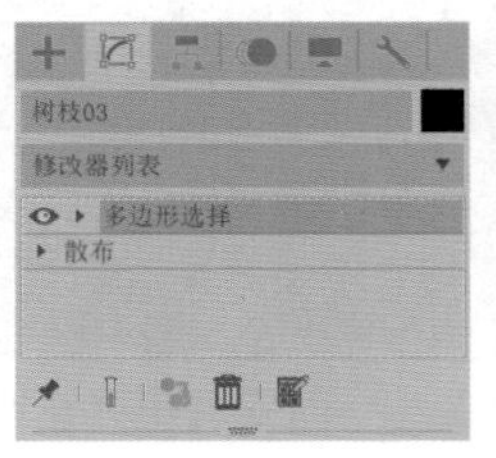

图 2-148

02 选择如图2-149所示的面，用来作为将来树叶生长的区域。

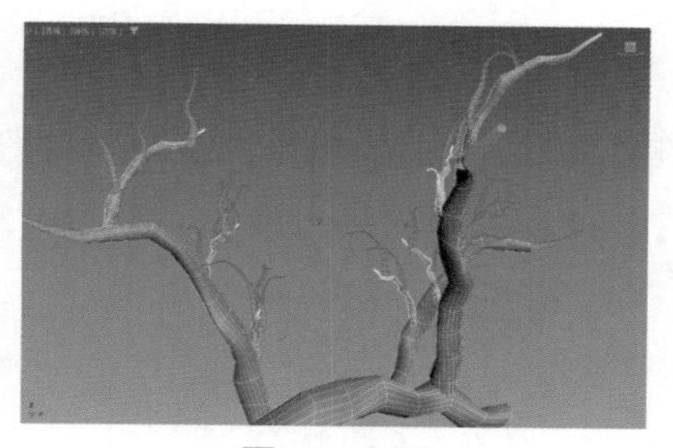

图　2-149

▶03 选择如图2-150所示的树叶模型。

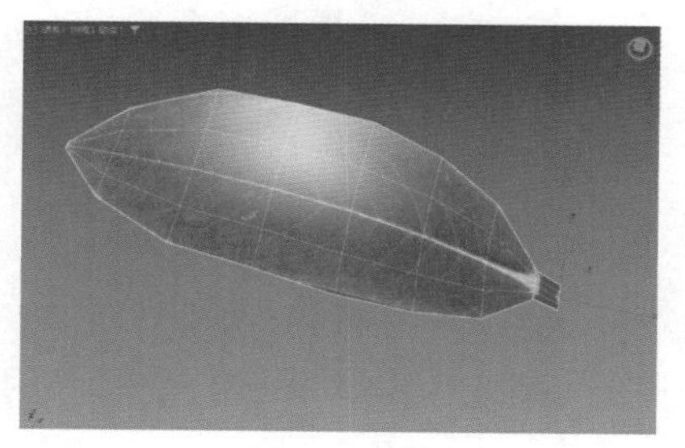

图　2-150

▶04 在“创建”面板中，单击“散布”按钮，如图2-151所示。

▶05 在“拾取分布对象”卷展栏中，单击“拾取分布对象”按钮，再单击场景中的“树枝03”模型，这样，“树枝03”模型的名称会自动出现在“对象”的后方，如图2-152所示。

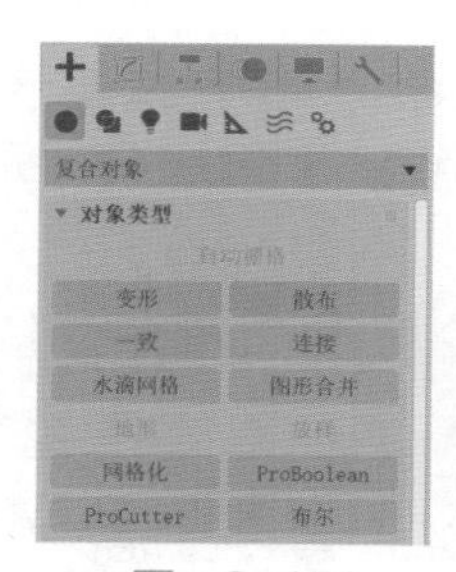

图　2-151

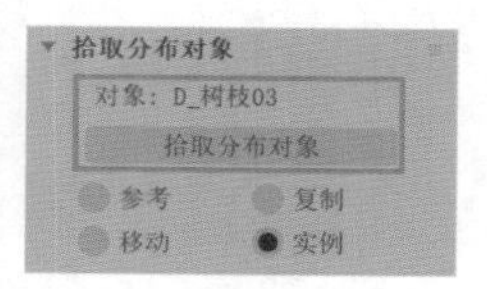

图　2-152

▶06 在“散布对象”卷展栏中，设置“重复数”为1000，“基础比例”为60，取消勾选“垂直”复选框，勾选“仅使用选定面”复选框，如图2-153所示。

▶07 设置完成后，树叶模型的视图显示结果如图2-154所示。

▶08 在“变换”卷展栏中，设置“旋转”组中X为20，Y为20，Z为360，“比例”组中的X为50，勾选“使用最大范围”和“锁定纵横比”复选框，如图2-155所示。

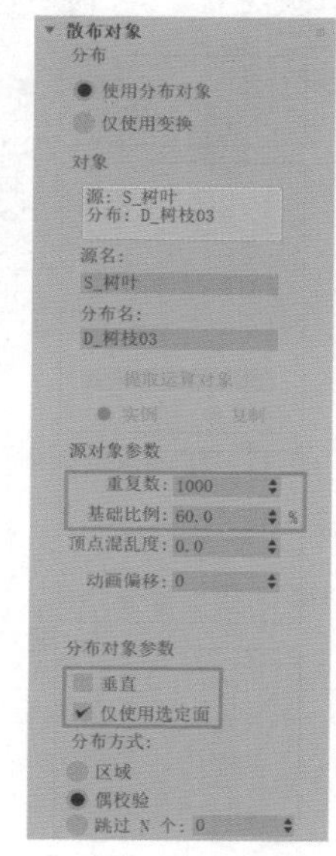

图　2-153

图　2-154

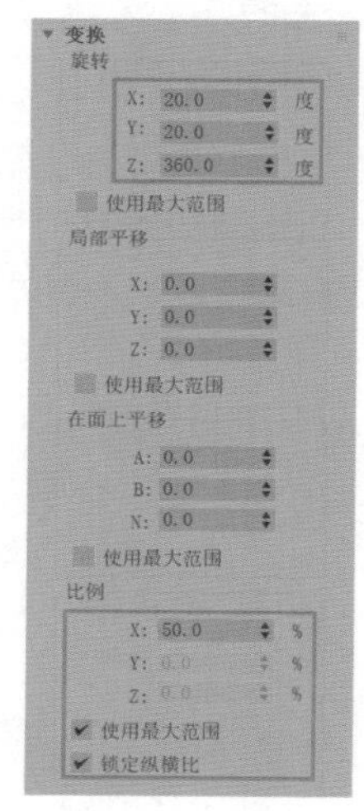

图　2-155

▶09 设置完成后，树叶模型的视图显示结果如图2-156所示。

图 2-156

10 在“修改”面板中，将树叶模型的名称更改为“树”，如图2-157所示。

图 2-157

11 本实例制作完成的树木模型如图2-158所示。

图 2-158

12 在“修改”面板中，将树模型的所应用的修改器依次展开，如图2-159所示。我们接下来需要为这些修改器中的属性设置关键帧来制作树木生长的动画效果。

图 2-159

2.6.4 制作树木生长动画

01 在“修改器堆栈”中单击Cone，如图2-160所示。

图 2-160

02 这时，系统会自动弹出“警告”对话框，单击“是”按钮，即可关闭该对话框，如图2-161所示。

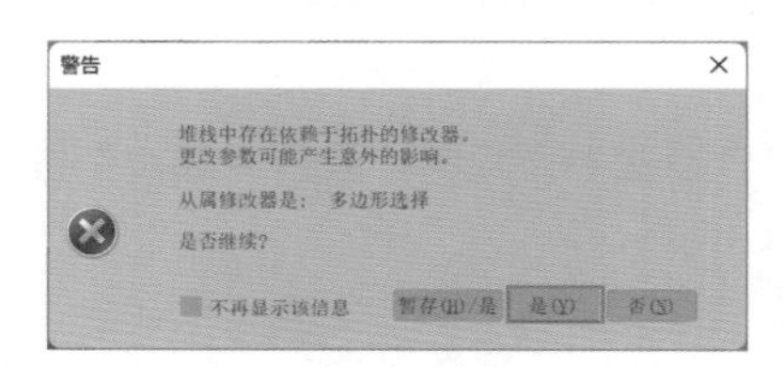

图 2-161

03 在0帧位置处，设置“高度”为0，如图2-162所示。

04 单击软件界面下方右侧的“自动”按钮，使其处于背景色为红色的按下状态，如图2-163所示。

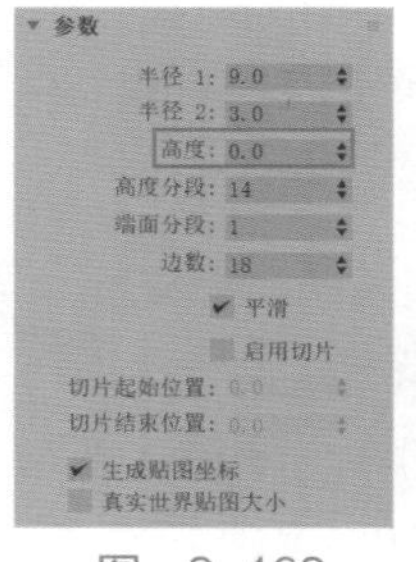

图 2-162

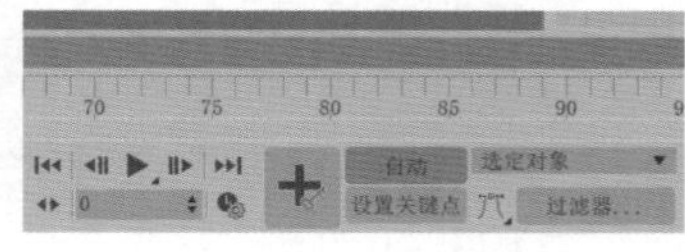

图 2-163

05 在50帧位置处，设置“高度”为120，如图2-164所示。制作出树干生长的动画效果。

06 在“修改器堆栈”中，单击我们之前添加的第1个“散布”修改器，如图2-165所示。

07 在40帧位置处，设置“基础比例”为0，并为该属性设置关键帧，如图2-166所示。

▶08 在第80帧位置处，设置“基础比例”为100，并为该属性设置关键帧，如图2-167所示。

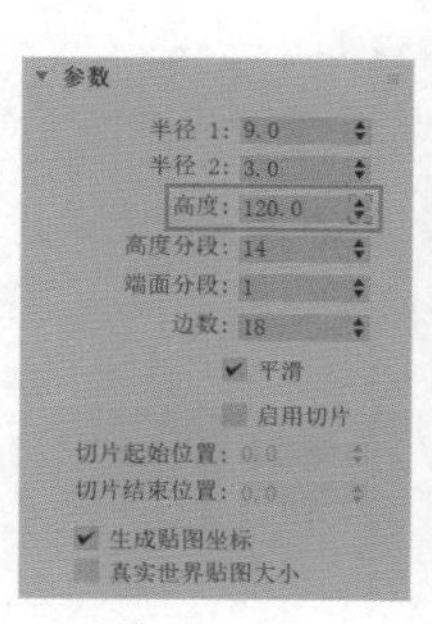

图　2-164

图　2-165

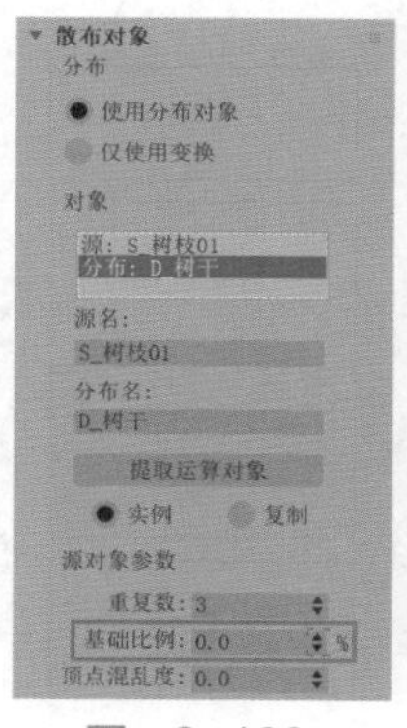

图　2-166

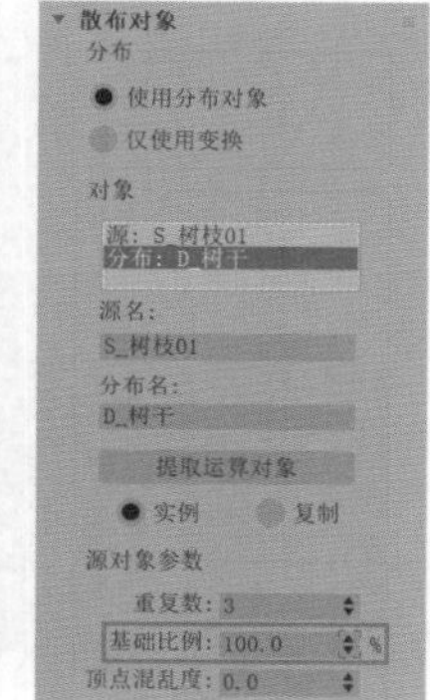

图　2-167

▶09 在“修改器堆栈”中，单击我们之前添加的第2个“散布”修改器，如图2-168所示。

▶10 在70帧位置处，设置“基础比例”为0，并为该属性设置关键帧，如图2-169所示。

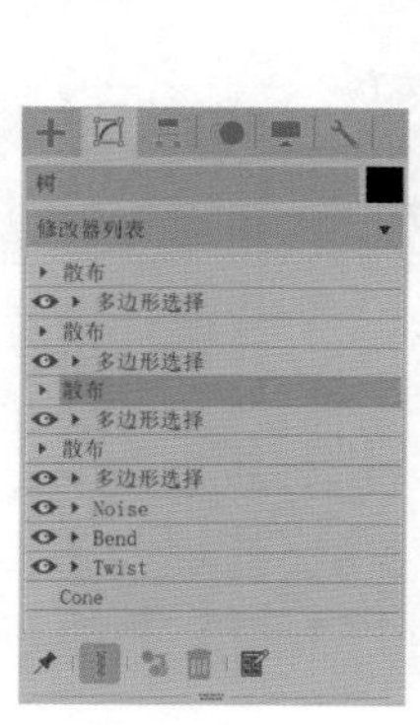

图　2-168

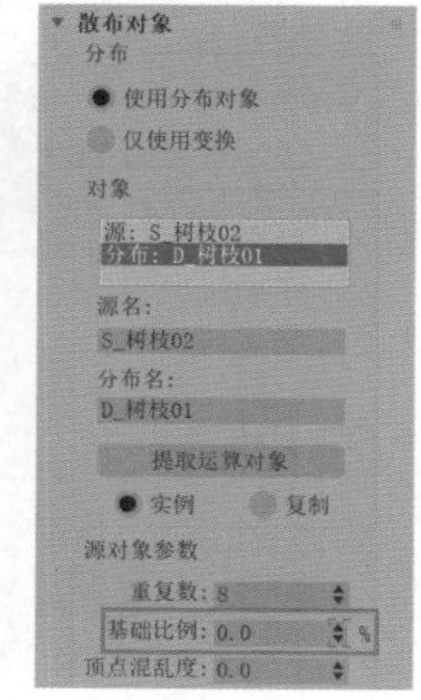

图　2-169

▶11 在100帧位置处，设置“基础比例”为35，并为该属性设置关键帧，如图2-170所示。

▶12 在“修改器堆栈”中，单击我们之前添加的第3个“散布”修改器，如图2-171所示。

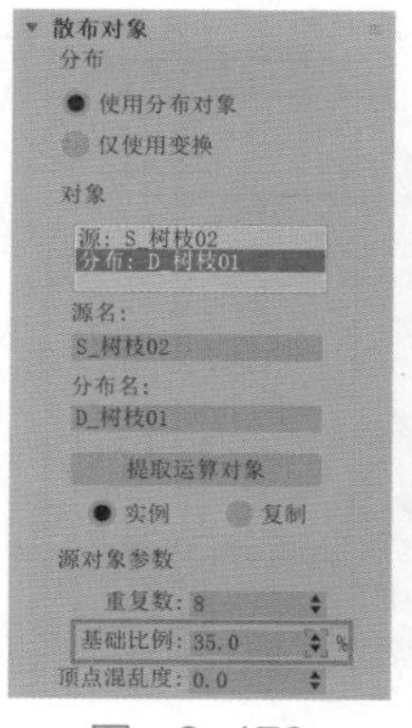

图　2-170

图　2-171

▶13 在90帧位置处，设置“基础比例”为0，并为该属性设置关键帧，如图2-172所示。

▶14 在120帧位置处，设置“基础比例”为50，并为该属性设置关键帧，如图2-173所示。

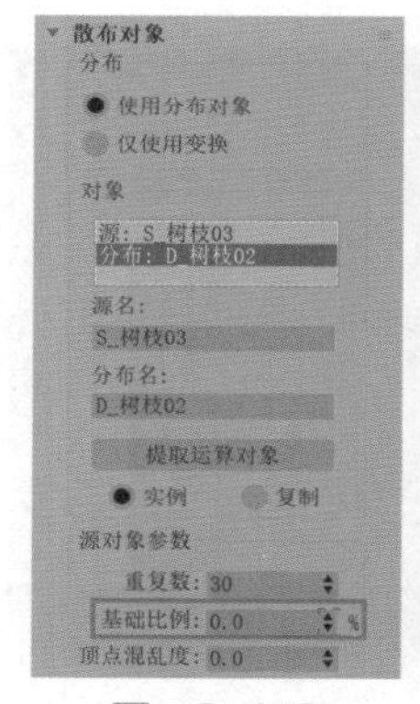

图　2-172

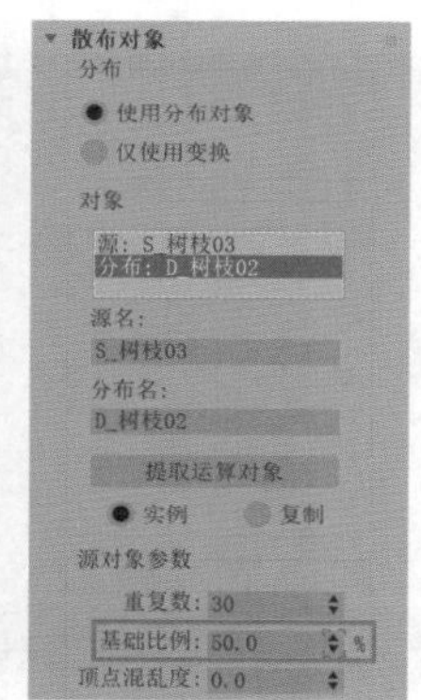

图　2-173

▶15 在“修改器堆栈”中，单击我们之前添加的第4个“散布”修改器，如图2-174所示。

▶16 在115帧位置处，设置“基础比例”为0，并为该属性设置关键帧，如图2-175所示。

图　2-174

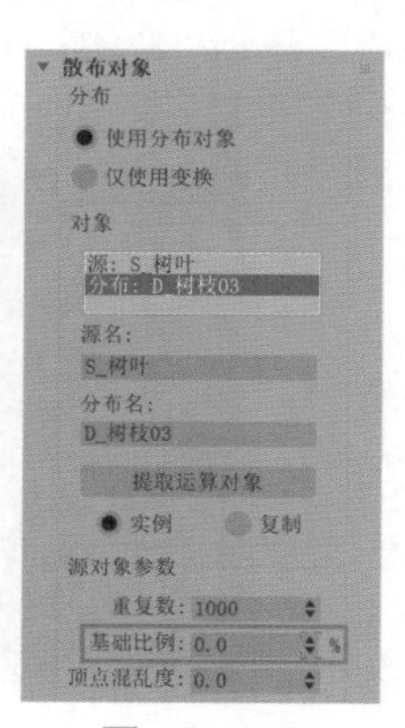

图　2-175

17 在150帧位置处，设置“基础比例”为60，并为该属性设置关键帧，如图2-176所示。

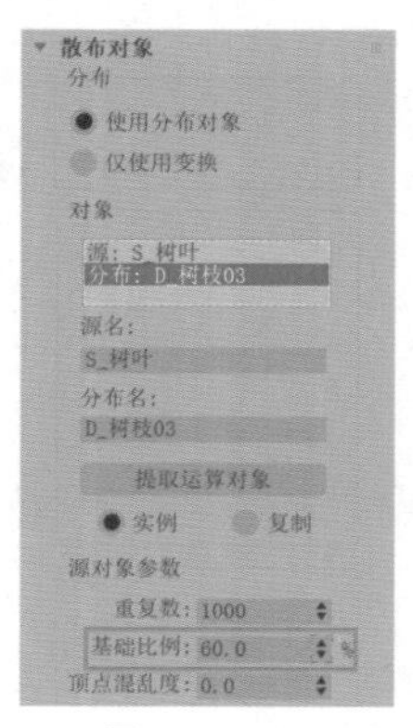

图　2-176

18 设置完成后，播放场景动画，本实例的动画效果如图2-177所示。

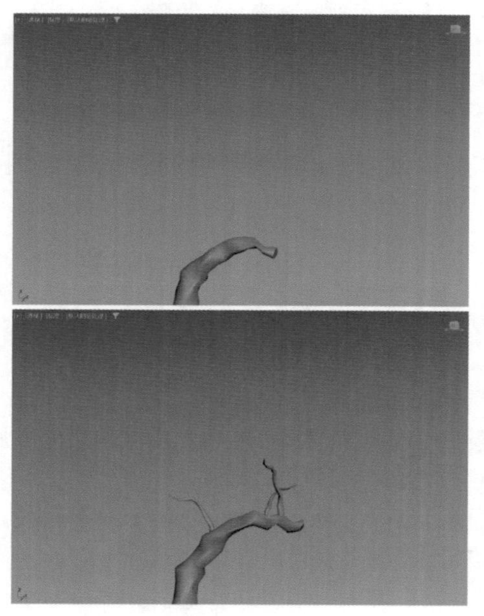

图　2-177

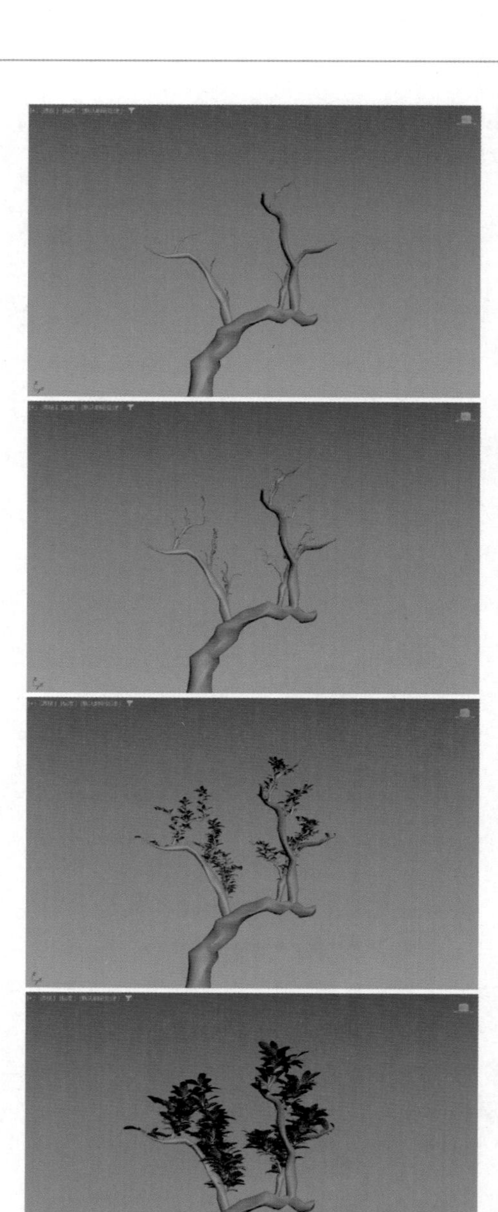

图　2-177（续）

第3章 材质光影动画

材质就像颜料一样，通过给三维模型添加色彩及质感，为作品注入活力。在灯光的照射下，材质可以反映出模型的纹理、光泽、通透程度、反射及折射属性等特性，使得三维模型看起来不再色彩单一，而是更加的真实和自然。本章将详细讲解使用材质编辑器及灯光来制作效果逼真的材质光影动画效果。

3.1 实例：使用“渐变坡度”贴图制作文字消失动画

本实例通过制作一个文字消失的动画效果来讲解材质动画的基本应用技巧，图3-1所示为本实例的动画完成渲染效果。

图 3-1

▶01 启动中文版3ds Max 2024软件，打开配套资源文件“文字.max”，里面有1个英文文字模型和1个地面模型，并且已经设置好了摄影机及灯光，如图3-2所示。

图 3-2

▶02 选择场景中的文字模型，按M键，打开“材质编辑器”面板，为其指定一个默认的“物理材质”，并重命名材质名称为“文字”，如图3-3所示。

▶03 在“基本参数”卷展栏中，设置“基础颜色”为红色，如图3-4所示。其中，基础颜色的参数设置如图3-5所示。

图 3-3

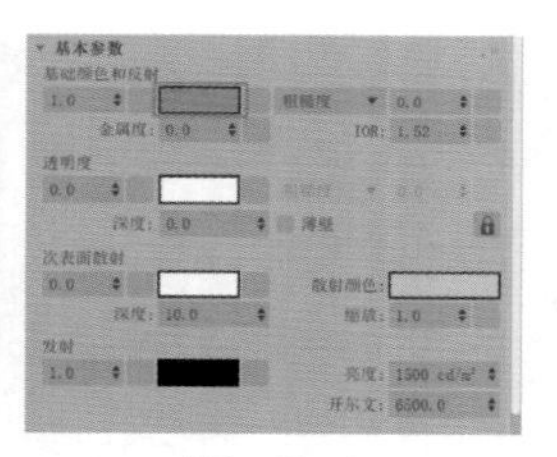

图 3-4

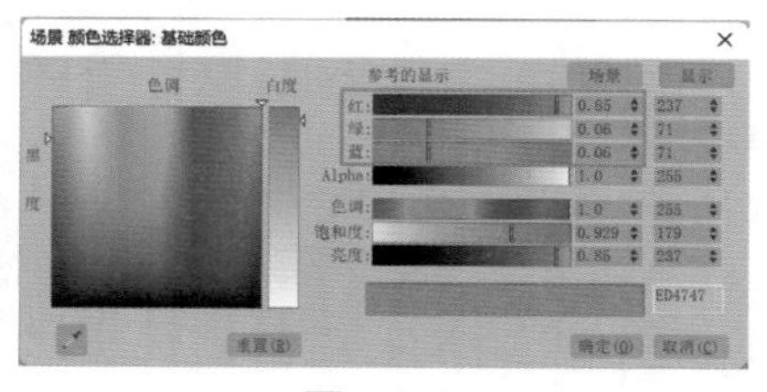

图 3-5

▶04 渲染场景，渲染结果如图3-6所示。

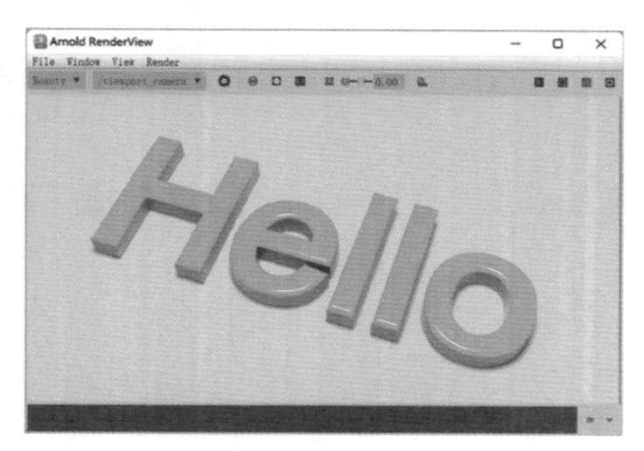

图 3-6

▶05 在“特殊贴图”卷展栏中，单击“裁切（不透明度）”后面的“无贴图”按钮，如图3-7所示。

▶06 在系统自动弹出的“材质/贴图浏览器”对话框中选择“渐变坡度”选项，并单击“确定”按钮，如图3-8所示。

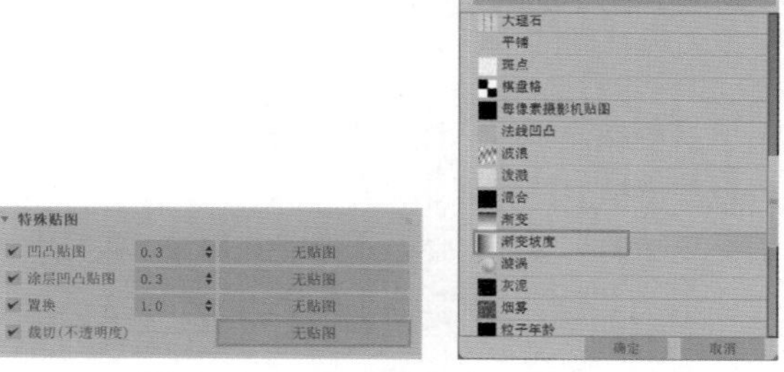

图 3-7　　图 3-8

▶07 在“修改”面板中，为文字模型添加“UVW贴图”修改器，如图3-9所示。

图 3-9

▶08 添加完成后，文字模型的视图显示结果如图3-10所示。

图 3-10

▶09 渲染场景，渲染结果如图3-11所示。我们可以看到文字模型由一侧向另一侧慢慢消失。

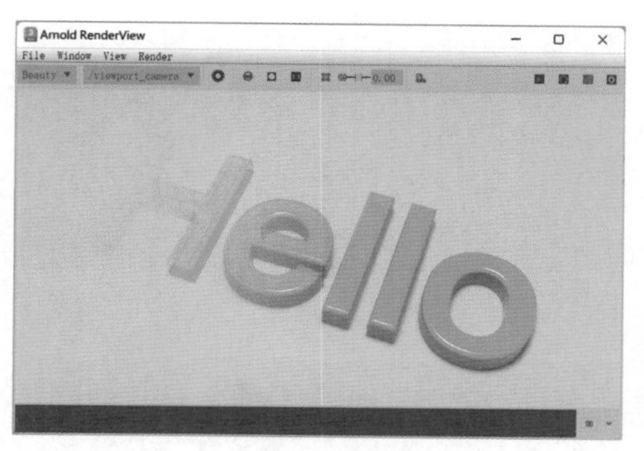

图　3-11

▶10 在“渐变坡度参数”卷展栏中设置渐变颜色，如图3-12所示。

▶11 在“修改”面板中，进入“UVW贴图”修改器的Gizmo子层级，如图3-13所示。

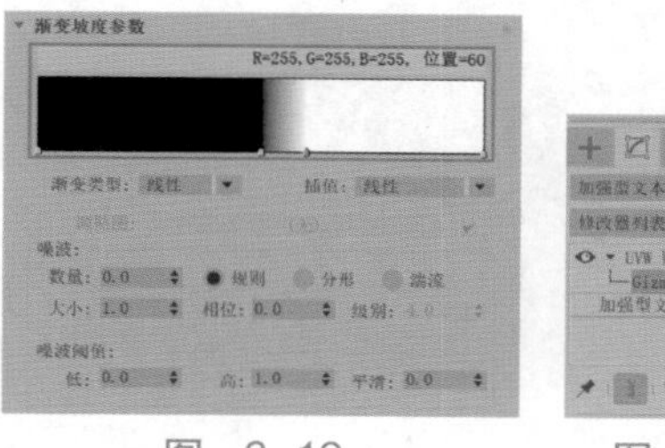

图　3-12

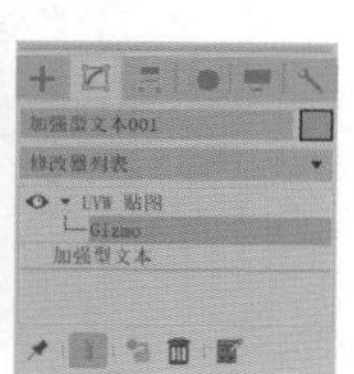

图　3-13

▶12 在0帧位置处，调整Gizmo的大小和位置至图3-14所示。

图　3-14

▶13 单击软件界面下方右侧的“自动”按钮，使其处于背景色为红色的按下状态，如图3-15所示。

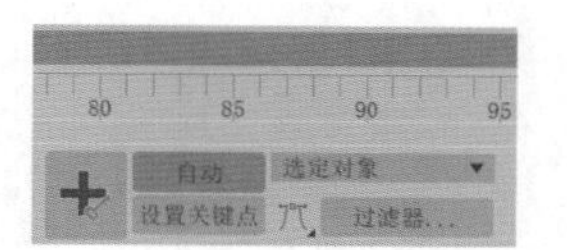

图　3-15

▶14 在60帧位置处，移动Gizmo的位置至图3-16所示。这样，系统会自动在60帧位置处生成一个关键帧。

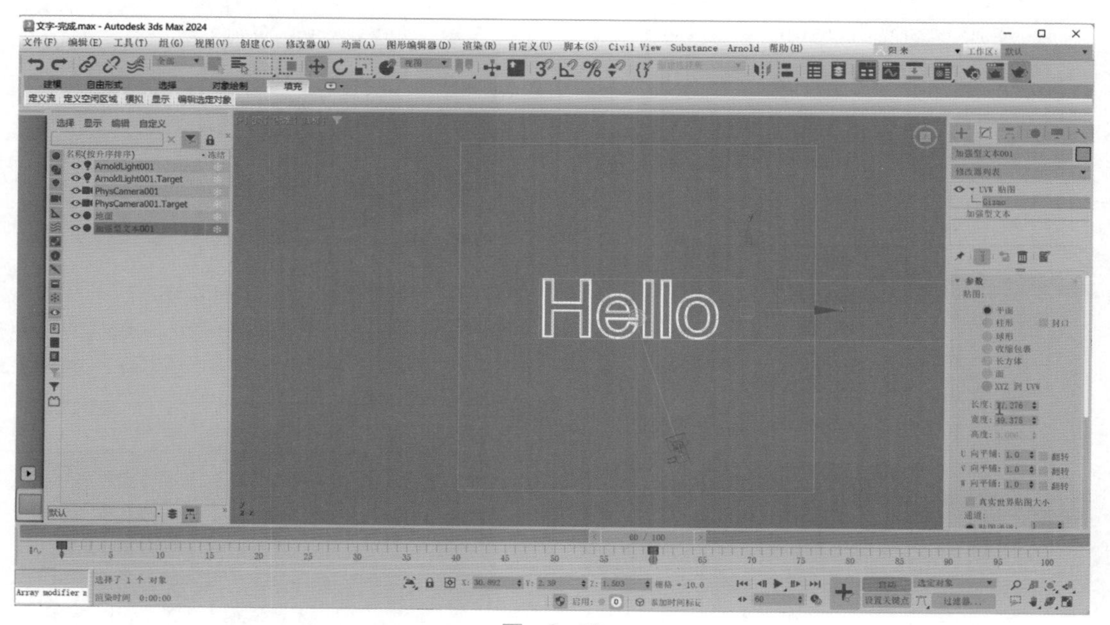

图　3-16

▶15 设置完成后，按C键，回到“摄影机”视图，渲染场景，本实例制作完成后的动画效果如图3-17所示。

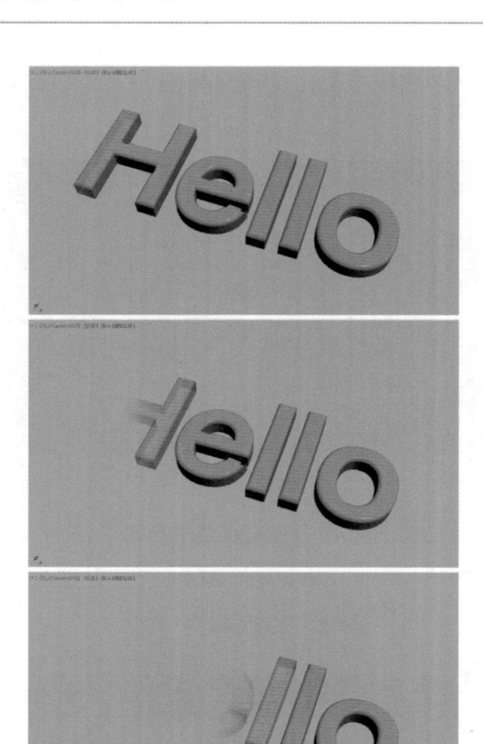

图 3-17

使用"切片"修改器也可以得到类似的动画效果，但是如果使用材质来制作，则可以得到带有渐变消失的视觉效果。

3.2 实例：使用"混合"材质制作材质转换动画

本实例制作一个物体的材质由陶瓷转换为金属的动画效果，图3-18所示为本实例的动画完成渲染效果。

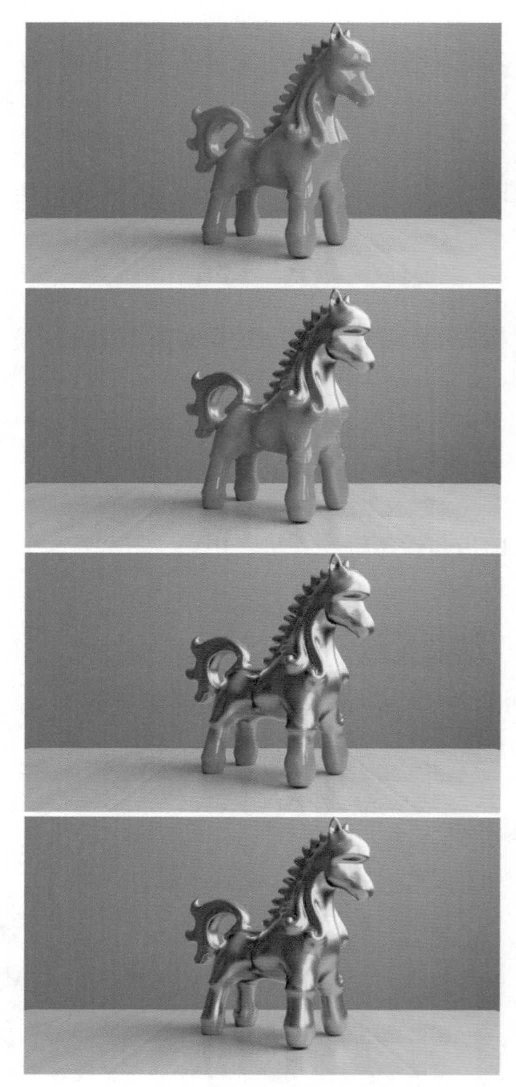

图 3-18

01 启动中文版3ds Max 2024软件，打开配套资源文件"小马.max"，里面有1个小马形状的摆件模型，并且已经设置好了摄影机及灯光，如图3-19所示。

图 3-19

▶02 选择场景中的文字模型，按M键打开“材质编辑器”面板，为其指定一个默认的“物理材质”，并重命名材质名称为“红色陶瓷”，如图3-20所示。

▶03 在“基本参数”卷展栏中，设置“基础颜色”为红色，如图3-21所示。其中，基础颜色的参数设置如图3-22所示。

图　3-20

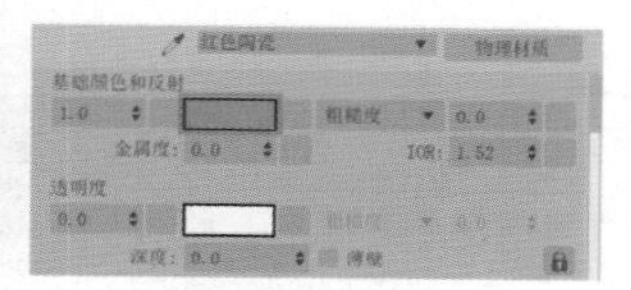

图　3-21

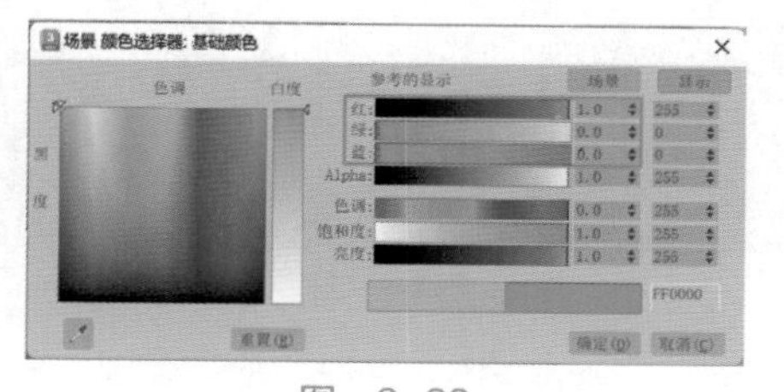

图　3-22

▶04 设置完成后，渲染场景，红色陶瓷材质的渲染结果如图3-23所示。

图　3-23

▶05 在“材质编辑器”面板中，单击“物理材质”按钮，如图3-24所示。

▶06 在系统自动弹出的“材质/贴图浏览器”对话框中选择“混合”选项，并单击“确定”按钮，如图3-25所示。

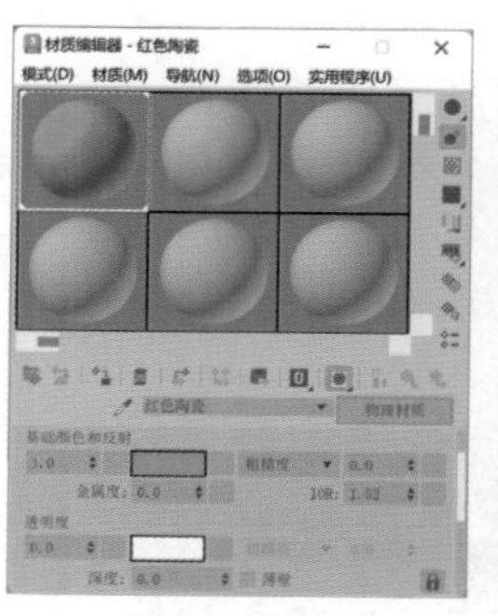

图　3-24

图　3-25

▶07 在系统自动弹出的“替换材质”对话框中，保持默认选项“将旧材质保持为子材质”，单击“确定”按钮，关闭该对话框，如图3-26所示。

▶08 在“混合基本参数”卷展栏中，单击“材质2”后面的按钮，如图3-27所示。

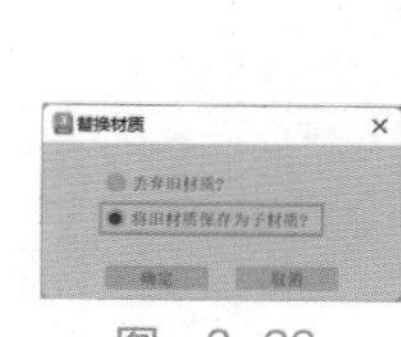

图　3-26

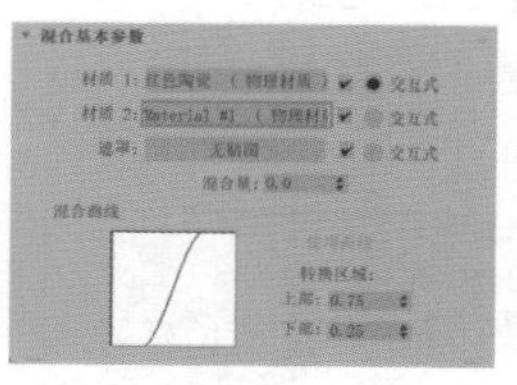

图　3-27

▶09 设置材质2的名称为“金色金属”，在“基本参数”卷展栏中，设置“基础颜色”为黄色，“粗糙度”为0.3，“金属度”为1，如图3-28所示。其中，基础颜色的参数设置如图3-29所示。

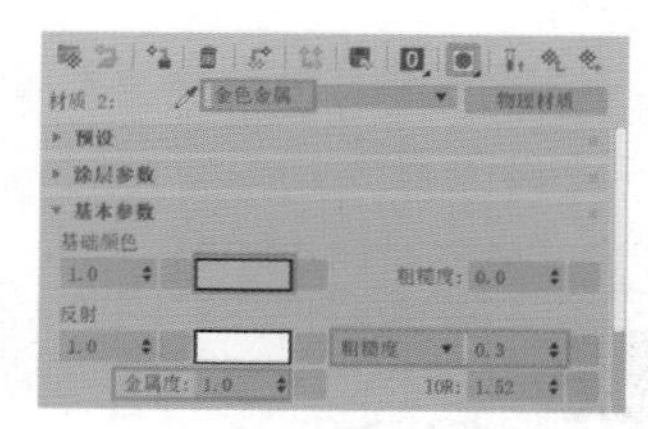

图　3-28

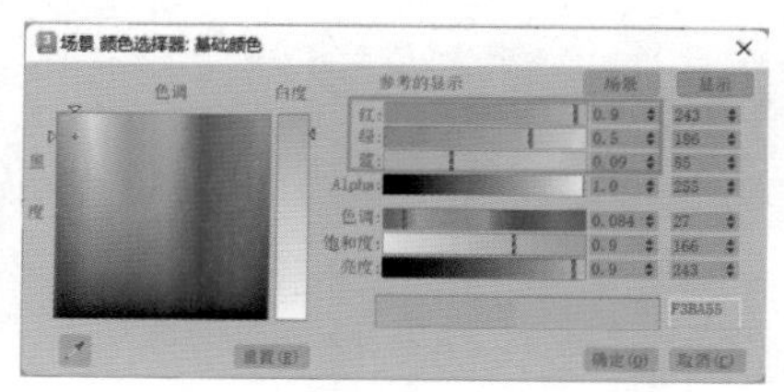

图　3-29

提示 仔细观察应该不难发现这个物理材质里的参数与默认的物理材质略有不同，这是因为同为“物理材质”，但是，该物理材质的“材质模式”为“符合Autodesk标准曲面”，如图3-30所示。

图 3-30

▶10 在“混合基本参数”卷展栏中，单击“遮罩”后面的“无贴图”按钮，如图3-31所示。

▶11 在系统自动弹出的“材质/贴图浏览器”对话框中选择“渐变坡度”选项，并单击“确定”按钮，如图3-32所示。

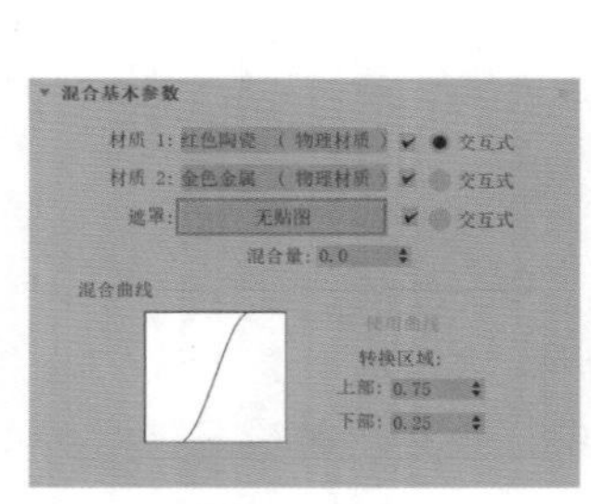

图 3-31

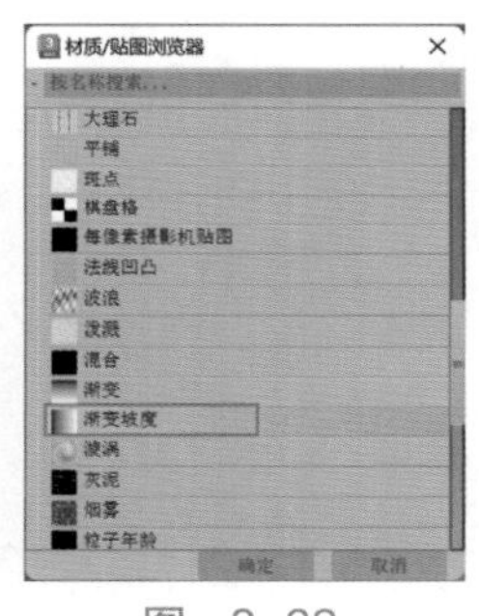

图 3-32

▶12 在“渐变坡度参数”卷展栏中设置渐变颜色，如图3-33所示。

▶13 在“修改”面板中，为马模型添加“UVW贴图”修改器，如图3-34所示。

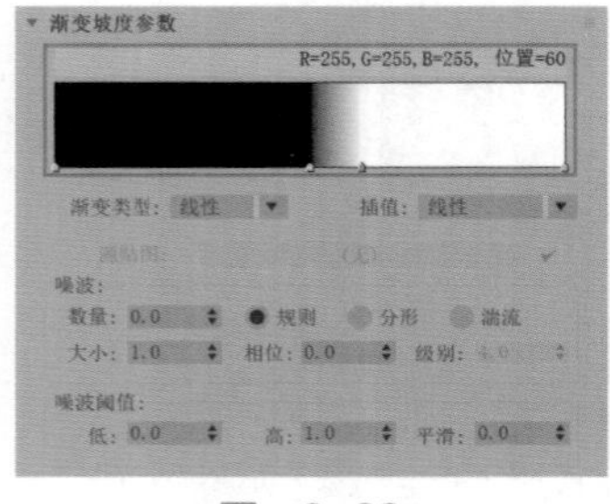

图 3-33

图 3-34

▶14 在“参数”卷展栏中，设置“对齐”为X后，再单击“适配”按钮，如图3-35所示。

▶15 在“修改”面板中，进入“UVW贴图”修改器的Gizmo子层级，如图3-36所示。

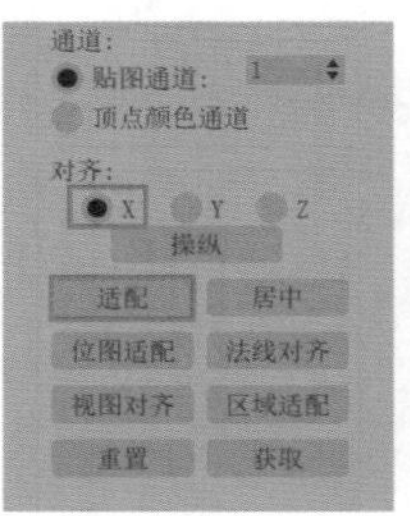

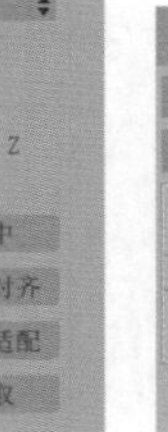

图 3-35

图 3-36

▶16 在0帧位置处，调整Gizmo的大小和位置至图3-37所示。

图 3-37

▶17 单击软件界面下方右侧的“自动”按钮，使其处于背景色为红色的按下状态，如图3-38所示。

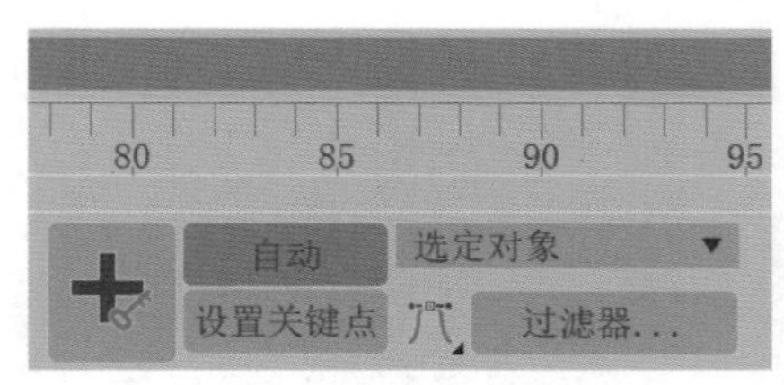

图 3-38

▶18 在60帧位置处，移动Gizmo的位置至图3-39所示。这样，系统会自动在60帧位置生成一个关键帧。

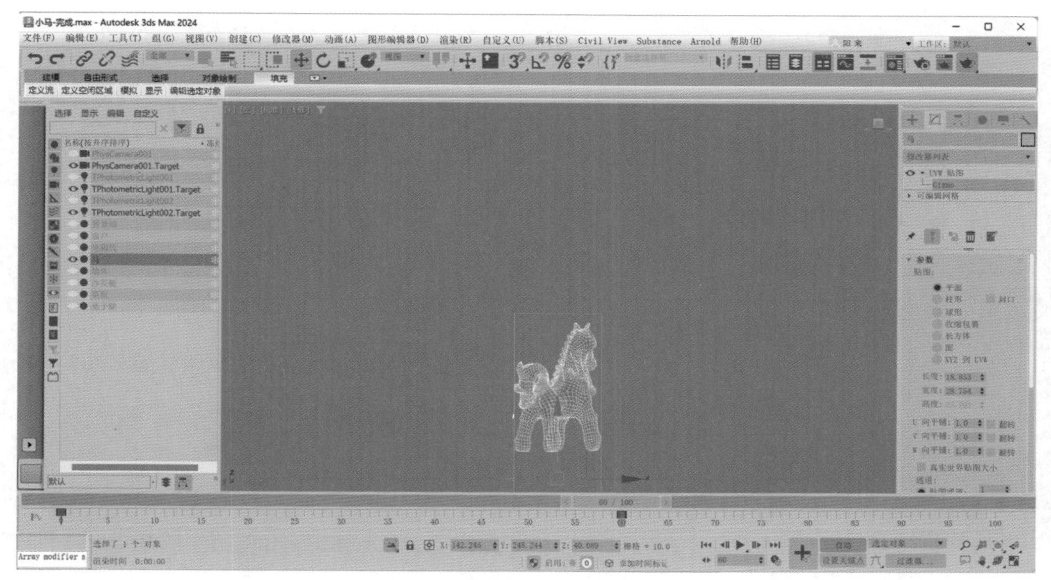

图 3-39

▶19 设置完成后，分别渲染20帧和45帧的画面，渲染结果如图3-40和图3-41所示。我们可以看到，小马摆件的材质会慢慢由红色陶瓷材质向金色金属材质转变。

图 3-40

图 3-41

3.3 实例：水下焦散动画

焦散是指当光线穿过透明物体时，由于对象表面不平整（如带有波纹的水面、放大镜镜面等）所产生光影效果。本实例通过设置贴图的方式来模拟光线透过水下所产生的焦散效果，图3-42所示为本实例的动画完成渲染效果。

图 3-42

图 3-42（续）

3.3.1 使用Arnold Light为场景照明

▶01 启动中文版3ds Max 2024软件，打开配套资源文件“水下.max”，里面是一个水下的动画场景，并且已经设置好了摄影机，如图3-43所示。

图 3-43

▶02 渲染场景，未添加灯光时的渲染结果如图3-44所示。

图 3-44

▶03 在“创建”面板中，单击Arnold Light按钮，如图3-45所示。在场景中创建一个Arnold Light灯光。

图 3-45

▶04 选择灯光目标点，设置其位置如图3-46所示。

图 3-46

▶05 选择Arnold Light灯光，设置其位置如图3-47所示。

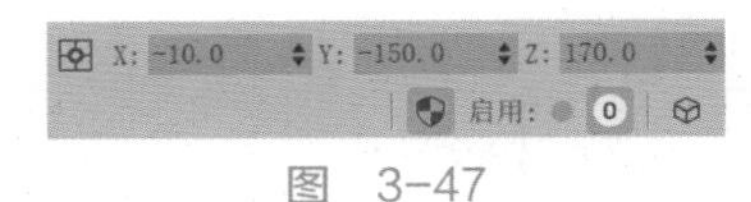

图 3-47

▶06 设置完成后，Arnold Light灯光在场景中的位置如图3-48所示。

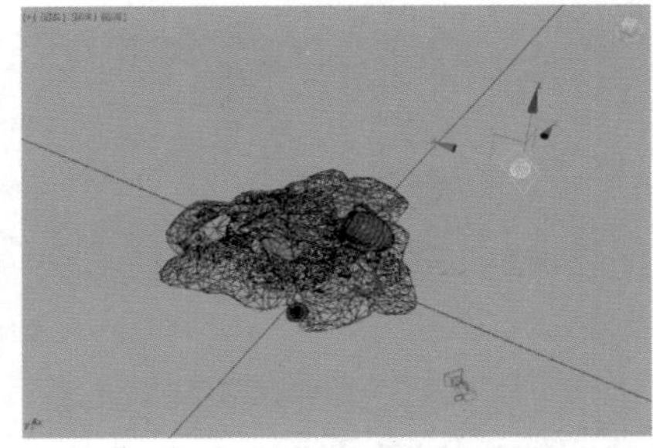

图 3-48

▶07 选择Arnold Light灯光，在Shape（形状）卷展栏中，设置Type（类型）为Spot（聚光），Cone Angle为80，Penumbra Angle为20，如图3-49所示。

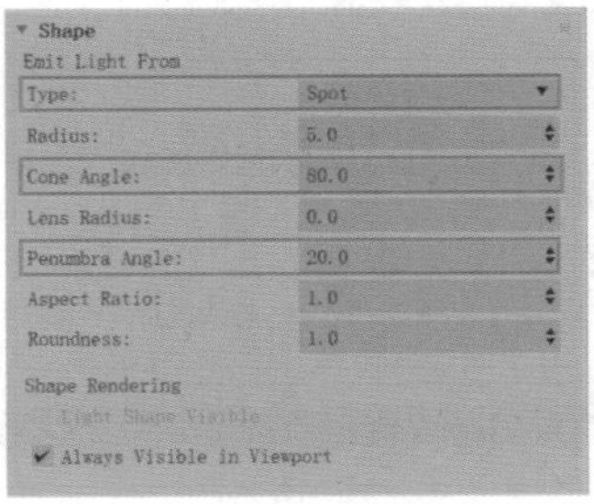

Shape
Emit Light From
Type: Spot
Radius: 5.0
Cone Angle: 80.0
Lens Radius: 0.0
Penumbra Angle: 20.0
Aspect Ratio: 1.0
Roundness: 1.0
Shape Rendering
Light Shape Visible
Always Visible in Viewport

图 3-49

▶08 在Color/Intensity（颜色/强度）卷展栏中，设置Color（颜色）为Kelvin（开尔文），值为12000，Intensity（强度）为1，Exposure（曝光）为9，如图3-50所示。

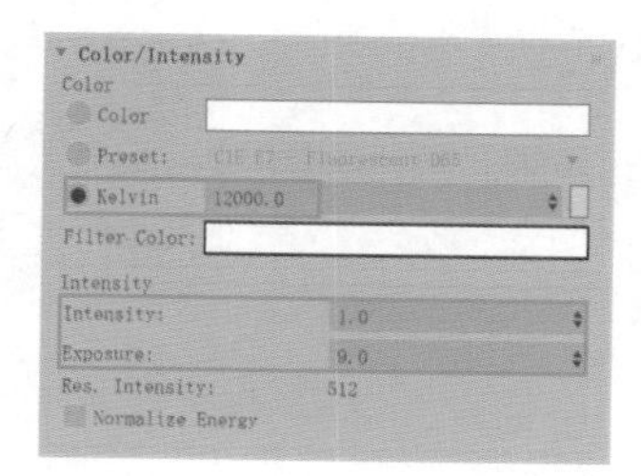

图　3-50

▶09 设置完成后，渲染场景，渲染结果如图3-51所示。

图　3-51

▶10 在“主工具栏”上单击“渲染设置”图标，如图3-52所示。

图　3-52

▶11 在“渲染设置”面板中，展开Environment, Background&Atmosphere（环境，背景和大气）卷展栏，单击Scene Atmosphere（场景大气）后面的“无材质”按钮，如图3-53所示。

▶12 在系统自动弹出的“材质/贴图浏览器”对话框中选择Atmosphere Volume（大气体积）选项，并单击“确定”按钮，如图3-54所示。

▶13 设置完成后，我们可以看到Atmosphere Volume（大气体积）的名称会出现在Scene Atmosphere（场景大气）属性后面的按钮上，如图3-55所示。

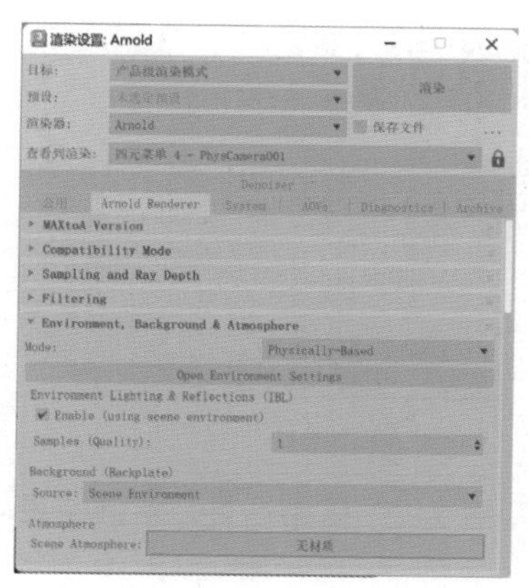

图　3-53

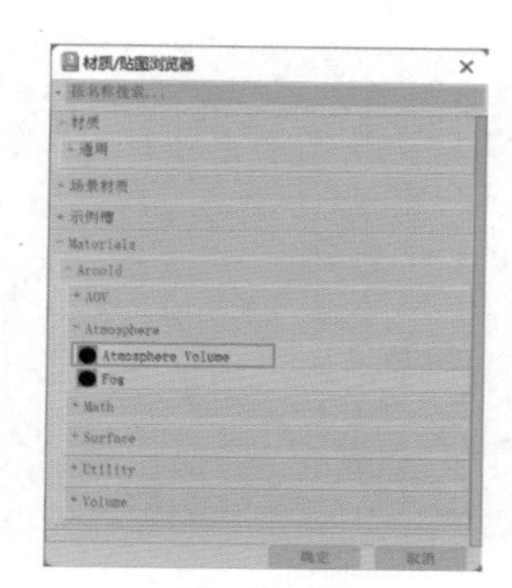

图　3-54

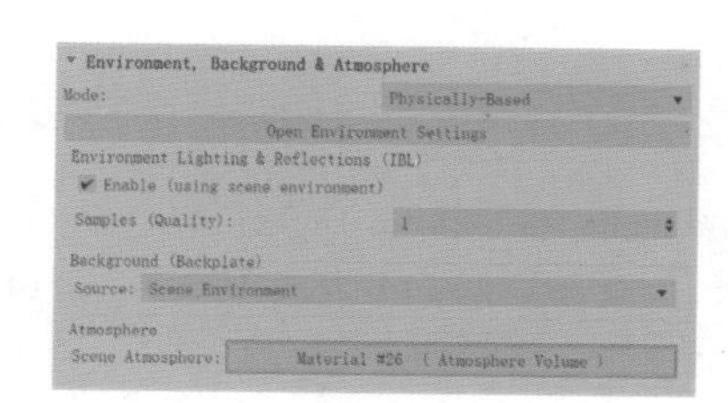

图　3-55

▶14 按M键打开“材质编辑器”面板。将Atmosphere Volume（大气体积）贴图拖曳至任意一个未使用的材质球上，如图3-56所示。在系统自动弹出的“实例（副本）材质”对话框中单击“确定”按钮，如图3-57所示。

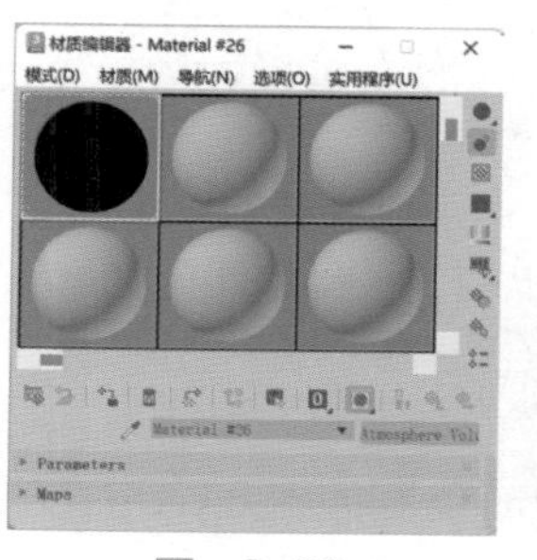

图　3-56

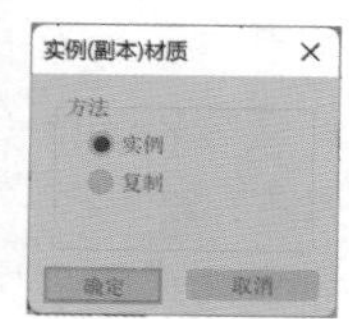

图　3-57

▶15 在Parameters（参数）卷展栏中，设置Density（密度）为0.01，如图3-58所示。

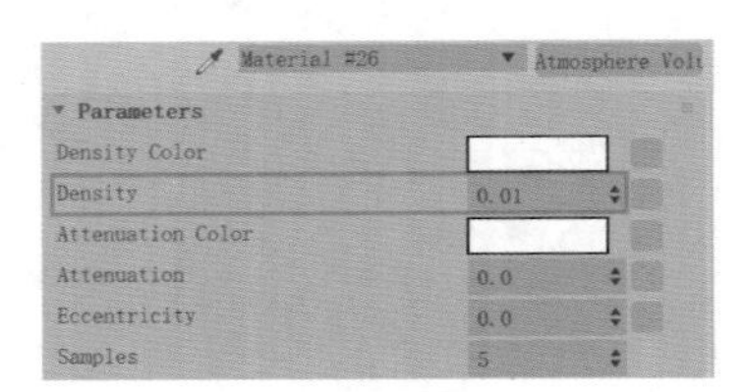

图 3-58

▶16 设置完成后，渲染场景，渲染结果如图3-59所示。

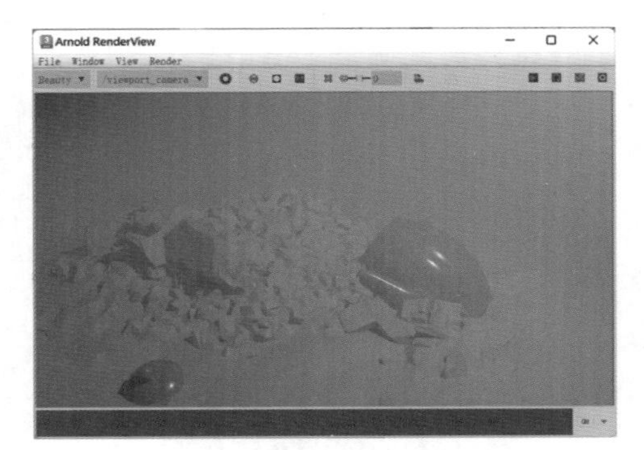

图 3-59

3.3.2 使用Cell Noise制作焦散动画

▶01 选择场景中的Arnold Light灯光，在“修改”面板中，为其添加Arnold Gobo Filter（Arnold遮光过滤）修改器，如图3-60所示。

▶02 在Gobo（遮光）卷展栏中，单击Color（颜色）下方的“无”按钮，如图3-61所示。

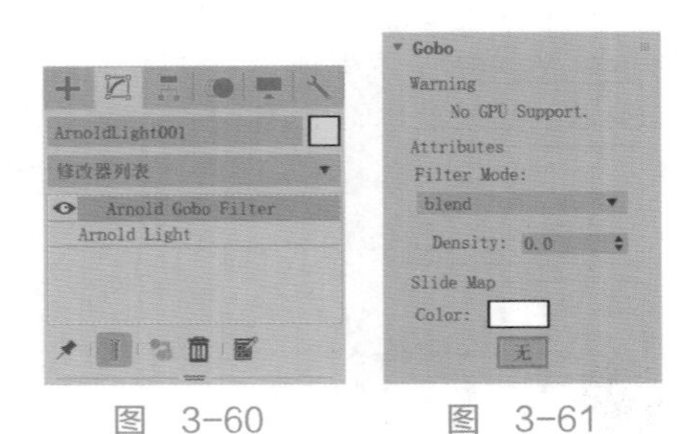

图 3-60　　图 3-61

▶03 在系统自动弹出的“材质/贴图浏览器”对话框中，选择Range（范围），并单击“确定”按钮，如图3-62所示。

▶04 设置完成后，我们可以看到Range（范围）的名称会出现在Color（颜色）属性下方的按钮上，如图3-63所示。

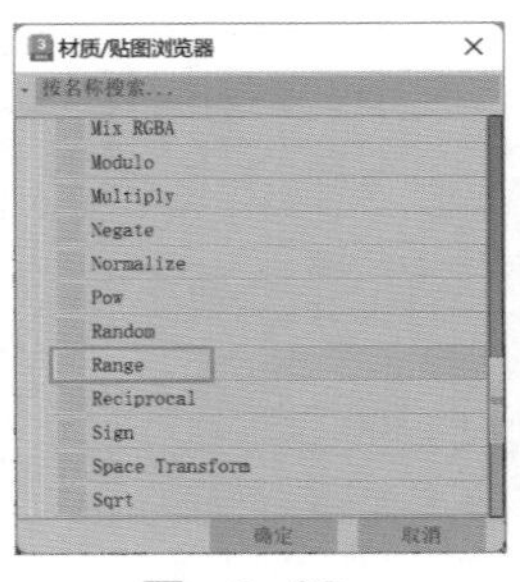

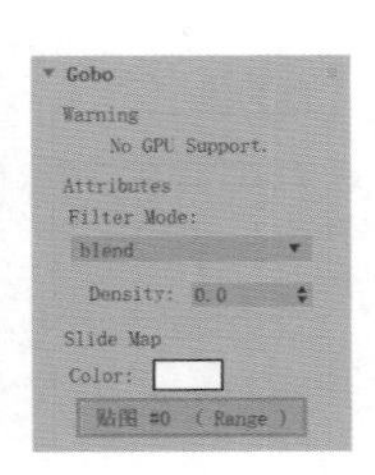

图 3-62　　图 3-63

▶05 按M键打开“材质编辑器”面板。将Range（范围）贴图拖曳至任意一个未使用的材质球上，如图3-64所示。在系统自动弹出的“实例（副本）材质”对话框中单击“确定”按钮，如图3-65所示。

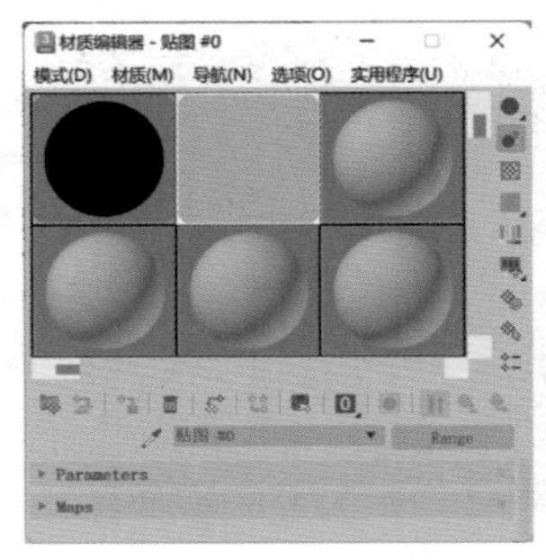

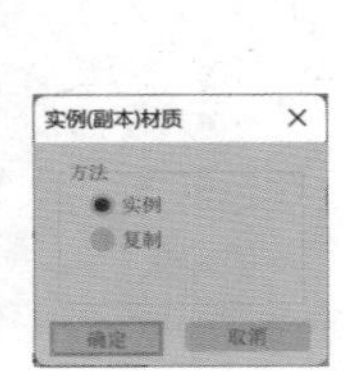

图 3-64　　图 3-65

▶06 在Parameters（参数）卷展栏中，单击Input（输入）后面的方形按钮，如图3-66所示。

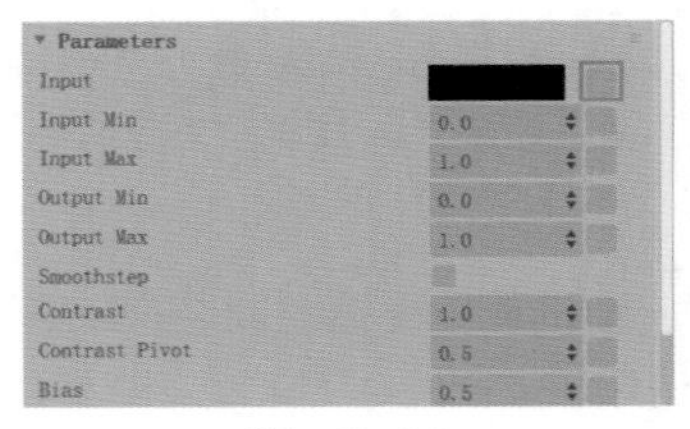

图 3-66

▶07 在系统自动弹出的“材质/贴图浏览器”对话框中选择Cell Noise（细胞噪波）选项，并单击“确定”按钮，如图3-67所示。

▶08 在Main（主要）卷展栏中，设置Pattern（图案）为worley1，如图3-68所示。

▶09 在Coordinates（坐标）卷展栏中，设置Coord Space（坐标空间）为uv，Scale（缩放）为（20，20，20），如图3-69所示。

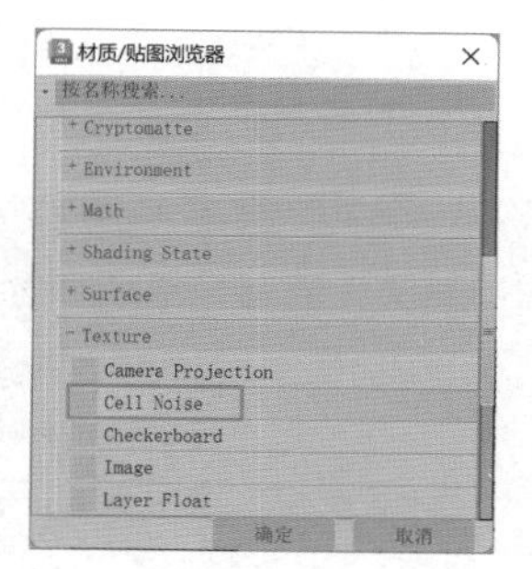

图 3-67

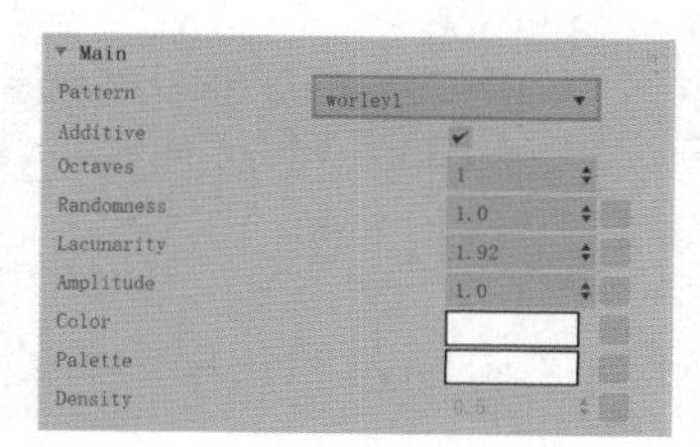

图 3-68

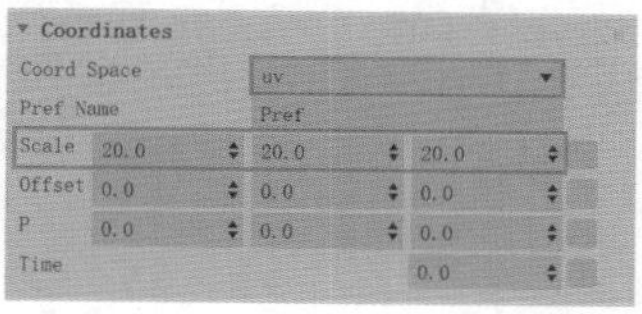

图 3-69

▶10 设置完成后，渲染场景，渲染结果如图3-70所示。

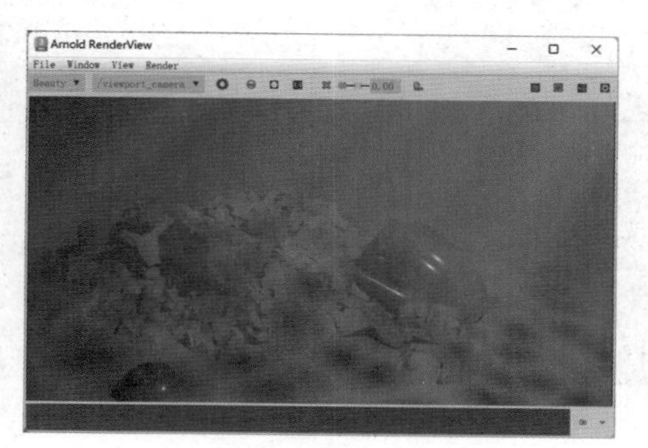

图 3-70

▶11 在Parameters（参数）卷展栏中，设置Output Max（最大输出）为5，如图3-71所示。

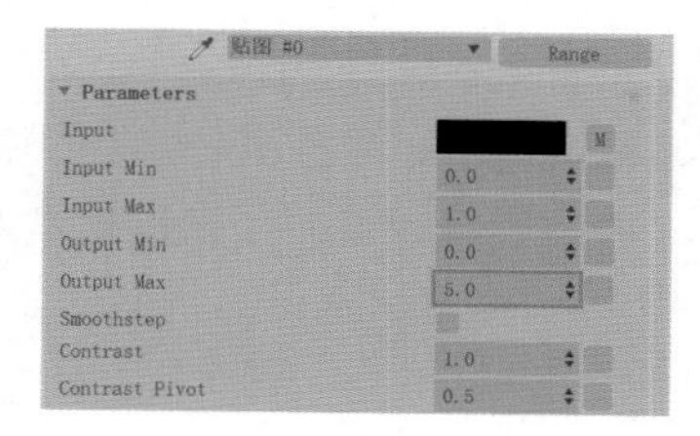

图 3-71

▶12 设置完成后，再次渲染场景，渲染结果如图3-72所示。

图 3-72

▶13 单击软件界面下方右侧的“自动”按钮，使其处于背景色为红色的按下状态，如图3-73所示。

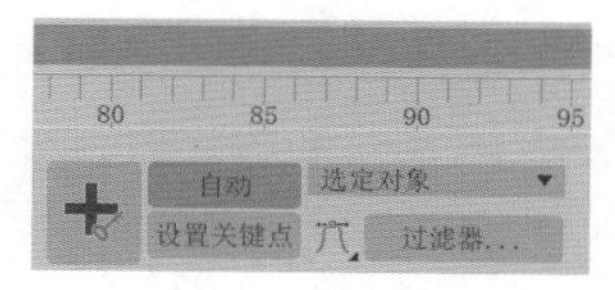

图 3-73

▶14 在100帧位置处，在Coordinates（坐标）卷展栏中，设置Offset（偏移）为（100，0，0），如图3-74所示。

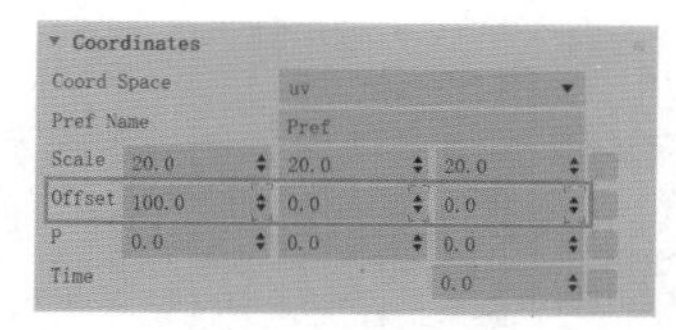

图 3-74

▶15 设置完成后，再次渲染场景，渲染结果如图3-75所示。我们可以看到水下的光影产生了偏移变化。

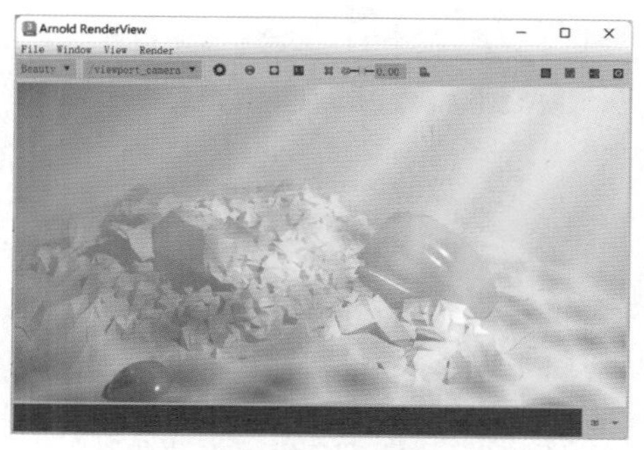

图 3-75

16 单击齿轮形状的Display Settings（显示设置）按钮，显示出Post选项卡，单击Add（添加）按钮，并选择Color Correct（颜色修正）选项，如图3-76所示。

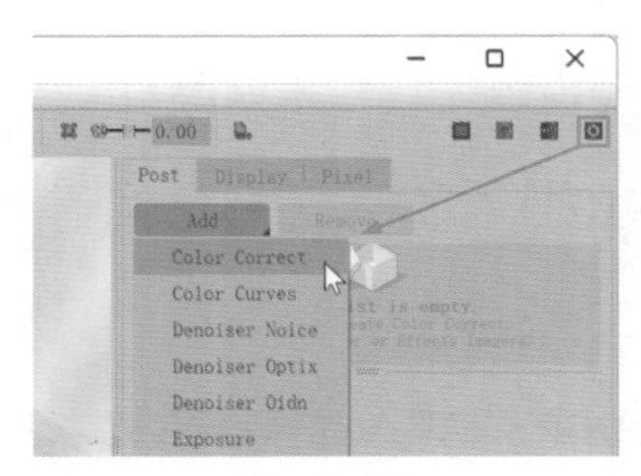

图 3-76

17 在Main（主要）卷展栏中，设置Saturation（饱和度）为1.5，Contrast（对比度）为1.1，如图3-77所示。

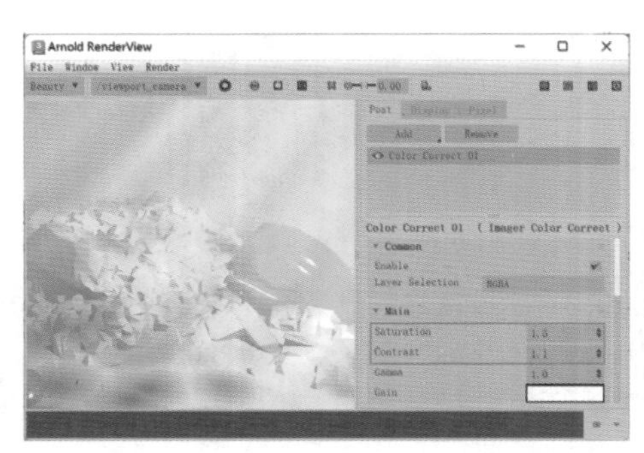

图 3-77

18 本实例的最终渲染结果如图3-78所示。

图 3-78

3.4 实例：蜡烛火苗动画

本实例通过制作一个蜡烛火苗跳动的动画效果来讲解材质、灯光与动画的搭配使用方法，图3-79所示为本实例的动画完成渲染效果。

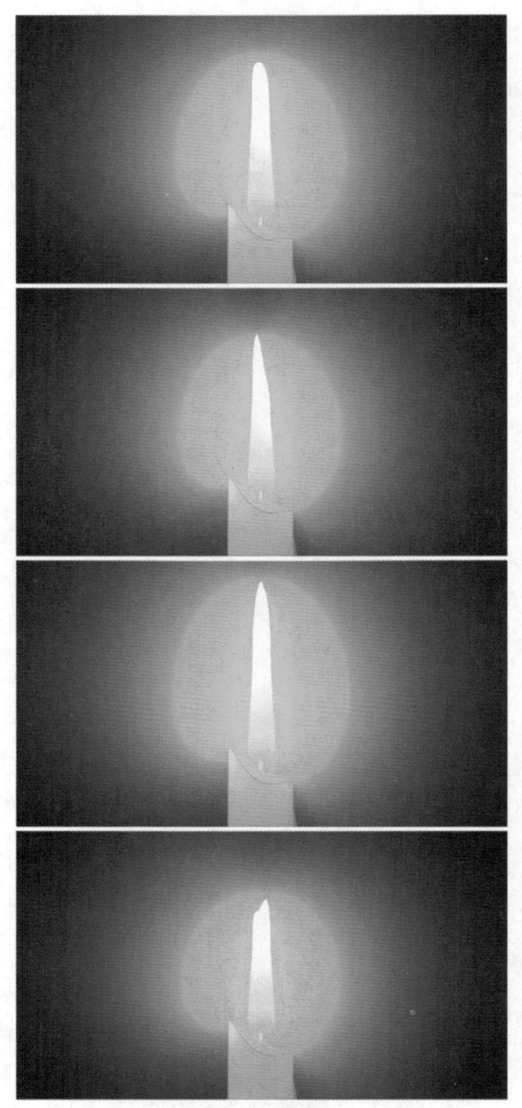

图 3-79

3.4.1 使用“物理材质”制作蜡烛和火苗材质

01 启动中文版3ds Max 2024软件，打开配套资源文件“蜡烛.max”，里面有1支蜡烛模型和1个火苗模型，并且已经设置好了摄影机，如图3-80所示。

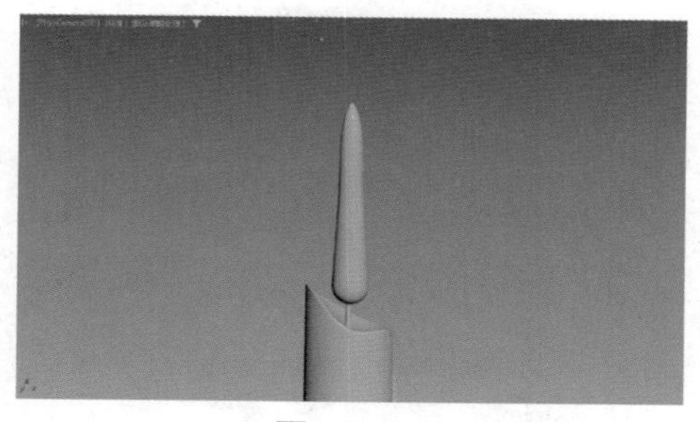

图　3-80

▶02 选择场景中的蜡烛模型，按M键在弹出的“材质编辑器”面板中，为其指定一个默认的“物理材质”，并重命名材质的名称为“蜡烛”，如图3-81所示。

图　3-81

▶03 在“基本参数”卷展栏中，设置“基础颜色”“次表面散射”和“散射颜色”为同一种红色，“粗糙度”为0.5，“次表面散射”权重为0.3，如图3-82所示。其中，“基础颜色”“次表面散射”和“散射颜色”的参数设置如图3-83所示。

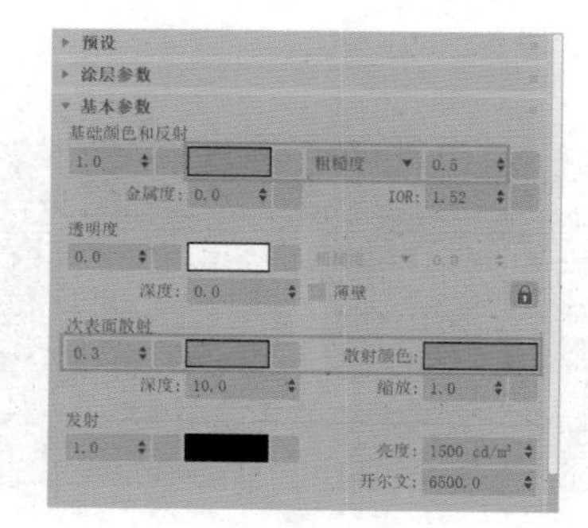

图　3-82

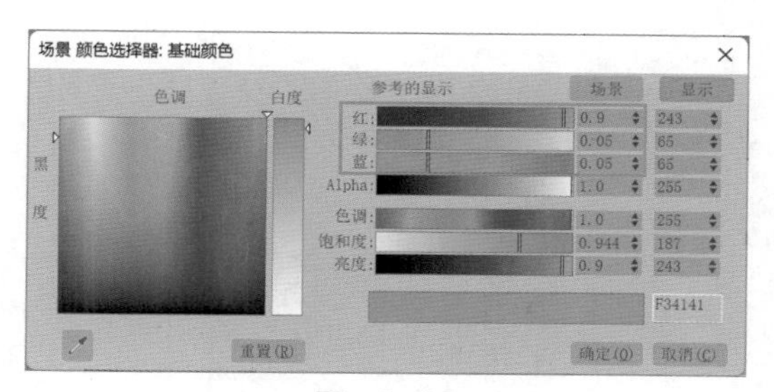

图　3-83

▶04 选择场景中的火苗模型，为其指定一个默认的“物理材质”，并重命名材质的名称为“火苗”，如图3-84所示。

图　3-84

▶05 在“基本参数”卷展栏中，单击“发射”颜色后面的方形按钮，如图3-85所示。

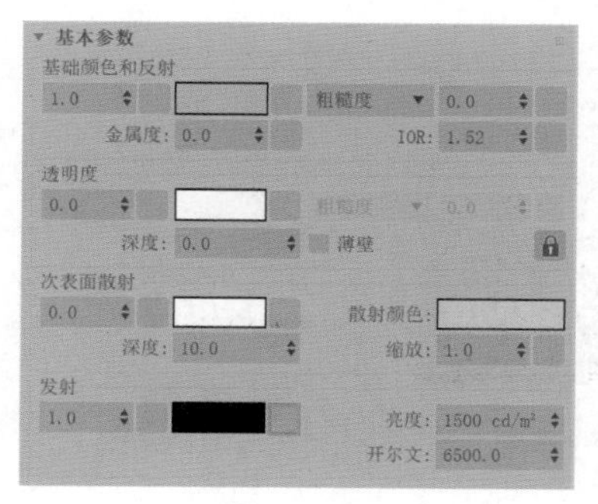

图　3-85

▶06 在系统自动弹出的“材质/贴图浏览器”对话框中选择“渐变坡度”选项，并单击“确定”按钮，如图3-86所示。

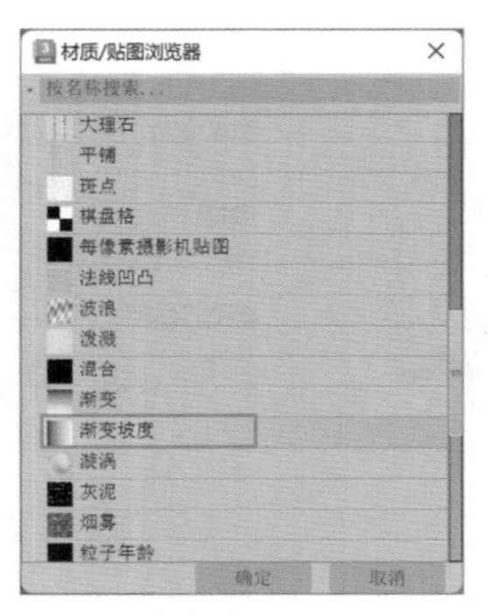

图 3-86

07 在“渐变坡度参数”卷展栏中设置渐变坡度的颜色，如图3-87所示。其中，蓝色和黄色的参数设置如图3-88和图3-89所示。

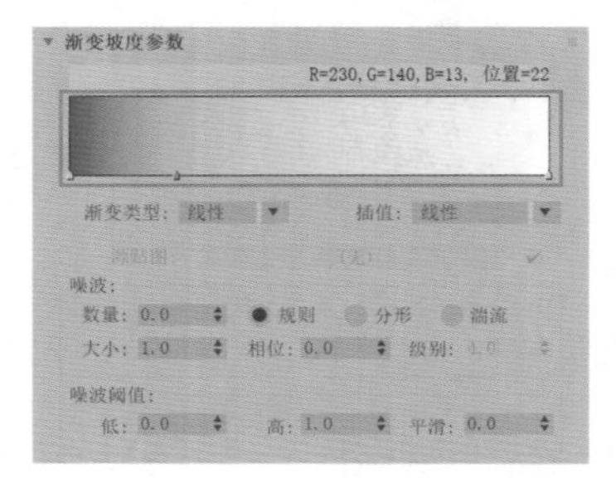

图 3-87

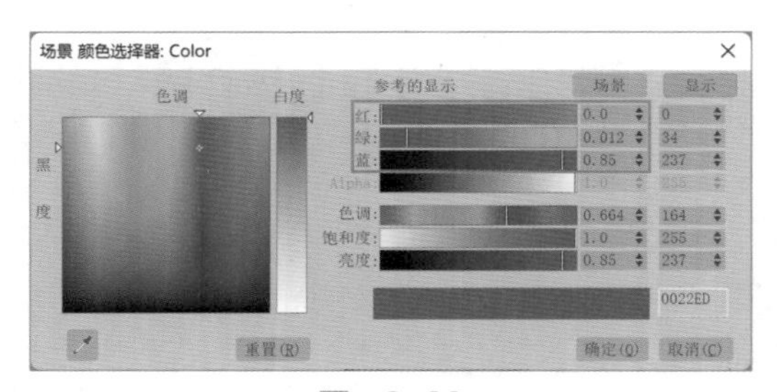

图 3-88

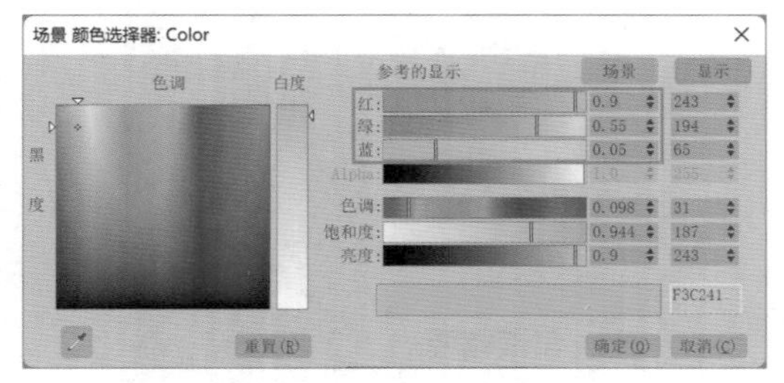

图 3-89

08 在“坐标”卷展栏中，设置“角度”的W值为-90，如图3-90所示。

09 在“特殊贴图”卷展栏中，单击“裁切（不透明度）”后面的“无贴图”按钮，如图3-91所示。

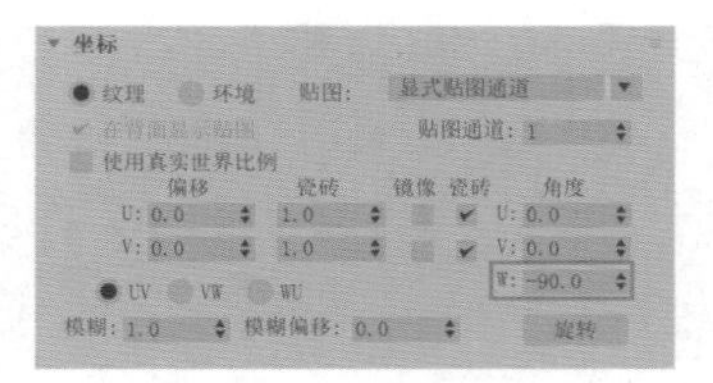

图 3-90

图 3-91

10 在系统自动弹出的“材质/贴图浏览器”对话框中选择“渐变坡度”选项，并单击“确定”按钮，如图3-92所示。

图 3-92

11 在“坐标”卷展栏中，设置“角度”的W值为-90，如图3-93所示。

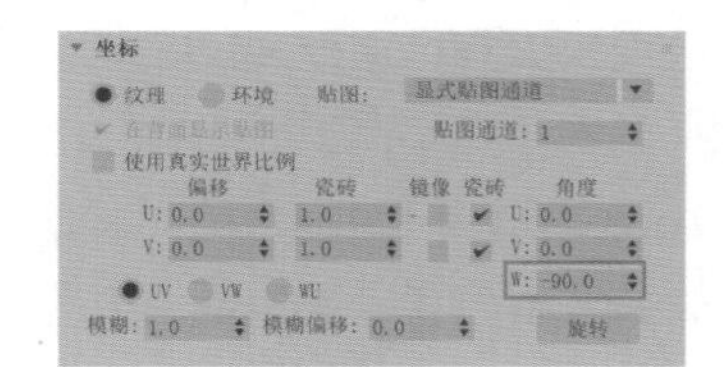

图 3-93

12 设置完成后，渲染场景，未添加灯光时的渲染结果如图3-94所示。

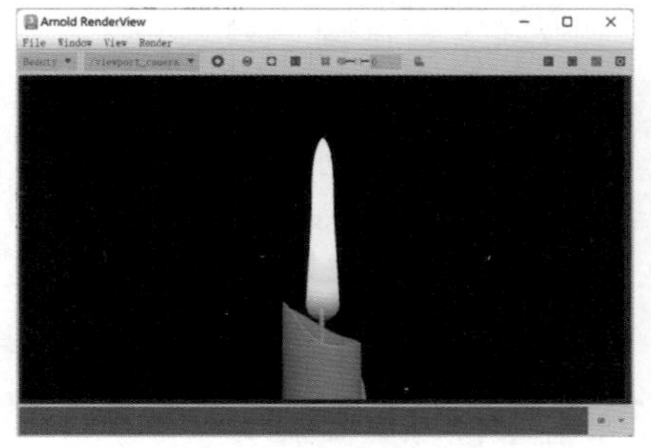

图 3-94

3.4.2　使用Arnold Light为场景照明

▶01 在“创建”面板中，单击Arnold Light按钮，如图3-95所示。在场景中任意位置处创建一个Arnold Light灯光。

图　3-95

▶02 在Shape（形状）卷展栏中，设置灯光的Type（类型）为Mesh（网格），并设置场景中名称为“火苗”的模型作为灯光的Mesh（网格），如图3-96所示。

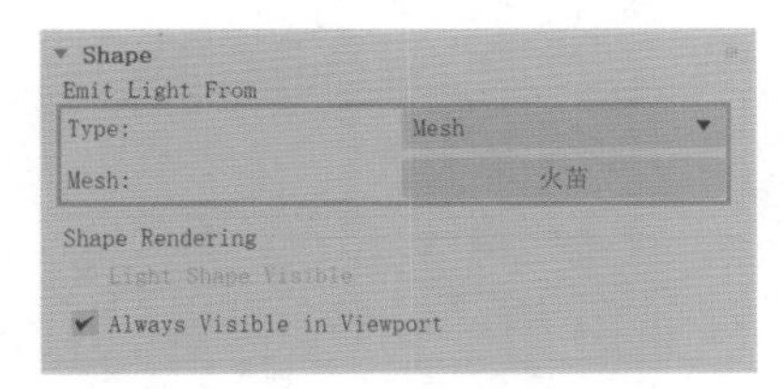

图　3-96

▶03 在Color/Intensity（颜色/强度）卷展栏中，设置Color（颜色）为Kelvin（开尔文），值为1500，Intensity（强度）为1，Exposure（曝光）为6，如图3-97所示。

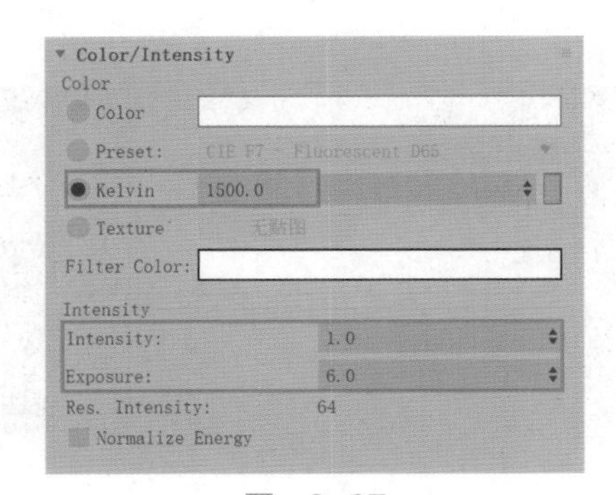

图　3-97

▶04 设置完成后，渲染场景，添加了灯光后的渲染结果如图3-98所示。

▶05 在“主工具栏”上单击“渲染设置”图标，如图3-99所示。

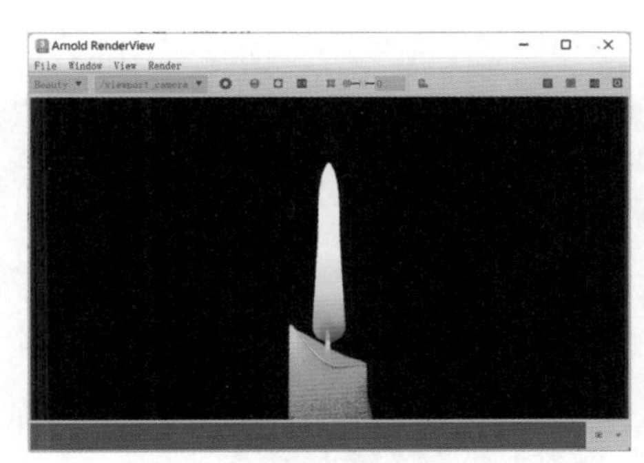

图　3-98

图　3-99

▶06 在“渲染设置”面板中，展开Environment，Background&Atmosphere（环境，背景和大气）卷展栏，单击Scene Atmosphere（场景大气）后面的“无材质”按钮，如图3-100所示。

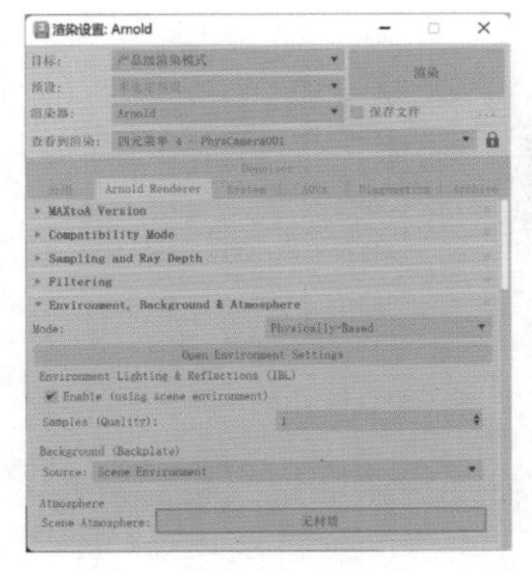

图　3-100

▶07 在系统自动弹出的“材质/贴图浏览器”对话框中选择Atmosphere Volume（大气体积）选项，并单击“确定”按钮，如图3-101所示。

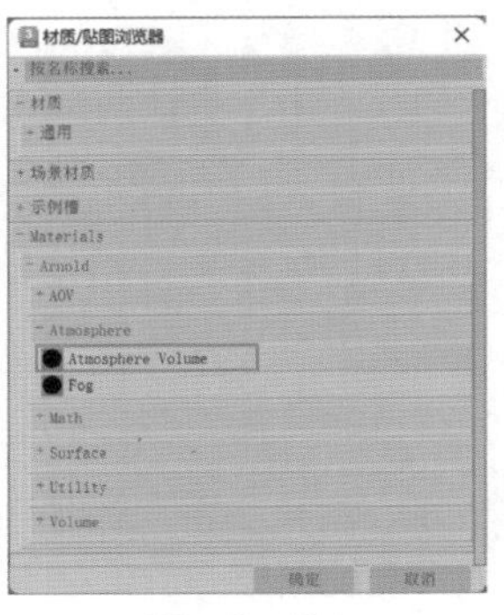

图　3-101

▶08 设置完成后，我们可以看到Atmosphere Volume（大气体积）的名称会出现在Scene Atmosphere（场景大气）属性后面的按钮上，如图3-102所示。

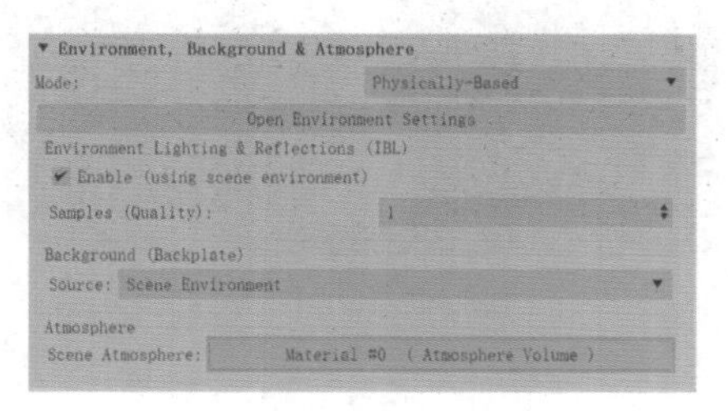

图 3-102

▶09 按M键打开“材质编辑器”面板。将Atmosphere Volume（大气体积）贴图拖曳至任意一个未使用的材质球上，如图3-103所示。在系统自动弹出的“实例（副本）材质”对话框中，单击“确定”按钮，如图3-104所示。

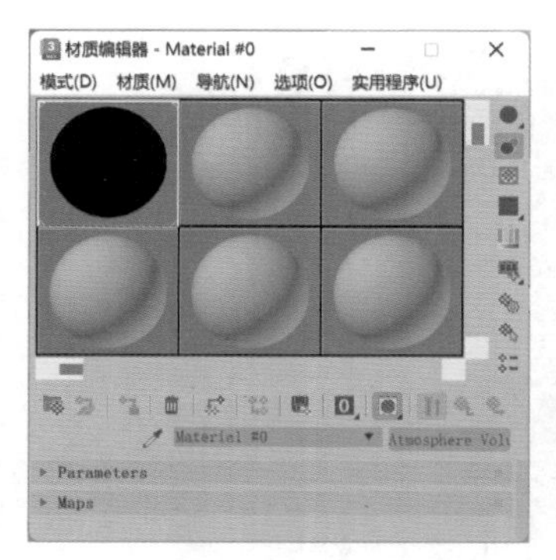

图 3-103　　图 3-104

▶10 在Parameters（参数）卷展栏中，设置Density（密度）为0.01，如图3-105所示。

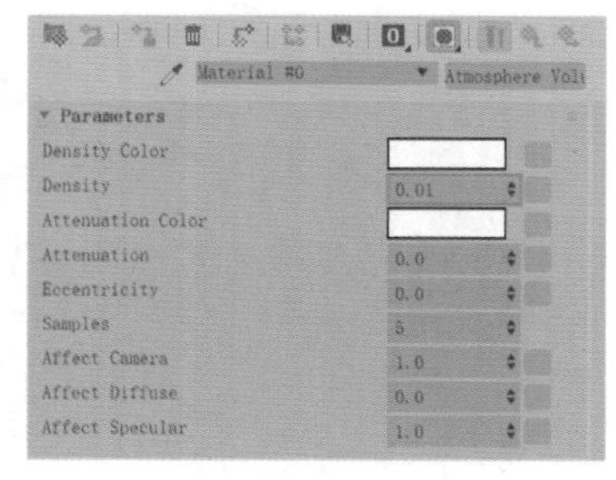

图 3-105

▶11 设置完成后，渲染场景，添加了大气效果后的渲染结果如图3-106所示。

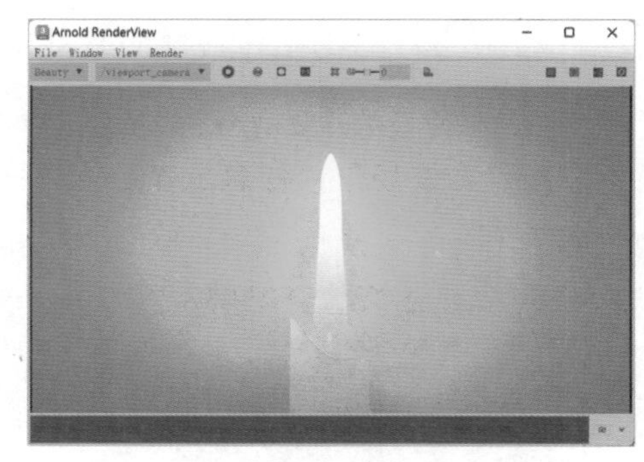

图 3-106

▶12 选择Arnold Light灯光，在“修改”面板中，为其添加Arnold Decay Filter（Arnold衰减过滤）修改器，如图3-107所示。

▶13 在Decay（衰减）卷展栏中，勾选Use Far Attenuation（使用远距衰减）复选框，设置Far End（远距）为35，如图3-108所示。

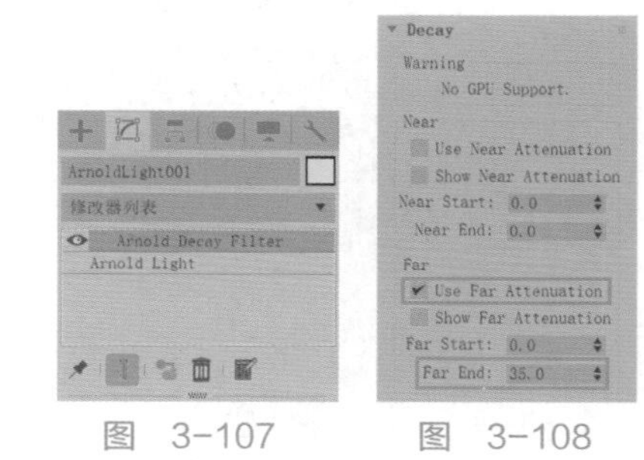

图 3-107　　图 3-108

▶14 设置完成后，再次渲染场景，渲染结果如图3-109所示。

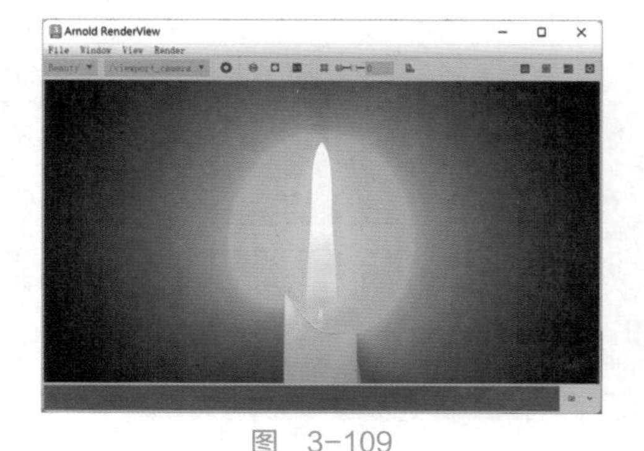

图 3-109

3.4.3 使用“噪波”修改器制作火苗跳动动画

▶01 在场景中选择火苗模型，如图3-110所示。

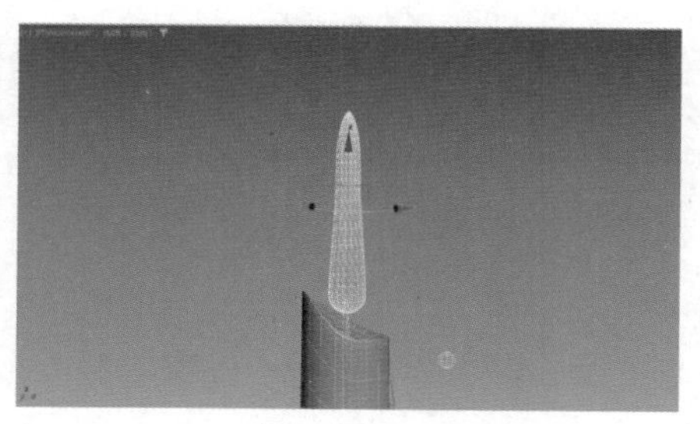

图　3-110

▶02 在“修改”面板中，进入“顶点”子层级后，选择如图3-111所示的顶点。

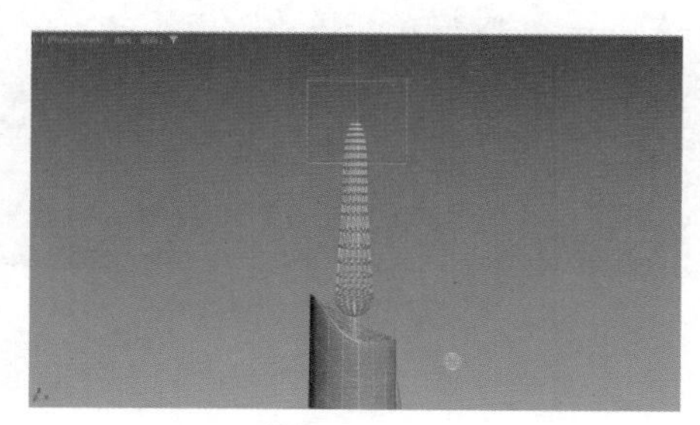

图　3-111

▶03 在“软选择”卷展栏中，勾选“使用软选择”复选框，设置“衰减”为10，如图3-112所示。

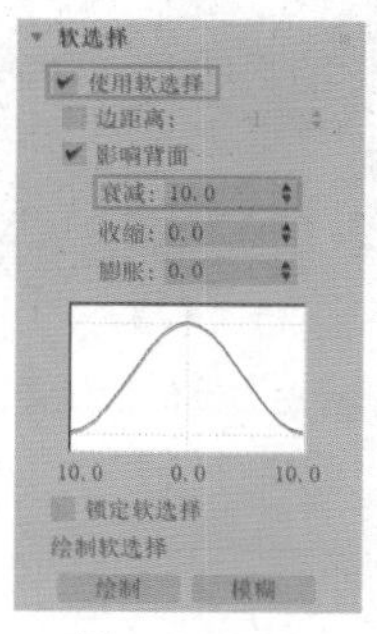

图　3-112

▶04 设置完成后，软选择的视图显示结果如图3-113所示。

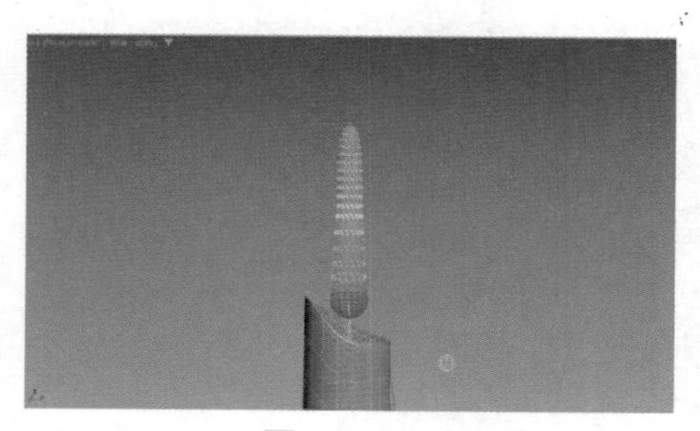

图　3-113

▶05 在“修改”面板中，为火苗模型添加“噪波”修改器，如图3-114所示。

▶06 在“参数”卷展栏中，设置“比例”为1，“强度”的Y值为5，勾选“动画噪波”复选框，设置“频率”为1，如图3-115所示。

图　3-114　　图　3-115

在本实例中，“频率”值越大，火苗抖动的速度越快。

▶07 本实例制作完成的动画效果如图3-116所示。

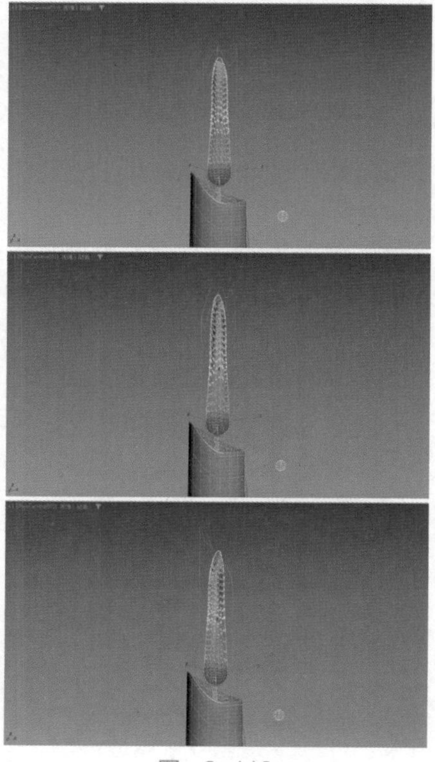

图　3-116

图 3-116（续）

3.5 实例：灯塔照明动画

本实例通过制作一个灯塔照明的动画效果来讲解体积光的制作技巧，图3-117所示为本实例的动画完成渲染效果。

图 3-117

3.5.1 使用Atmosphere Volume制作天空环境及雾效

01 启动中文版3ds Max 2024软件，打开配套资源文件“灯塔.max”，里面是一个灯塔的动画场景，并且已经设置好了摄影机，如图3-118所示。

图 3-118

02 渲染场景，未添加灯光时的渲染结果如图3-119所示。

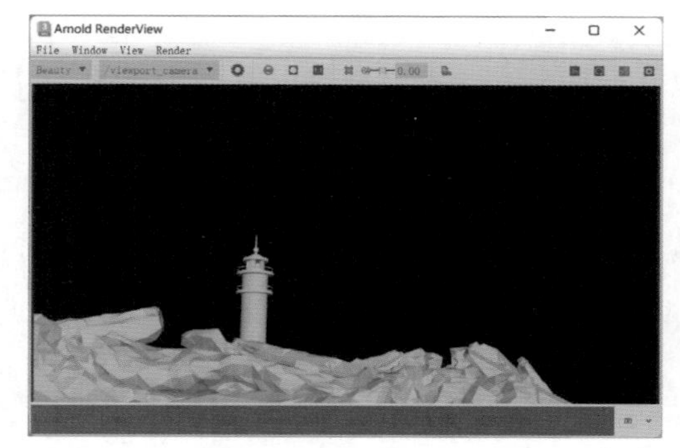

图 3-119

03 在“创建”面板中，单击“太阳定位器”按钮，如图3-120所示。

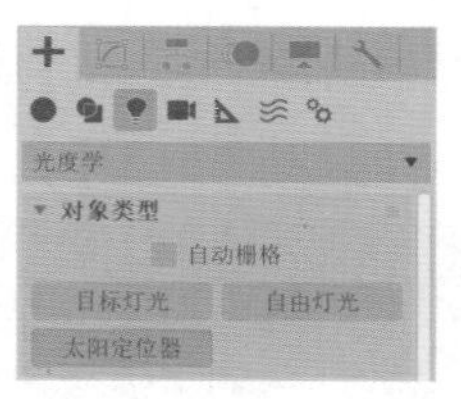

图 3-120

04 在场景中创建一个太阳定位器灯光，如图3-121所示。

05 在“太阳位置”卷展栏中，设置“时间”为20小时，如图3-122所示。

图　3-121

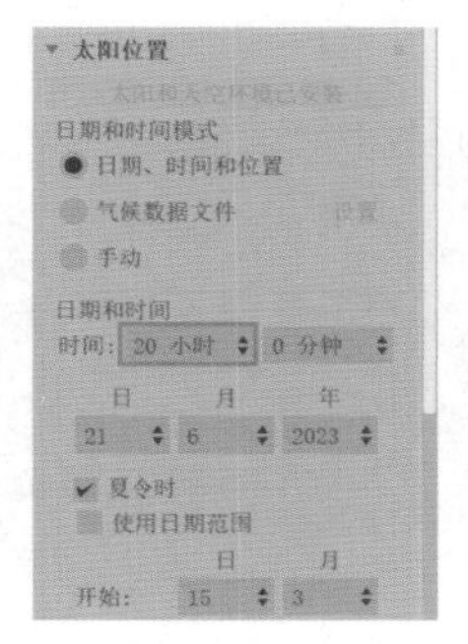

图　3-122

▶06 设置完成后，在“左”视图中观察灯光的照射角度，如图3-123所示。

图　3-123

▶07 渲染场景，添加了太阳定位器灯光后的渲染结果如图3-124所示。

图　3-124

▶08 在“创建”面板中，单击Arnold Light按钮，如图3-125所示。

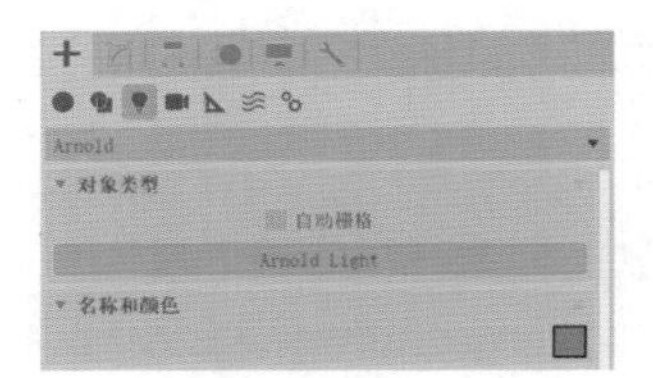

图　3-125

▶09 在“前”视图中创建一个Arnold Light灯光，如图3-126所示。

图　3-126

▶10 选择灯光目标点，设置其位置如图3-127所示。

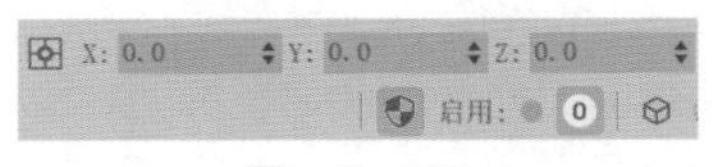

图　3-127

▶11 选择Arnold Light灯光，设置其位置如图3-128所示。

图　3-128

▶12 在Shape（形状）卷展栏中，设置Quad X（四方形X）和Quad Y（四方形Y）为100，如图3-129所示。

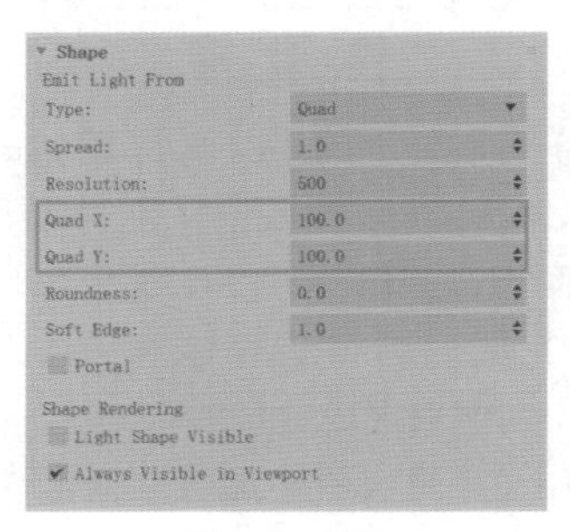

图　3-129

13 在Color/Intensity（颜色/强度）卷展栏中，设置Color（颜色）为Kelvin（开尔文），值为15000，Intensity（强度）为1，Exposure（曝光）为3，如图3-130所示。

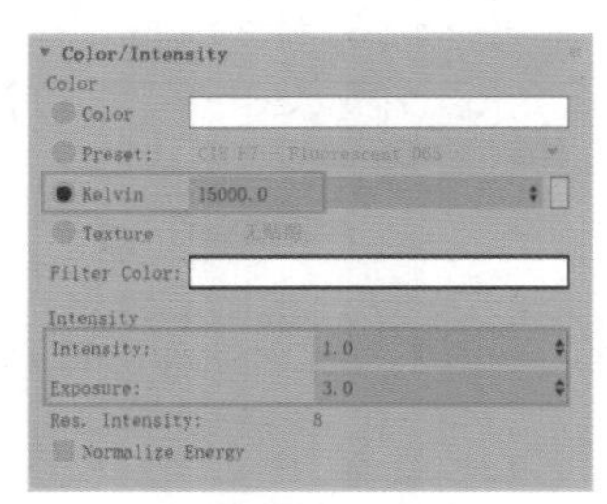

图 3-130

14 在“主工具栏”上单击“渲染设置”图标，如图3-131所示。

图 3-131

15 在“渲染设置”面板中，展开Environment，Background&Atmosphere（环境，背景和大气）卷展栏，单击Scene Atmosphere（场景大气）后面的“无材质”按钮，如图3-132所示。

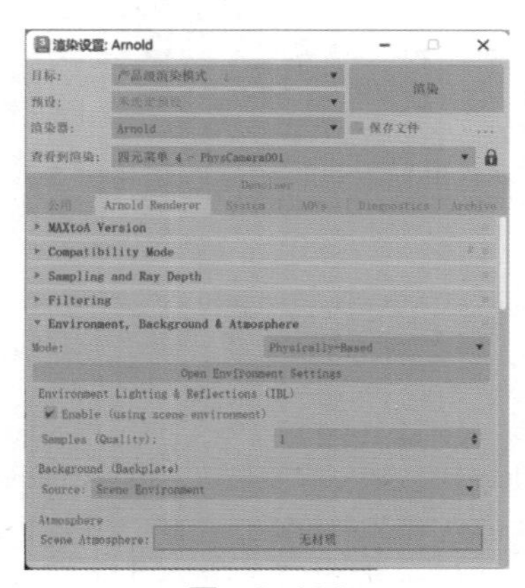

图 3-132

16 在系统自动弹出的“材质/贴图浏览器”对话框中选择Atmosphere Volume（大气体积）选项，并单击“确定”按钮，如图3-133所示。

17 设置完成后，我们可以看到Atmosphere Volume（大气体积）的名称会出现在Scene Atmosphere（场景大气）属性后面的按钮上，如图3-134所示。

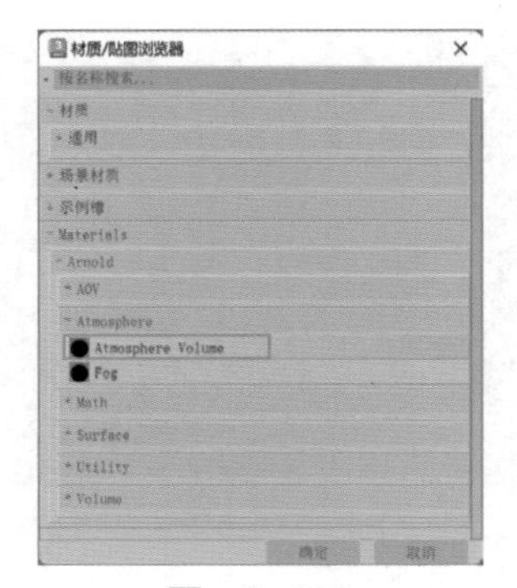

图 3-133

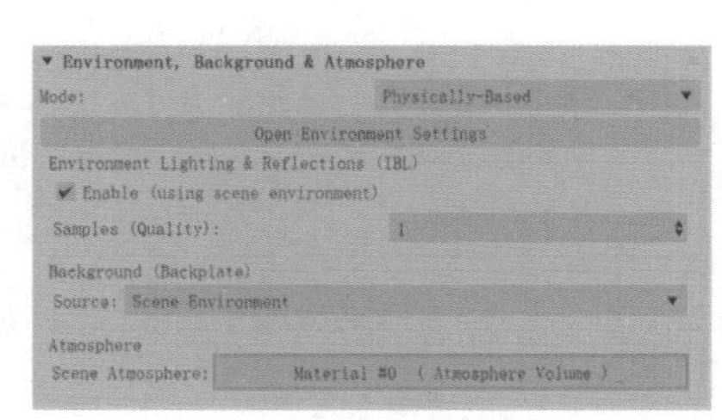

图 3-134

18 按M键打开“材质编辑器”面板。将Atmosphere Volume（大气体积）贴图拖曳至任意一个未使用的材质球上，如图3-135所示。在系统自动弹出的“实例（副本）材质”对话框中单击“确定”按钮，如图3-136所示。

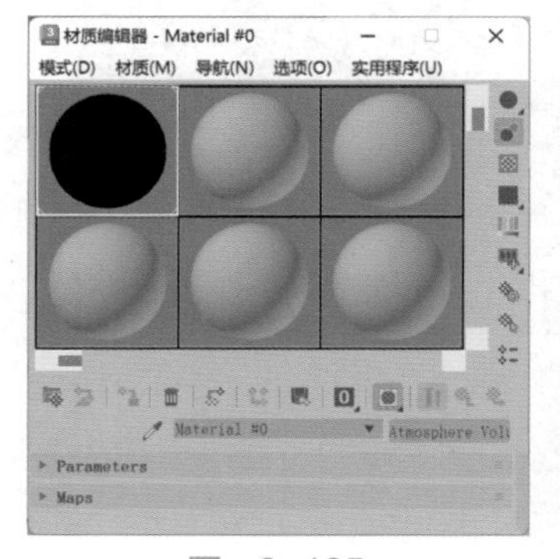

图 3-135

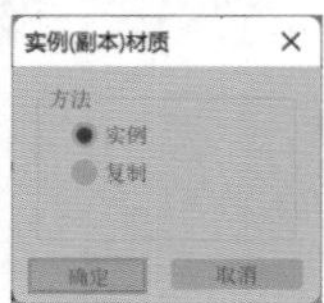

图 3-136

19 在Parameters（参数）卷展栏中，设置Density（密度）为5，如图3-137所示。

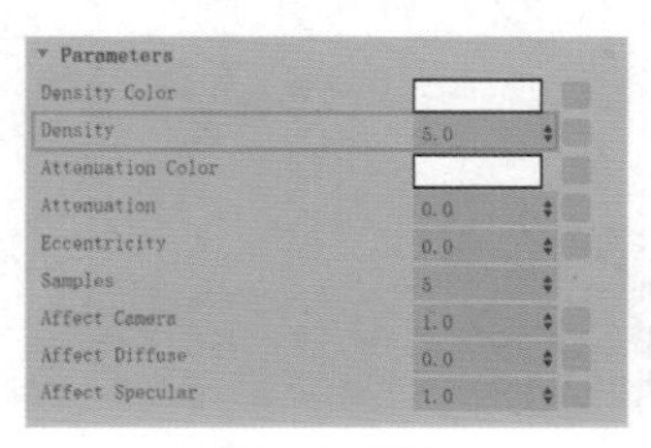

图 3-137

▶20 设置完成后，再次渲染场景，渲染结果如图3-138所示。

图 3-138

3.5.2 制作灯塔照明动画

▶01 在“创建”面板中，单击Arnold Light按钮，如图3-139所示。

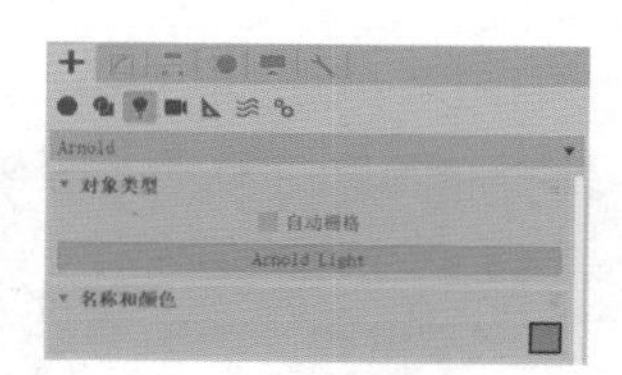

图 3-139

▶02 在“前”视图中，创建一个Arnold Light灯光，如图3-140所示。

图 3-140

▶03 在General（常规）卷展栏，取消勾选Targeted（目标）复选框，如图3-141所示。

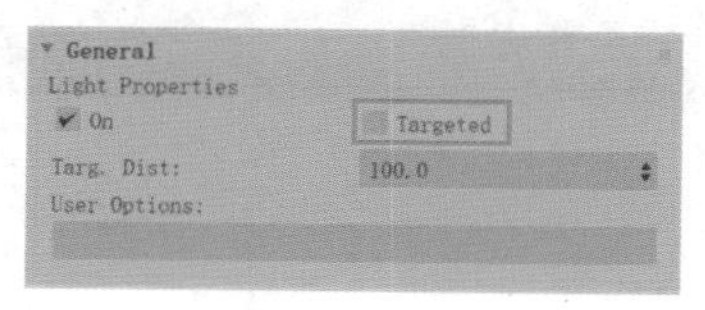

图 3-141

▶04 在Shape（形状）卷展栏中，设置Type（类型）为Spot（聚光），Cone Angle（锥角）为20，如图3-142所示。

▶05 在Color/Intensity（颜色/强度）卷展栏中，设置Intensity（强度）为8，Exposure（曝光）为6，如图3-143所示。

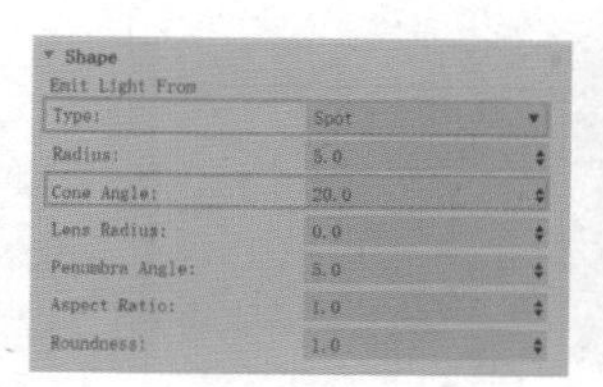

图 3-142

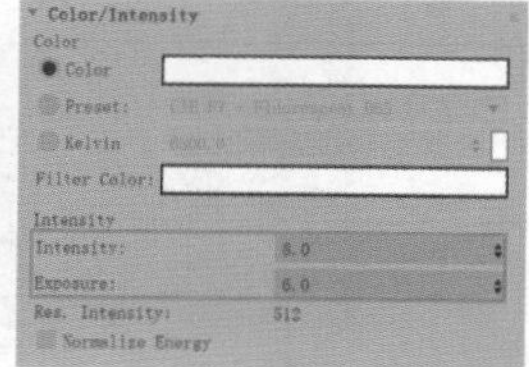

图 3-143

▶06 渲染场景，渲染结果如图3-144所示。

图 3-144

▶07 将刚刚添加的Arnold Light灯光复制出一个，并在“顶”视图中，调整其角度至图3-145所示。

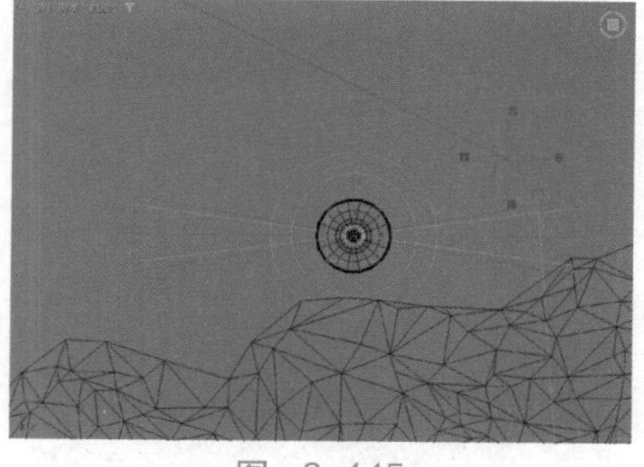

图 3-145

▶08 单击软件界面下方右侧的“自动”按钮，使其处于背景色为红色的按下状态，如图3-146所示。

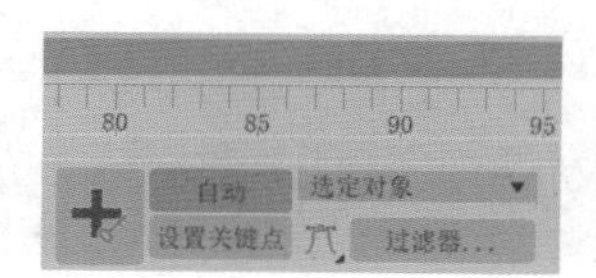

图 3-146

▶09 在“顶”视图中100帧位置处，选择刚刚创建的两个Arnold Light灯光，调整其角度至图3-147所示。制作出灯光的旋转动画。

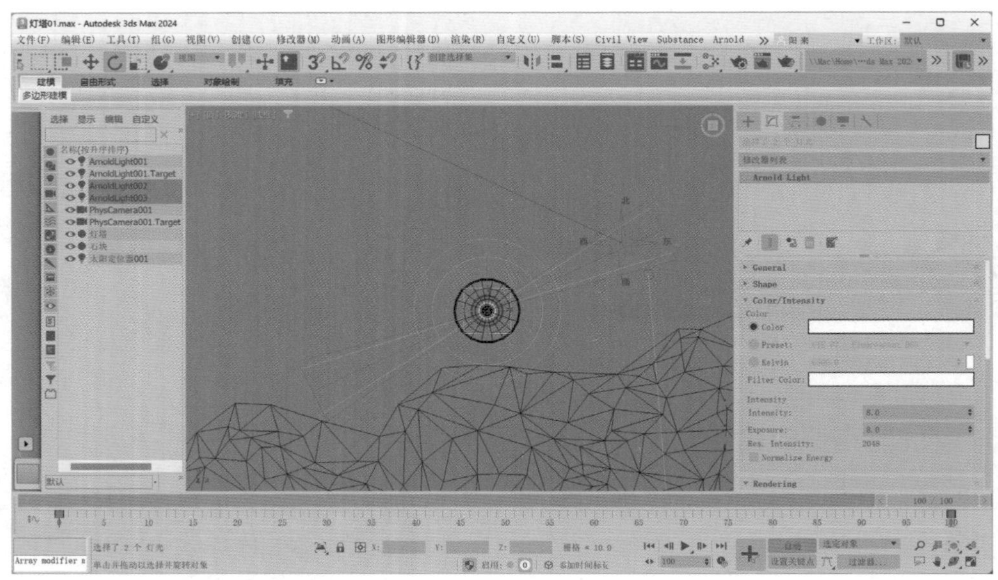

图 3-147

▶10 设置完成后，灯塔灯光的动画效果如图3-148所示。

图 3-148

图 3-148（续）

▶11 渲染场景，渲染结果如图3-149所示。

图 3-149

第4章 控制器动画

3ds Max为用户提供了多种控制器和约束命令，用来控制物体的基本属性及修改器属性。在本章中，我们就一起来学习其中较为常用的控制器的使用方法。

4.1 实例：使用“路径约束”制作飞机飞行动画

本实例通过制作一个飞机飞行的动画效果来讲解路径约束的基本使用方法，图4-1所示为本实例的动画完成渲染效果。

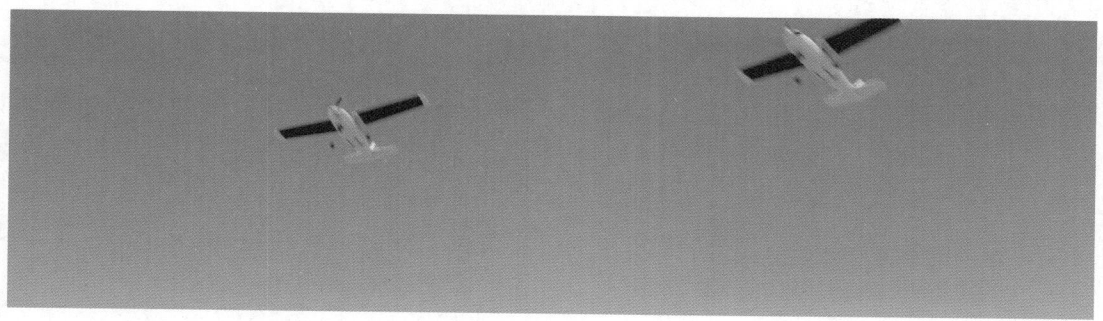

图 4-1

01 启动中文版3ds Max 2024软件，打开配套资源文件“飞机.max”，里面有一架玩具飞机模型，如图4-2所示。

02 选择场景中的飞机前方的螺旋桨模型，如图4-3所示。

03 单击软件界面下方右侧的“自动”按钮，使其处于背景色为红色的按下状态，如图4-4所示。

图 4-2

图 4-3

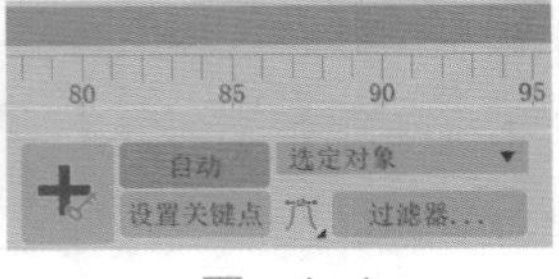

图 4-4

▶04 在10帧位置处，调整螺旋桨的旋转角度至图4-5所示。这样，系统会自动在10帧位置处生成一个关键帧。

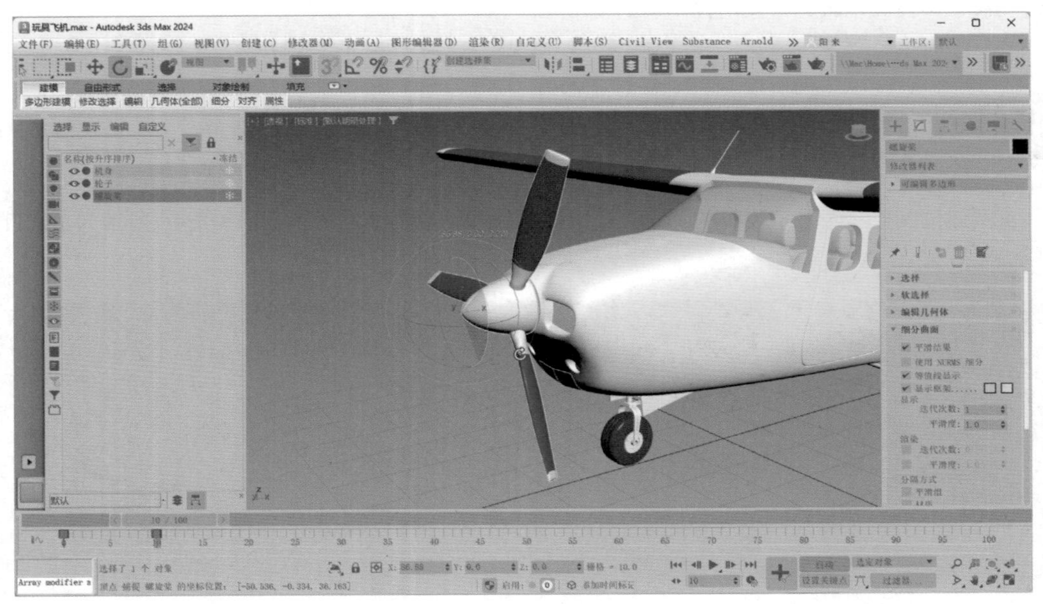

图 4-5

▶05 在“主工具栏”面板中，单击“曲线编辑器”图标，如图4-6所示。

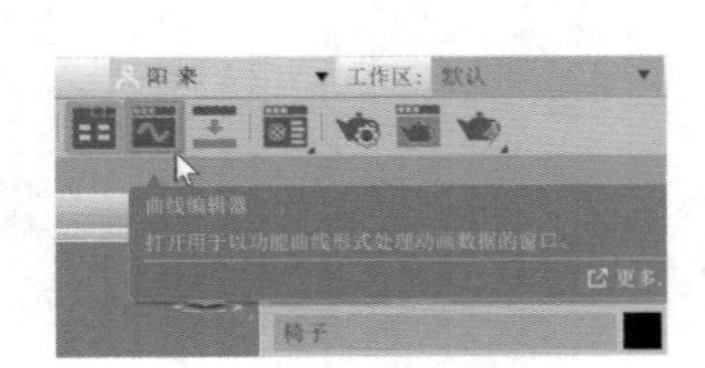

图 4-6

▶06 在弹出的“轨迹视图-曲线编辑器”面板中可以查看螺旋桨的动画曲线效果，如图4-7所示。

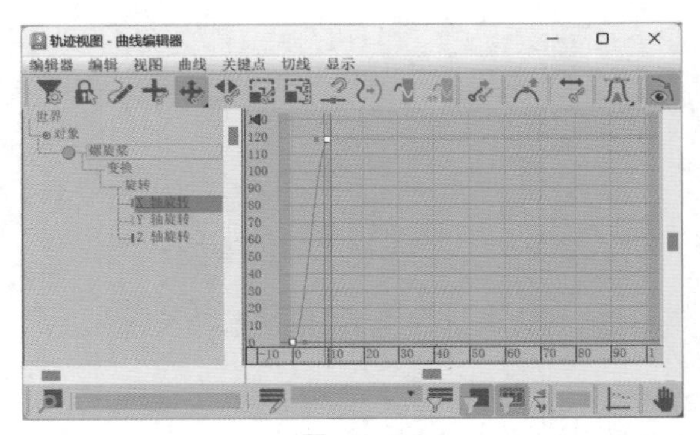

图 4-7

▶07 单击“将切线设置为线性”图标，更改螺旋桨的动画曲线为图4-8所示。

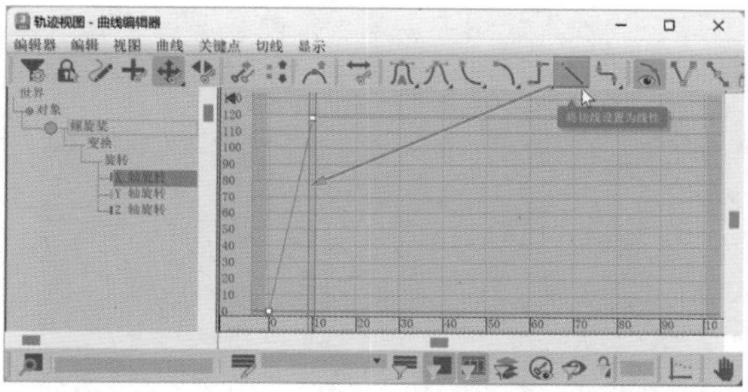

图　4-8

▶08 单击“参数曲线超出范围类型”图标，如图4-9所示。

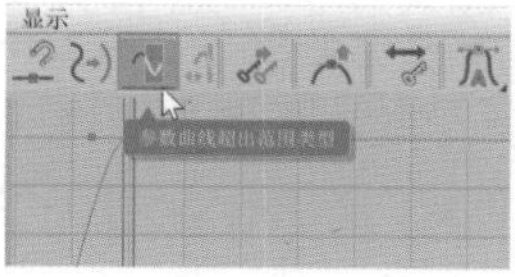

图　4-9

▶09 在自动弹出的“参数曲线超出范围类型”对话框中，设置曲线类型为“相对重复”，如图4-10所示。

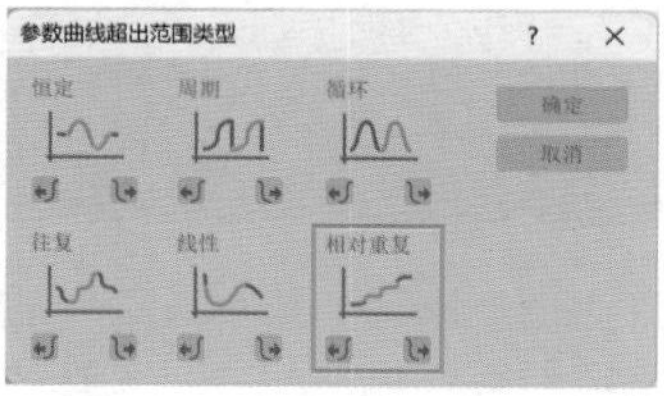

图　4-10

▶10 设置完成后，螺旋桨的动画曲线显示结果如图4-11所示。

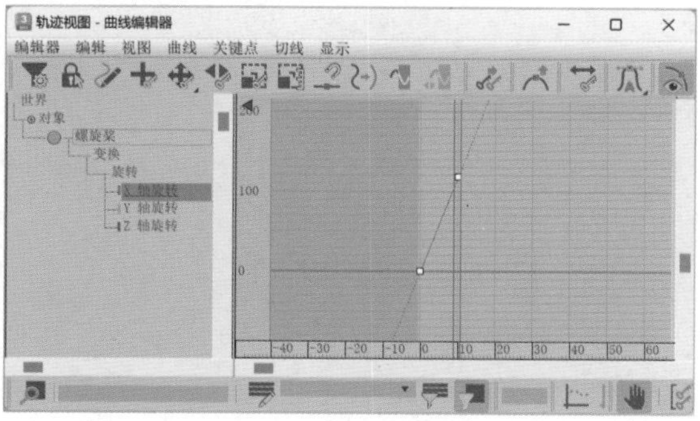

图　4-11

▶11 设置完成后，为螺旋桨模型显示重影效果，我们可以看到螺旋桨的旋转动画有点慢，如图4-12所示。

图　4-12

▶12 这时，可以将10帧的关键帧移动至3帧位置处，如图4-13所示。这样，螺旋桨的旋转动画就会快许多，如图4-14所示。

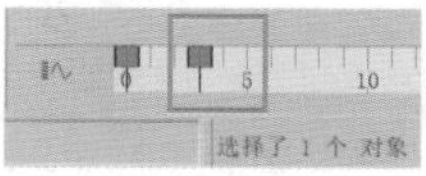

图　4-13

图　4-14

▶13 在“创建”面板中单击“点”按钮，如图4-15所示。

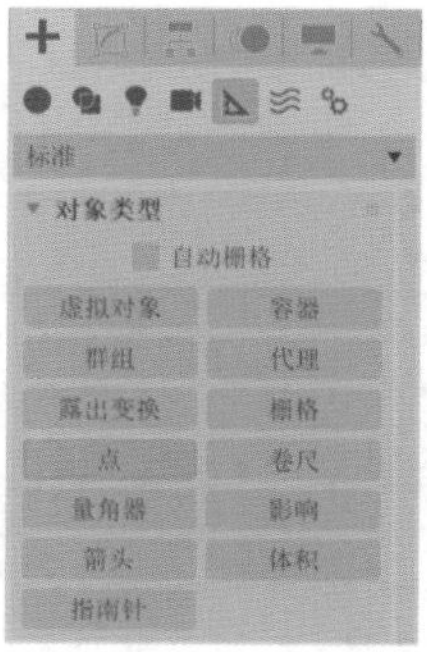

图　4-15

▶14 在场景中坐标原点位置处创建一个点，如图4-16所示。

图 4-16

15 将场景中的机身、轮子和螺旋桨模型选中，单击“主工具栏”上的“选择并链接”图标，如图4-17所示。

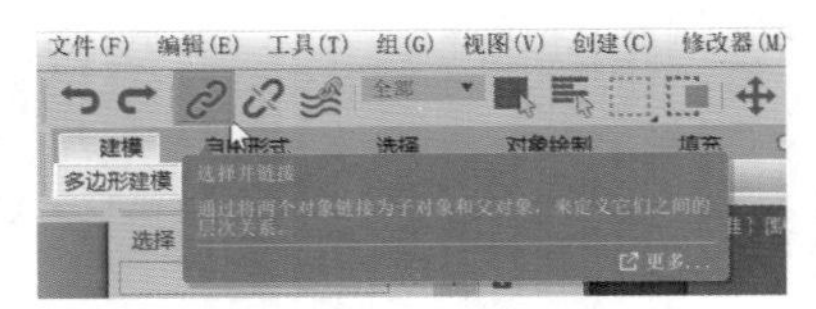

图 4-17

16 将所选中的模型链接到点上，如图4-18所示。

图 4-18

17 在“创建”面板中，单击“线”按钮，如图4-19所示。

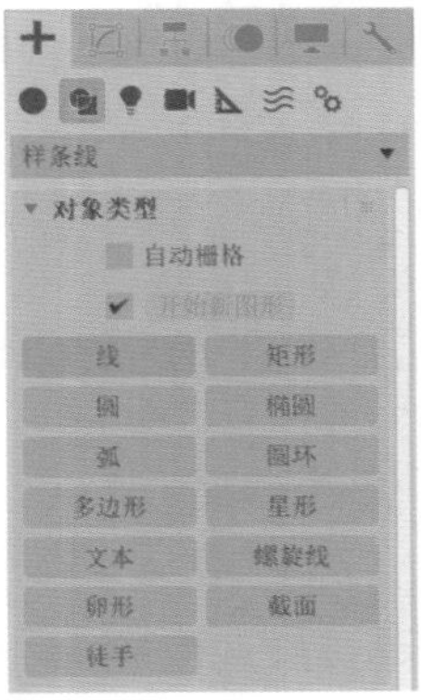

图 4-19

18 在“顶”视图中创建一条曲线，用来制作飞机飞行的路径，如图4-20所示。

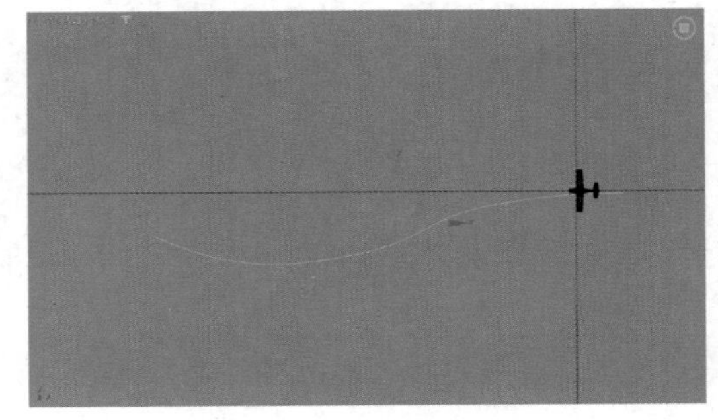

图 4-20

19 选择点，执行菜单栏“动画”|“约束”|“路径约束”命令，再单击线，将飞机约束至曲线上，如图4-21所示。

图 4-21

20 在“路径参数”卷展栏中，勾选“跟随”和“翻转”复选框，如图4-22所示。

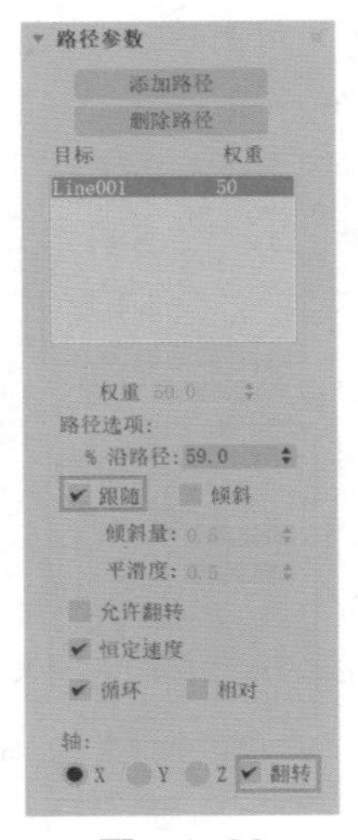

图 4-22

21 设置完成后，播放动画，本实例制作完成后的动画效果如图4-23所示。

图　4-23

4.2　实例：传送带动画

本实例通过制作一个茶壶被放到传动带上的动画效果来讲解控制器与约束的综合设置技巧，图4-24所示为本实例的动画完成渲染效果。

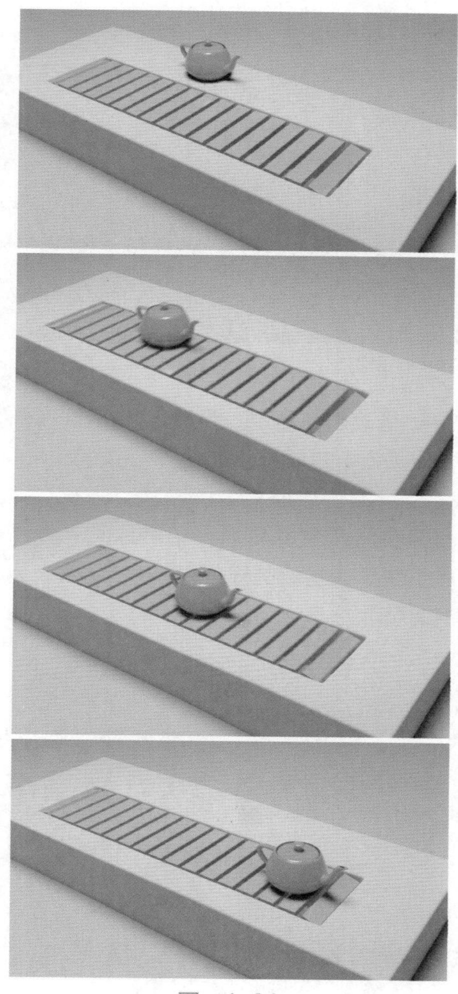

图　4-24

4.2.1　使用Array修改器制作传动带

▶01 启动中文版3ds Max 2024软件，打开配套资源文件“传送带.max”，里面有传送带桌子和茶壶等其他模型，并且已经设置好了摄影机及灯光，如图4-25所示。

图　4-25

▶02 选择橙色的传送带模型，如图4-26所示。

图 4-26

▶03 在“修改”面板中，为其添加Array（阵列）修改器，如图4-27所示。

▶04 在“分布”卷展栏中，设置“分布”的类型为“样条曲线”，并将场景中名称为“传送带路径”的曲线作为拾取的样条线，“计数X”为46，如图4-28所示。

图 4-27

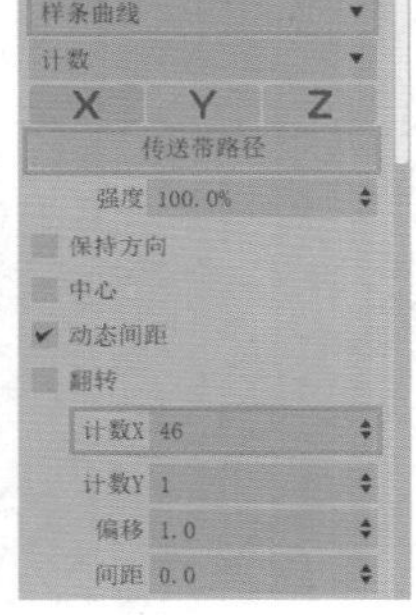

图 4-28

▶05 设置完成后，传送带模型的视图显示结果如图4-29所示。

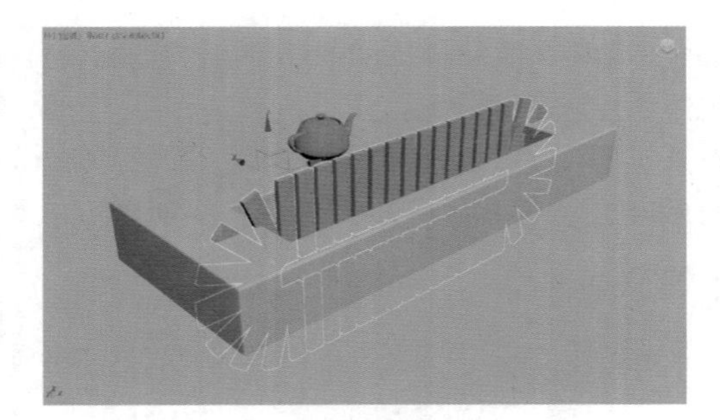

图 4-29

▶06 在“变换”卷展栏中，设置“局部旋转”的X值为90，如图4-30所示。

▶07 设置完成后，传送带模型的视图显示结果如图4-31所示。

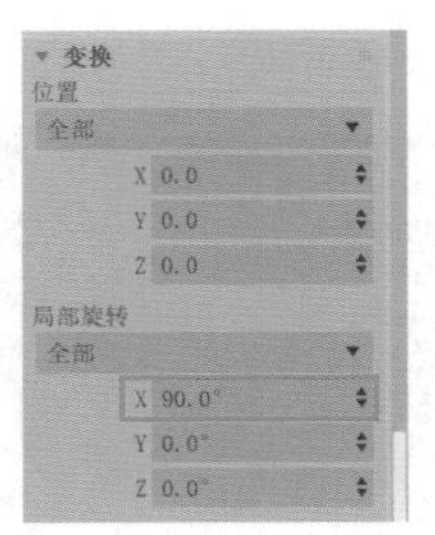

图 4-30

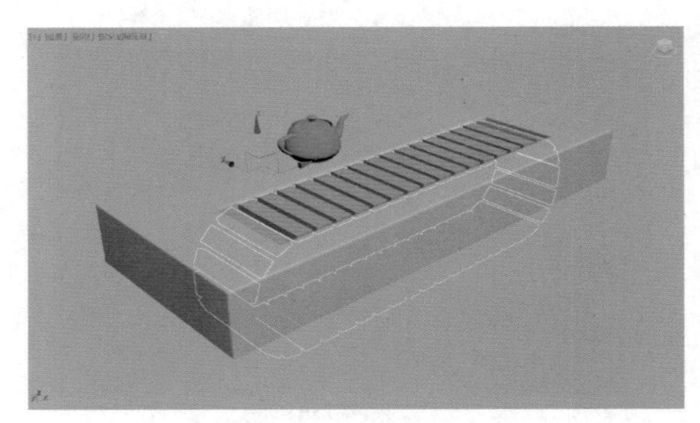

图 4-31

▶08 单击软件界面下方右侧的“自动”按钮，使其处于背景色为红色的按下状态，如图4-32所示。

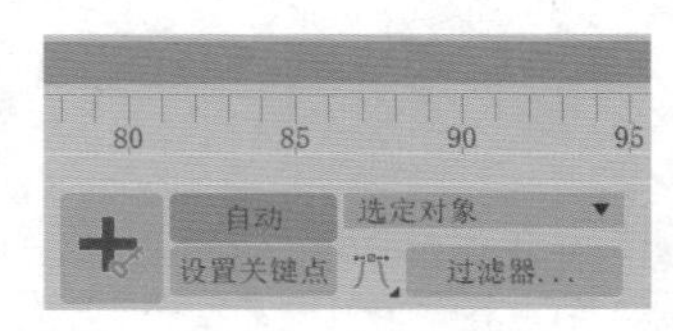

图 4-32

▶09 在100帧位置处，设置“百分比”为-30%，如图4-33所示。

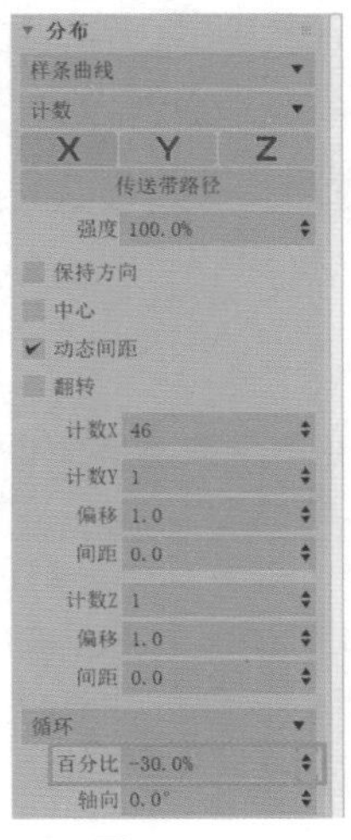

图 4-33

▶10 设置完成后，播放场景动画，我们可以看到传动带的动画效果如图4-34所示。

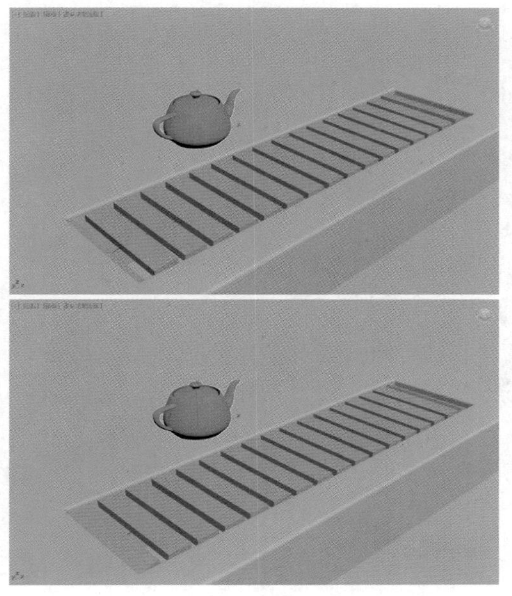

图　4-34

4.2.2　使用“链接约束”制作茶壶动画

▶01 在“创建”面板中，单击“点”按钮，如图4-35所示。在场景中任意位置创建一个点。

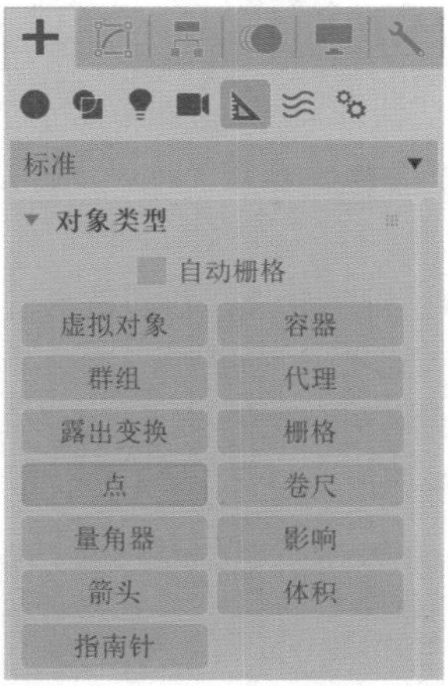

标准
对象类型
自动栅格
虚拟对象　容器
群组　代理
露出变换　栅格
点　卷尺
量角器　影响
箭头　体积
指南针

图　4-35

▶02 选择点，执行菜单栏“动画”|“约束”|“附着约束”命令，再单击传送带模型，将点约束至传送带模型上，如图4-36所示。

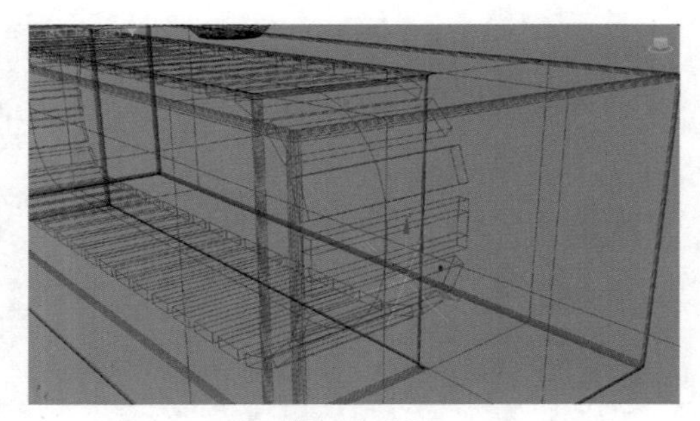

图　4-36

▶03 在0帧位置处，单击“附着参数”卷展栏中的“设置位置”按钮，如图4-37所示。

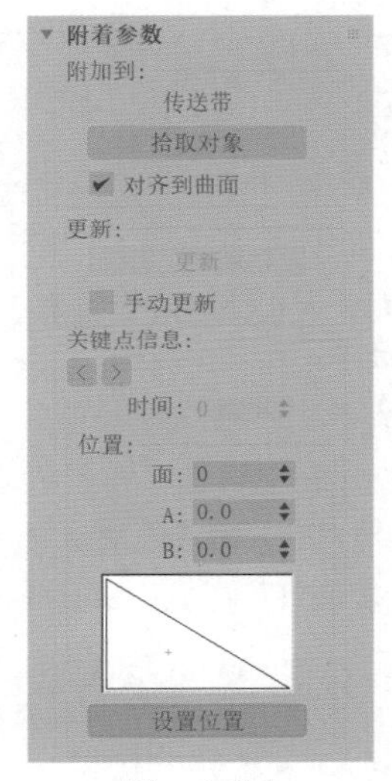

图　4-37

▶04 在场景中更改点的位置至图4-38所示。设置完成后，播放场景动画，我们可以看到点对象会跟随传送带模型的运动而发生位移变化。

图　4-38

▶05 在40帧位置处，调整茶壶模型的位置至图4-39所示。制作出茶壶模型的位移动画。

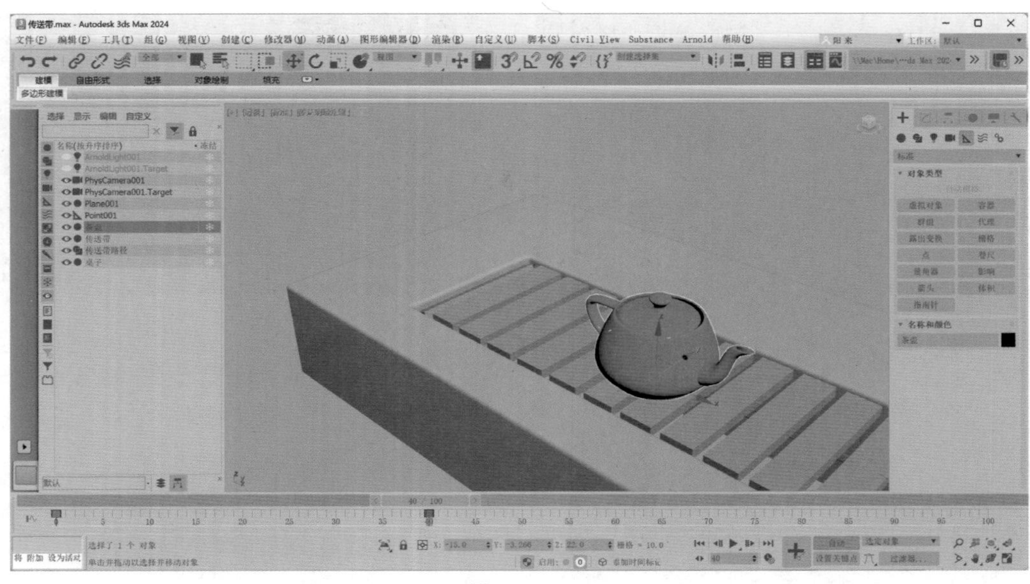

图 4-39

▶06 将茶壶模型上0帧的关键帧移动至30帧位置处，如图4-40所示。

▶07 在0帧位置处，选择茶壶模型。在“运动”面板中，单击“指定控制器”卷展栏下方文本框内的“变换：位置/旋转/缩放”后，再单击“对钩”形状的“指定控制器”按钮，如图4-41所示。

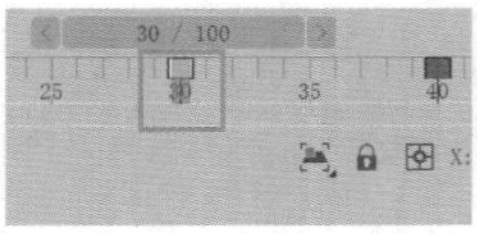

图 4-40

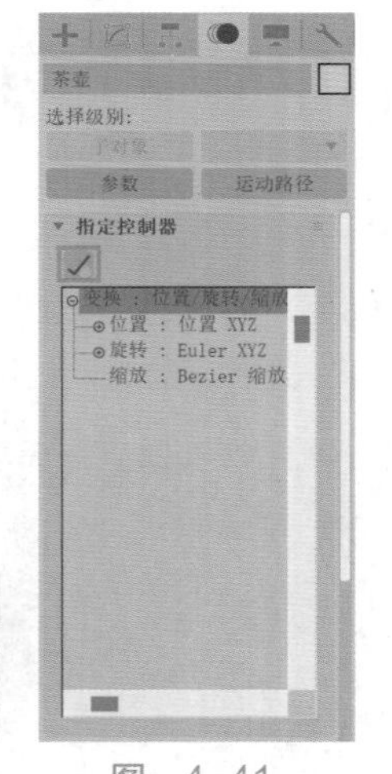

图 4-41

▶08 在系统自动弹出的“指定变换控制器”对话框中选择“链接约束”选项，再单击“确定”按钮，如图4-42所示。

▶09 设置完成后，我们可以看到在“链接参数”卷展栏中的文本框中会显示出从0帧开始，茶壶的链接目标为World（世界），如图4-43所示。

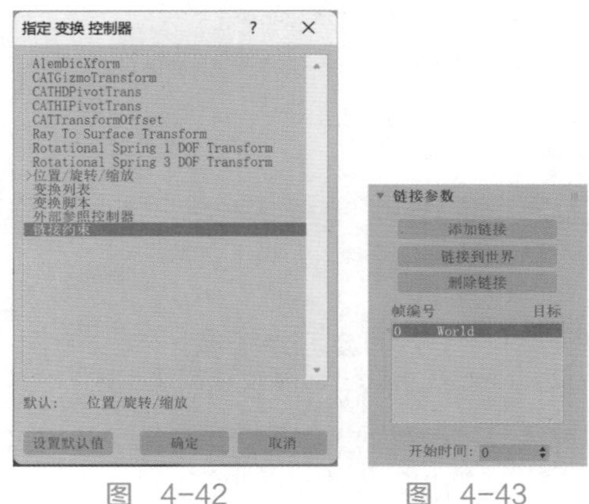

图 4-42　　图 4-43

▶10 在40帧位置处单击“添加链接”按钮，如图4-44所示。

▶11 再单击场景中的点，设置完成后，我们可以看到在“链接参数”卷展栏中的文本框中会显示出从40帧开始，茶壶的链接目标为名称为Point001的点，如图4-45所示。

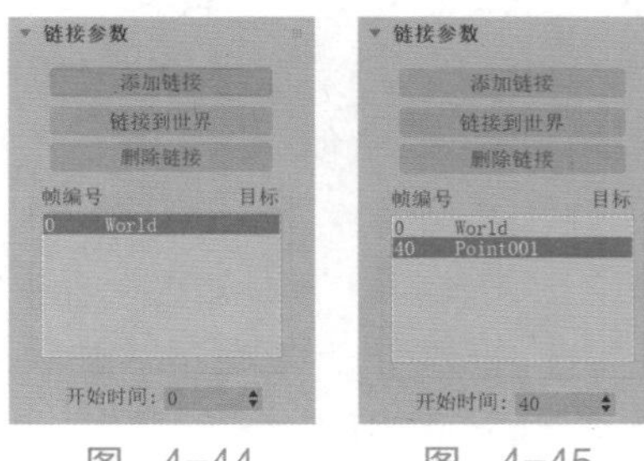

图 4-44　　图 4-45

▶12 设置完成后，播放动画，本实例制作完成后的动画效果如图4-46所示。

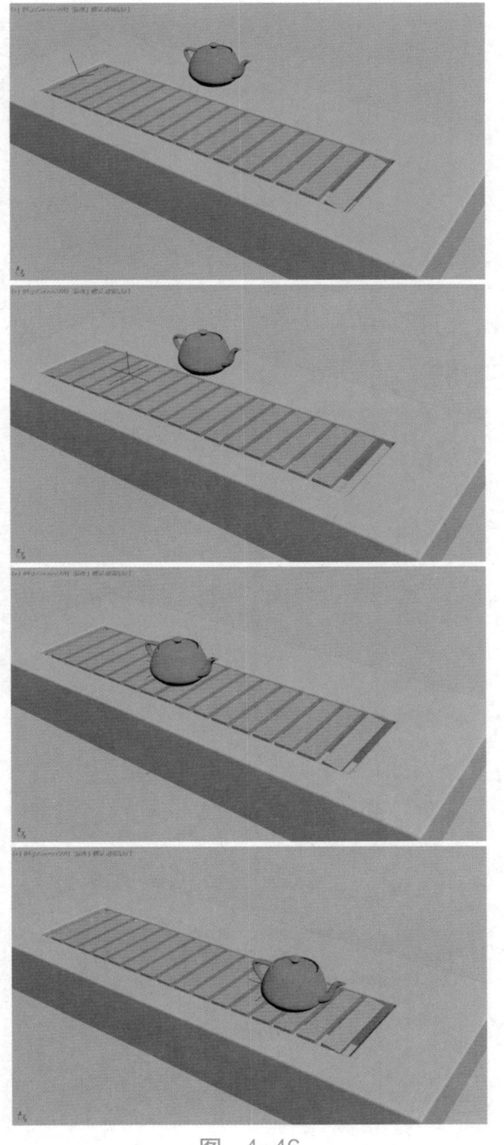

图　4-46

4.3 实例：使用"注视约束"制作眼球注视动画

本实例通过制作一个眼球注视的动画效果来讲解注视约束的基本使用方法，图4-47所示为本实例的动画完成渲染效果。

图　4-47

▶01 启动中文版3ds Max 2024软件，打开配套资源文件"角色.max"，里面有1个卡通角色模型，如图4-48所示。

图　4-48

▶02 在“创建”面板中单击“虚拟对象”按钮，如图4-49所示。

图 4-49

▶03 在“左”视图中创建一个与眼球模型大小接近的虚拟对象，如图4-50所示。

图 4-50

▶04 选择虚拟对象，按组合键Shift+A，将其快速对齐至角色的右眼模型上，如图4-51所示。

图 4-51

▶05 将场景中的虚拟对象复制一个，并快速对齐至角色的左眼模型上，如图4-52所示。

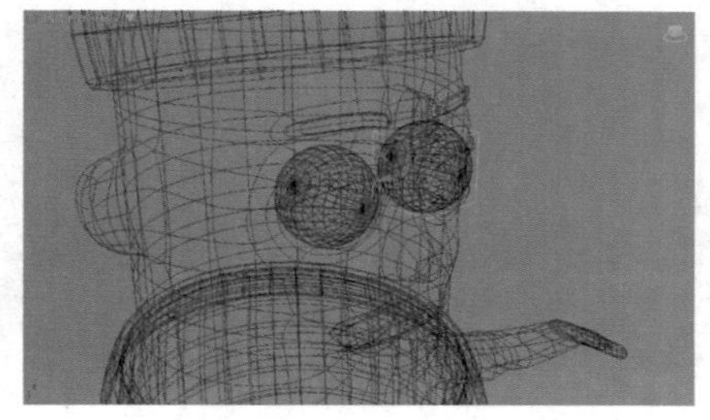

图 4-52

▶06 沿X轴调整两个虚拟对象的位置至图4-53所示。

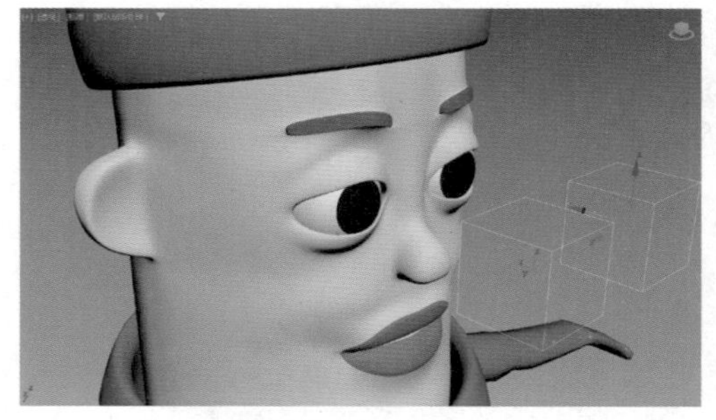

图 4-53

▶07 选择角色的右眼模型，如图4-54所示。

图 4-54

▶08 执行菜单栏“动画”|“约束”|“注视约束”命令，再单击对应的虚拟对象，这时，我们会发现角色眼球的方向发生了变化，如图4-55所示。

图 4-55

▶09 在“注视约束”卷展栏中，勾选“保持初始偏移”复选框，并设置“视线长度”为100，如图4-56所示。这样，角色的眼球就会恢复至正确的方向。

▶10 以同样的操作步骤为角色的另一只眼球模型也进行注视约束，如图4-57所示。

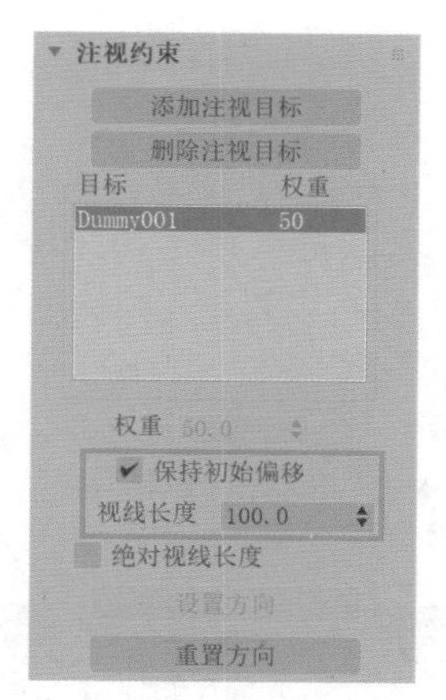

图　4-56

图　4-57

▶11 在“创建”面板中，单击“点”按钮，如图4-58所示。在场景中任意位置创建一个点。

图　4-58

▶12 并将其位置更改至场景中两个虚拟对象的中间位置处，如图4-59所示。

图　4-59

▶13 选择场景中的两个虚拟对象，单击“主工具栏”上的“选择并链接”图标，如图4-60所示，将其链接至点上。

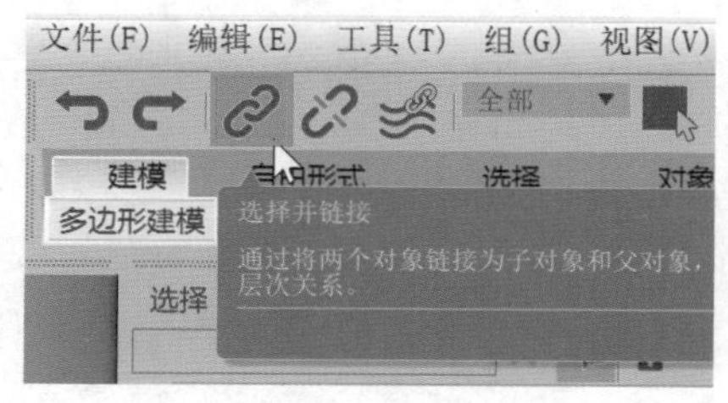

图　4-60

▶14 设置完成后，我们可以尝试移动点的位置来观察角色眼球的注视方向，如图4-61所示。

图　4-61

4.4　实例：口型表情动画

本实例通过制作一个角色的口型动画效果来讲解约束、曲线编辑器及修改器的综合运用，图4-62所示为本实例的动画完成渲染效果。

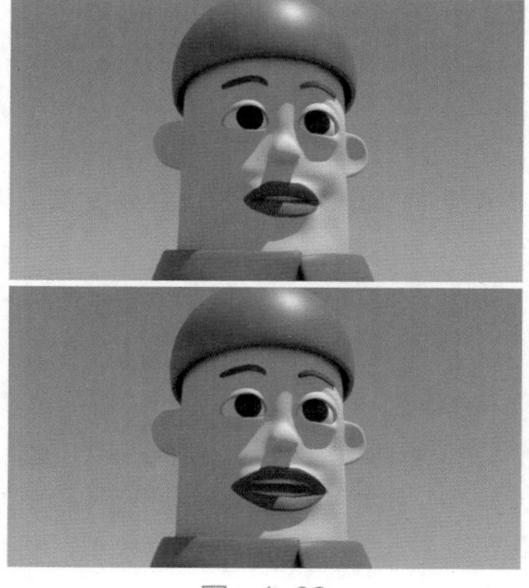
图　4-62

图 4-62（续）

4.4.1 使用“变形器”修改器为角色添加表情

▶01 启动中文版3ds Max 2024软件，打开配套资源文件“角色表情.max”，里面有1个添加好了眼球控制的卡通角色模型和4个角色表情，如图4-63所示。

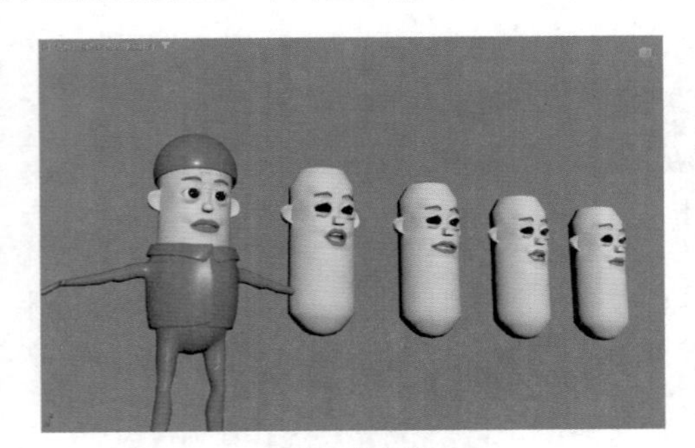

图 4-63

> **提示**
>
> 这些表情都是使用最初的一个头部模型复制后进行制作的，在制作这些表情时应注意不要更改模型的面数，只能通过调整顶点的位置来制作表情。

▶02 在“创建”面板中，单击“点”按钮，如图4-64所示。在场景中任意位置创建一个点。

▶03 选择点，执行菜单栏“动画”|“约束”|“附着约束”命令，再单击角色头部模型，将点约束至头部模型上，如图4-65所示。

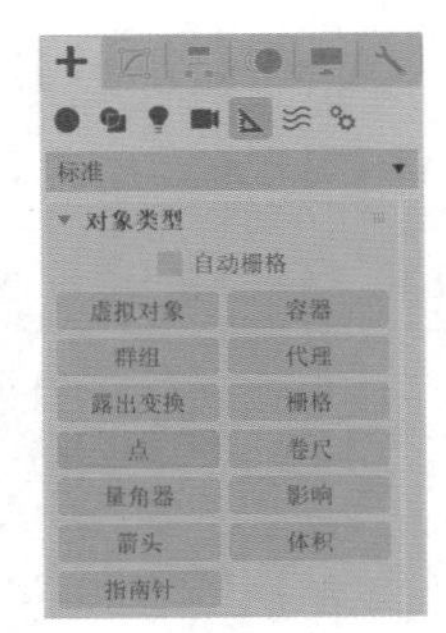

图 4-64

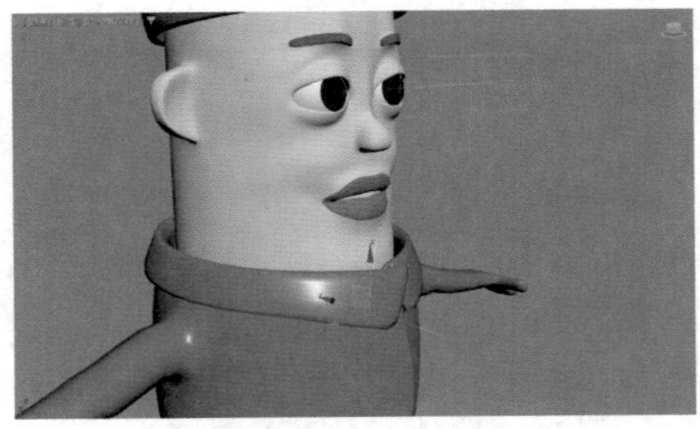

图 4-65

▶04 在0帧位置处，单击“附着参数”卷展栏中的“设置位置”按钮，如图4-66所示。

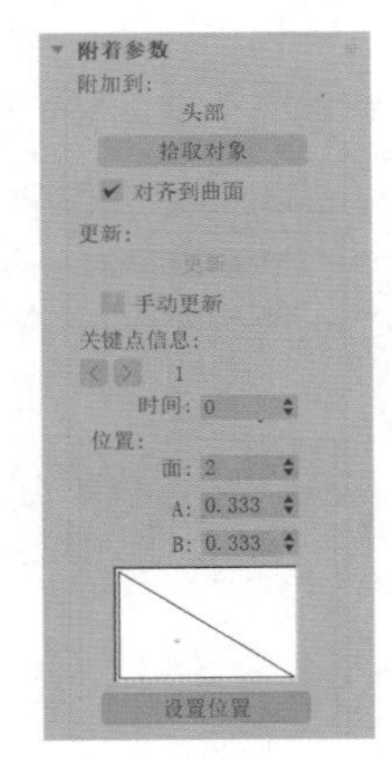

图 4-66

▶05 在场景中更改点的位置至图4-67所示。

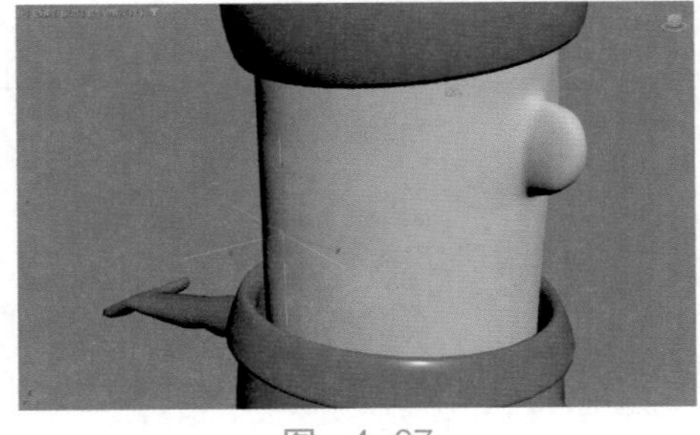

图 4-67

06 将角色头部模型暂时隐藏起来，选择角色的眼球、牙齿及控制眼球的点，单击“主工具栏”上的“选择并链接”图标，如图4-68所示。

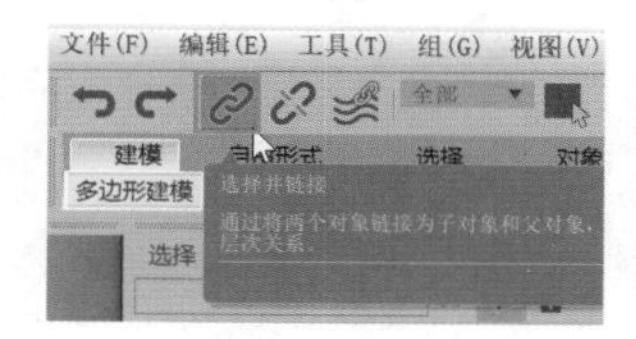

图 4-68

07 将所选中的模型链接到点上，如图4-69所示。

图 4-69

08 将之前隐藏的角色头部模型显示出来后，选择角色的头部模型，如图4-70所示。

图 4-70

09 在“修改”面板中，为其在“网格平滑”修改器的下方添加“变形器”修改器，如图4-71所示。

图 4-71

10 在“通道列表”卷展栏中，右击第1个“空”按钮并执行“从场景中拾取”命令，如图4-72所示。

11 再单击场景中名称为“口型1”的角色头部模型，即可将该角色的表情添加至第1个按钮中，设置完成后，该按钮的名称会显示为对应的角色头部模型的名称，如图4-73所示。

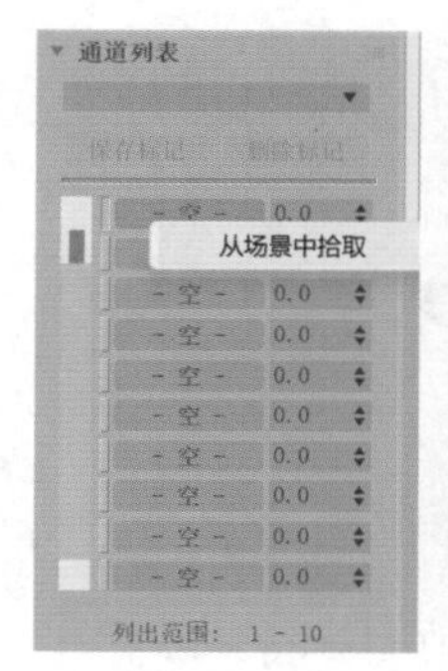

图 4-72

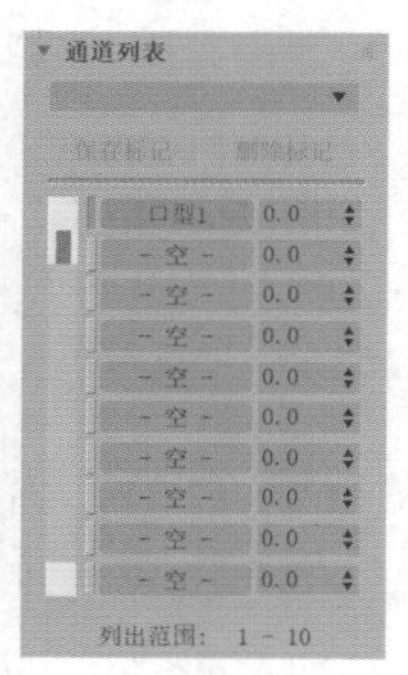

图 4-73

12 以同样的操作方式将场景中的其他表情也添加到“变形器”修改器的“通道列表”卷展栏中，设置完成后如图4-74所示。此时，读者可以另存为一个文件，并将场景中的这些带有表情的角色头部模型全部删除。

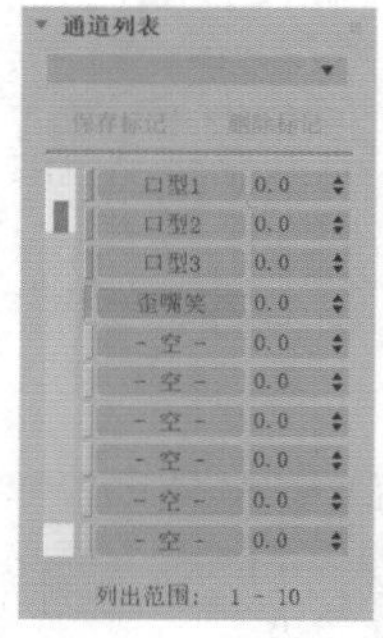

图 4-74

13 选择角色口腔中的牙齿模型，如图4-75所示。

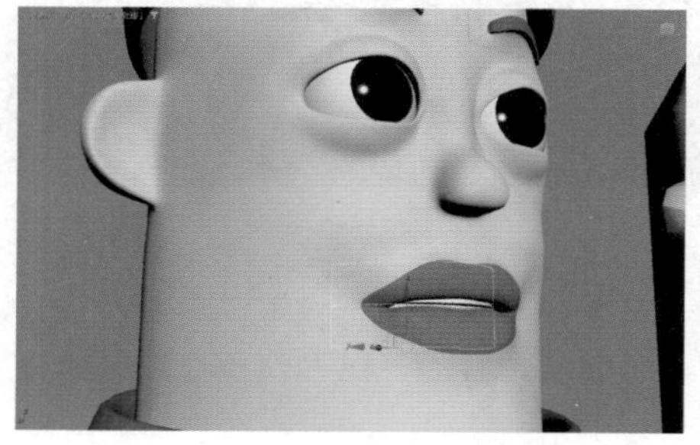

图 4-75

▶14 在“修改”面板中，为其添加“变形器”修改器，如图4-76所示。

▶15 以同样的操作步骤为其添加表情，如图4-77所示。

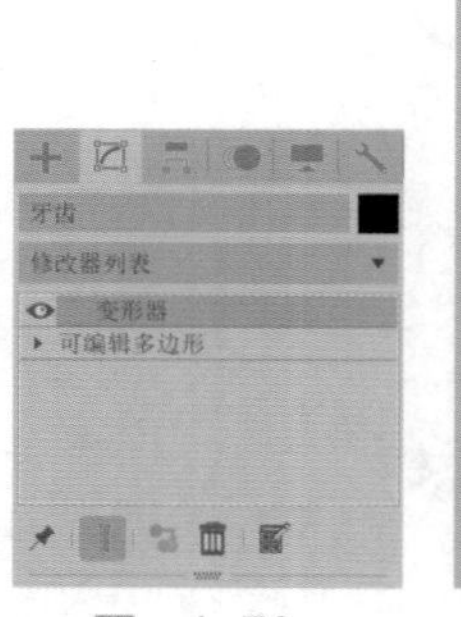

图 4-76

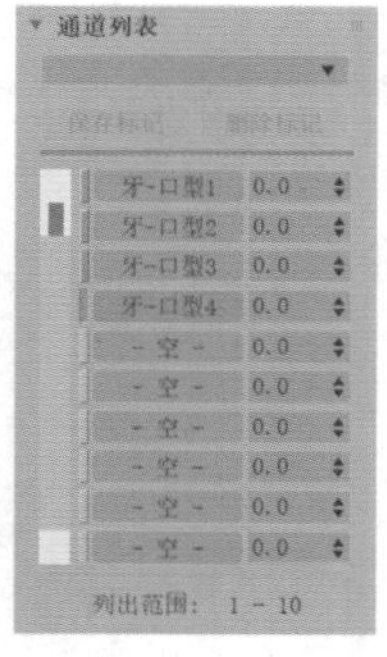

图 4-77

▶16 选中角色头部模型，设置“口型1”为100，如图4-78所示。我们可以看到角色的表情变化效果如图4-79所示。

图 4-78

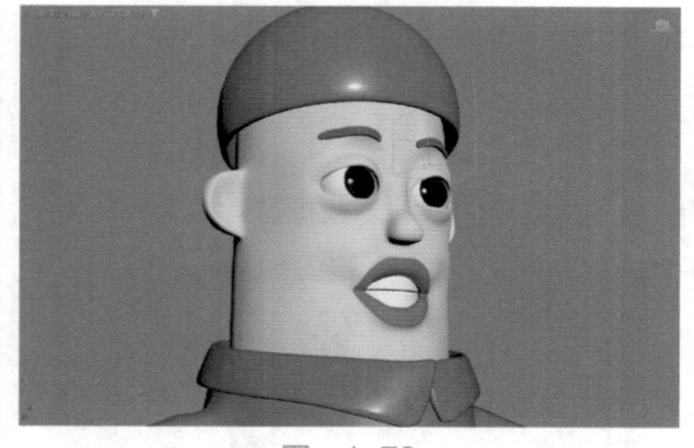

图 4-79

▶17 选中角色牙齿模型，设置“口型1”为100，如图4-80所示。我们可以看到角色的牙齿变化效果如图4-81所示。

图 4-80

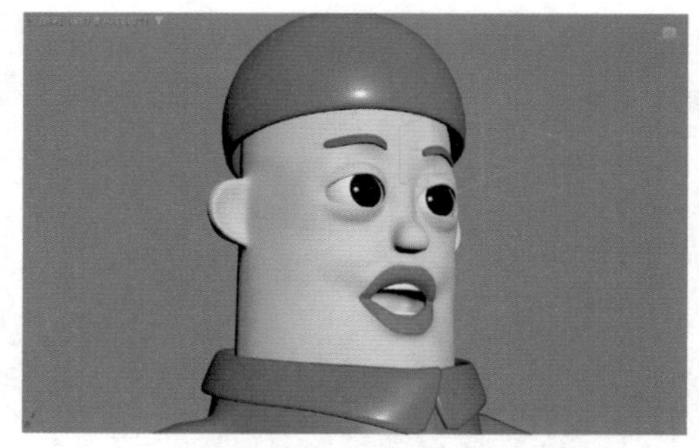

图 4-81

▶18 接下来，将刚刚调试的两个参数设置回0，准备制作口型动画效果。

4.4.2 制作角色口型动画

▶01 单击3ds Max 2024软件界面下方左侧的“打开迷你曲线编辑器”按钮，如图4-82所示。

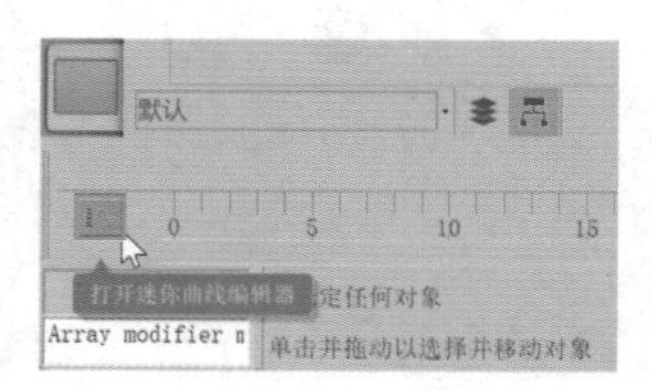

图 4-82

▶02 在“打开迷你曲线编辑器”面板中，将光标放置于“声音”上，如图4-83所示。右击并在弹出的快捷菜单中执行“属性”命令，如图4-84所示。

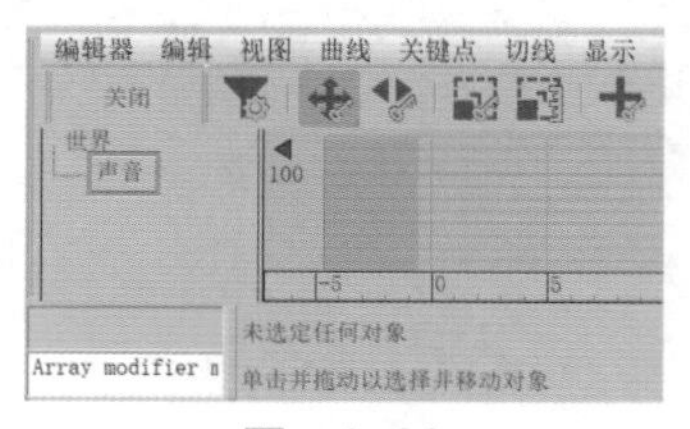

图 4-83

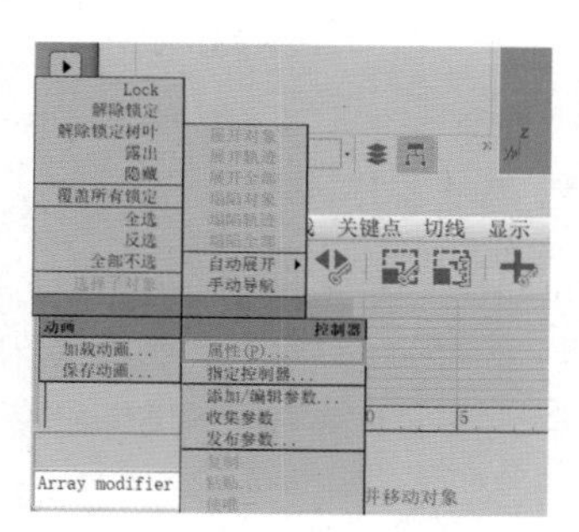

图　4-84

▶03 在系统自动弹出的“专业声音”面板中，单击“添加”按钮，浏览本书声音资源文件“大家好.wav”，添加完成后，单击面板下方右侧的“关闭”按钮，关闭该面板，如图4-85所示。

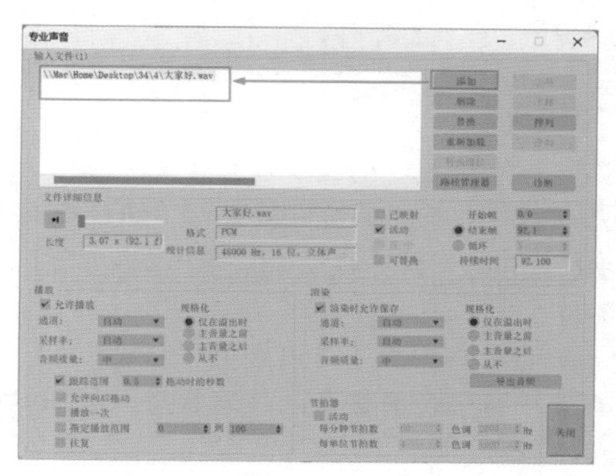

图　4-85

▶04 声音文件添加完成后，我们可以在看到“迷你曲线编辑器”面板中查看声音文件的波形，如图4-86所示。

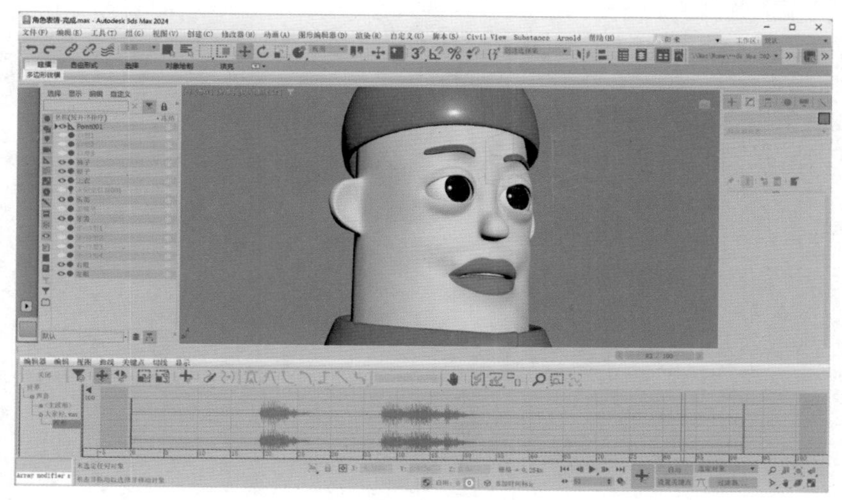

图　4-86

▶05 单击“关闭”按钮，如图4-87所示，将“迷你曲线编辑器”面板关闭。

▶06 将光标放置到时间条上，右击并在弹出的快捷菜单中执行“配置”|“显示声音轨迹”命令，如图4-88所示。

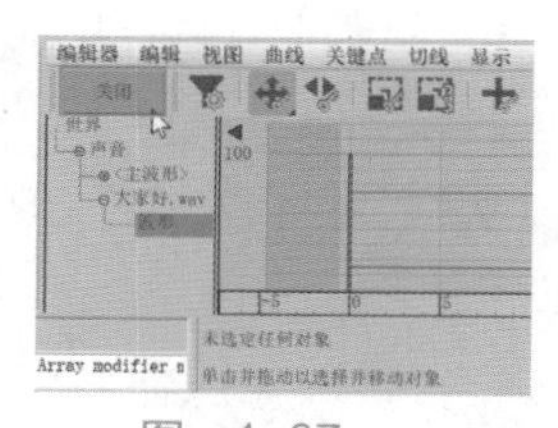

图　4-87

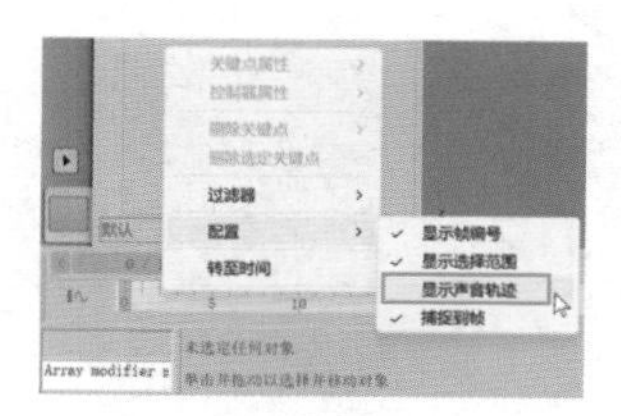

图　4-88

▶07 这样，可以我们在“轨迹栏”中可以看到声音的波形显示结果，如图4-89所示。

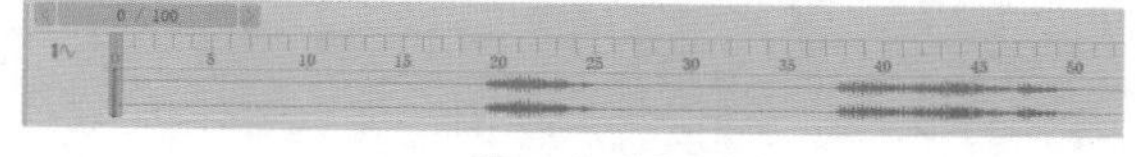

图　4-89

提示

我们还可以在“轨迹视图-摄影表”面板中来清楚地查看声音的波形效果。

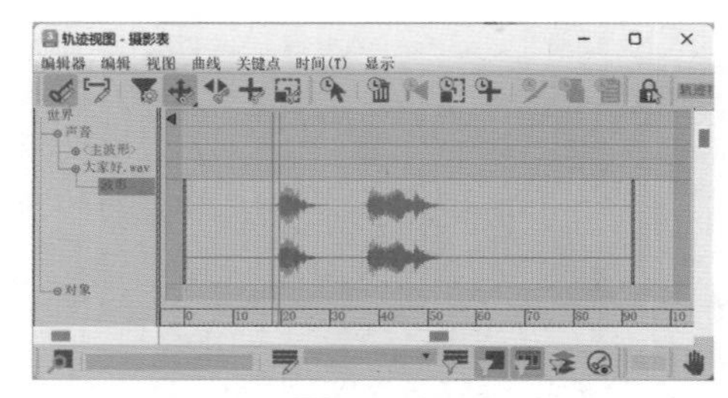
图 4-90

▶08 执行菜单栏“图形编辑器”|“轨迹视图-摄影表”命令，打开“轨迹视图-摄影表”面板，如图4-90所示。

▶09 单击软件界面下方右侧的“自动”按钮，使其处于背景色为红色的按下状态，如图4-91所示。

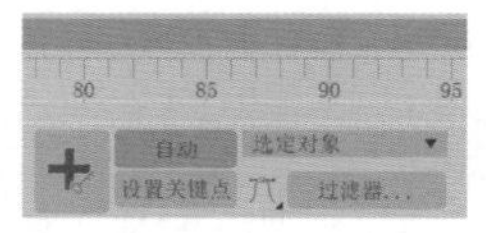
图 4-91

▶10 在20帧位置处，选择角色头部模型，设置“口型1”为29、“口型2”为100，并将0帧的关键帧移动至17帧位置处，如图4-92所示。

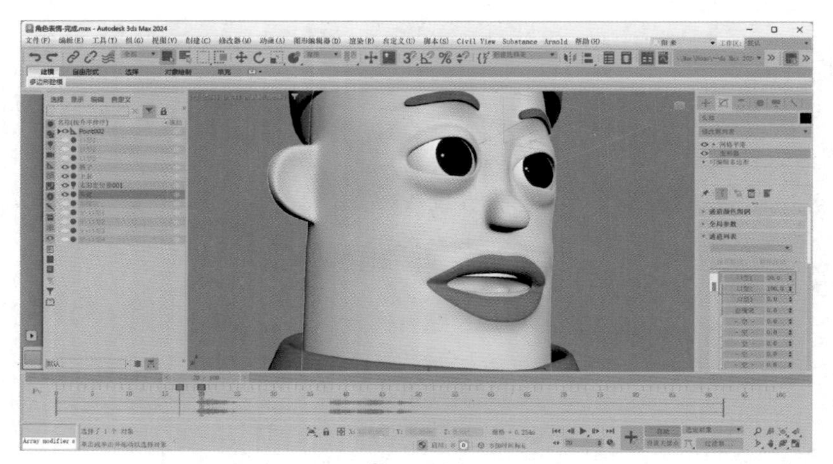
图 4-92

▶11 选择牙齿模型，设置“牙-口型1”为33、“牙-口型2”为100，并将0帧的关键帧移动至17帧位置处，如图4-93所示。

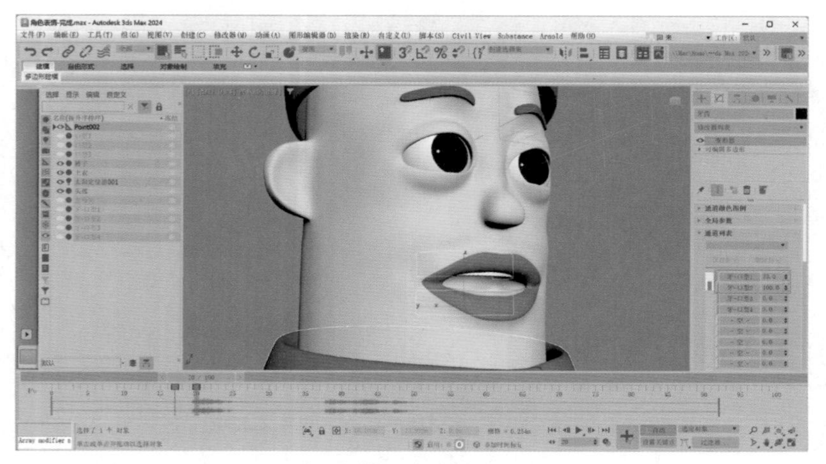
图 4-93

▶12 分别选择角色头部和牙齿模型，按Shift键，将17帧的关键帧复制并移动至29帧位置处，如图4-94所示。

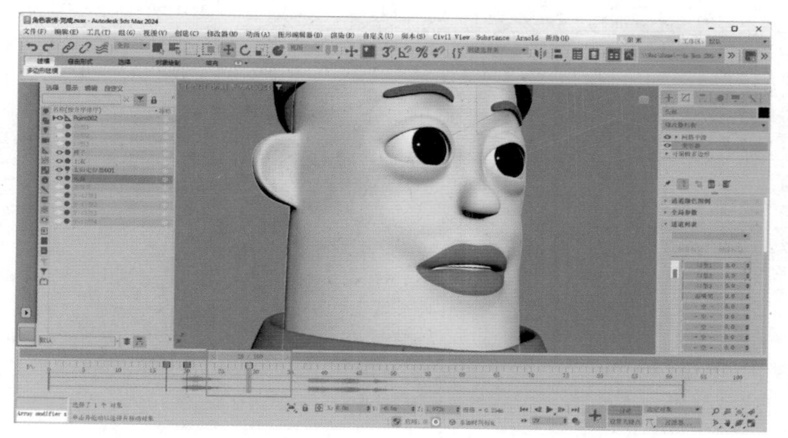

图　4-94

▶13 在37帧位置处，分别选择角色的头部模型和牙齿模型，为其所有表情设置关键帧，如图4-95和图4-96所示。

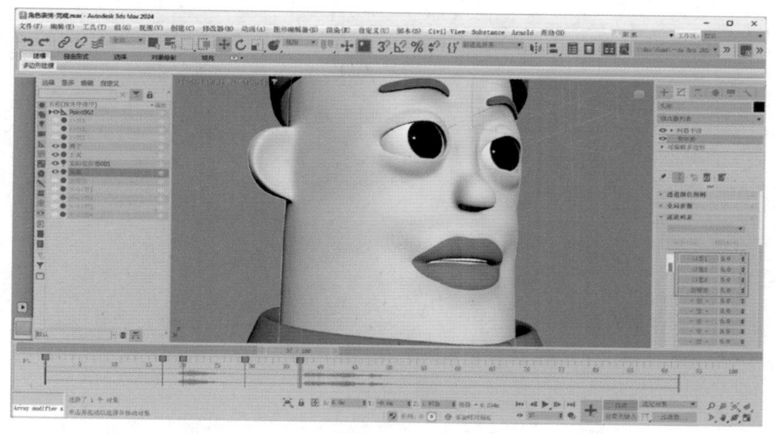

图　4-95

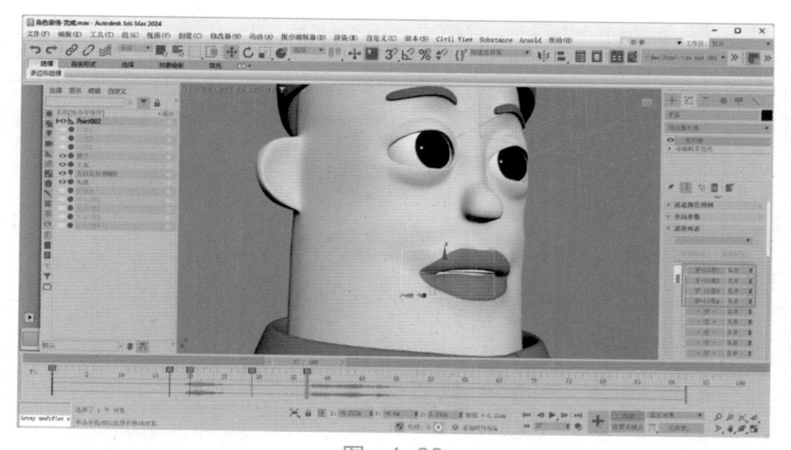

图　4-96

▶14 在39帧位置处，选择角色头部模型，设置“口型3”为100，并为所有表情设置关键帧，如图4-97所示。

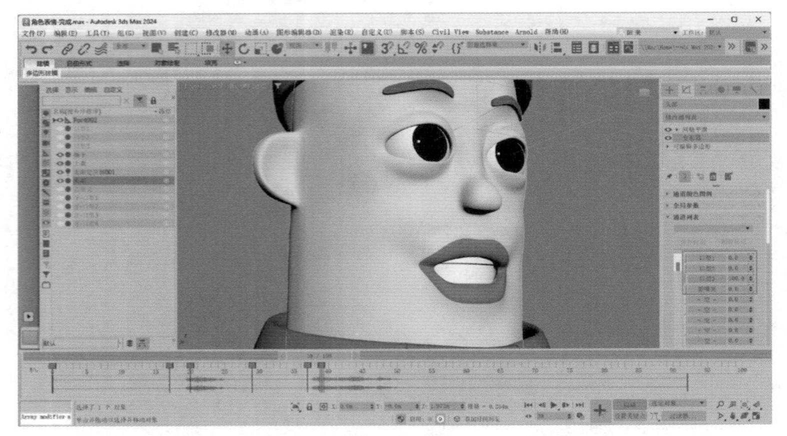

图 4-97

▶15 在39帧位置处，选择角色牙齿模型，设置“牙-口型3”为100，并为所有表情设置关键帧，如图4-98所示。

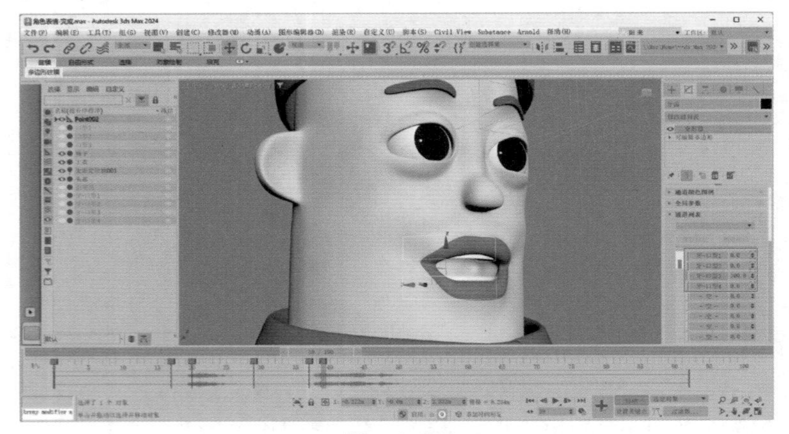

图 4-98

▶16 分别选择角色头部和牙齿模型，按Shift键，将37帧的关键帧复制并移动至41帧位置处，如图4-99所示。

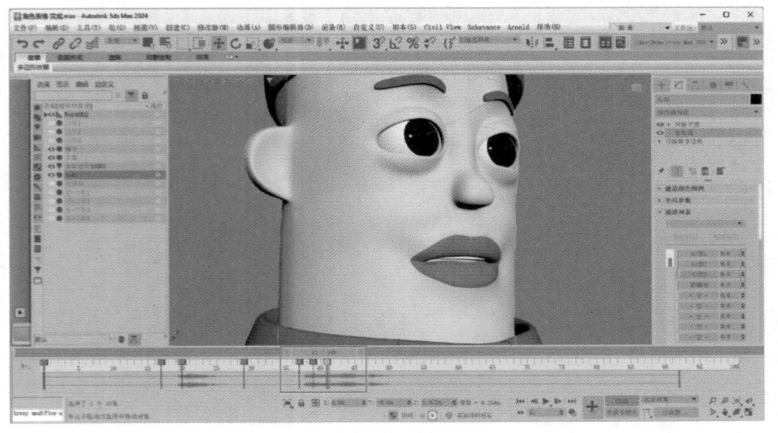

图 4-99

▶17 在43帧位置处，选择角色头部模型，设置“口型1”为45、“口型3”为100，并为所有表情设置关键帧，如图4-100所示。

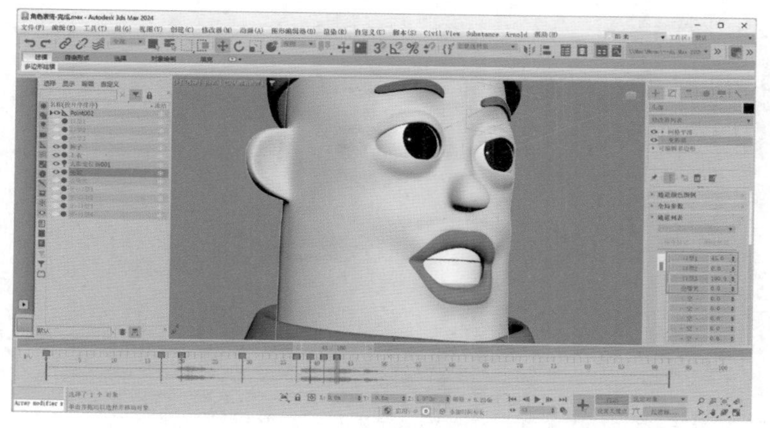

图　4-100

▶18 在43帧位置处，选择角色牙齿模型，设置“牙-口型1”为45、“牙-口型3”为100，并为所有表情设置关键帧，如图4-101所示。

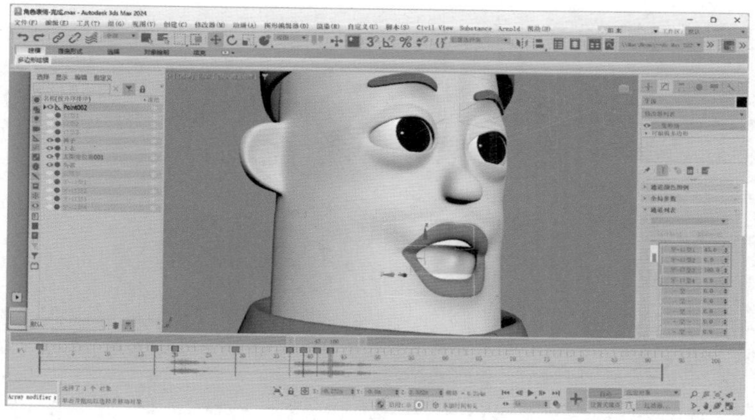

图　4-101

▶19 在48帧位置处，选择角色头部模型，设置“口型1”为100、“口型3”为50，并为所有表情设置关键帧，如图4-102所示。

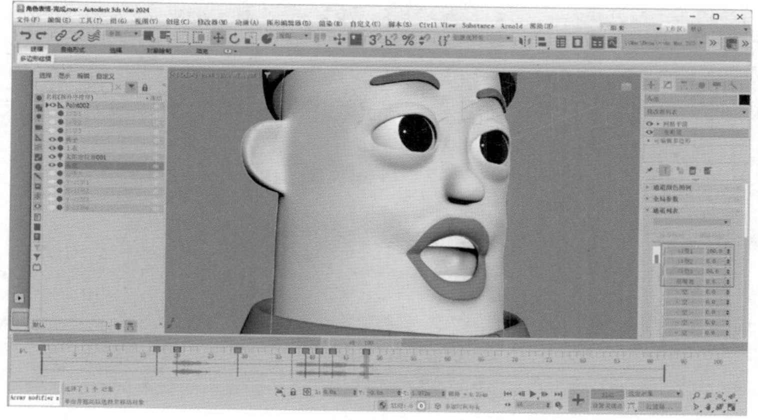

图　4-102

▶20 在48帧位置处，选择角色牙齿模型，设置“牙-口型1”为100、“牙-口型3”为50，并为所有表情设置关键帧，如图4-103所示。

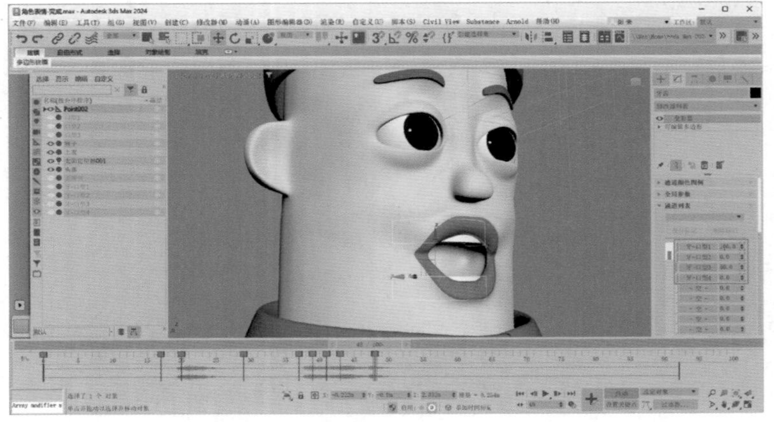

图 4-103

▶21 分别选择角色头部和牙齿模型，按Shift键，将37帧的关键帧复制并移动至54帧位置处，如图4-104所示。

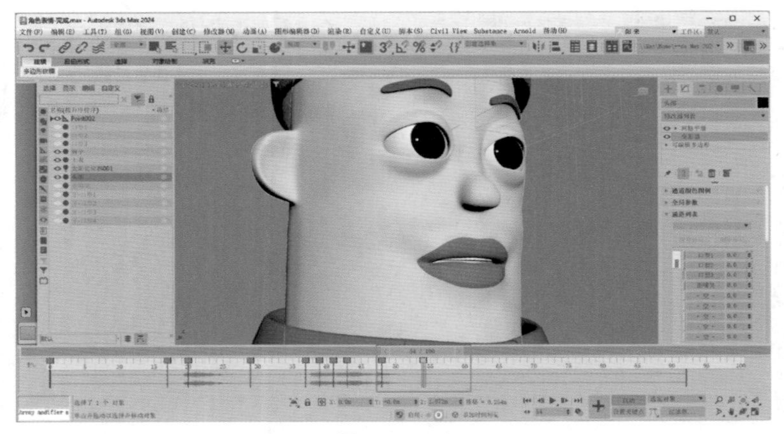

图 4-104

▶22 在60帧位置处，选择角色头部模型，设置“歪嘴笑”为100，如图4-105所示。

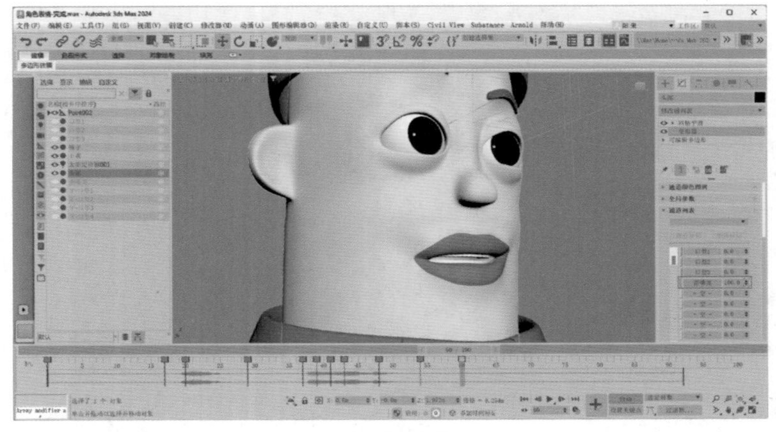

图 4-105

▶23 在60帧位置处，选择角色牙齿模型，设置“牙-口型4”为100，如图4-106所示。

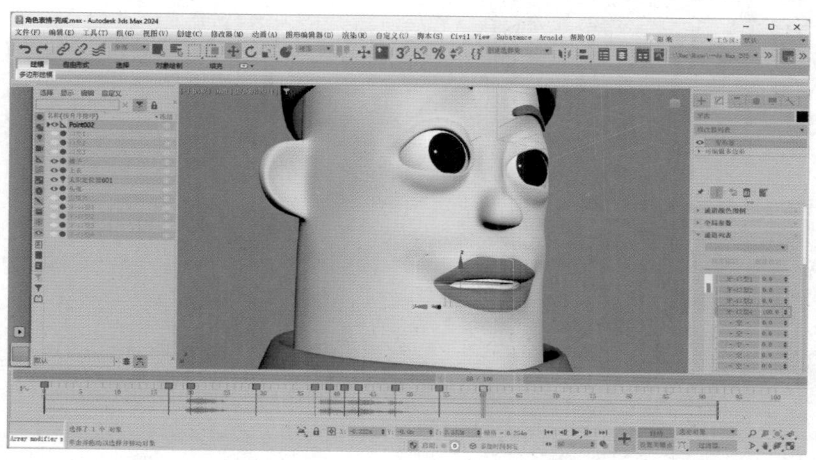

图　4-106

▶24 设置完成后，播放动画，本实例制作完成后的动画效果如图4-107所示。

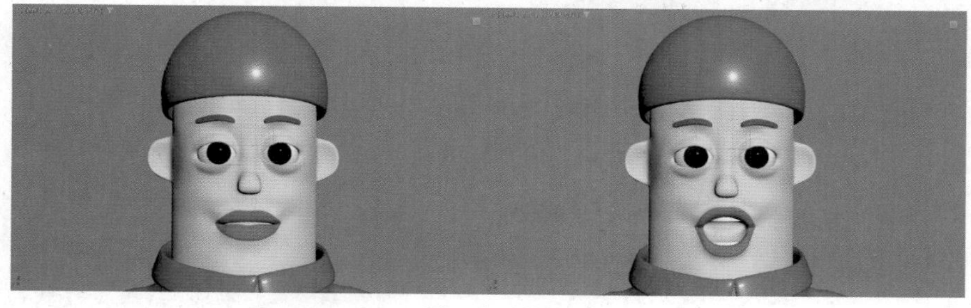

图　4-107

提示

制作角色的口型动画时，需要我们先尝试张嘴读一遍角色的台词，再根据每一个字读音的口型来制作角色的口型动画。

4.5　实例：使用“浮点表达式”控制器制作车轮滚动动画

本实例将使用表达式控制器来制作一个车轮的滚动动画效果，图4-108所示为本实例的动画完成渲染效果。

图 4-108

▶01 启动中文版3ds Max 2024软件，打开配套资源文件“车轮.max”，里面有一个汽车车轮模型，如图4-109所示。

图 4-109

▶02 在“创建”面板中单击“圆”按钮，如图4-110所示。

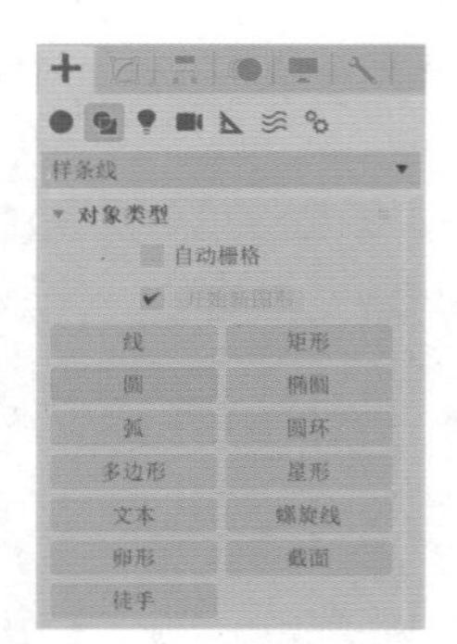

图 4-110

▶03 在“左”视图创建一个与车轮模型大小相似的圆形，如图4-111所示。

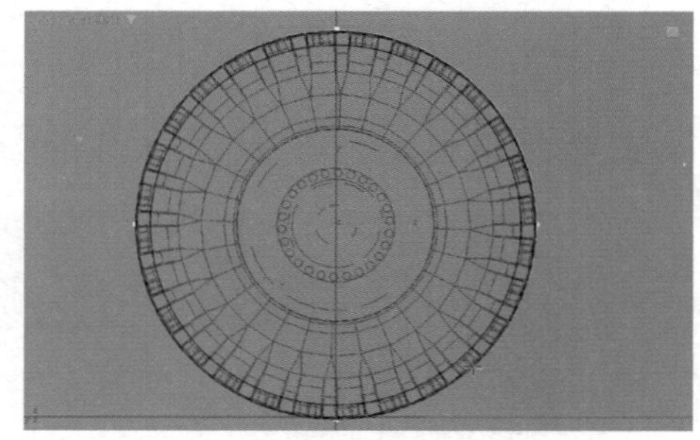

图 4-111

▶04 选择圆形图形，单击“主工具栏”上的“快速对齐”按钮，如图4-112所示。将其对齐到车轮模型上。再沿X轴移动其位置至图4-113所示位置处。

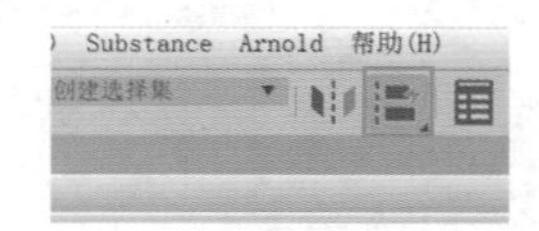

图 4-112

图 4-113

▶05 选择车轮模型，单击“主工具栏”上的“选择并链接”按钮，如图4-114所示。将其链接至刚刚绘制完成的圆形图形上，如图4-115所示。

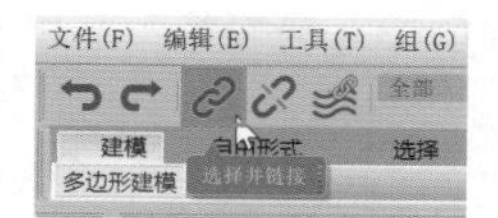

图　4-114

图　4-115

▶06 设置完成后，在“场景资源管理器”面板中观察设置好的链接关系，如图4-116所示。

▶07 选择圆形图形，在“运动”面板中展开“指定控制器”卷展栏，选择“Y轴旋转”属性后，该属性背景色会显示为蓝色，再单击“对钩”形状的“指定控制器”按钮，如图4-117所示。

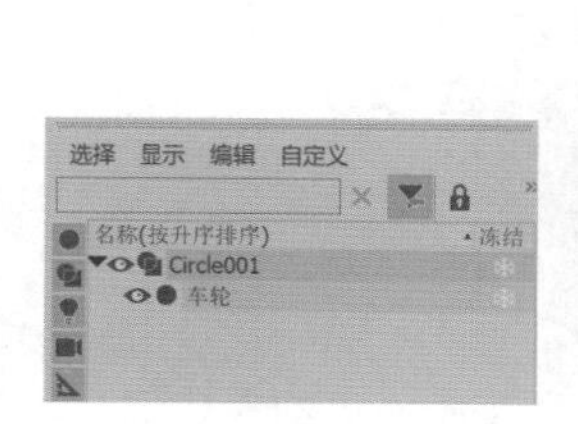

图　4-116　　　图　4-117

▶08 在系统自动弹出的“指定浮点控制器”对话框中选择“浮点表达式”控制器，如图4-118所示。

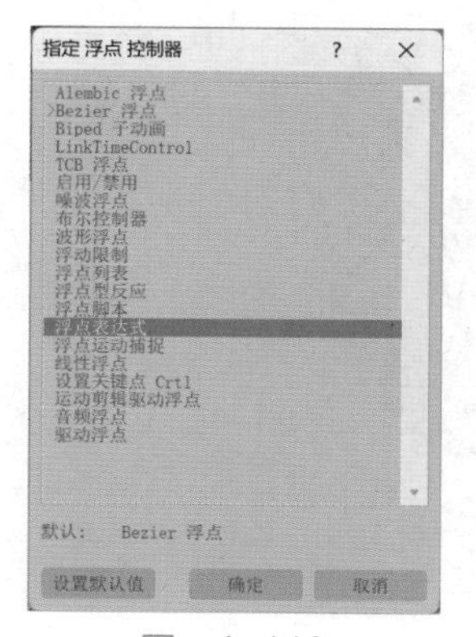

图　4-118

▶09 在自动弹出的“表达式控制器”对话框中，创建一个“名称”为A的标量，如图4-119所示。

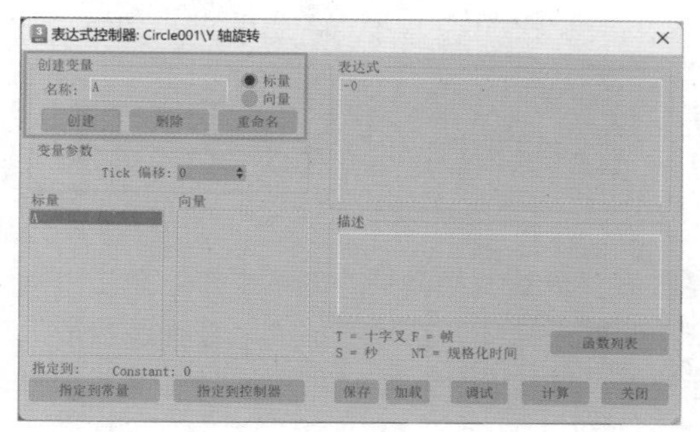

图　4-119

▶10 在“表达式控制器”对话框中，单击“指定到控制器”按钮，在弹出的“轨迹视图拾取”对话框中，将其指定为圆形图形的“半径”属性，如图4-120所示。

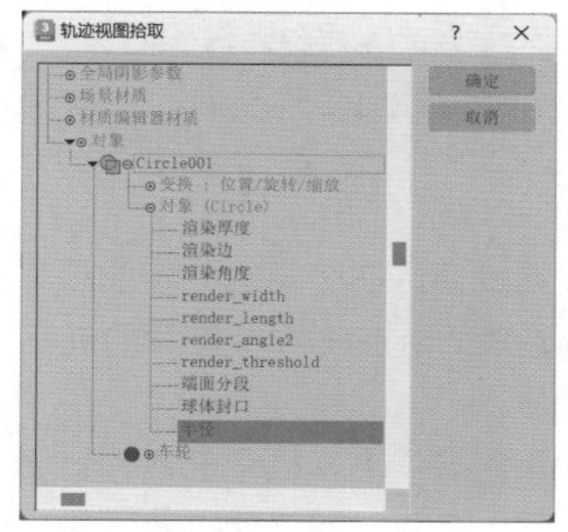

图　4-120

▶11 设置完成后，在“表达式控制器”对话框中可以看到A标量被成功设置后的显示状态，如图4-121所示。

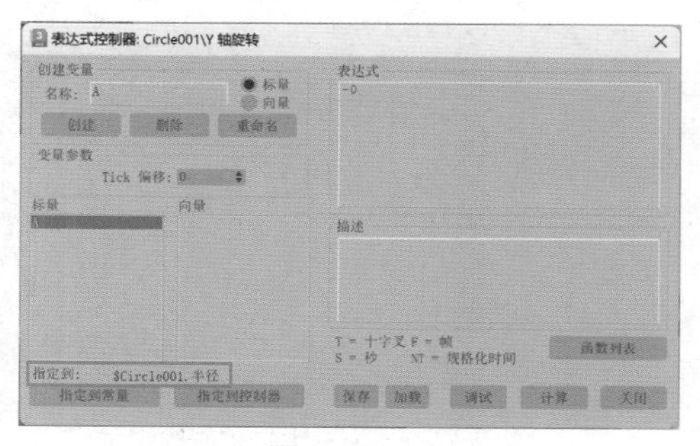

图　4-121

▶12 以同样的操作方式再次创建一个新的标量B，如图4-122所示。

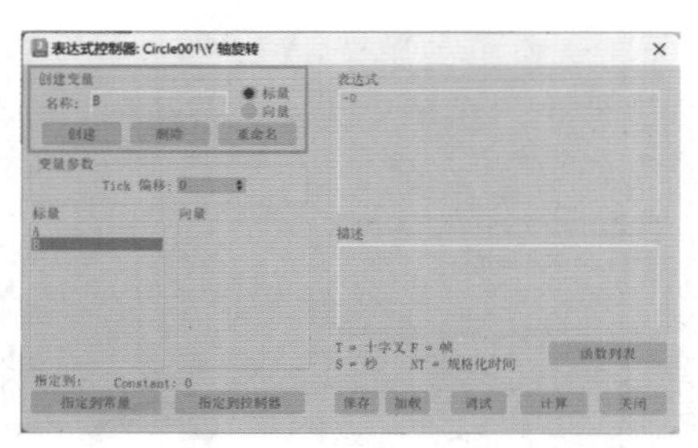

图 4-122

▶13 在“表达式控制器”对话框中，单击“指定到控制器”按钮，在弹出的“轨迹视图拾取”对话框中，将其指定为圆形图形的“Y位置”属性，如图4-123所示。

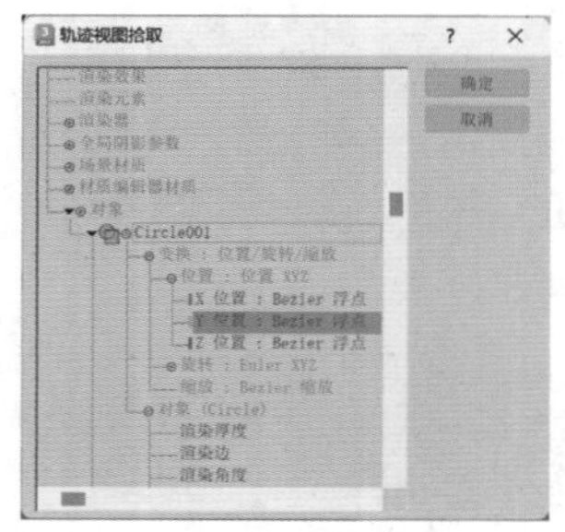

图 4-123

▶14 设置完成后，在“表达式控制器”对话框中也可以看到B变量被成功设置后的显示状态，如图4-124所示。

▶15 在“表达式”文本框内输入“：-B/A”后，单击“计算”按钮，即可使得我们输入的表达式被系统执行，如图4-125所示。

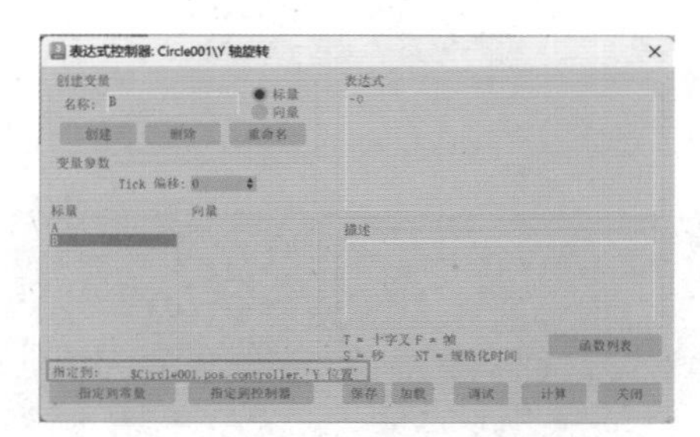

图 4-124

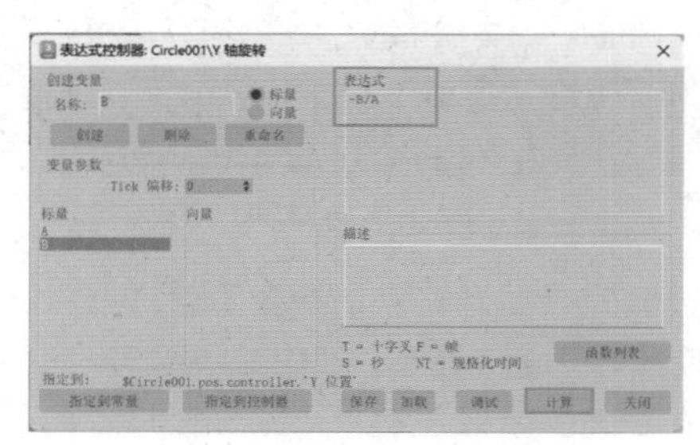

图 4-125

▶16 设置完成后，沿Y轴方向拖动圆形图形，即可看到车轮模型会根据圆形图形的运动产生自然流畅的位置及旋转动画。单击软件界面下方右侧的“自动”按钮，使其处于背景色为红色的按下状态，如图4-126所示。

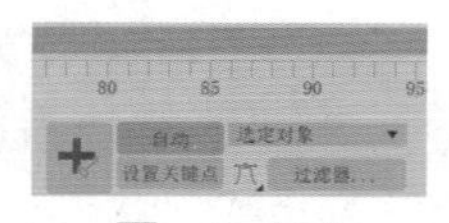

图 4-126

▶17 在100帧位置处，沿Y轴移动圆形图形的位置至图4-127所示。动画制作完成后，再次单击“自动”按钮，关闭自动关键点模式。

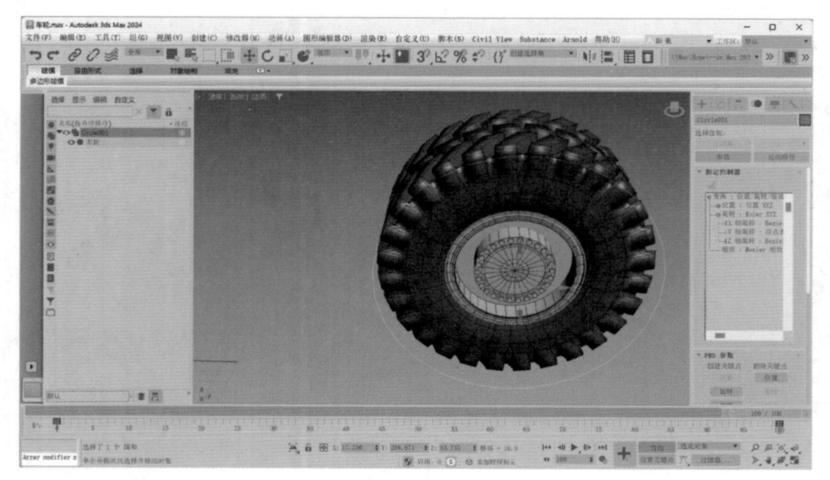

图 4-127

▶18 本实例的最终动画效果如图4-128所示。

图　4-128

4.6 实例：伸缩剑动画

本实例将使用位置约束和反应管理器来制作一个可以伸缩的玩具剑动画效果，图4-129所示为本实例的动画完成渲染效果。

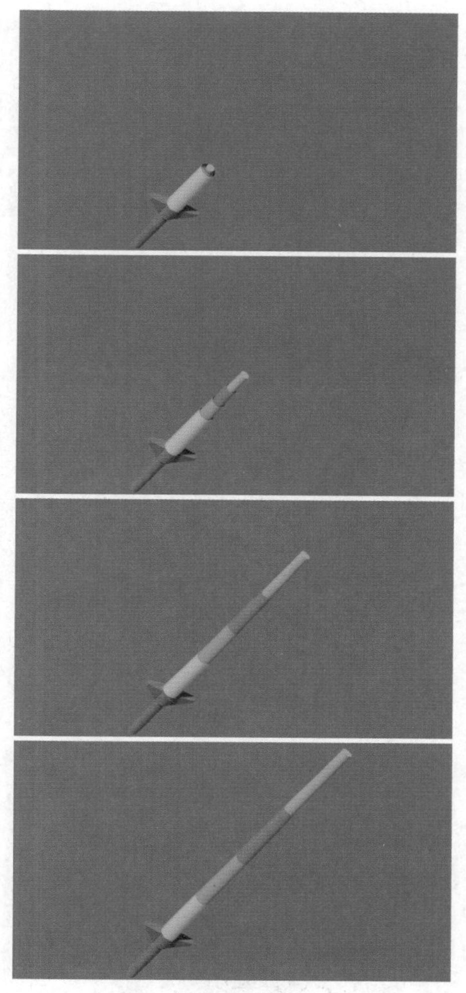

图　4-129

4.6.1 使用“位置约束”控制伸缩效果

▶01 启动中文版3ds Max 2024软件，打开配套资源文件“伸缩剑.max”，里面有一个玩具剑模型，如图4-130所示。

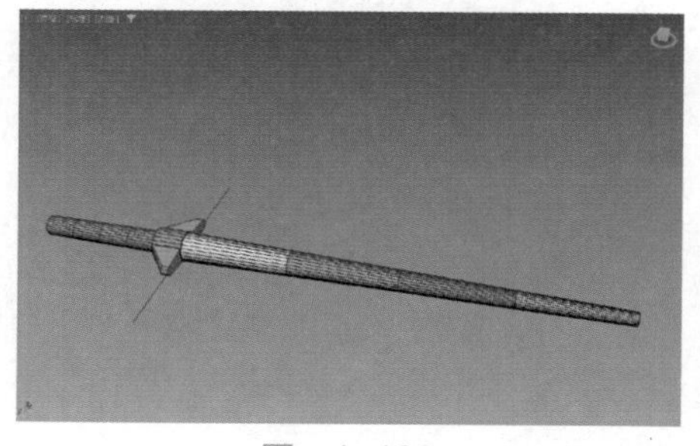

图　4-130

▶02 选择玩具剑上白色和黄色的剑身模型，如图4-131所示。

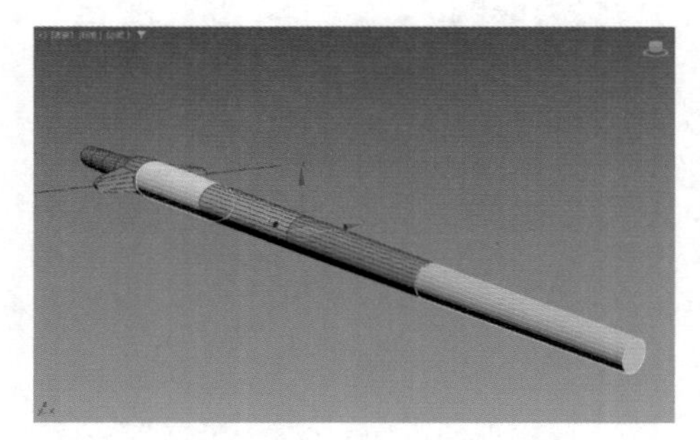

图 4-131

▶03 单击“主工具栏”上的“选择并链接”按钮，如图4-132所示。将其链接至剑柄模型上，如图4-133所示。

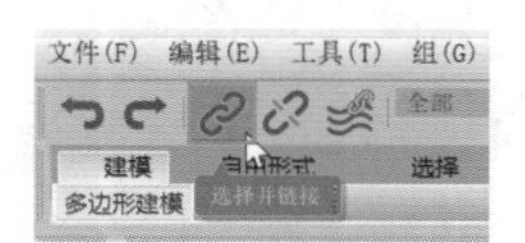

图 4-132

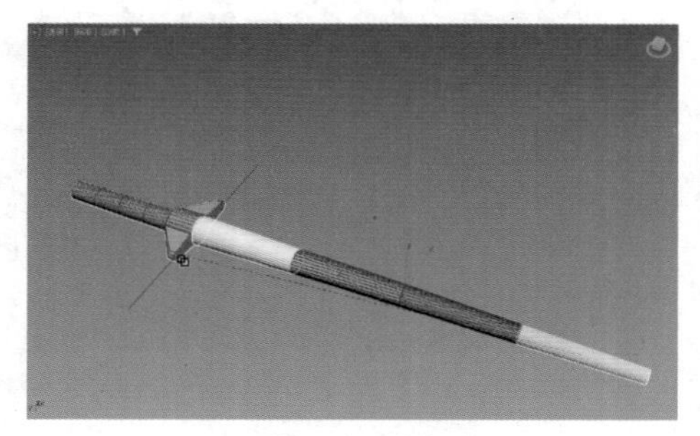

图 4-133

▶04 设置完成后，我们可以在“场景资源管理器”面板中观察设置好的链接关系，如图4-134所示。

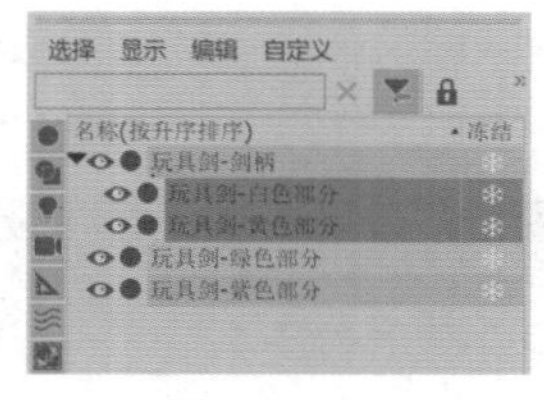

图 4-134

▶05 选择绿色的剑身模型，执行菜单栏“动画”|“约束”|“位置约束”命令，再单击白色的剑身模型，将其位置约束至白色剑身模型上，如图4-135所示。

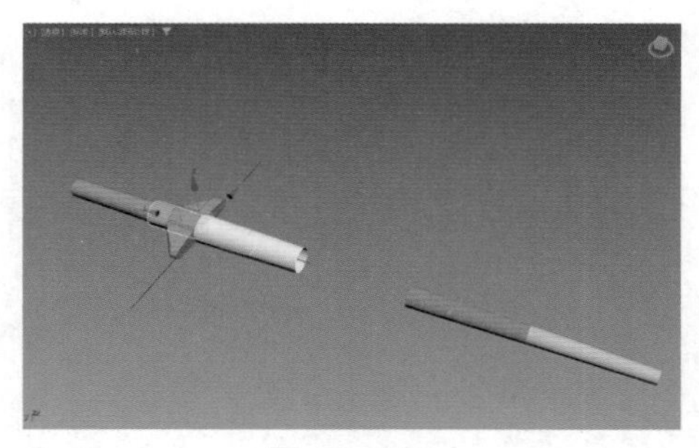

图 4-135

▶06 在“位置约束”卷展栏中，单击“添加位置目标”按钮，如图4-136所示。再单击场景中黄色的剑身模型，即可将黄色剑身模型添加至“目标”下方的文本框中，如图4-137所示。

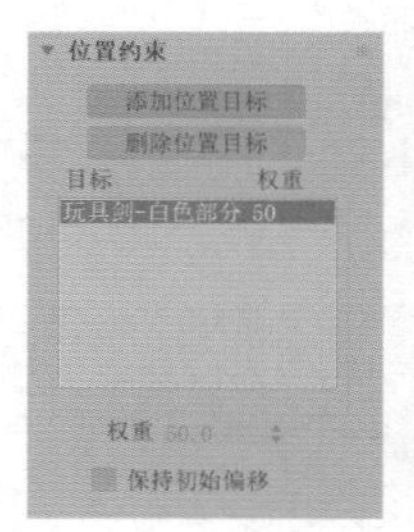

图 4-136

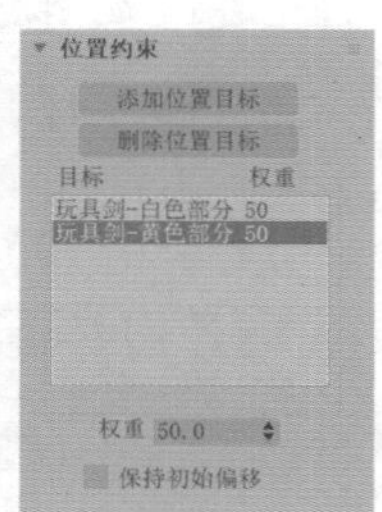

图 4-137

▶07 在“位置约束”卷展栏中，选择“目标”文本框内的“玩具剑-白色部分”名称，设置其“权重”为66，如图4-138所示。

▶08 在“位置约束”卷展栏中，选择“目标”文本框内的“玩具剑-黄色部分”名称，设置其“权重”为33，如图4-139所示。

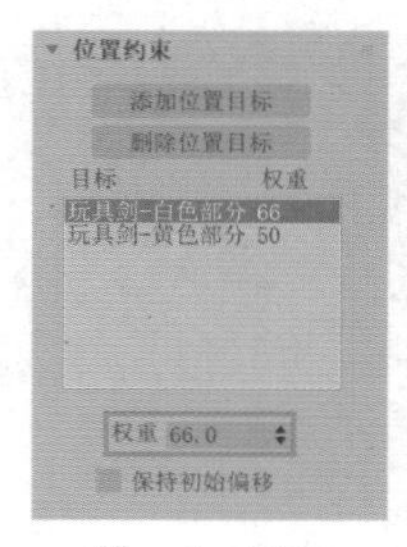

图 4-138

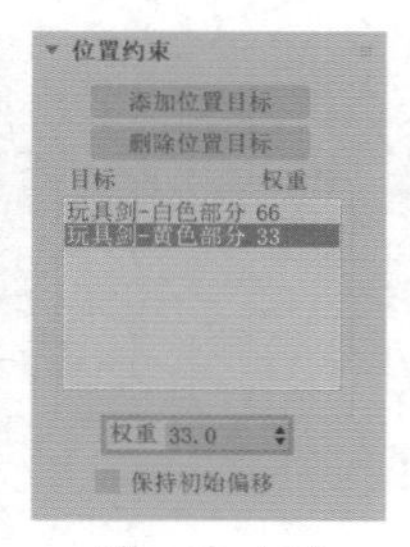

图 4-139

▶09 设置完成后，我们可以看到绿色剑身模型的位置如图4-140所示。

▶10 以同样的操作步骤为紫色剑身模型设置“位置约束”，将其也分别位置约束至白色剑身模型和黄色剑身模型上，并分别调整其权重值，如图4-141所示。

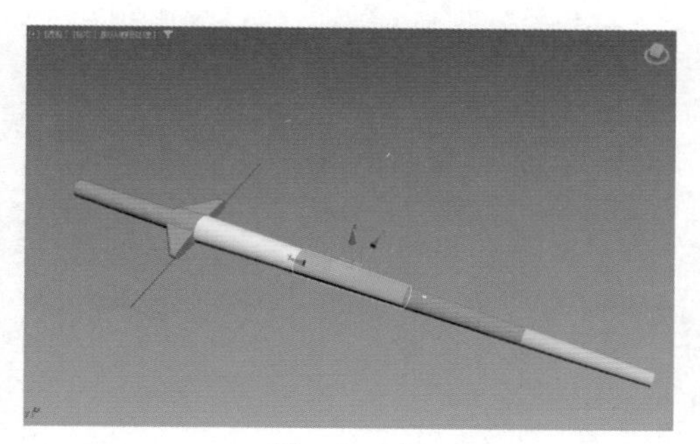

图 4-140

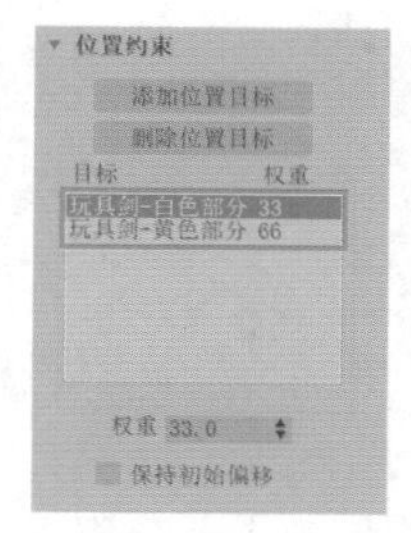

图 4-141

提示

权重值没有固定的具体数值，读者可以根据实际的动画效果自行进行调整。

▶11 设置完成后，我们可以尝试沿Y轴移动黄色剑身模型的位置，即可看到绿色剑身模型和紫色剑身模型也会随之产生一定的位移效果，如图4-142所示。

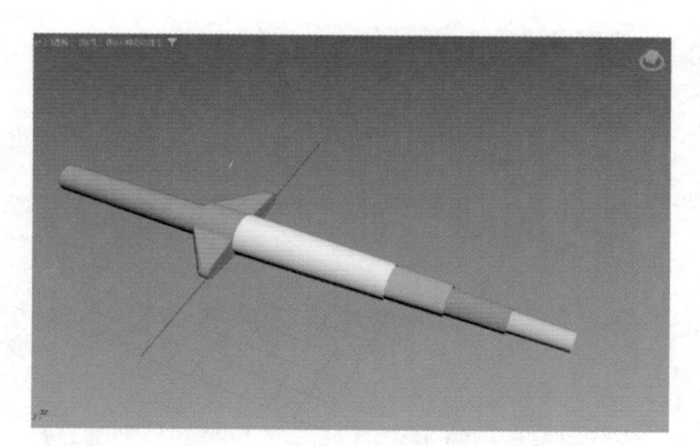

图 4-142

4.6.2 使用“反应管理器”制作动画效果

▶01 选择黄色剑身模型，移动其位置至图4-143所示位置处。

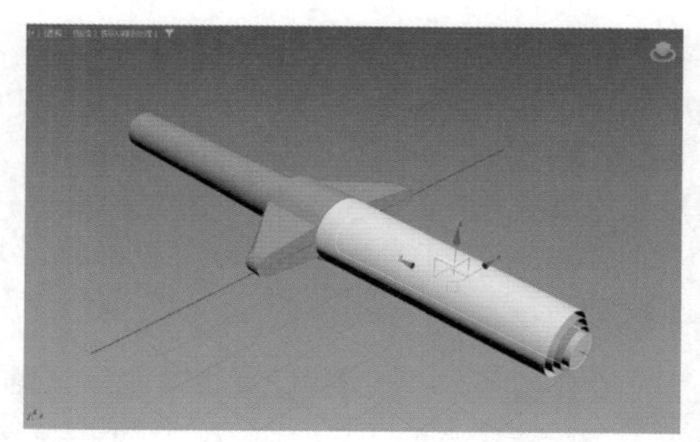

图 4-143

▶02 在“创建”面板中，单击Slider（滑块）按钮，如图4-144所示。在视图下方左侧位置处创建一个滑块操纵器，如图4-145所示。

图 4-144

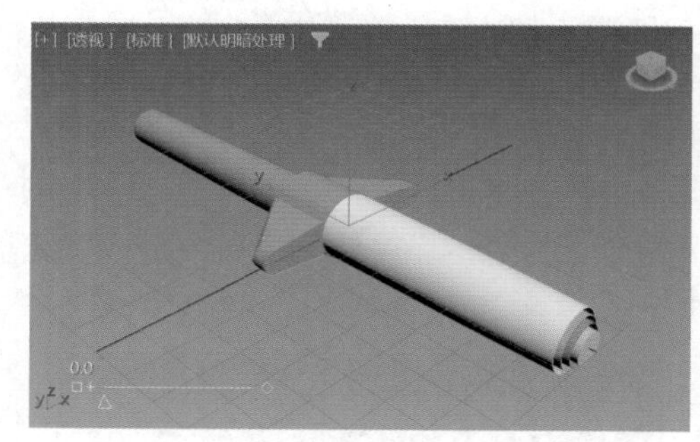

图 4-145

▶03 创建完成后，在“修改”面板中，设置“标签”为“伸缩控制”，如图4-146所示。

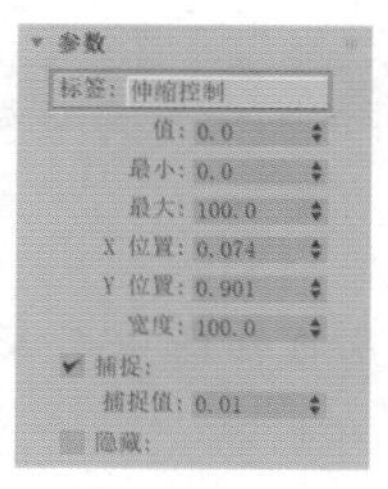

图 4-146

提示

更改滑块的“X位置”和“Y位置”值可以控制滑块位于视图中的位置。

▶04 执行菜单栏“动画”|“反应管理器”命令，在打开的“反应管理器”面板中，单击+号形状的“添加反应驱动者”按钮，如图4-147所示。

▶05 在场景中单击“上下控制”滑块操纵器，在弹出的菜单中执行“对象（slider）”|value命令，如图4-148所示。

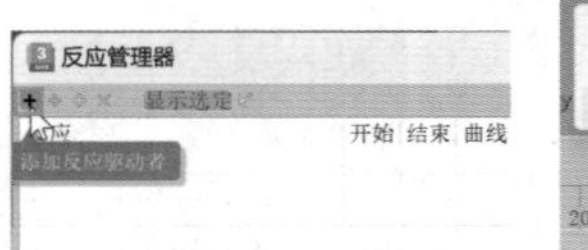

图 4-147

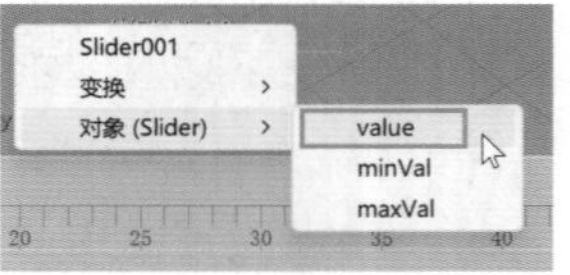

图 4-148

▶06 设置完成后，我们可以在“反应管理器”面板中看到该参数已经被添加进来了，如图4-149所示。

▶07 在“反应管理器”面板中，单击第二个+号形状的“添加反应驱动”按钮，如图4-150所示。

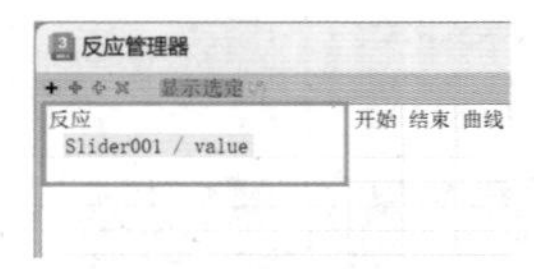

图 4-149

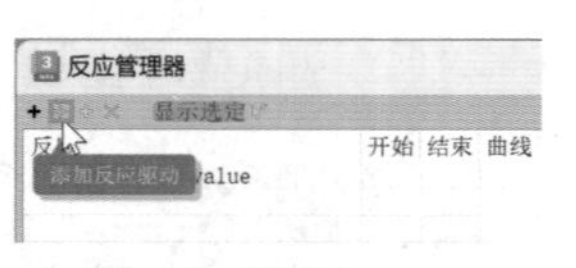

图 4-150

▶08 在场景中单击黄色的剑身模型，在弹出的菜单中执行“变换”|“位置”|“Z位置”命令，如图4-151所示。

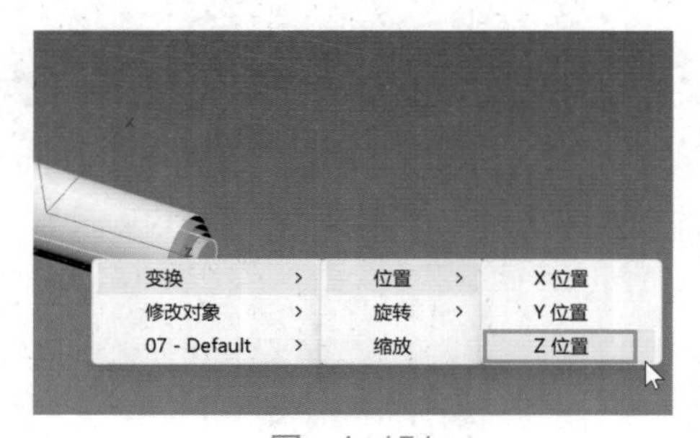

图 4-151

提示

位置的轴向以对象的局部轴坐标为准。

▶09 设置完成后，我们可以在“反应管理器”面板中的上方看到该参数已经被添加进来了，并且在下方可以看到一个状态被添加进来，如图4-152所示。

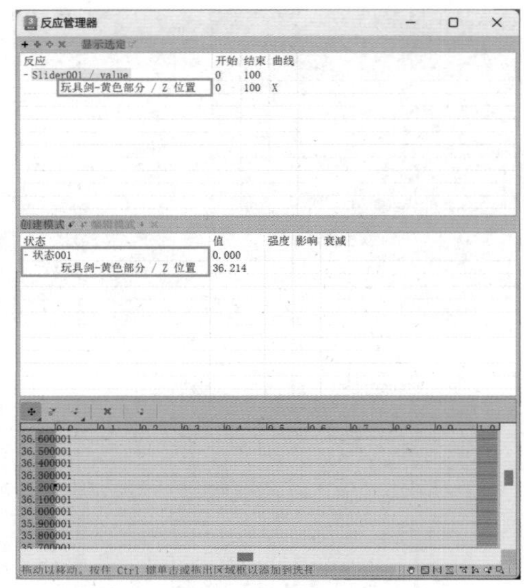

图 4-152

▶10 在“反应管理器”面板中单击“创建模式”按钮，使其处于背景色为蓝色的按下状态，如图4-153所示。

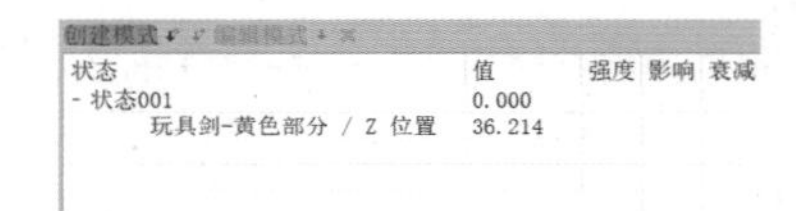

图 4-153

▶11 单击“主工具栏”上的“选择并操纵”按钮，使其处于背景色为蓝色的被按下状态，如图4-154所示。

图 4-154

▶12 将“伸缩控制”滑块操纵器拖动至图4-155所示位置处。

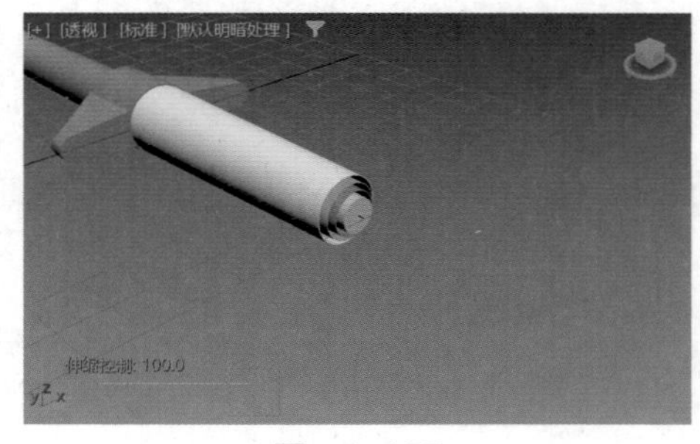

图 4-155

▶13 选择场景中的黄色剑身模型，沿Z轴调整其位置至图4-156所示。

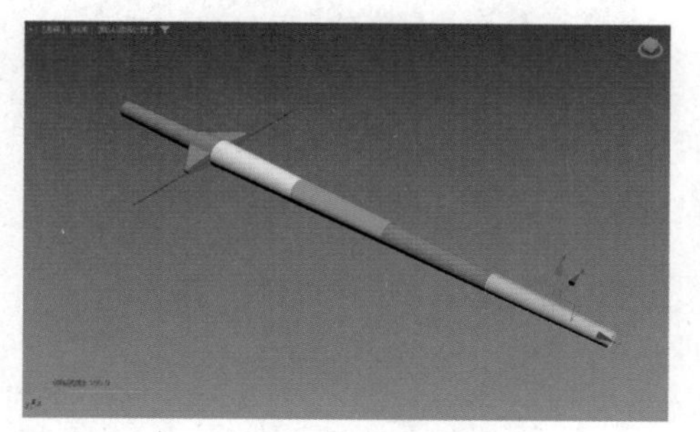

图　4-156

▶14 在“反应管理器”面板中单击“创建模式”按钮后面的“创建状态”按钮，即可在“反应管理器”面板中添加一个新的状态，如图4-157所示。

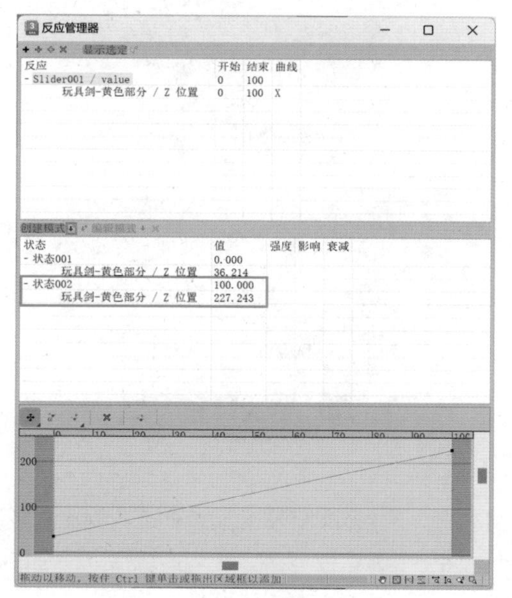

图　4-157

▶15 再次单击“创建模式”按钮，使其处于未按下状态，如图4-158所示。然后再关闭“反应管理器”面板。

状态	值	强度	影响	衰减
- 状态001	0.000			
玩具剑-黄色部分 / Z 位置	36.214			
- 状态002	100.000			
玩具剑-黄色部分 / Z 位置	227.243			

图　4-158

▶16 设置完成后，在场景中拖动“伸缩控制”滑块操纵器，即可看到玩具剑的伸缩动画效果，如图4-159所示。

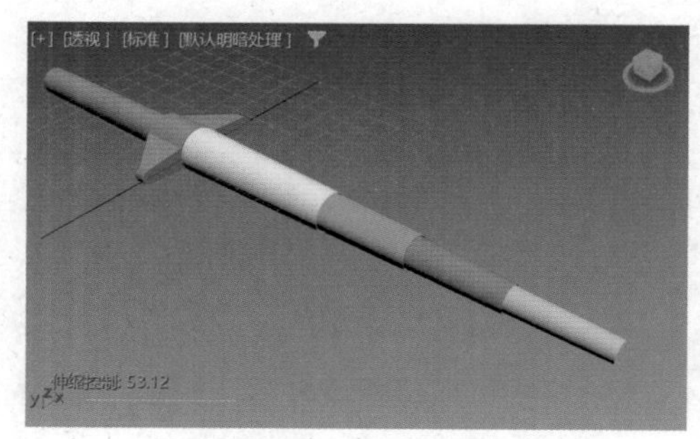

图　4-159

▶17 选择剑柄模型，对其进行旋转操作，这时，我们可以看到绿色剑身模型和紫色剑身模型的方向还保持着初始方向，并不跟随剑柄的方向而发生改变，如图4-160所示。

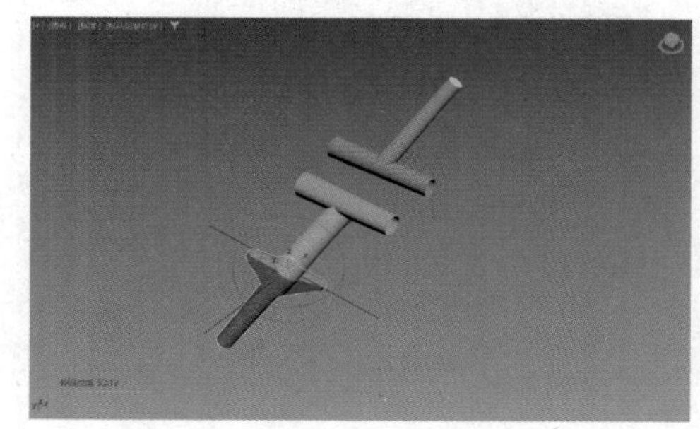

图　4-160

▶18 选择绿色剑身模型，执行菜单栏“动画”|“约束”|“方向约束”命令，再单击白色剑身模型，这样，绿色剑身模型的方向就与白色剑身模型的方向一致了，如图4-161所示。

图　4-161

▶19 对紫色剑身模型使用同样的操作步骤进行方向约束，本实例的最终设置效果如图4-162所示。

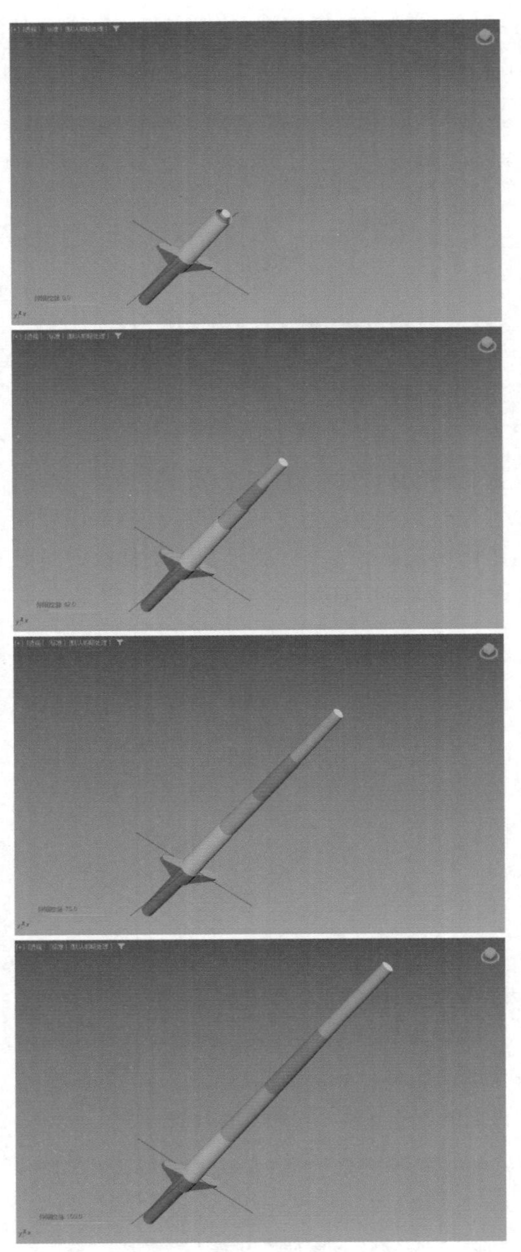

图 4-162

4.7 实例：使用“浮动限制”控制器制作抽屉打开动画

本实例将使用浮动限制控制器来制作一个可以打开的抽屉模型，图4-163所示为本实例的动画完成渲染效果。

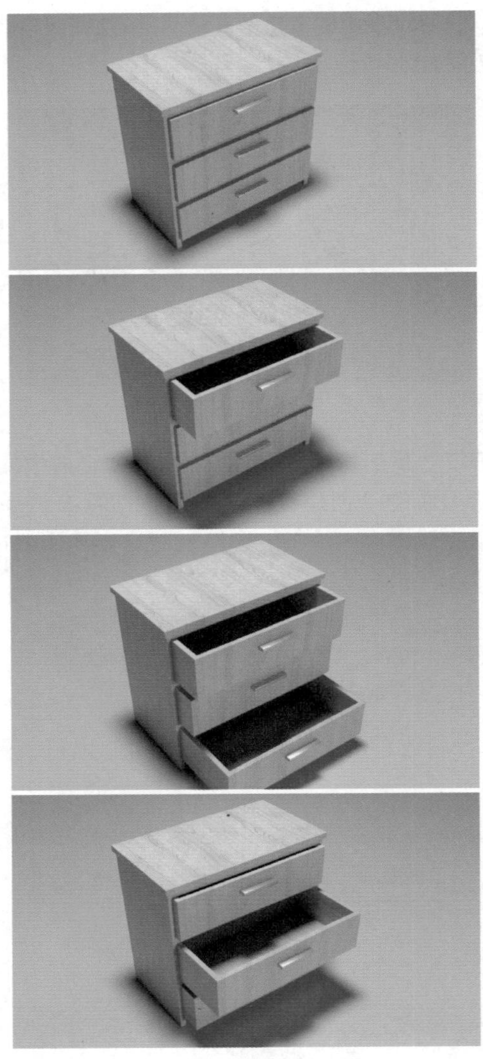

图 4-163

01 启动中文版3ds Max 2024软件，打开配套资源文件“柜子.max”，里面有一个带有3个抽屉的柜子模型，如图4-164所示。

图 4-164

02 选择最上面的抽屉模型，如图4-165所示。

图　4-165

▶03 在“层次”面板中，展开“锁定”卷展栏，勾选除了“移动：Y”属性以外的其他所有属性，如图4-166所示。也就是说，这个抽屉只被允许在Y轴上进行移动。

▶04 在“运动”面板中，展开“指定控制器”卷展栏，选择“Y位置”属性后，该属性背景色会显示为蓝色，再单击“对钩”形状的“指定控制器”按钮，如图4-167所示。

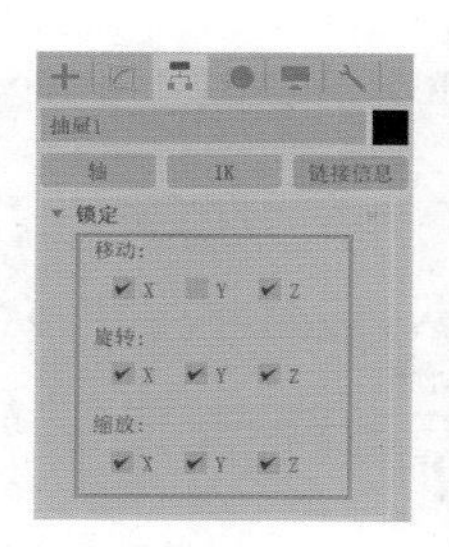

图　4-166

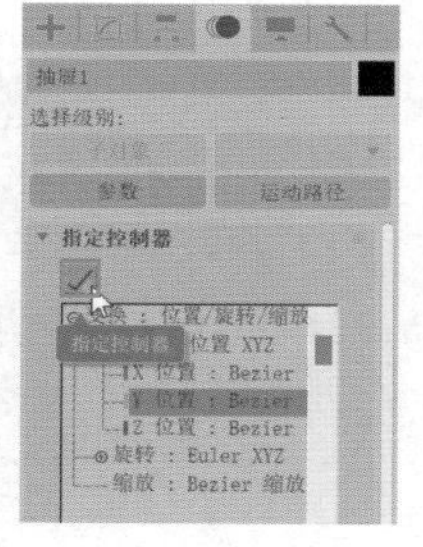

图　4-167

▶05 在系统自动弹出的“指定浮点控制器”对话框中选择“浮动限制”控制器，如图4-168所示。

▶06 在自动弹出的“浮动限制控制器”对话框中，设置“上限”为-4.4，“下限”为-34，如图4-169所示。

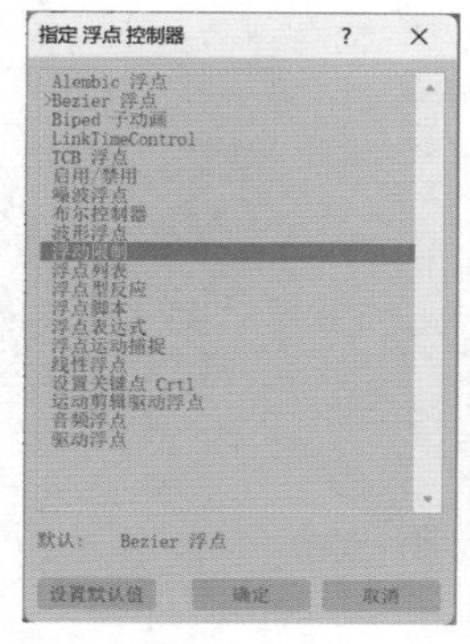

图　4-168

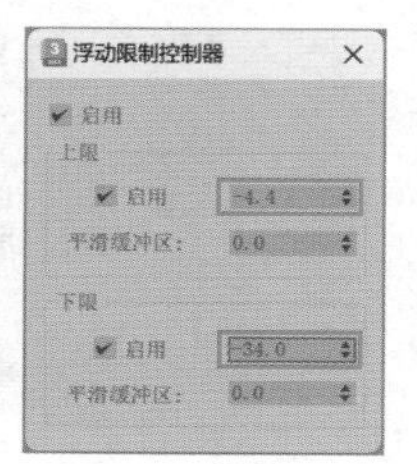

图　4-169

提示

“上限”和“下限”的值可以通过在场景中移动抽屉的位置来获得。

▶07 设置完成后，抽屉的活动范围将被限制，只能在图4-170和图4-171所示的范围内进行移动。

图　4-170

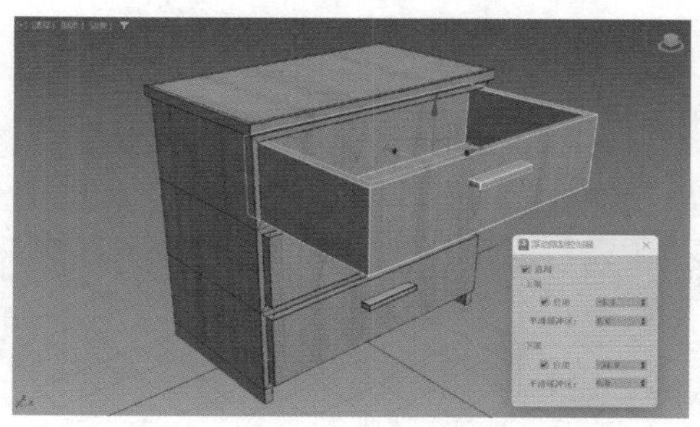

图　4-171

▶08 使用同样的操作步骤为下面的两个抽屉分别设置“浮动限制”控制器，对其移动范围进行限制。

▶09 在“创建”面板中，单击“矩形”按钮，如图4-172所示。在场景中柜子模型的下方创建一个矩形图形，用来当作柜子模型的控制器。

▶10 在“修改”面板中，更改矩形图形的名称为“控制器”，设置“长度”为65，“宽度”为90，“角半径”为8，如图4-173所示。

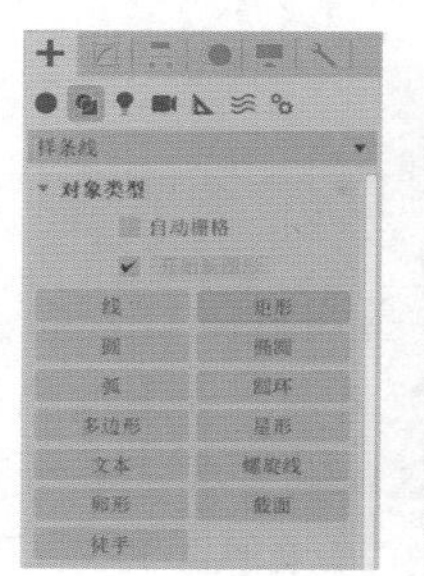

图　4-172

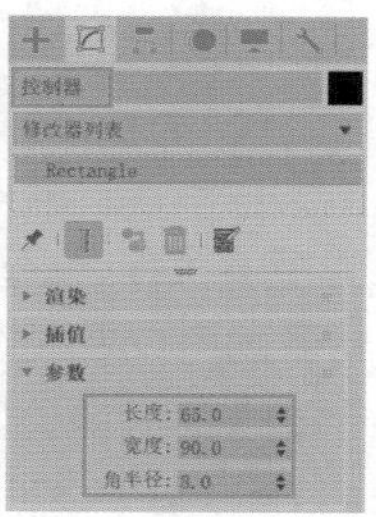

图　4-173

▶11 设置完成后，控制器的视图显示结果如图4-174所示。

图 4-174

▶12 选择柜子模型及抽屉模型，单击“主工具栏”上的“选择并链接”按钮，如图4-175所示。将其链接至控制器图形上，如图4-176所示。

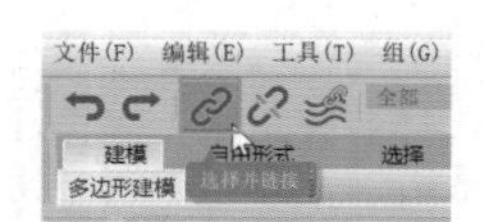

图 4-175

图 4-176

▶13 在“场景资源管理器”面板中观察设置好的链接关系，如图4-177所示。

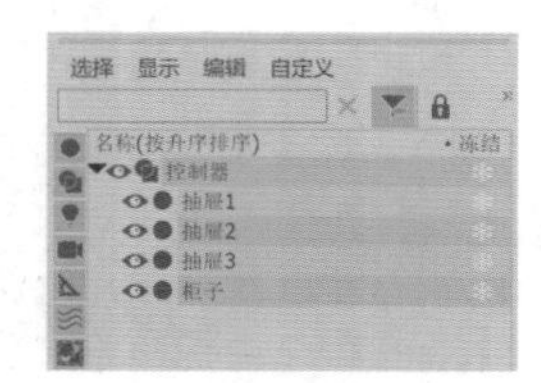

图 4-177

▶14 设置完成后，在场景中我们可以尝试通过更改控制器的方向和位置将柜子模型放到其他地方，并且每个抽屉的位置都被限制在一个刚好能打开和刚好能关闭的范围内，如图4-178所示。

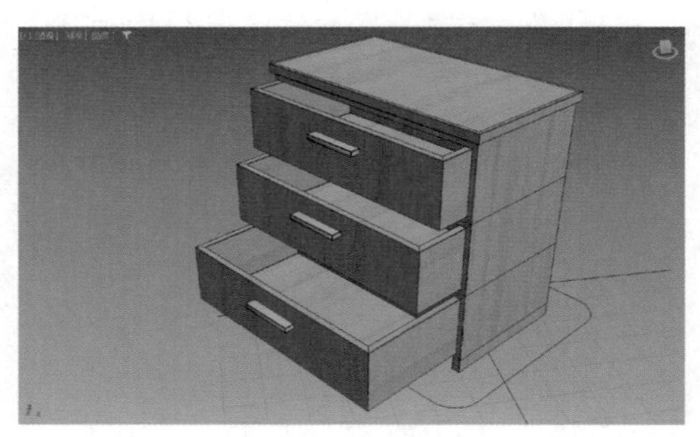

图 4-178

4.8 实例：使用“浮点运动捕捉”控制器制作爱心跳跃动画

本实例将使用运动捕捉控制器来制作一个爱心跳跃的动画效果，图4-179所示为本实例的动画完成渲染效果。

图 4-179

图 4-179（续）

▶01 启动中文版3ds Max 2024软件，打开配套资源文件“心.max”，里面有一个爱心模型，如图4-180所示。

图 4-180

▶02 选择爱心模型，在“运动”面板中，展开“指定控制器”卷展栏，选择“Z位置”属性后，该属性背景色会显示为蓝色，再单击“对钩”形状的“指定控制器”按钮，如图4-181所示。

▶03 在系统自动弹出的“指定浮点控制器”对话框中选择“浮点运动捕捉”控制器，如图4-182所示。

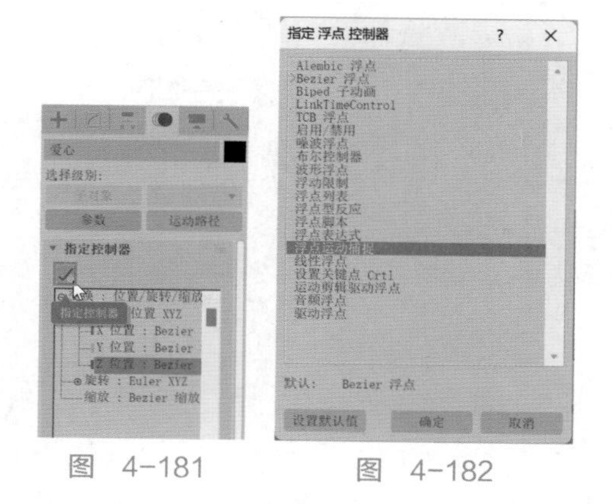

图 4-181　　图 4-182

▶04 在系统自动弹出的“运动捕捉\爱心\Z位置”对话框中，单击“无”按钮，如图4-183所示。

▶05 在系统自动弹出的“选择设备”对话框中选择“键盘输入设备”选项，单击“确定”按钮。如图4-184所示。

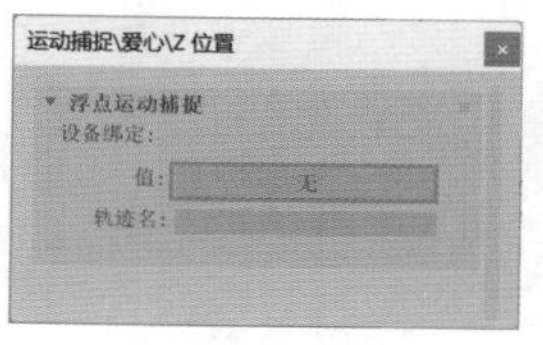

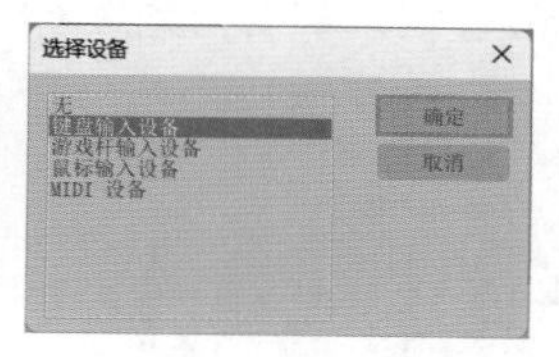

图 4-183　　图 4-184

▶06 在“键盘输入设备”卷展栏中单击“指定”按钮，如图4-185所示。这时，系统还会自动弹出提示：单击以指定关键点，如图4-186所示。

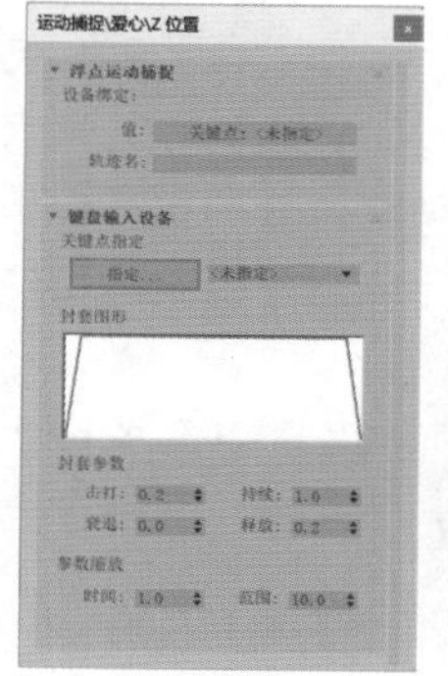

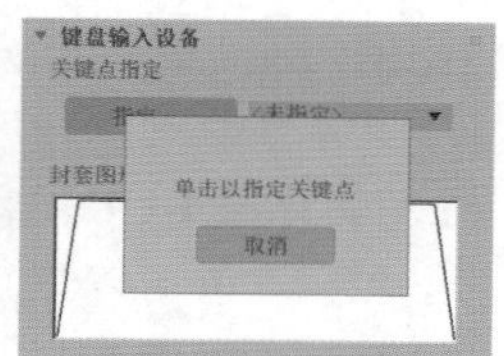

图 4-185　　图 4-186

▶07 这时，按空格键，即可完成键盘关键点的指定。设置完成后，我们可以在“值”后面的按钮上看到空格键的名称，如图4-187所示。

▶08 选择爱心模型，在“运动”面板中，展开“指定控制器”卷展栏，选择“缩放”属性后，该属性背景色会显示为蓝色，再单击“对钩”形状的“指定控制器”按钮，如图4-188所示。

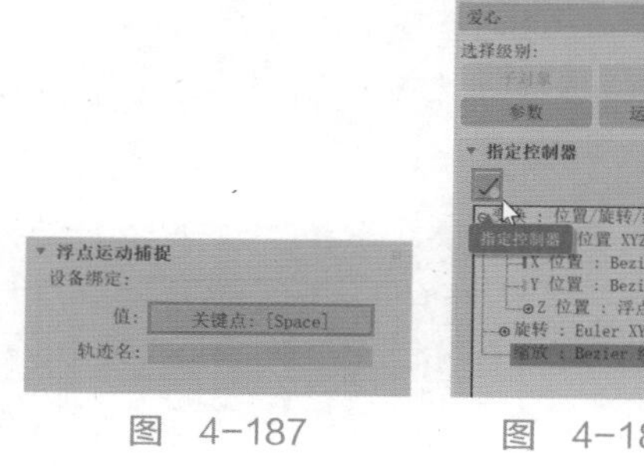

图 4-187　　图 4-188

▶09 在系统自动弹出的“指定 缩放 控制器”对

话框中选择“缩放运动捕捉”控制器，如图4-189所示。

▶10 在系统自动弹出的“运动捕捉\爱心\缩放”对话框中，单击“X缩放”后面的“无”按钮，如图4-190所示。

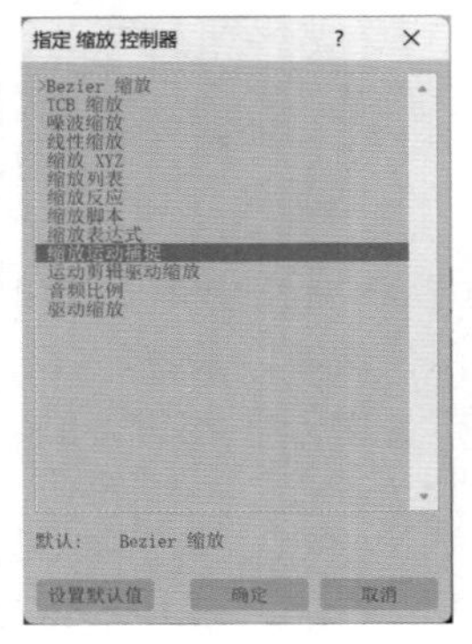

图 4-189

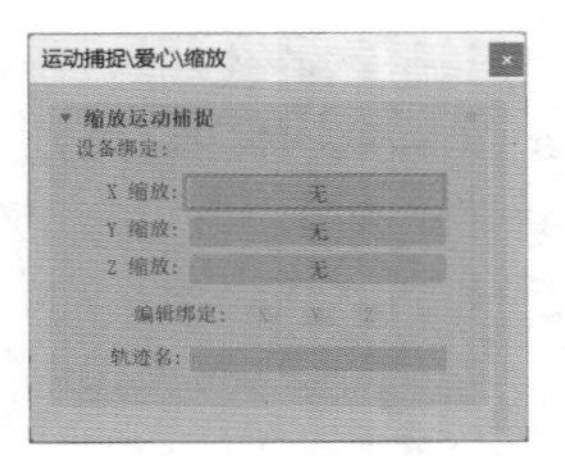

图 4-190

▶11 在系统自动弹出的“选择设备”对话框中选择“键盘输入设备”选项，单击“确定”按钮。如图4-191所示。

▶12 在“键盘输入设备”卷展栏中，单击“指定”按钮，如图4-192所示。这时，系统还会自动弹出提示：单击以指定关键点，如图4-193所示。

▶13 这时，按A键即可完成键盘关键点的指定。设置完成后，我们可以在“X缩放”后面的按钮上看到A键的名称，如图4-194所示。

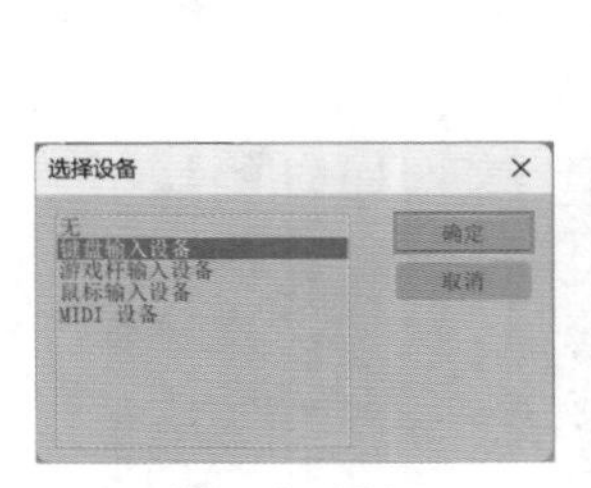

图 4-191

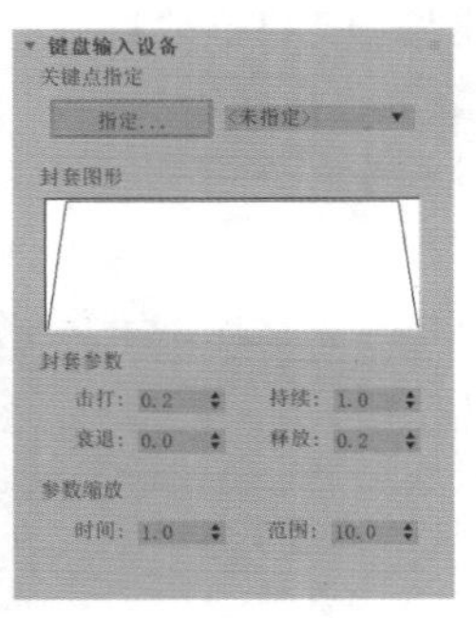

图 4-192

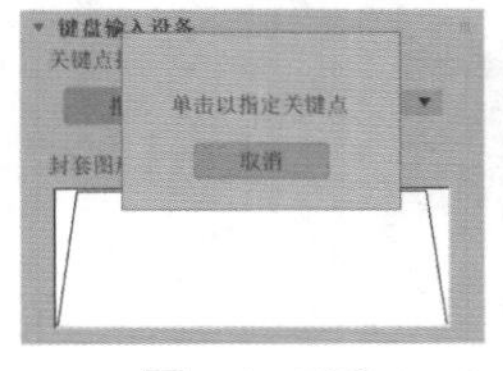

图 4-193

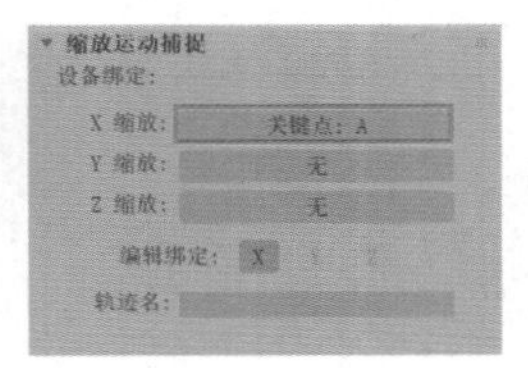

图 4-194

▶14 接下来，以同样的操作步骤为“Y缩放”和“Z缩放”均指定A键，如图4-195所示。也就是说A键可以控制爱心模型的等比例缩放效果。

▶15 在“实用程序”面板中，单击“运动捕捉”按钮，如图4-196所示。

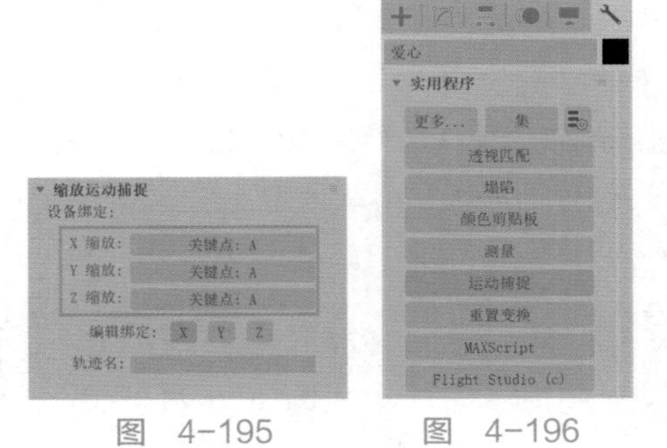

图 4-195　　图 4-196

▶16 在“运动捕捉”卷展栏中，先单击“全部”按钮，再单击“测试”按钮，在“测试”按钮为按下去的状态时，我们可以通过按空格键和A键来观察爱心模型的跳动和缩放效果，如图4-197所示。

▶17 接下来，如果我们希望按空格键后，爱心模型的跳动能高一点。可以先关掉测试，在“运动”面板中，将光标放置于“Z位置”上，右击并在弹出的快捷菜单中执行“属性”命令，如图4-198所示。

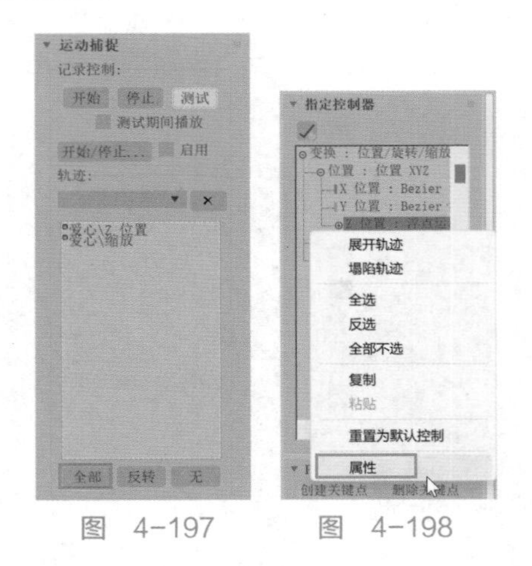

图 4-197　　图 4-198

▶18 在“运动捕捉\爱心\Z位置”对话框中，设置“范围”为90，如图4-199所示。

▶19 以同样的操作步骤，在“运动捕捉\爱心\缩放”对话框中，分别设置X、Y和Z的“范围”为60，如图4-200所示。

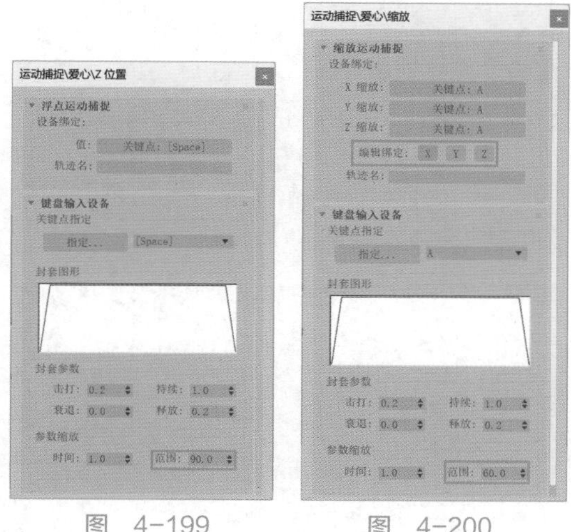

图　4-199　　　　图　4-200

▶20 设置完成后，再次进行运动捕捉测试，这时，我们可以明显地看出爱心模型的跳跃高度增加了，缩放变化也更加明显。在“运动捕捉”卷展栏中，单击“开始”按钮，如图4-201所示。

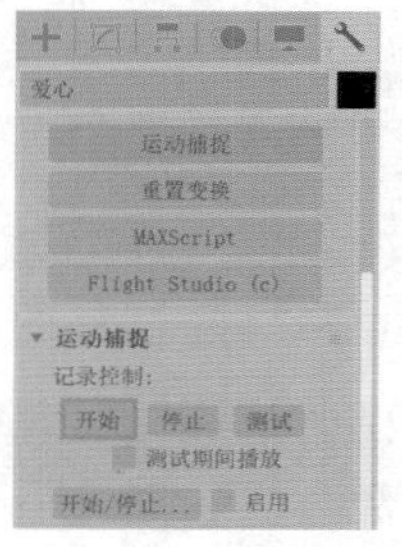

图　4-201

提示

按下“开始”按钮就意味着要进行动画的记录，建议读者先提前把手指放到A键和空格键上，再按“开始”键。

▶21 这时，就可以通过A键和空格键来进行动画的设置，设置完成后，爱心模型生成的关键帧效果如图4-202所示。

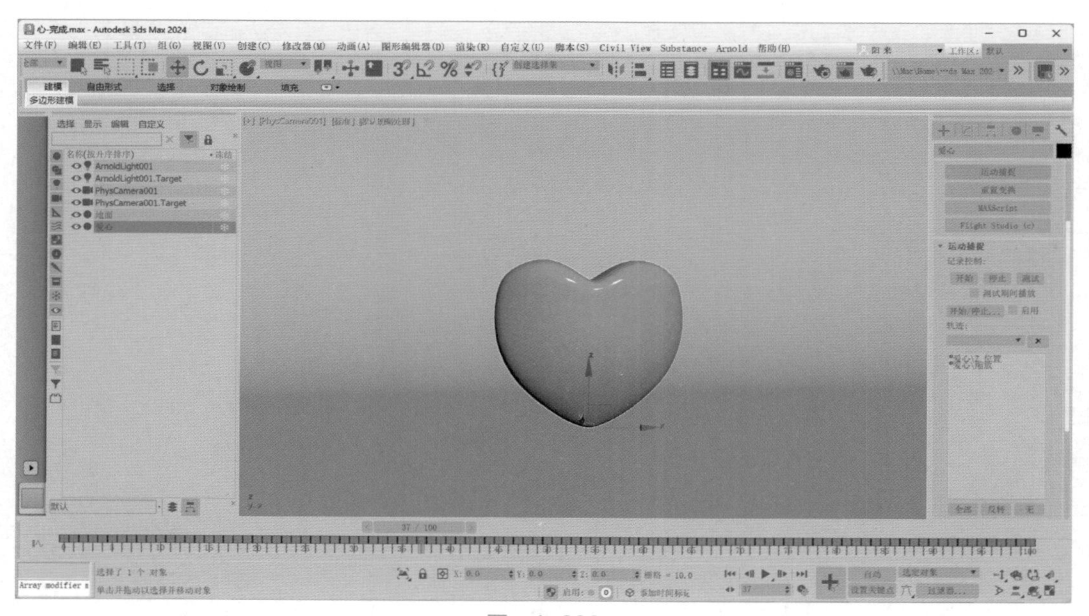

图　4-202

▶22 本实例制作完成后的动画效果如图4-203所示。

图 4-203

第5章 角色动画

中文版3ds Max 2024为用户提供了多种骨骼系统来制作角色动画。在本章中，我们就一起来学习其中较为常用的骨骼使用方法。

5.1 实例：角色行走动画

本实例将为第4章制作好表情动画的角色模型添加肢体动画效果，图5-1所示为本实例的动画完成渲染效果。

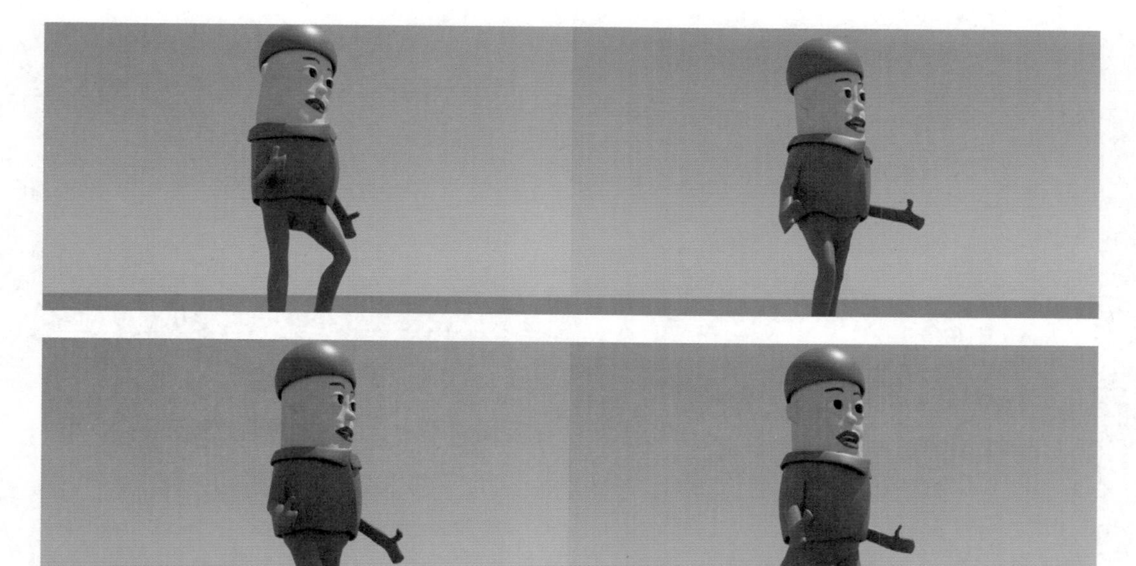

图 5-1

5.1.1 使用CAT制作角色骨骼

01 启动中文版3ds Max 2024软件，打开配套资源文件“角色.max”，里面有一个带有表情动画的角色模型，如图5-2所示。

图 5-2

▶02 在“创建”面板中，单击“CAT父对象”按钮，如图5-3所示。在场景中创建一个角色图标，如图5-4所示。

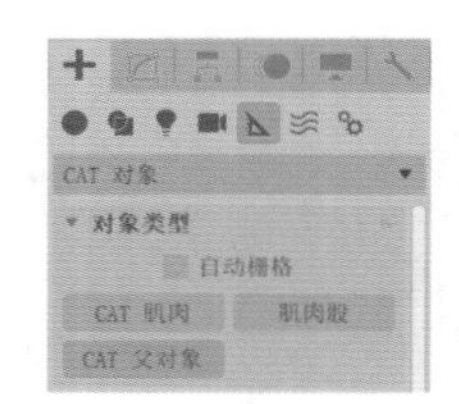

图 5-3

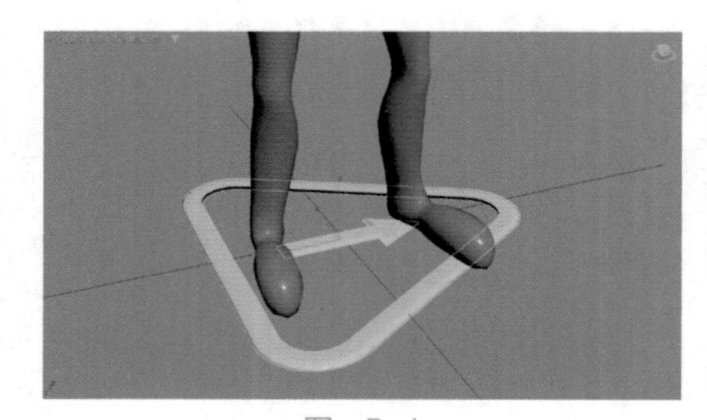

图 5-4

▶03 在场景中调整其位置和方向至图5-5所示。

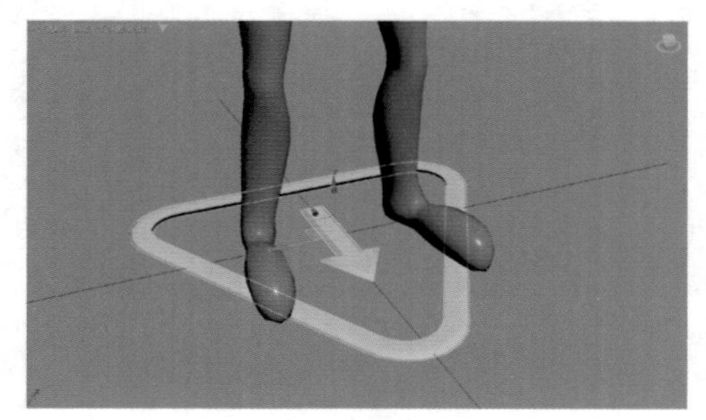

图 5-5

提示

选择角色身体模型和头部模型，可以按组合键Alt+X，将其显示为半透明状态，方便观察骨骼对象。

▶04 在“修改”面板中，单击“创建骨盆”按钮，如图5-6所示。这样，场景中会添加一个骨盆骨骼。

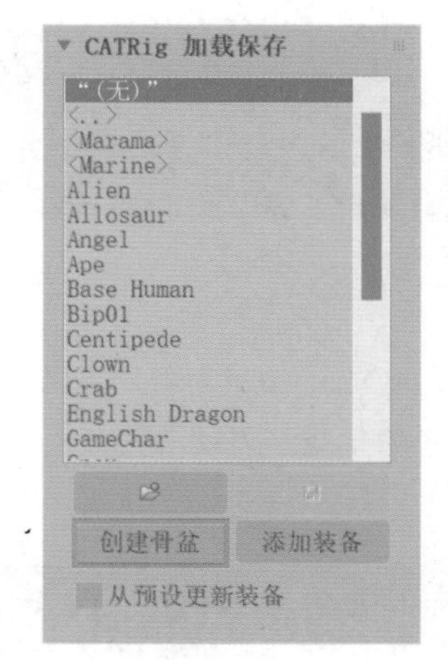

图 5-6

▶05 选择角色身体模型，按组合键Alt+X，即可将选中的模型显示为半透明状态，方便我们观察角色身体中的骨盆骨骼，如图5-7所示。

图 5-7

▶06 选中骨盆骨骼，调整其位置至图5-8所示。

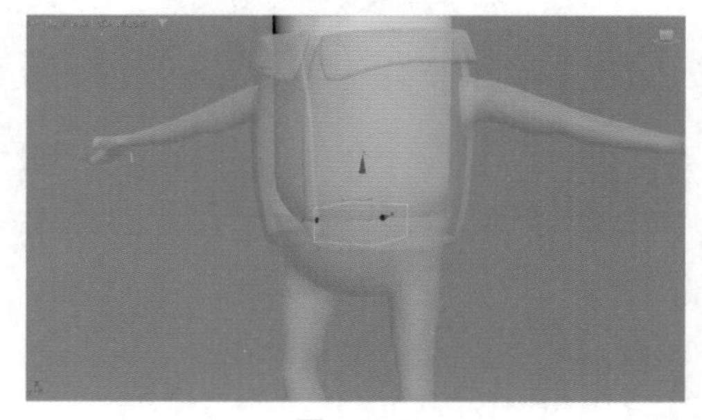

图 5-8

▶07 在“修改”面板中，单击“添加腿”按钮，如图5-9所示，即可为角色的左腿添加骨骼，如图5-10所示。

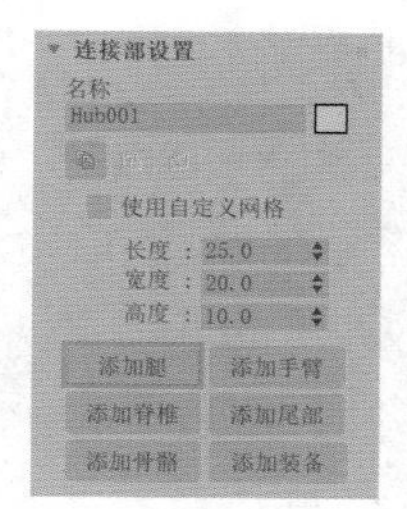

图　5-9

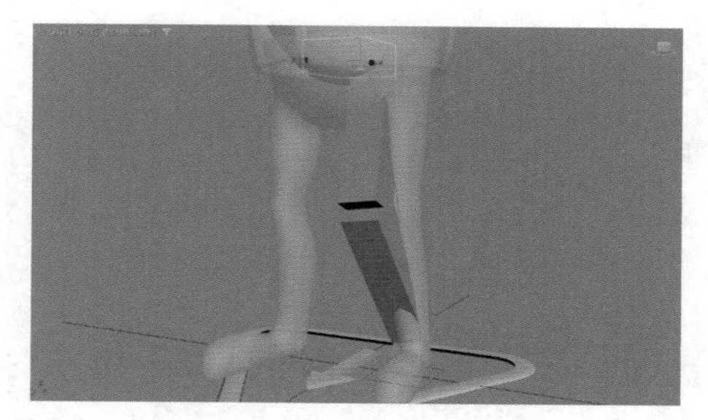

图　5-10

▶08 在场景中，我们可以通过调整小腿骨骼和脚部骨骼的位置和角度来控制整条左腿骨骼的长度及方向，如图5-11所示。

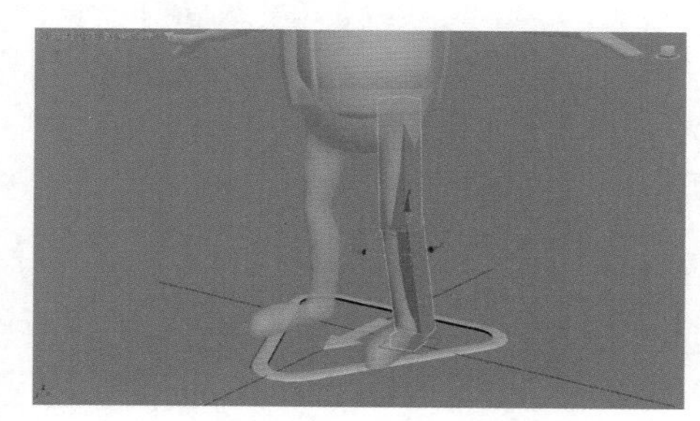

图　5-11

▶09 调整好了左腿的骨骼后，选择骨盆骨骼，在"连接部设置"卷展栏中，再次单击"添加腿"按钮，即可创建出与左腿骨骼对称的右腿骨骼，如图5-12所示。

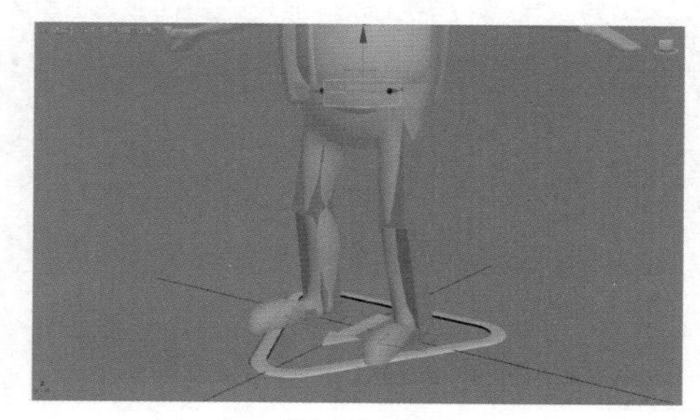

图　5-12

▶10 在"连接部设置"卷展栏中，单击"添加脊椎"按钮，如图5-13所示，即可为角色添加脊椎骨骼，如图5-14所示。

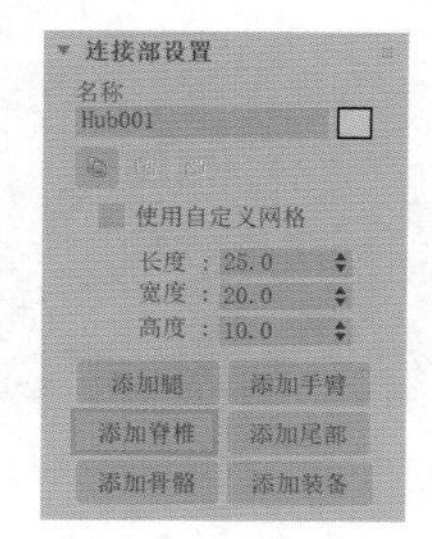

图　5-13

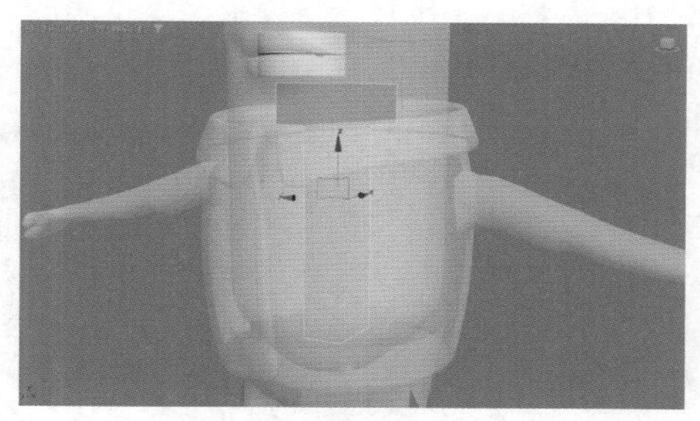

图　5-14

▶11 在"左"视图中，调整角色脊椎骨骼最上面一节骨骼的位置至角色的脖子位置处，如图5-15所示。

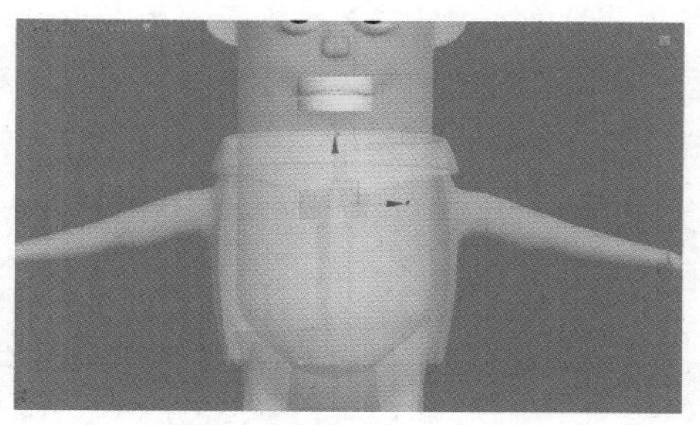

图　5-15

▶12 在"连接部设置"卷展栏中，单击"添加手臂"按钮，如图5-16所示，即可为角色左臂添加骨骼，如图5-17所示。

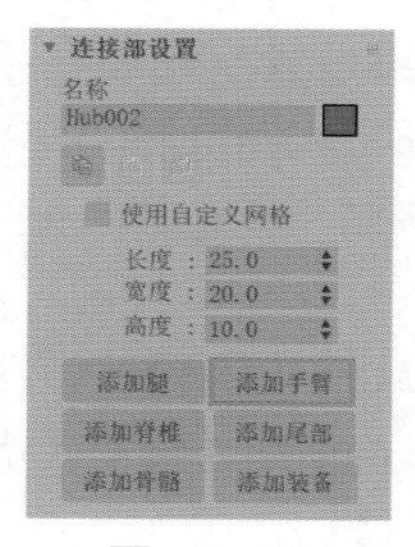

图　5-16

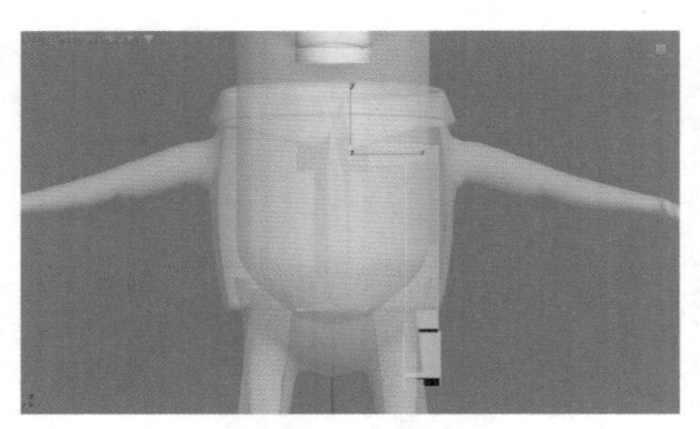

图 5-17

▶13 在场景中，我们可以通过调整小臂骨骼和手部骨骼的位置和角度来控制整条左臂骨骼的长度及方向，如图5-18所示。

图 5-18

▶14 调整好了左臂的骨骼后，选择脖子位置处的骨骼，在“连接部设置”卷展栏中，再次单击“添加手臂”按钮，即可创建出与左臂骨骼对称的右臂骨骼，如图5-19所示。

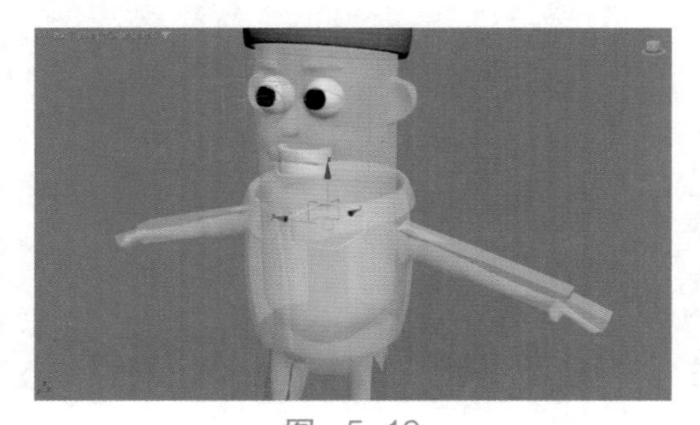

图 5-19

▶15 在“连接部设置”卷展栏中，单击“添加脊椎”按钮，即可为角色脖子骨骼上方再次添加脊椎骨骼，用来制作角色的头部骨骼，如图5-20所示。

▶16 选择图5-21所示的颈部骨骼，在“脊椎设置”卷展栏中，设置“骨骼”为1，如图5-22所示。

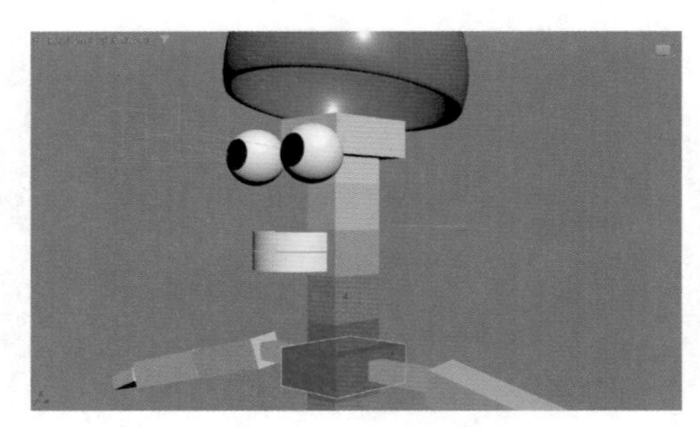

图 5-20

图 5-21

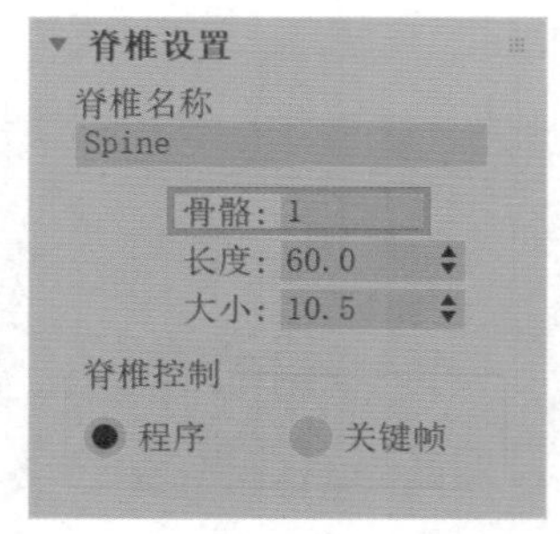

图 5-22

▶17 设置完成后，颈部骨骼的视图显示结果如图5-23所示。

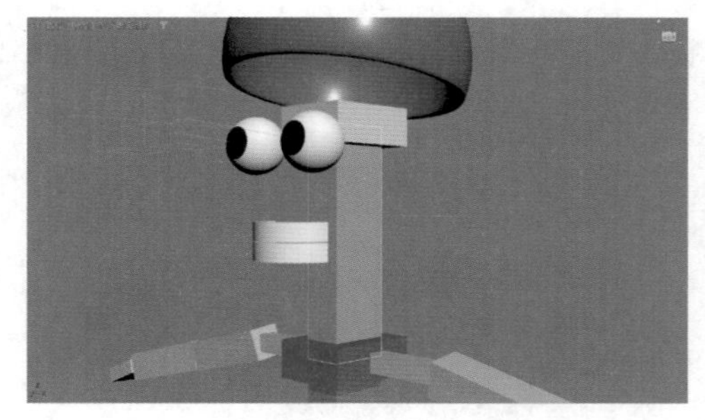

图 5-23

▶18 选择角色的头部骨骼，在“连接部设置”卷展栏中，设置“高度”为65，如图5-24所示，并调整其位置至图5-25所示。

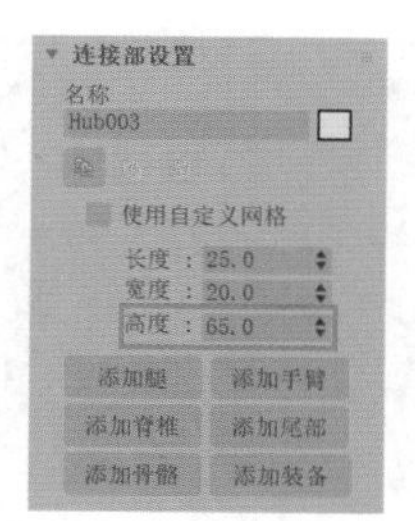

图　5-24

图　5-25

▶19 本实例最终制作完成的角色骨骼视图显示结果如图5-26所示。

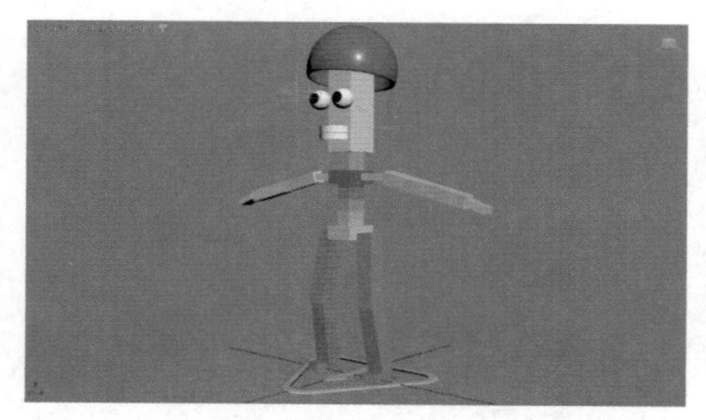

图　5-26

5.1.2　使用“蒙皮”修改器为角色身体设置蒙皮

▶01 选择角色的身体模型，如图5-27所示。

图　5-27

▶02 在“修改”面板中，在“网格平滑”修改器的下方为其添加“蒙皮”修改器，如图5-28所示。

▶03 在“参数”卷展栏中，单击“添加”按钮，如图5-29所示。

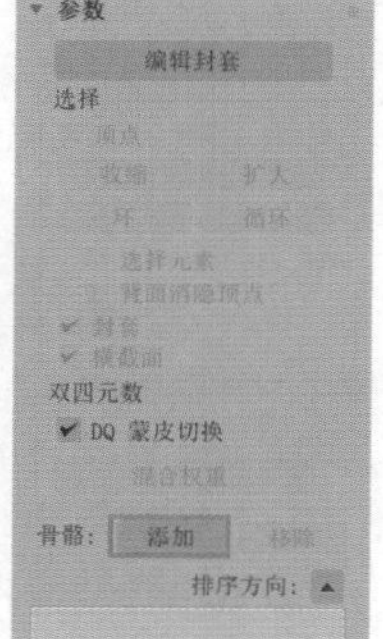

图　5-28　　图　5-29

▶04 在系统自动弹出的“选择骨骼”对话框中，将场景中的所有骨骼对象全部选中，如图5-30所示。

▶05 再单击该对话框下方的“选择”按钮，将这些骨骼全部添加进来，如图5-31所示。

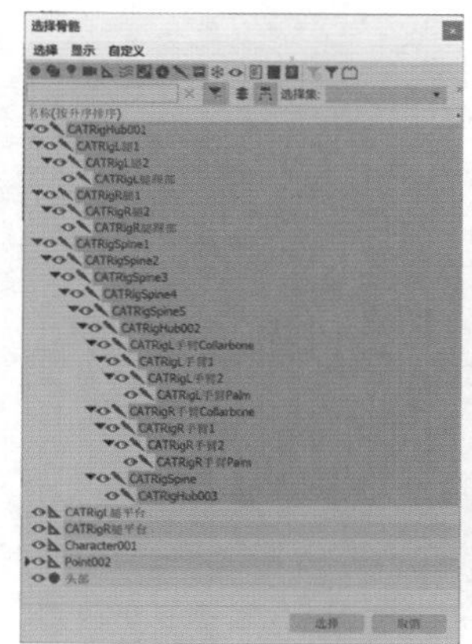

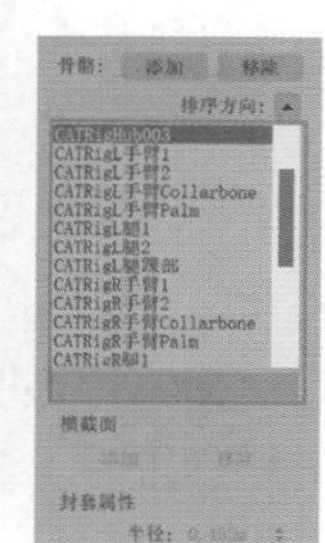

图　5-30　　图　5-31

▶06 在“修改”面板中，进入“封套”子层级，如图5-32所示。我们可以在场景中通过单击的方式来查看每一个骨骼所影响角色身体的范围，如图5-33所示。

图　5-32

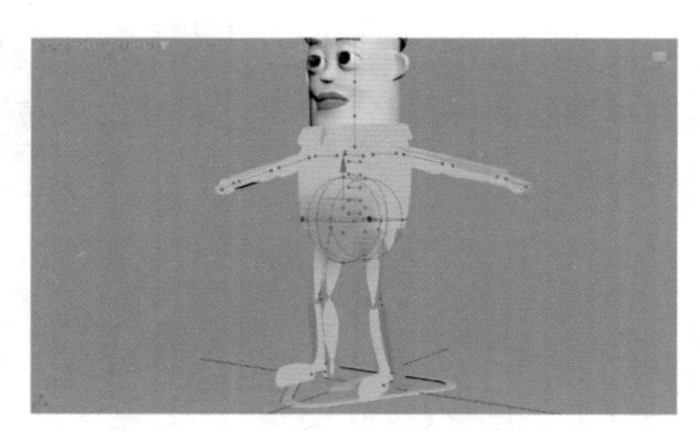

图 5-33

提示

在“显示”卷展栏中，勾选“显示所有封套”复选框，如图5-34所示，则可以在视图中显示出角色身体上的所有封套效果，如图5-35所示。

图 5-34

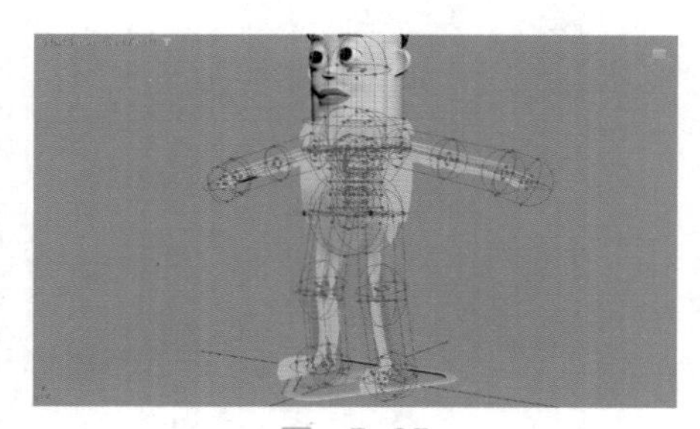

图 5-35

在“显示”卷展栏中，勾选“明暗处理所有权重”复选框，如图5-36所示，则可以在视图中显示出角色身体上的所有权重效果，如图5-37所示。

图 5-36

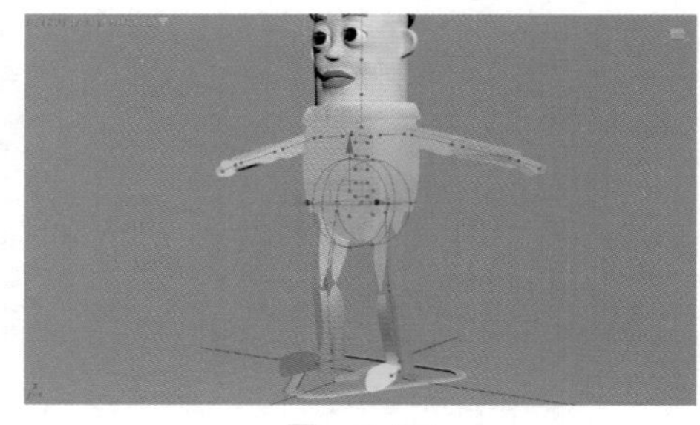

图 5-37

07 选择角色大腿骨骼上的封套，调整其大小至图5-38所示。

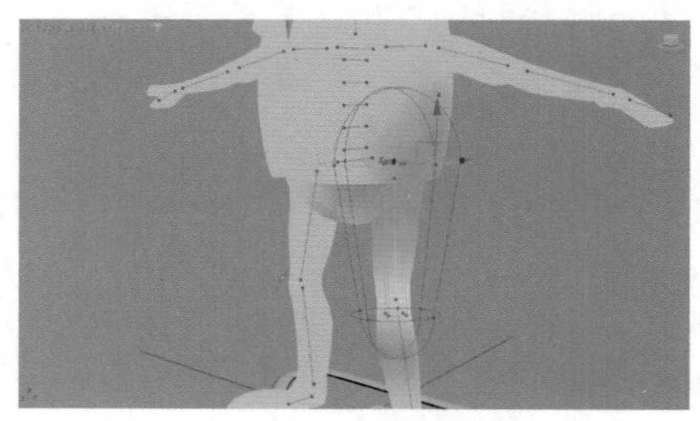

图 5-38

08 选择角色骨盆位置处的封套，调整其大小至图5-39所示。

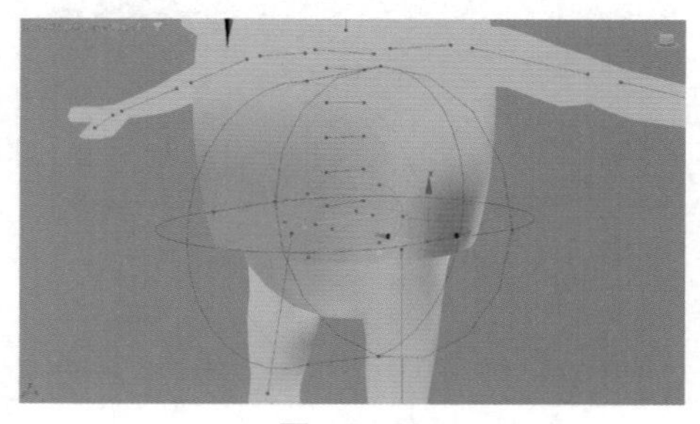

图 5-39

09 分别选择角色脊椎位置处的封套，调整其大小至图5-40~图5-45所示。

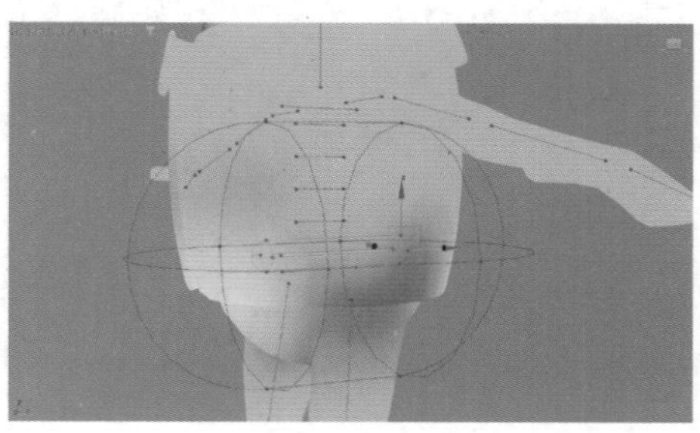

图 5-40

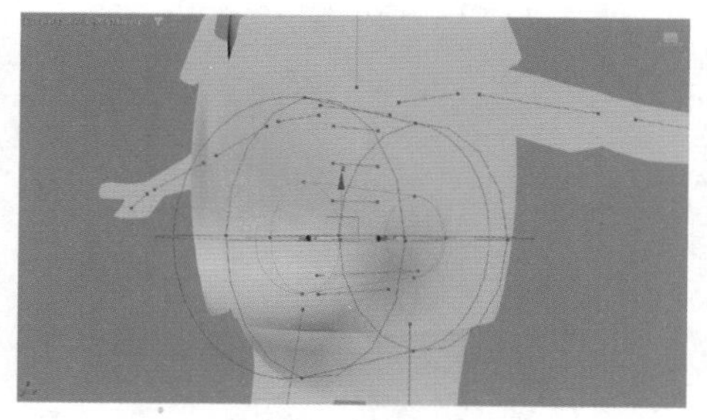
图 5-41

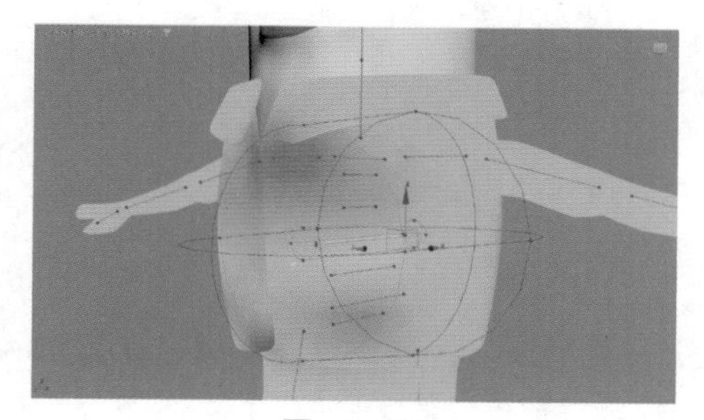
图 5-42

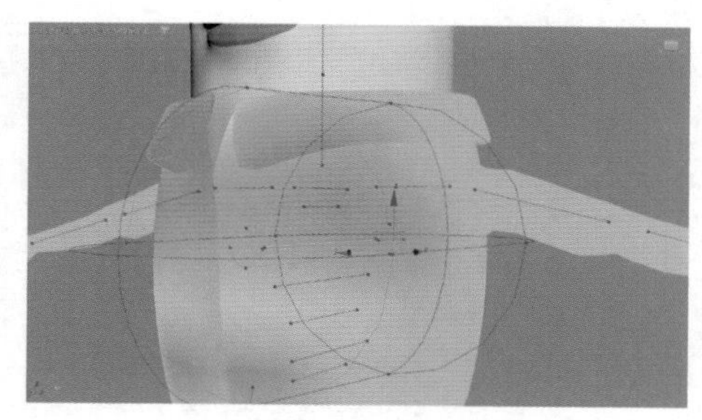
图 5-43

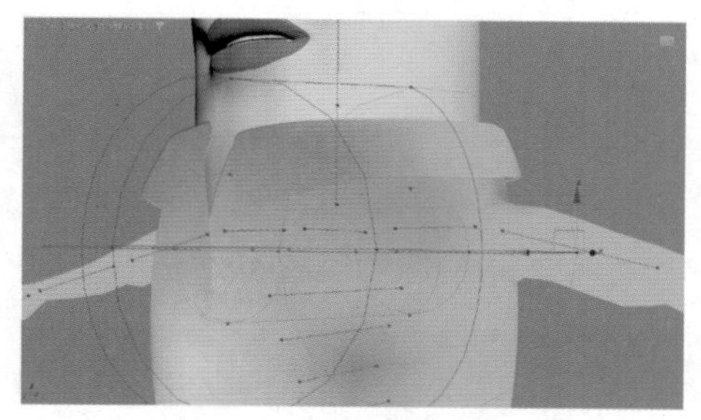
图 5-44

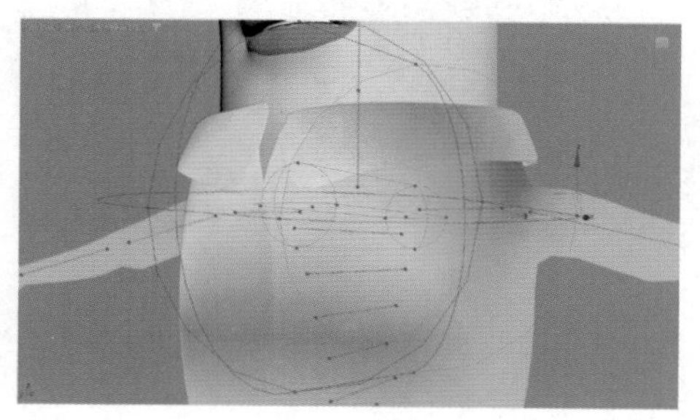
图 5-45

▶10 选择角色小臂骨骼上的封套，调整其大小至图5-46所示。

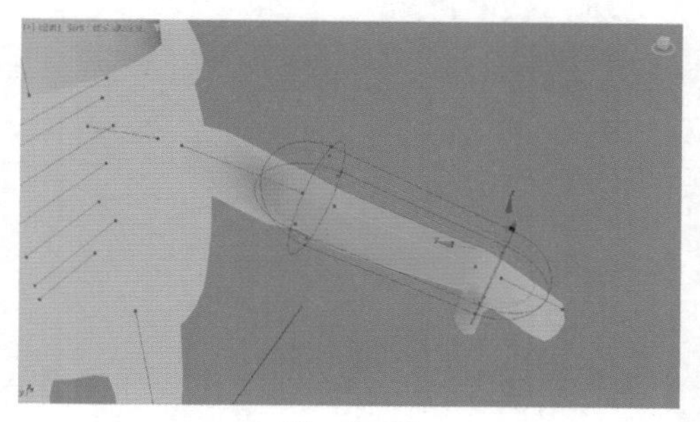
图 5-46

▶11 在“镜像参数”卷展栏中，单击“镜像模式”按钮，设置“镜像平面”为Y，如图5-47所示。

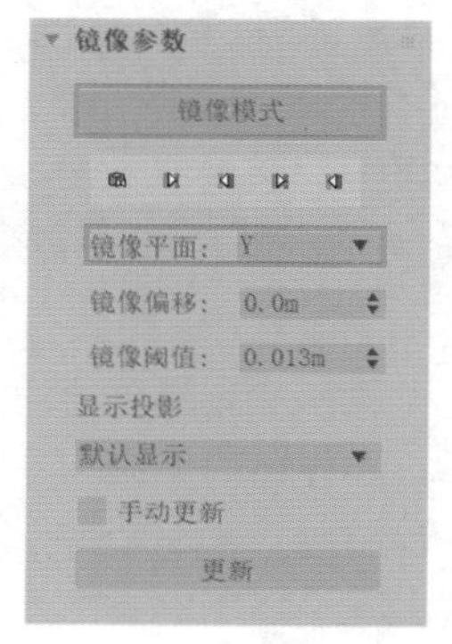

图 5-47

▶12 设置完成后，身体模型的封套显示效果如图5-48所示。

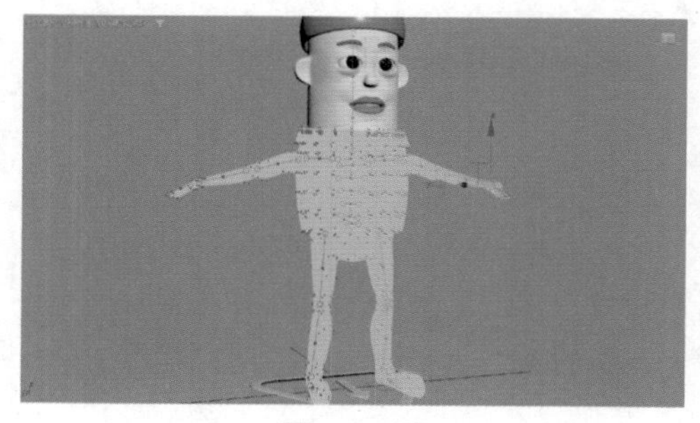
图 5-48

▶13 在“镜像参数”卷展栏中，单击“将绿色粘贴到蓝色骨骼”按钮，如图5-49所示。单击“将绿色粘贴到蓝色顶点”按钮，如图5-50所示，即可分别将绿色一侧的封套大小及权重粘贴至蓝色的一侧。

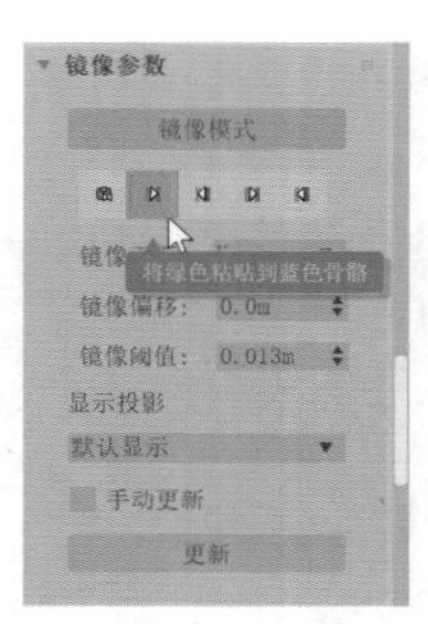

图 5-49

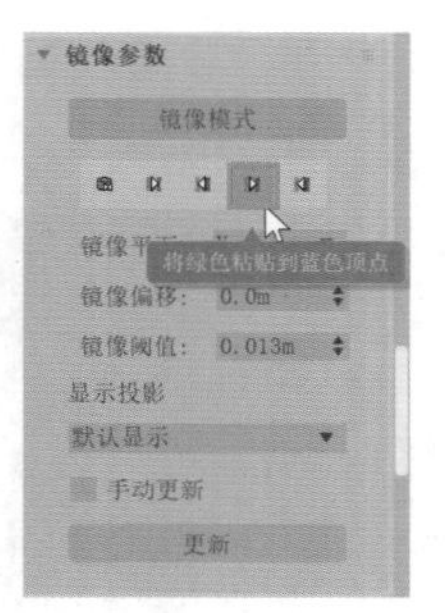

图 5-50

▶14 选择场景中位于角色脚底位置处的角色图标，如图5-51所示。

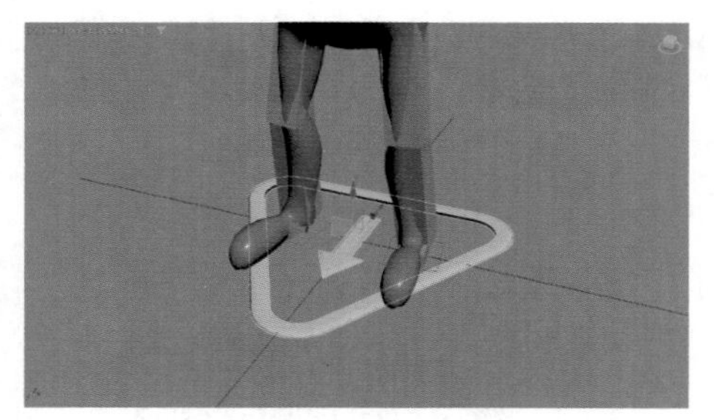

图 5-51

▶15 在“运动”面板中，按住“添加层”按钮，如图5-52所示。在弹出的下拉列表中选择最后一项，如图5-53所示。

图 5-52

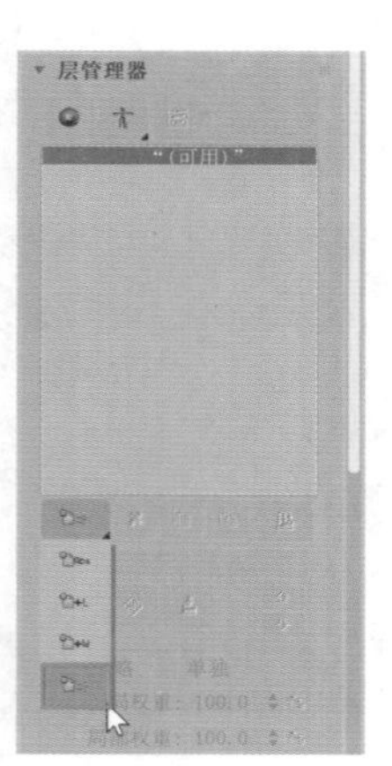

图 5-53

▶16 在“层管理器”卷展栏中，单击红色的“设置/动画模式切换”按钮，如图5-54所示。将其切换至绿色的“设置/动画模式切换”按钮显示状态，如图5-55所示。

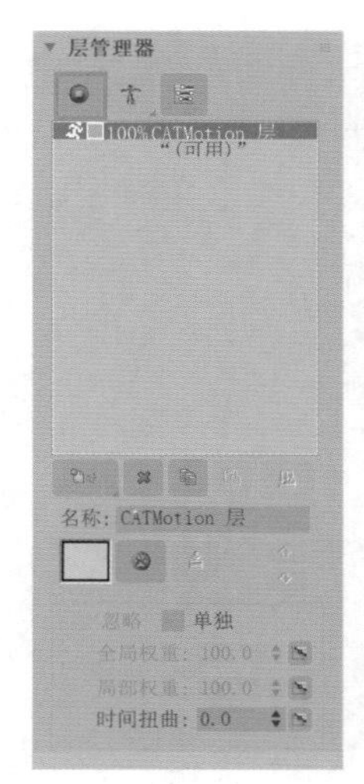

图 5-54

图 5-55

▶17 设置完成后，播放场景动画，即可看到现在角色的身体已经有了原地走路的动画效果，如图5-56所示。

图 5-56

5.1.3 使用“蒙皮”修改器为角色头部设置蒙皮

▶01 选择角色头部模型，如图5-57所示。

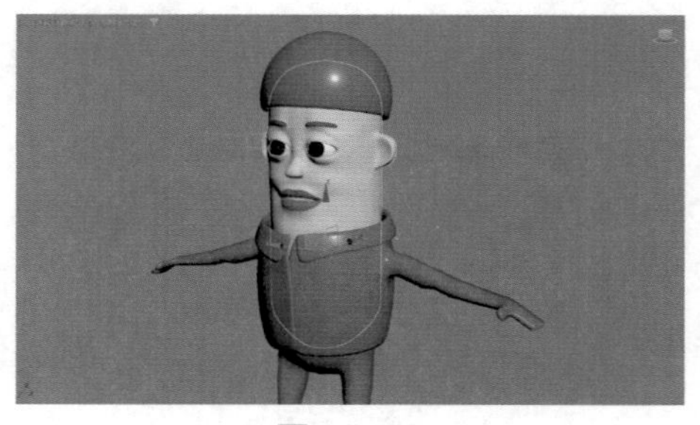

图 5-57

▶02 在“修改”面板的“网格平滑”修改器的下方为其添加“蒙皮”修改器，如图5-58所示。

▶03 在“参数”卷展栏中，单击“添加”按钮，如图5-59所示。

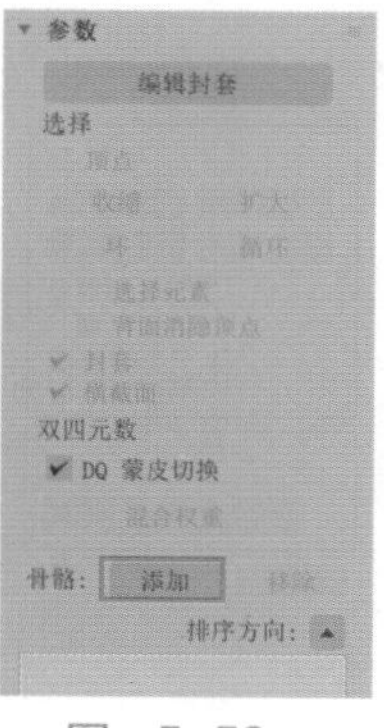

图 5-58　　图 5-59

▶04 在系统自动弹出的“选择骨骼”对话框中，将场景中的脊椎、颈部和头部骨骼对象全部选中，如图5-60所示。

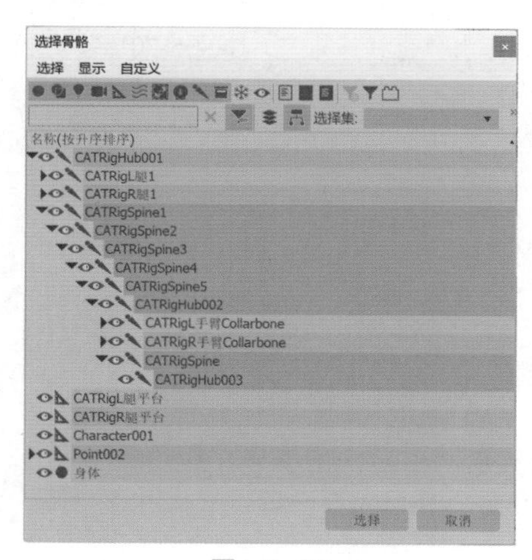

图 5-60

▶05 在“修改”面板中，进入“封套”子层级，选择角色头部骨骼上的封套，调整其大小至图5-61所示。

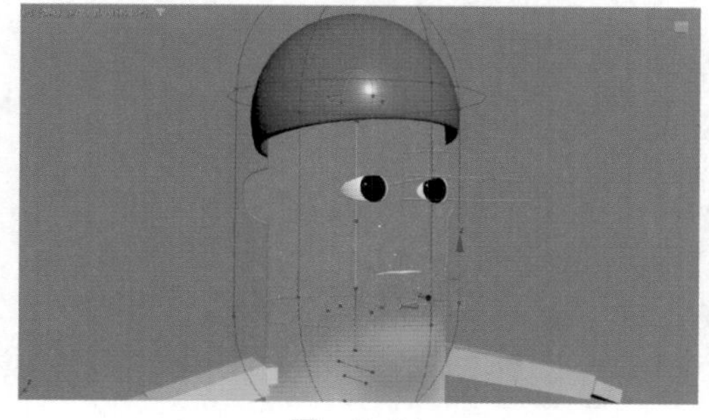

图 5-61

▶06 选择角色颈部骨骼上的封套，调整其大小至图5-62所示。

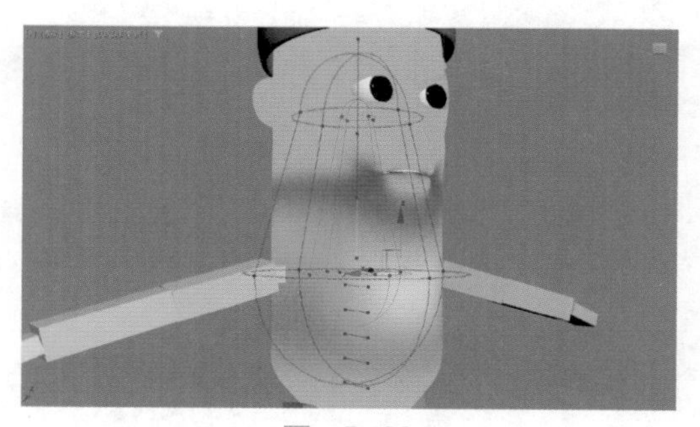

图 5-62

▶07 分别选择角色脊椎位置处的封套，调整其大小至图5-63~图5-67所示。

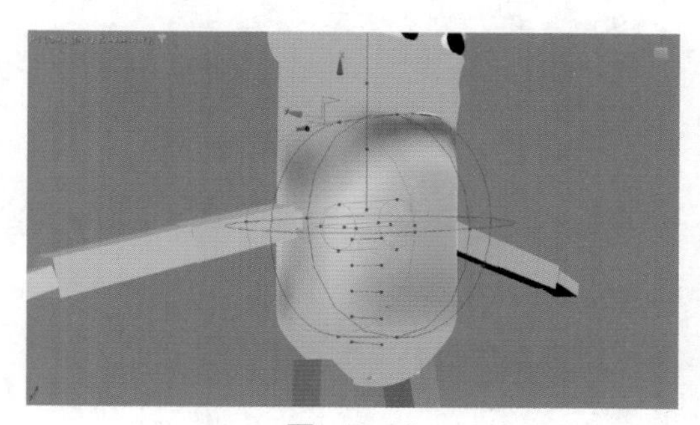

图 5-63

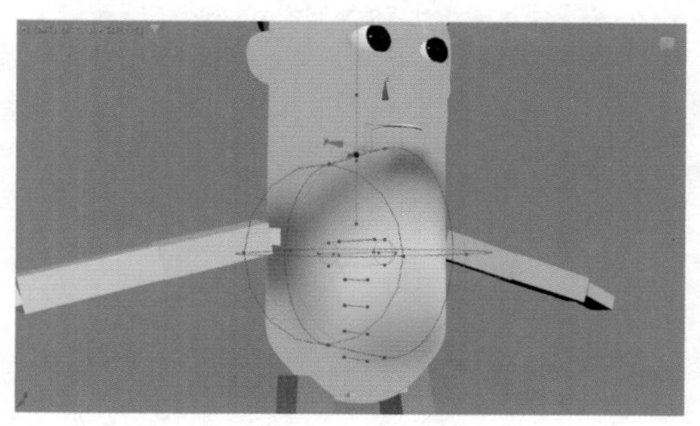

图 5-64

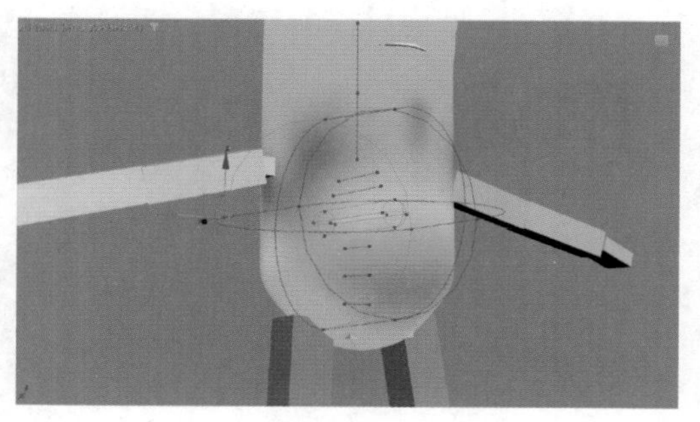

图 5-65

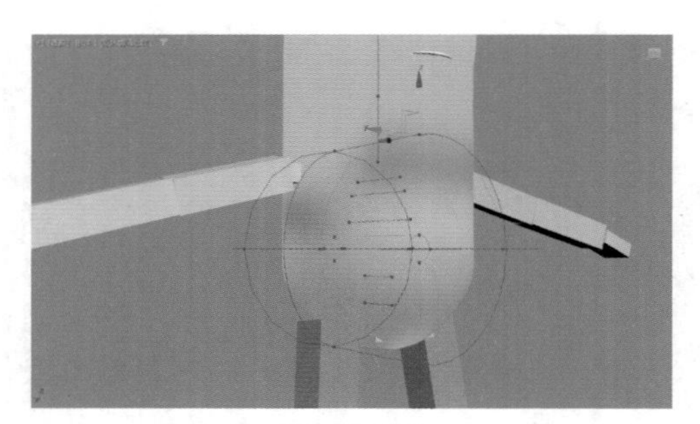

图　5-66

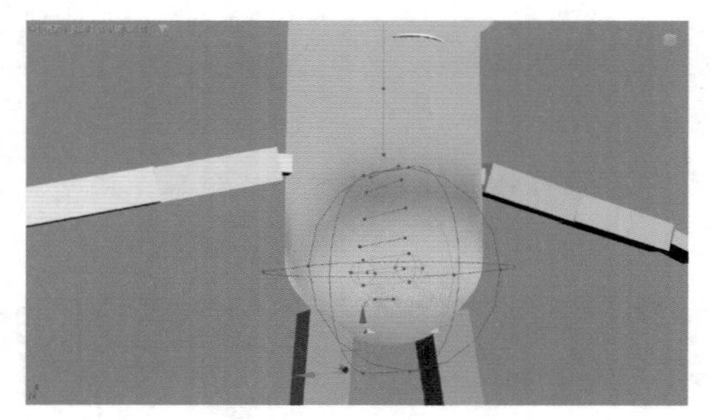

图　5-67

08 设置完成后，播放场景动画，即可看到现在角色的头部也有了对应的动画效果，如图5-68所示。

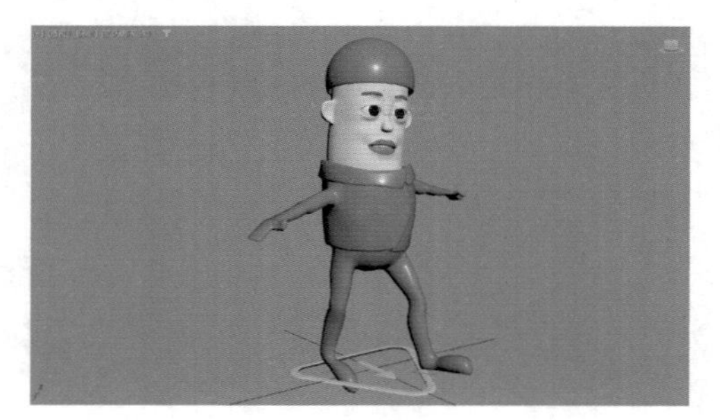

图　5-68

09 在“层管理器”卷展栏中，单击“CATMotion编辑器”按钮，如图5-69所示。

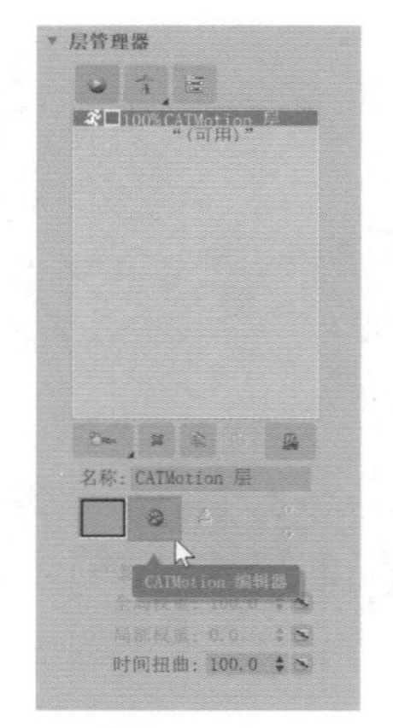

图　5-69

10 在系统自动弹出的CATRig-Globals对话框中的左侧部分选择Globals（全局）后，将“行走模式”选择为“直线行走”，如图5-70所示。

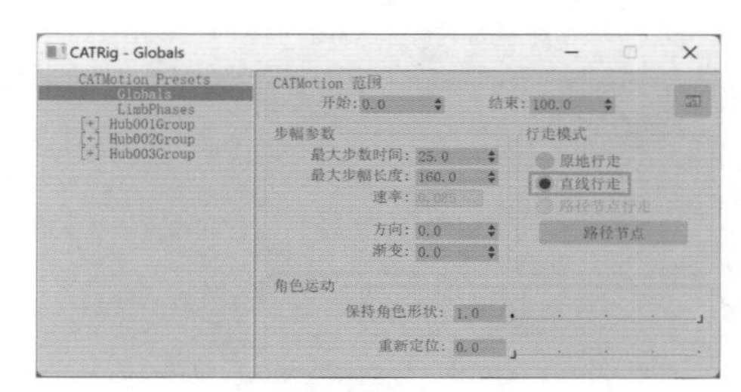

图　5-70

11 设置完成后，播放场景动画，我们可以看到现在角色会在场景中进行直线行走，如图5-71所示。

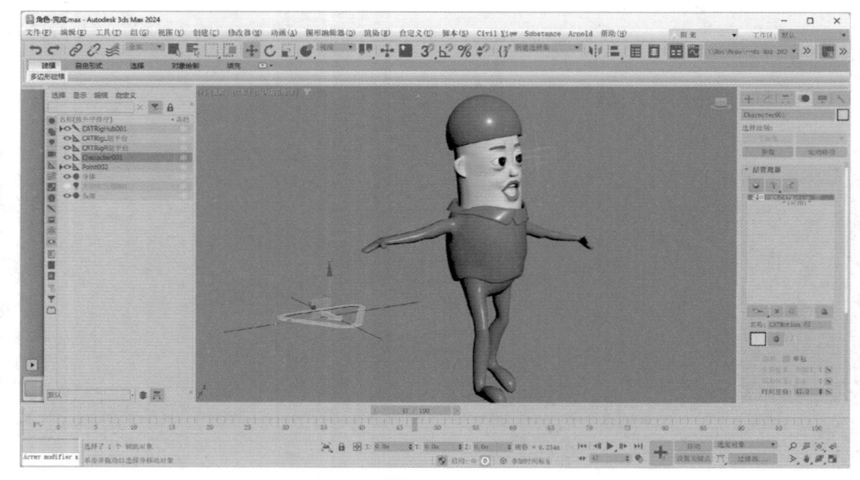

图　5-71

▶12 分别对角色的大臂骨骼和小臂骨骼进行旋转，如图5-72和图5-73所示，则可以调整角色走路时双臂的摆动位置。

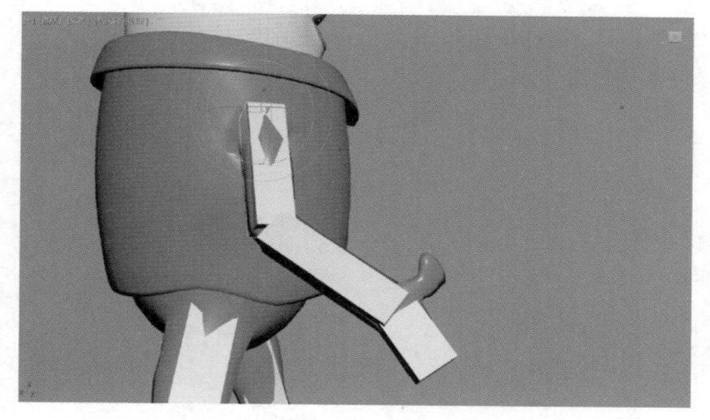

图　5-72

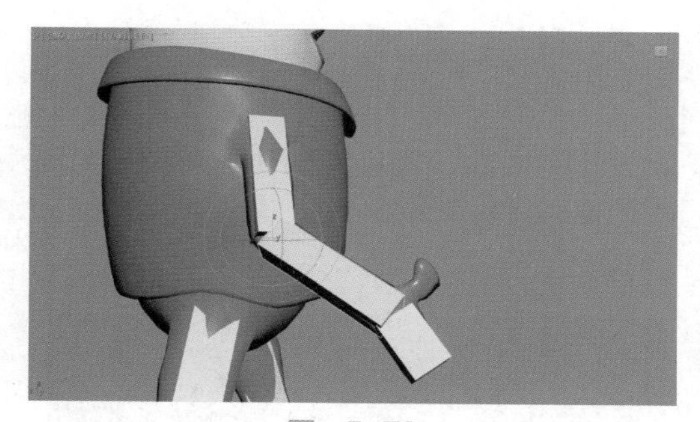

图　5-73

▶13 本实例的最终动画完成效果如图5-74所示。

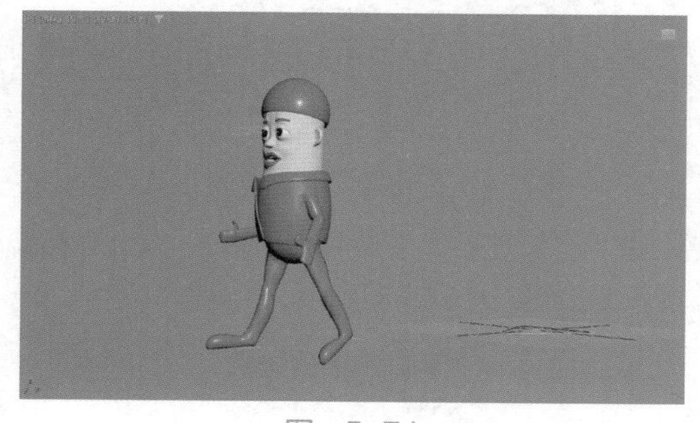

图　5-74

5.2　实例：螃蟹行走动画

本实例以螃蟹的行走动画为例，讲解如何使用CAT骨骼系统来制作生物行走动画，如图5-75所示。

图　5-75

5.2.1　使用CAT制作螃蟹直线行走动画

▶01 启动中文版3ds Max 2024软件，在“创建”面板中单击“辅助对象”按钮后，在下拉列表中选择“CAT对象”选项，如图5-76所示。

▶02 单击“CAT父对象”按钮后，在下方的“CATRig加载保存”卷展栏中选择Crab，如图5-77所示，即可在场景中创建出螃蟹的骨骼系统，如图5-78所示。

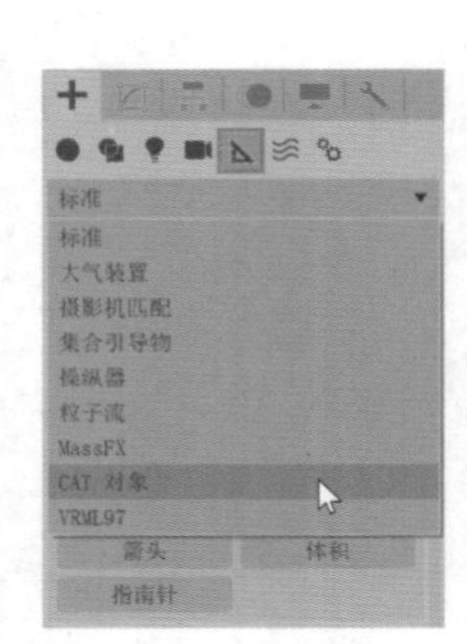

图 5-76

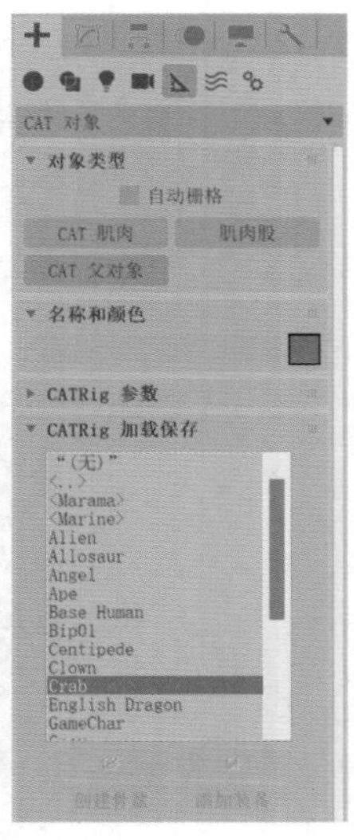

图 5-77

图 5-78

▶03 在“运动”面板中，按住“添加层”按钮，如图5-79所示。在弹出的下拉列表中选择最后一项，如图5-80所示。

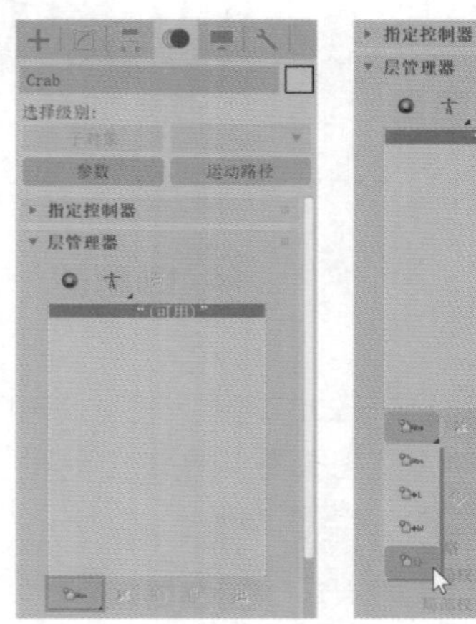

图 5-79

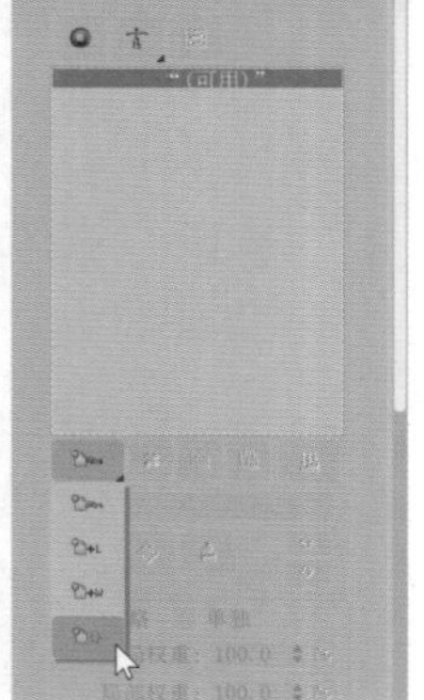

图 5-80

▶04 在“层管理器”卷展栏中，单击红色的“设置/动画模式切换”按钮，如图5-81所示。将其切换至绿色的“设置/动画模式切换”按钮显示状态，如图5-82所示。

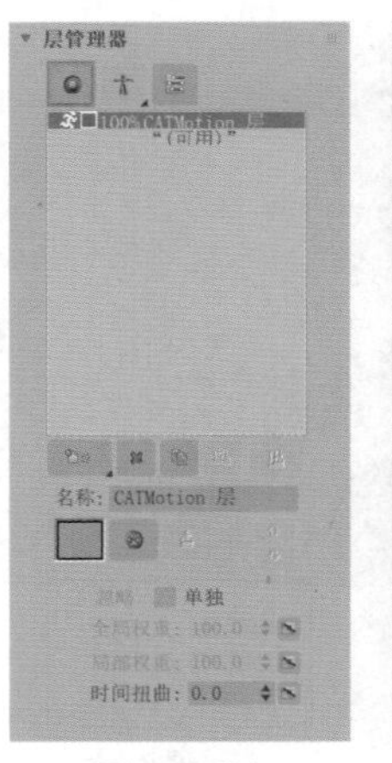

图 5-81　图 5-82

▶05 设置完成后，播放场景动画，即可看到现在螃蟹骨骼已经有了原地运动的动画效果，如图5-83所示。

图 5-83

▶06 在“层管理器”卷展栏中，单击“CATMotion编辑器”按钮，如图5-84所示。

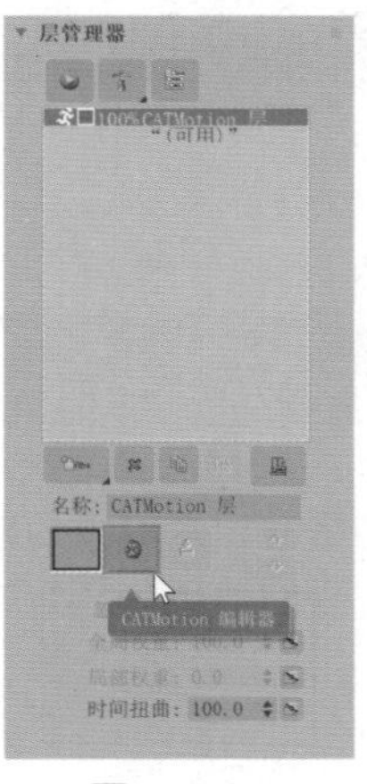

图 5-84

▶07 在系统自动弹出的Crab-Globals对话框中的左侧部分选择Globals（全局）后，将“行走模式”选择为“直线行走”，“方向”为90，如图5-85所示。

▶08 设置完成后，播放场景动画，我们可以看到现在螃蟹骨骼会在场景中进行横向直线行走，如图5-86所示。

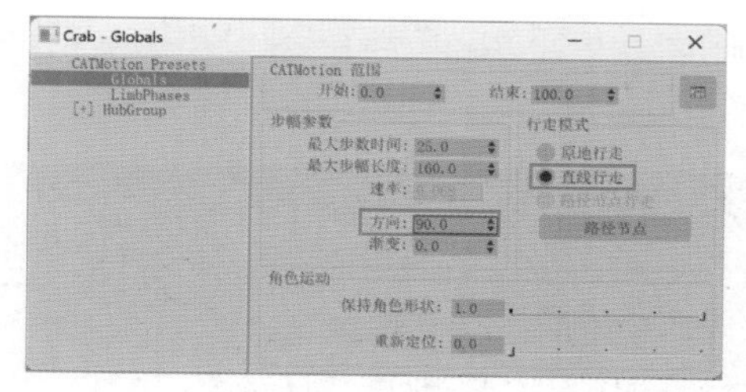

图　5-85

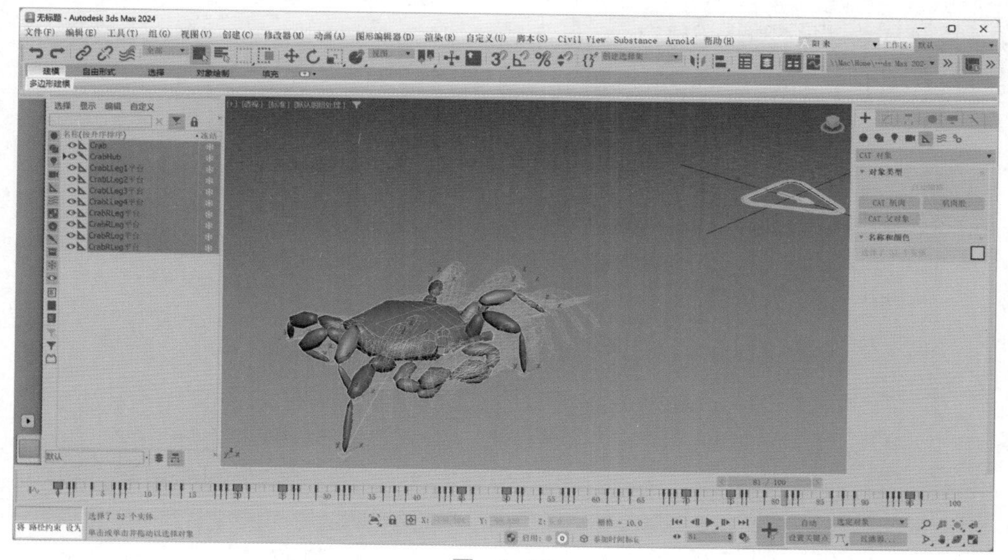

图　5-86

5.2.2 使用“路径约束”制作螃蟹上坡动画

▶01 单击“创建”面板中的“弧”按钮，如图5-87所示。

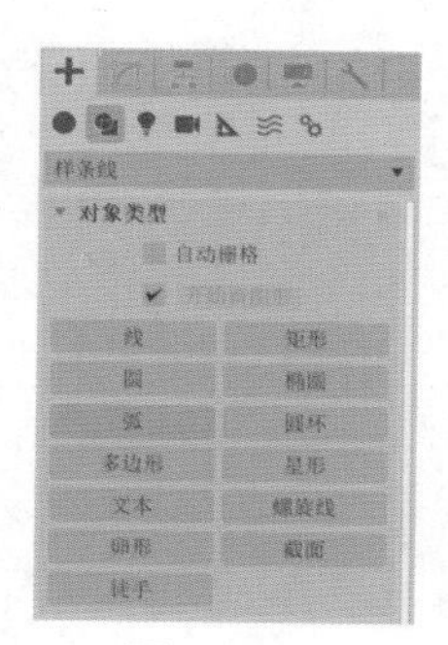

图　5-87

▶02 在“顶”视图中创建一条弧线，作为螃蟹骨骼行走的路径，如图5-88所示。

▶03 单击“创建”面板中的“点”按钮，如图5-89所示。

图　5-88

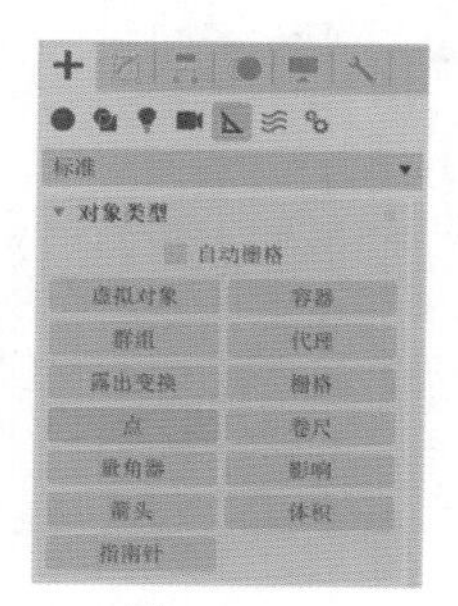

图　5-89

▶04 在场景中任意位置创建一个点对象，如图5-90所示。

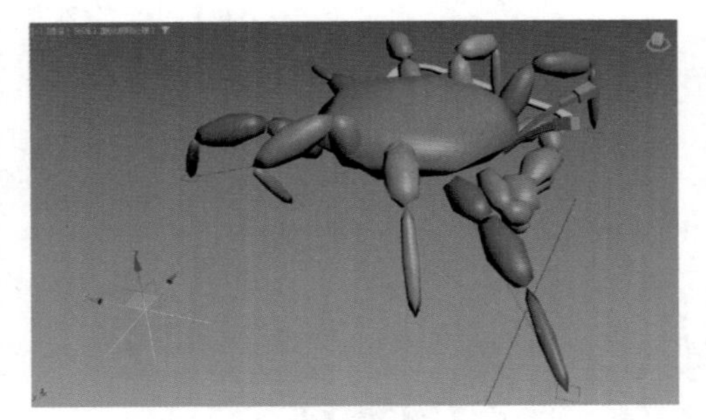

图 5-90

▶05 在“修改”面板中，勾选“三轴架”“交叉”“长方体”复选框，如图5-91所示。

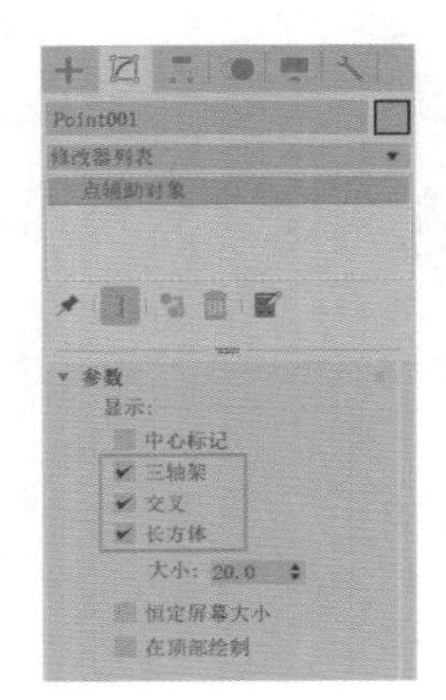

图 5-91

▶06 设置完成后，点对象的视图显示结果如图5-92所示。

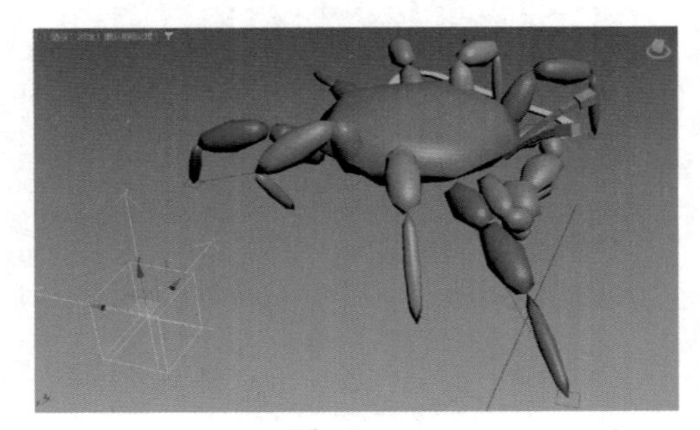

图 5-92

▶07 选择点对象，执行菜单栏“动画”|“约束”|“路径约束”命令，再单击场景中的弧线图形，即可将点对象路径约束至弧线上，如图5-93所示。

▶08 在“运动”面板中，展开“路径参数”卷展栏，勾选“跟随”复选框，如图5-94所示。

图 5-93

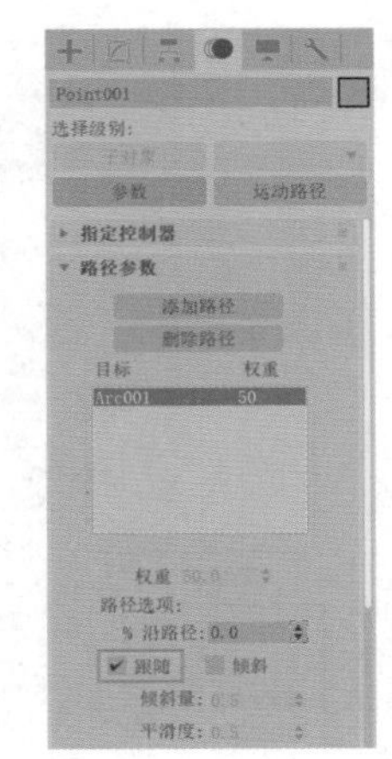

图 5-94

▶09 在Crab-Globals对话框中，单击“行走模式”下方的“路径节点”按钮，如图5-95所示。再单击场景中的点对象，即可看到“路径节点”按钮的名称显示出点对象的名称，如图5-96所示。

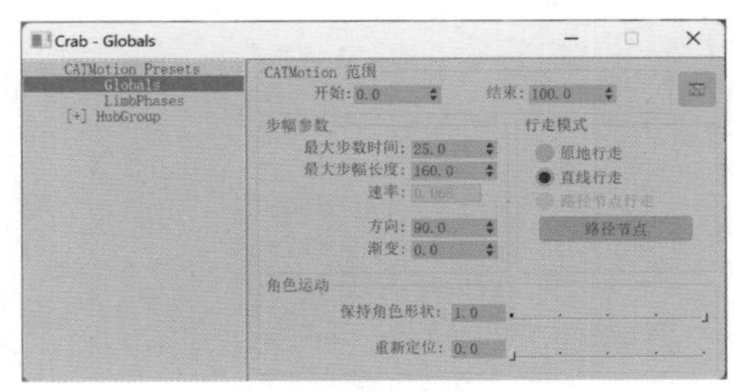

图 5-95

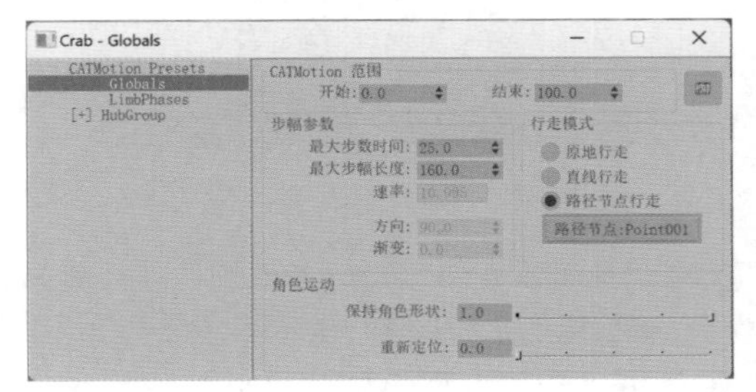

图 5-96

▶10 观察场景，现在可以看到弧形图形附近自动生成许多脚印图形，需要注意的是，在默认状态下，这些脚印图形的方向并不正确，进而影响螃蟹骨骼的动画方向也不正确，如图5-97所示。

图 5-97

▶11 在“主工具栏”上单击“角度捕捉切换”按钮，如图5-98所示。

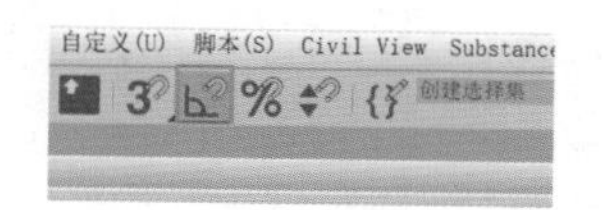

图 5-98

▶12 在场景中旋转点对象的角度至图5-99所示，即可更改螃蟹骨骼的行进方向。

图 5-99

▶13 在“创建”面板中，单击“平面”按钮，如图5-100所示。

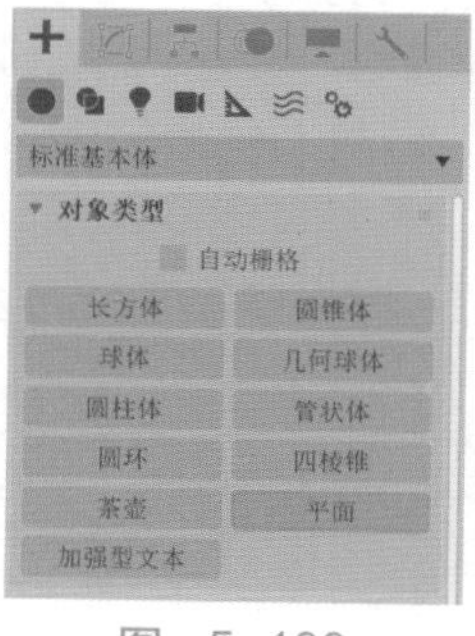

图 5-100

▶14 在场景中创建一个平面作为地面模型，如图5-101所示。

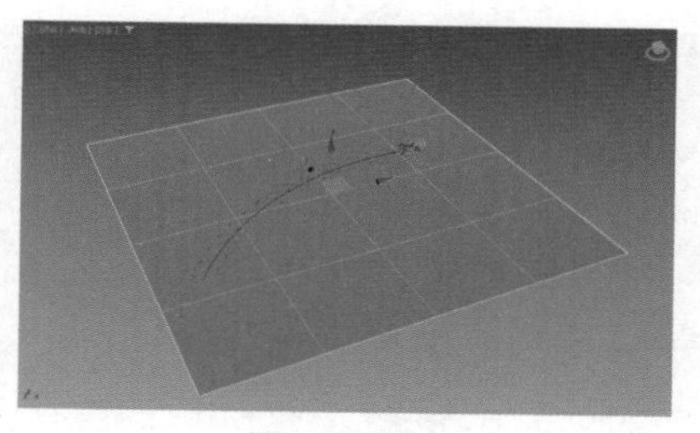

图 5-101

▶15 在“参数”卷展栏中，设置“长度”为1300，“宽度”为1300，“长度分段”为40，“宽度分段”为40，如图5-102所示。

▶16 在“修改”面板中，为地面模型添加“编辑多边形”修改器，如图5-103所示。

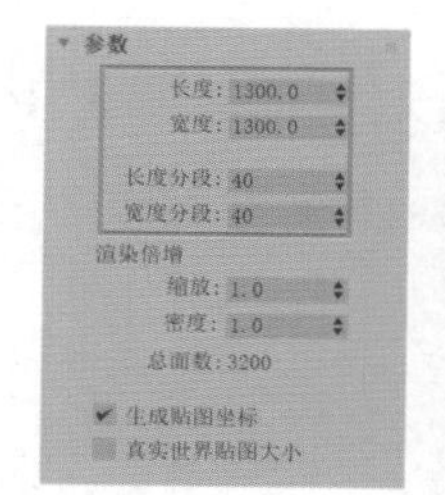

图 5-102

图 5-103

▶17 选择如图5-104所示的顶点，在“软选择”卷展栏中勾选“使用软选择”复选框，设置“衰减”为200，如图5-105所示。

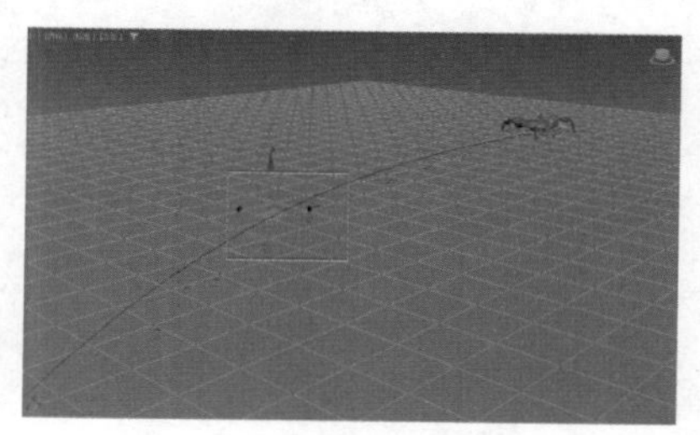

图 5-104

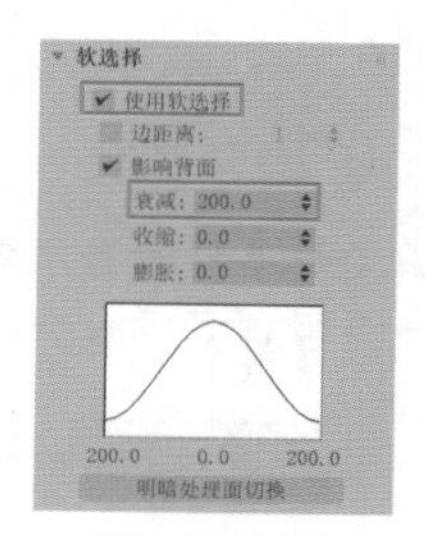

图 5-105

▶18 设置完成后，调整所选择顶点的位置至图5-106所示，制作出地面凸起的模型效果。

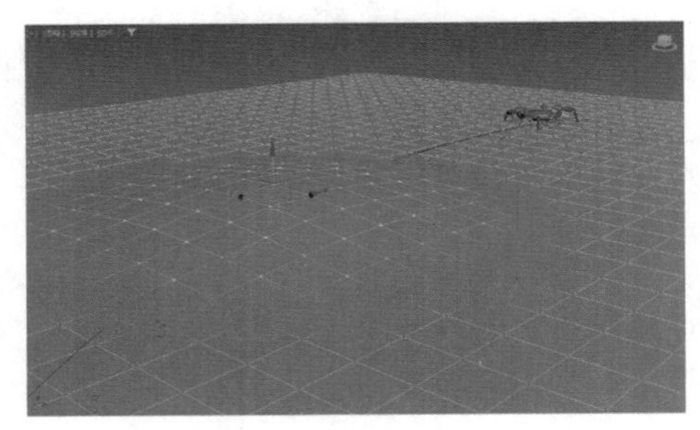

图 5-106

▶19 播放场景动画，我们看到在默认状态下，螃蟹骨骼走到地面凸起的位置处会与地面产生穿插现象，如图5-107所示。

▶20 在Crab-Globals对话框中的左侧部分选择LimbPhases（肢体阶段）后，单击“全部”后面的“拾取地面”按钮并拾取地面模型，如图5-108所示。

图 5-107

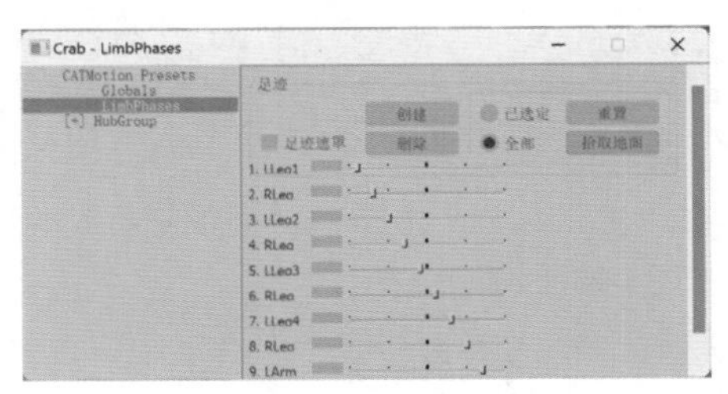

图 5-108

▶21 设置完成后，再次播放场景动画，我们可以看到现在螃蟹骨骼行进时会根据地面的形态做出高度上的调整，如图5-109所示。

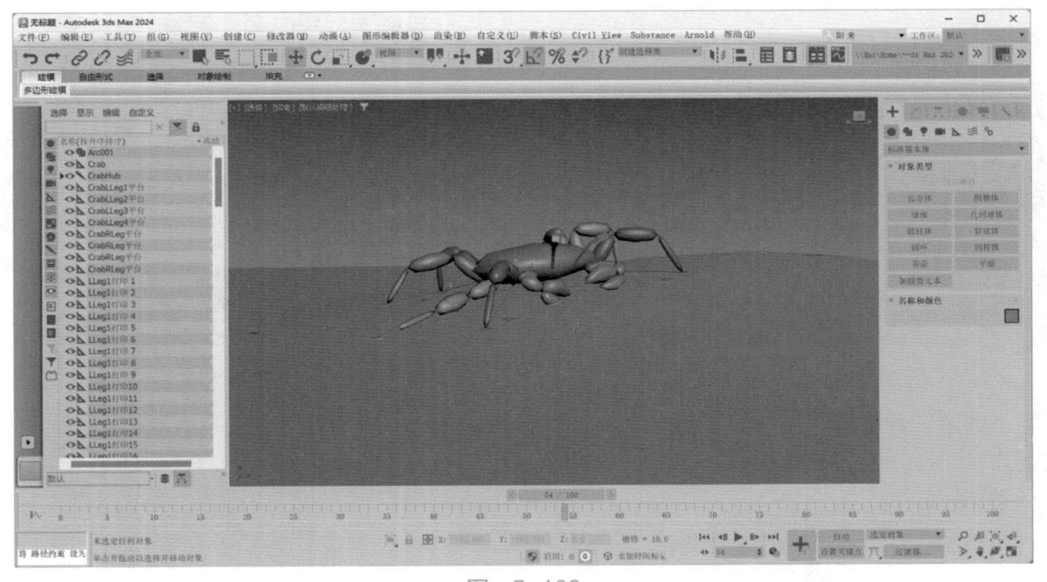

图 5-109

提示 CAT骨骼系统自带了大量的2足骨骼、4足骨骼及多足骨骼预设，可以帮助用户快速模拟人物、蜥蜴、虫子等生物的行走动画效果，如图5-110所示。

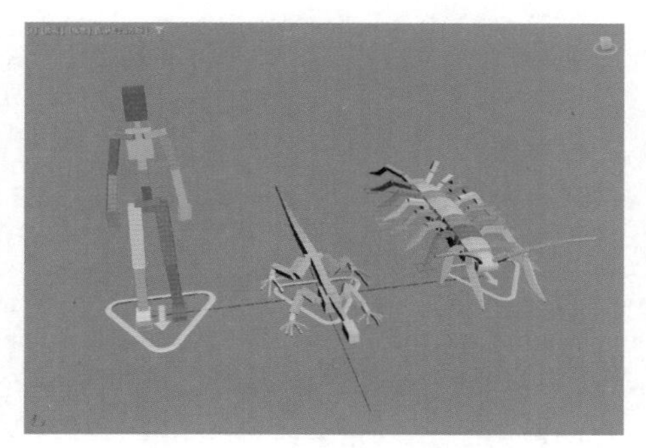

图　5-110

5.3　实例：人群群组动画

当我们在制作建筑表现动画时，常常需要在场景中制作一些行人来回走动或者驻足停留的群组动画效果。在建筑表现项目中的动画镜头对画面中的人物没有提出具体制作要求的情况下，我们可以使用“填充”系统来为我们的动画场景添加角色。本实例制作完成的人群行走动画如图5-111所示。

图　5-111

图　5-111（续）

5.3.1　使用“创建流”制作人群行走动画

01 启动中文版3ds Max 2024软件，打开配套资源文件“房屋.max”，里面为一栋设置好了材质的房屋模型，如图5-112所示。

图　5-112

02 执行菜单栏“自定义”|“单位设置”命令，如图5-113所示。

03 在弹出的“单位设置”对话框中，我们可以看到本场景的单位显示为“米”，单击“系统单位设置”按钮，如图5-114所示。

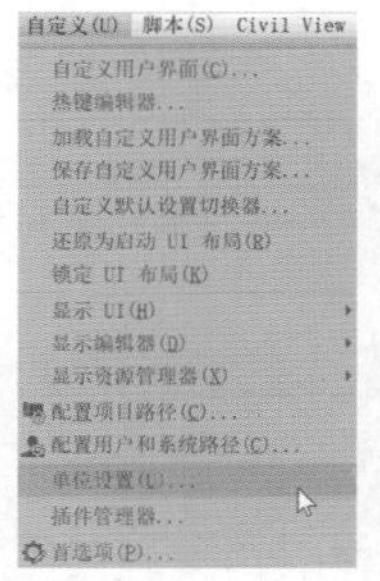

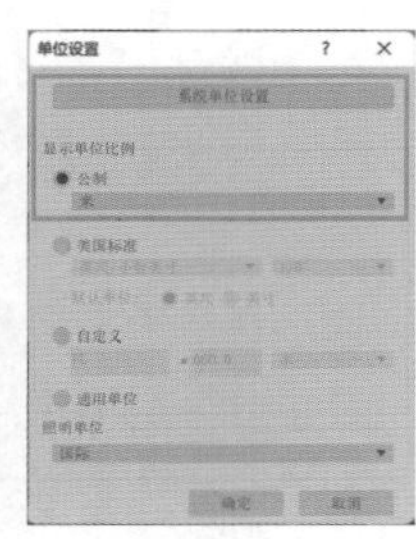

图　5-113　　图　5-114

04 在弹出的“系统单位设置”对话框中，我们可以看到系统单位比例为1单位=1毫米，如图5-115所示。

05 在“创建”面板中，单击“卷尺”按钮，如图5-116所示。

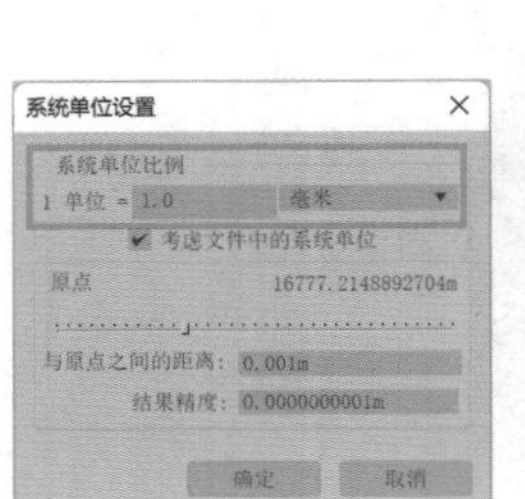

图 5-115　　图 5-116

▶06 在“前”视图中，测量该房屋的高度约2.9米，如图5-117所示。基本符合真实世界中一栋房屋的高度，那么，我们就可以制作角色动画了。

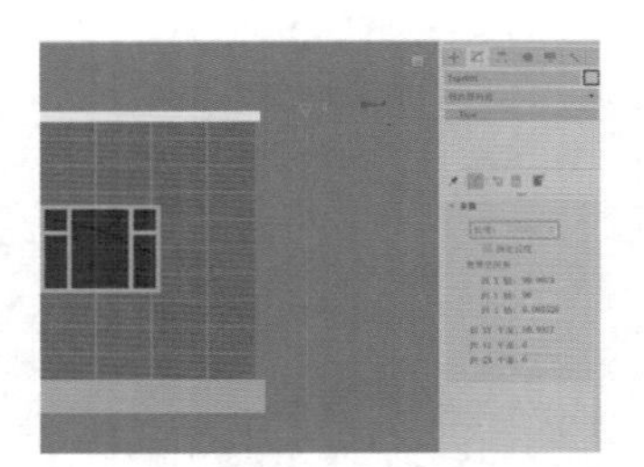

图 5-117

▶07 单击Ribbon面板中的“创建流”按钮，如图5-118所示。

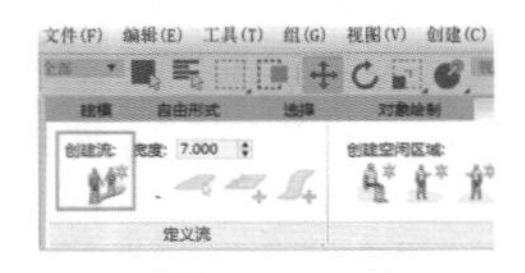

图 5-118

▶08 在“顶”视图中，创建出角色行走的范围，如图5-119所示。

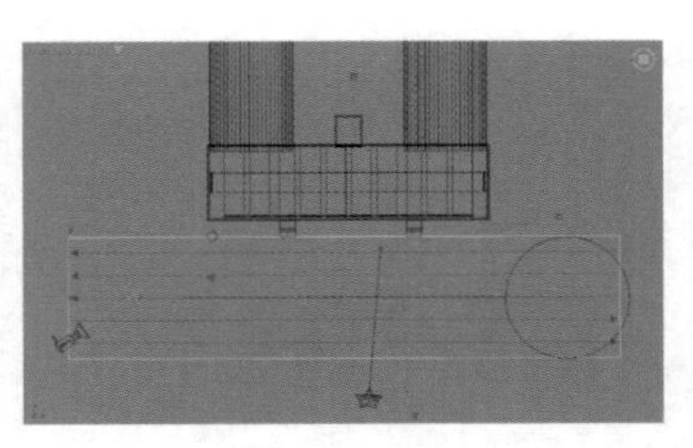

图 5-119

▶09 在“修改”面板中，设置“入口”组内的各个滑块位置，如图5-120所示。

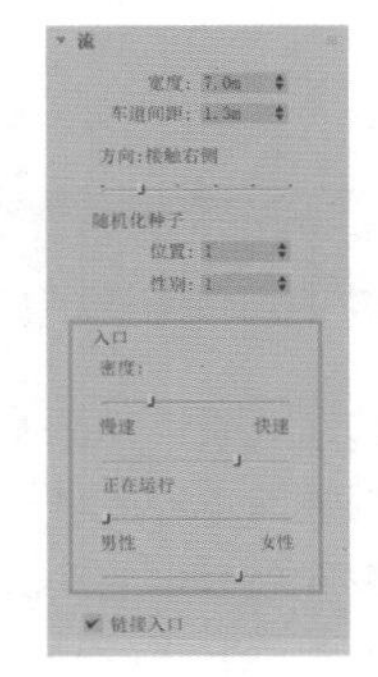

图 5-120

▶10 设置“数字帧数”为100，单击“模拟”按钮，如图5-121所示。经过一段时间的计算后，我们可以看到带有行走动画的角色就添加完成了，如图5-122所示。

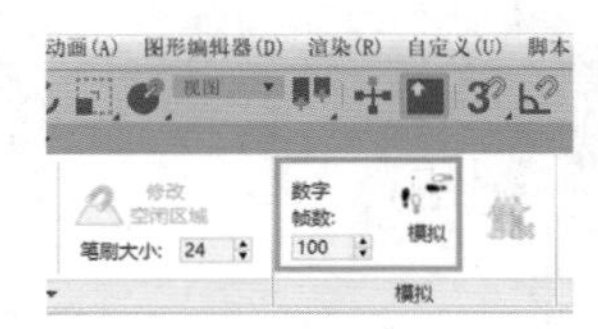

图 5-121

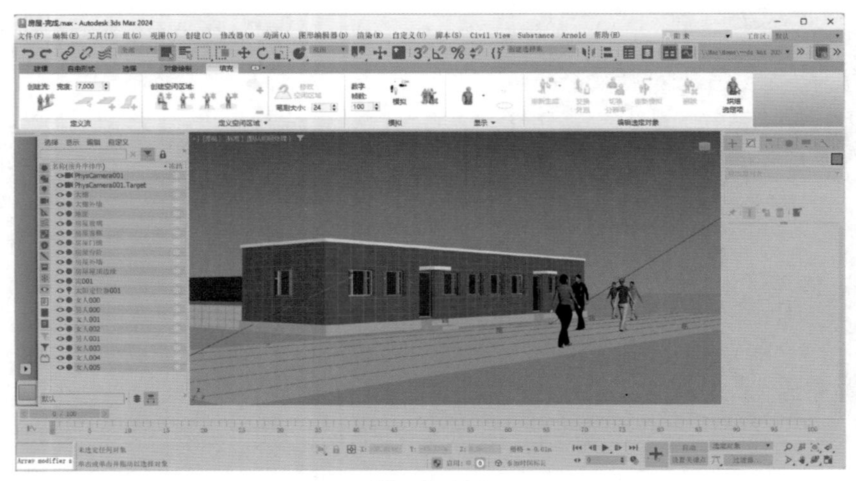

图 5-122

提示

当用户首次使用群组模拟填充系统时，单击“模拟”按钮后，系统会自动弹出“缺少填充数据”对话框，如图5-123所示，提示用户需要联网下载角色填充数据安装包，下载完成并安装好该文件后，就可以正确进行角色动画的计算了。

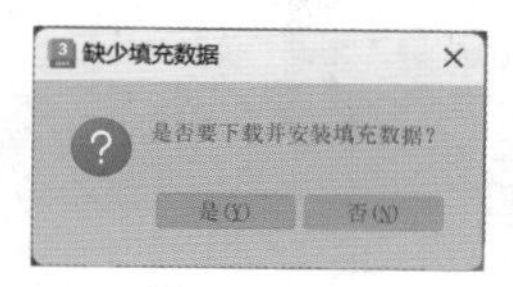

图 5-123

11 系统所生成的角色位置及衣服颜色都是随机的，如果有个别的角色在镜头中挡住了一些我们要展示的建筑细节，有两种方式可以处理，一是选择该角色，如图5-124所示，再单击“删除”按钮，如图5-125所示，即可将该角色单独删除。

12 二是选择该角色，右击，在弹出的快捷菜单中执行“隐藏选定对象”命令，如图5-126所示，将所选择的角色模型隐藏起来。

图 5-124

图 5-125

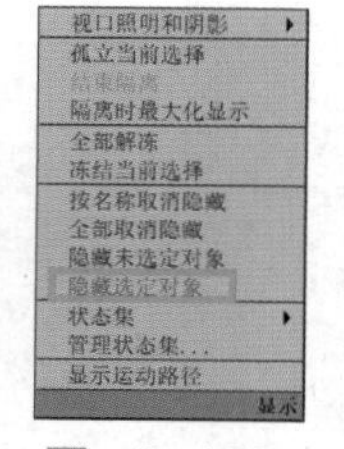

图 5-126

13 本实例添加了角色行走动画后的视图显示结果如图5-127所示。

图 5-127

5.3.2 使用“创建空闲区域”制作人物驻足停留动画

01 建筑动画中不仅仅需要有行人行走的动画效果，还需要有一些行人在驻足聊天的动画效果。群组模拟填充系统还为我们提供了角色坐在凳子上以及驻足聊天等动画生成功能。单击“创建圆形空闲区域”按钮，如图5-128所示。

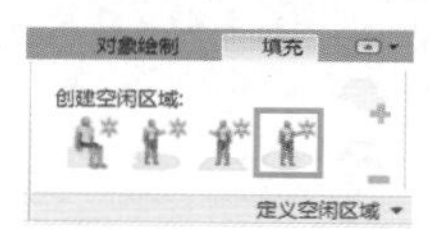

图 5-128

02 在场景中创建一个圆形的区域，如图5-129所示。

图 5-129

03 在“修改”面板中，设置“人”组内的各个滑块位置如图5-130所示。

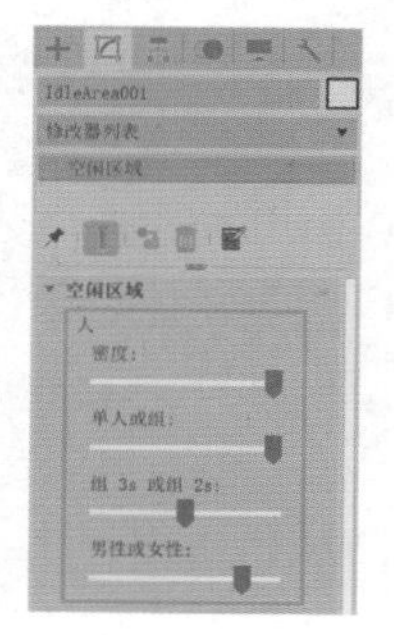

图 5-130

▶04 设置完成后，可以看到场景中的空闲区域内出现一些粉色和蓝色的图标，代表这些位置会生成6个女性角色和2个男性角色，如图5-131所示。

图 5-131

▶05 设置“数字帧数”为100，单击“模拟”按钮，如图5-132所示。经过一段时间的计算后，我们可以看到带有驻足动画的角色就添加完成了，如图5-133所示。

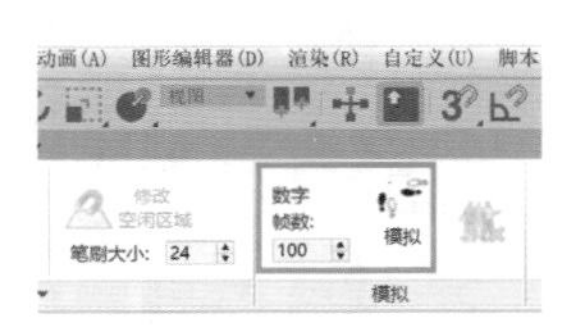

图 5-132

图 5-133

▶06 我们还可以选择场景中的任意同性别角色模型，进行调换位置。例如在场景中选择如图5-134所示的两名女性角色。

图 5-134

▶07 单击“交换外观”按钮，如图5-135所示。这时，我们可以看到所选择的两个角色的外观进行了交换，如图5-136所示。

图 5-135

图 5-136

▶08 本实例添加了角色驻足动画后的视图显示结果如图5-137所示。

图 5-137

第6章 动力学动画

中文版3ds Max 2024为动画师提供了多个功能强大且易于掌握的动力学动画模拟系统，如MassFX动力学及Cloth修改器，主要用来制作运动规律较为复杂的刚体碰撞动画和布料运动动画，这些内置的动力学动画模拟系统不但为特效动画师们提供了效果逼真、合理的动力学动画模拟解决方案，还极大地节省了手动设置关键帧所消耗的时间。

6.1 实例：使用“MassFX工具”制作刚体碰撞动画

在动力学动画模拟中，物体由于碰撞所产生的位移及旋转效果被称为刚体动画。本实例通过制作保龄球的碰撞动画来讲解刚体动画的制作方法，图6-1所示为本实例的动画完成渲染效果。

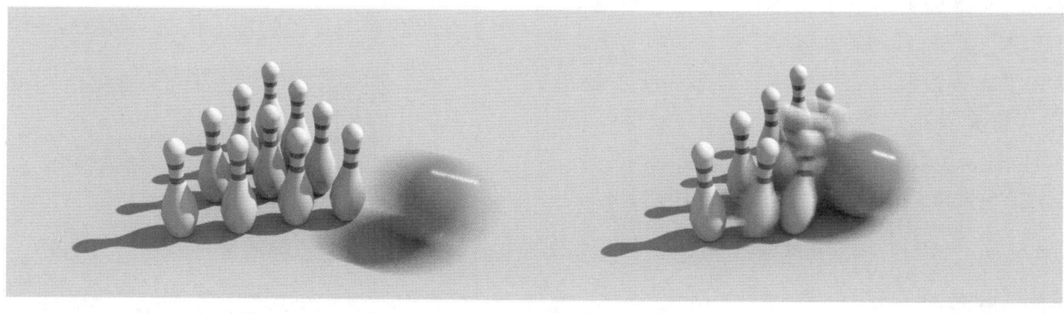

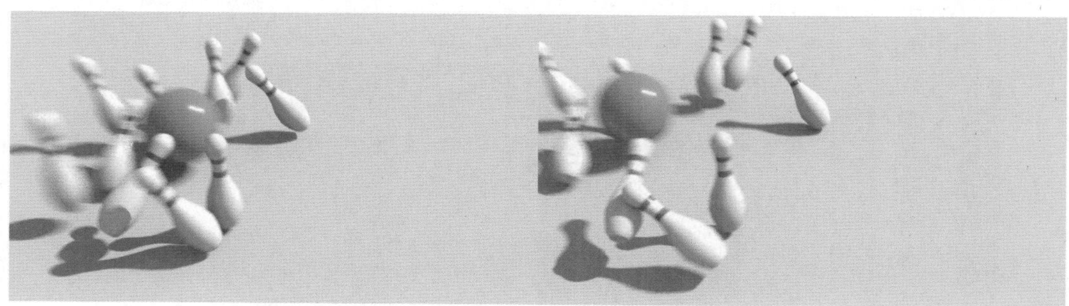

图 6-1

01 启动中文版3ds Max 2024软件，打开配套资源文件“保龄球.max”，如图6-2所示。

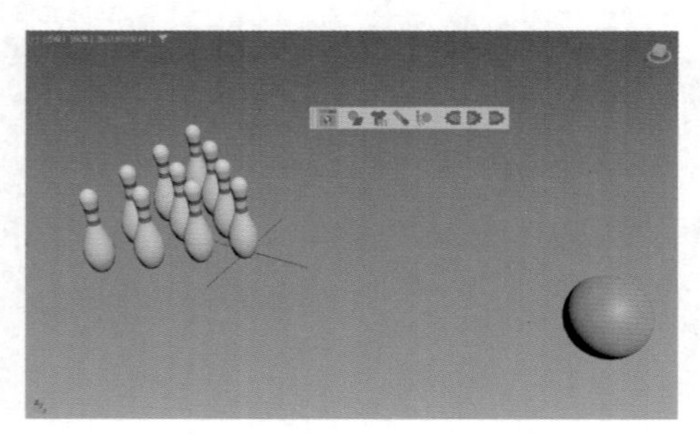

图 6-2

▶02 选择场景中的所有球瓶模型，选择“将选定项设置为动力学刚体”选项，如图6-3所示。

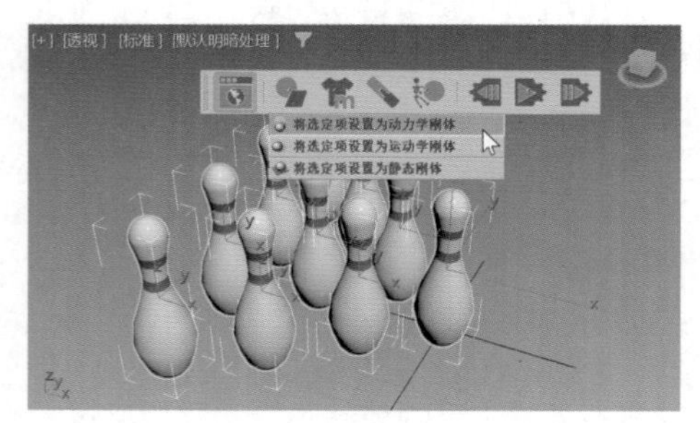

图 6-3

▶03 在“刚体属性”卷展栏中，勾选“在睡眠模式中启动”复选框，如图6-4所示。

▶04 在“场景设置”卷展栏中，设置“子步数”为8，“解算器迭代数”为60，如图6-5所示。这样，可以提高刚体动画的模拟计算精度。

▶05 选择场景中的球体模型，如图6-6所示。

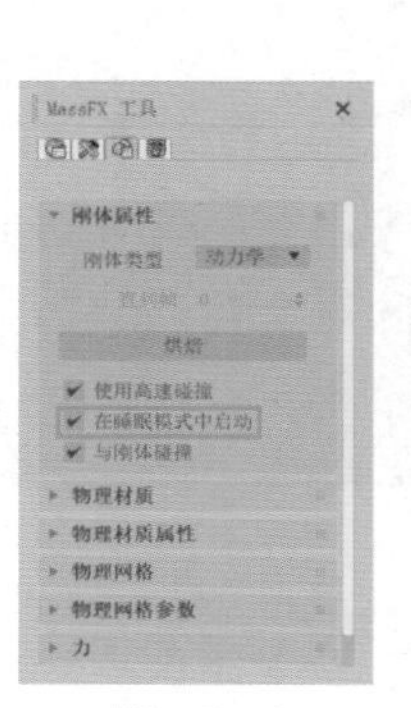

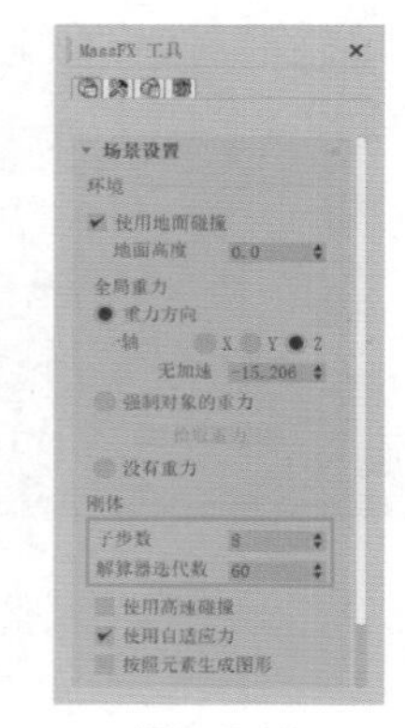

图 6-4　图 6-5

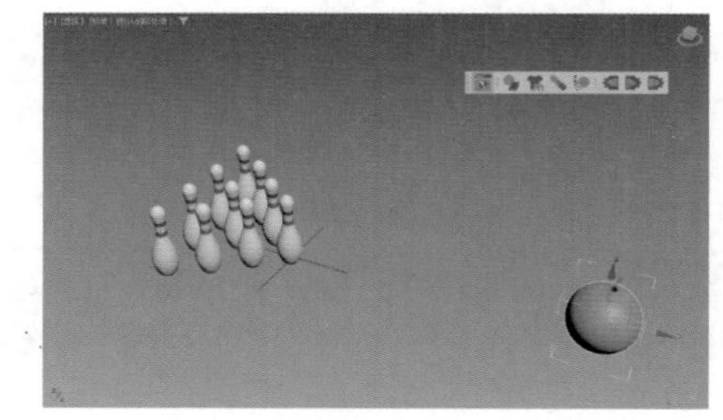

图 6-6

▶06 单击软件界面下方右侧的“自动”按钮，使其处于背景色为红色的按下状态，如图6-7所示。

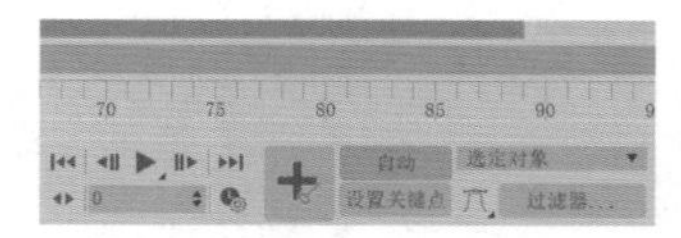

图 6-7

▶07 在20帧位置中，沿X轴移动球体的位置至图6-8所示。制作出球体的位移动画。

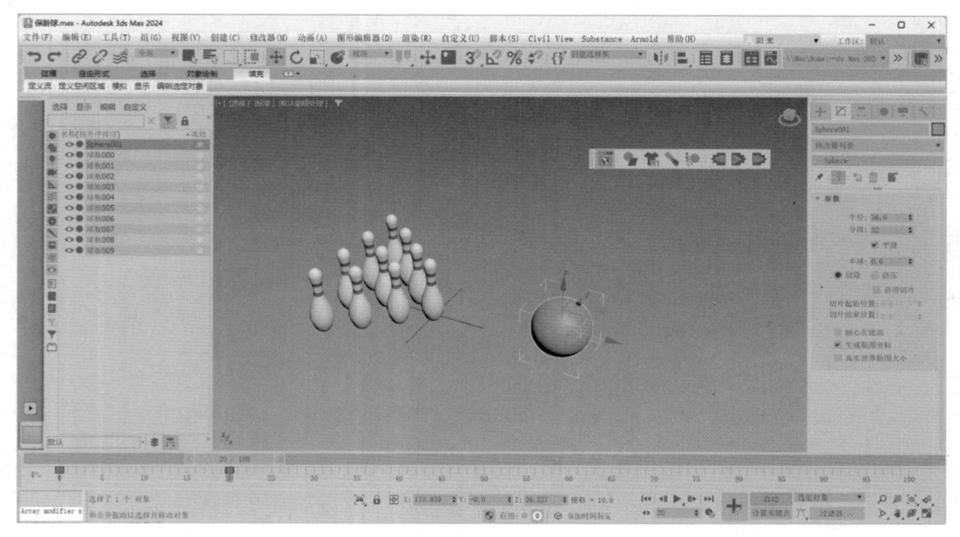

图 6-8

▶08 选择球体模型，右击并在弹出的快捷菜单中执行“曲线编辑器”命令，如图6-9所示。

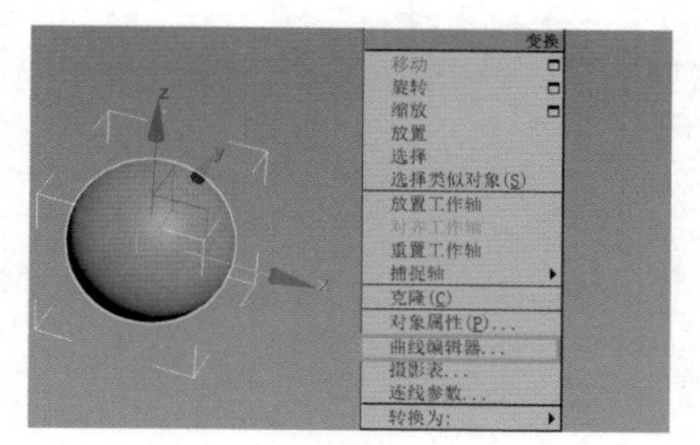

图　6-9

▶09 在弹出的“轨迹视图-曲线编辑器”面板中，选择如图6-10所示的关键点。

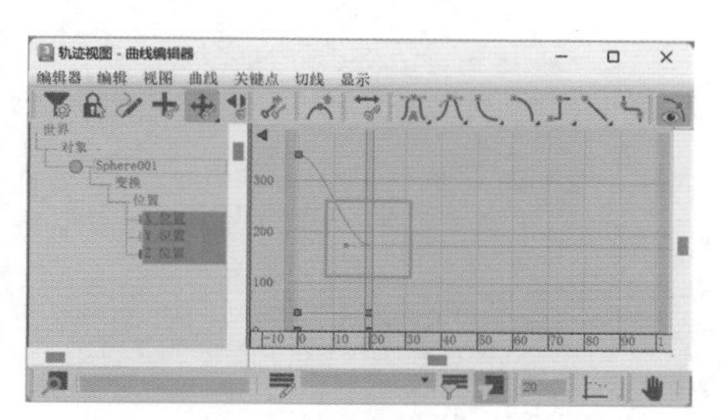

图　6-10

▶10 单击“将切线设置为快速”图标，调整曲线的形态至图6-11所示。

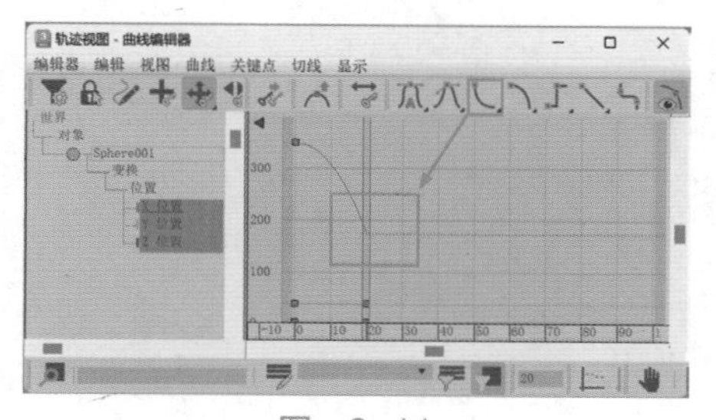

图　6-11

▶11 选择场景中的球体模型，单击“将选定项设置为运动学刚体”按钮，如图6-12所示。

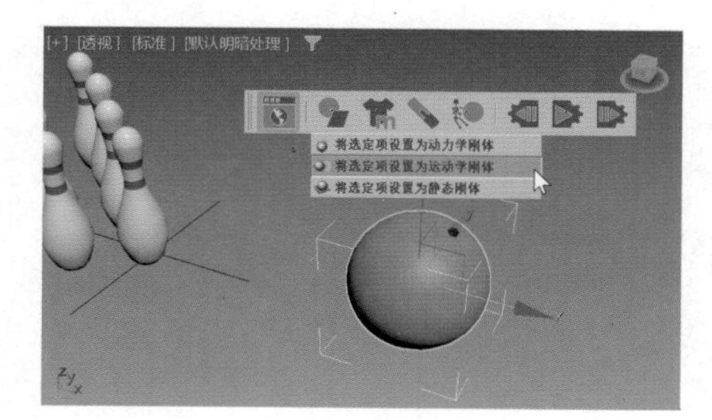

图　6-12

▶12 在“刚体属性”卷展栏中，勾选“直到帧”复选框，设置该值为20，如图6-13所示。

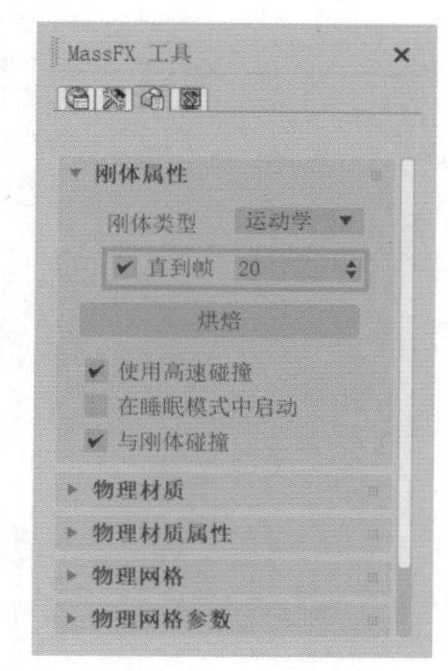

图　6-13

▶13 选择场景中的所有模型，如图6-14所示。

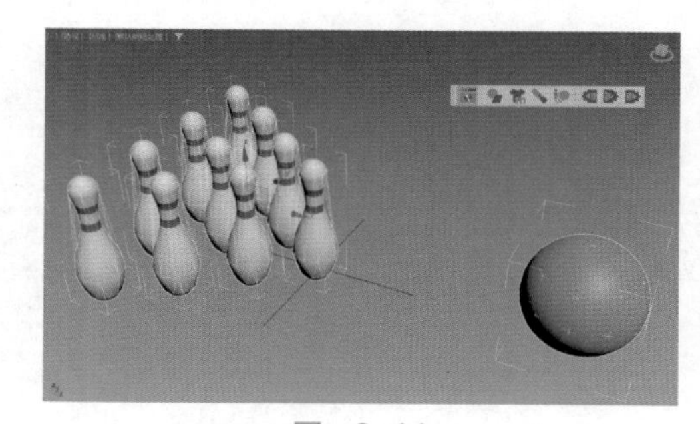

图　6-14

▶14 在“刚体属性”卷展栏中，单击“烘焙”按钮，如图6-15所示。

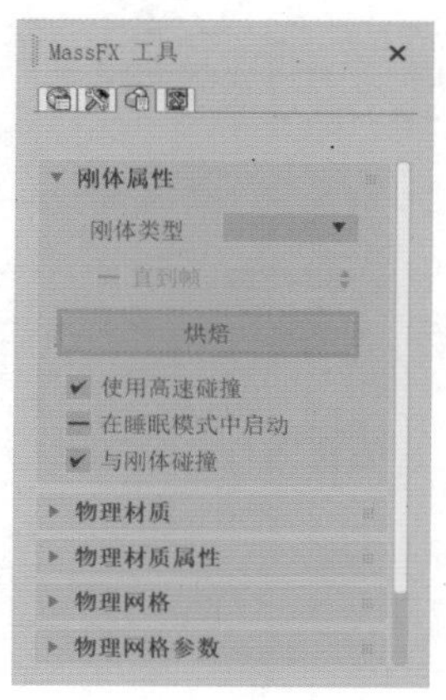

图　6-15

▶15 经过一段时间的动画计算，得到的保龄球碰撞动画效果如图6-16所示。

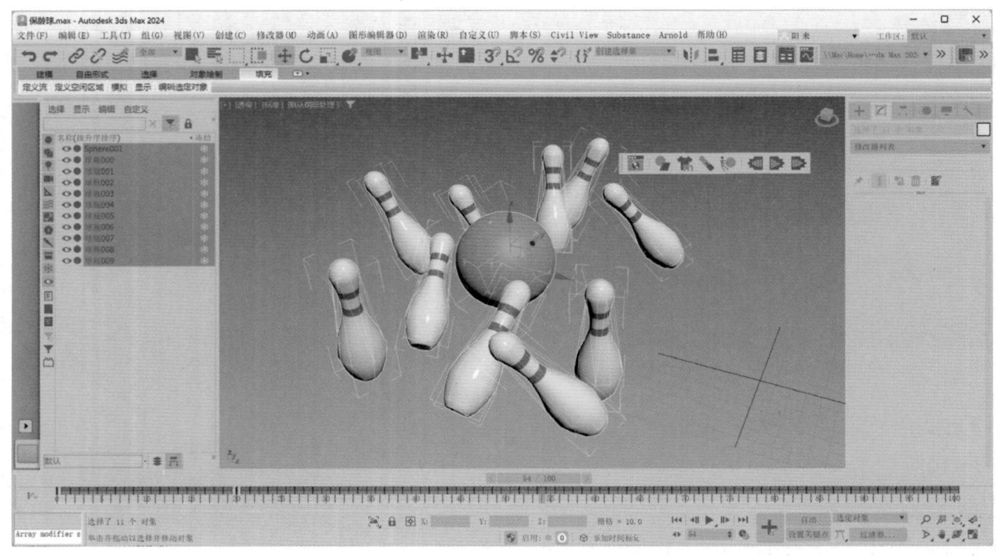

图　6-16

▶16 执行菜单栏“视图”|“显示重影”命令，可以看到每一个球体的动画重影效果，如图6-17所示。

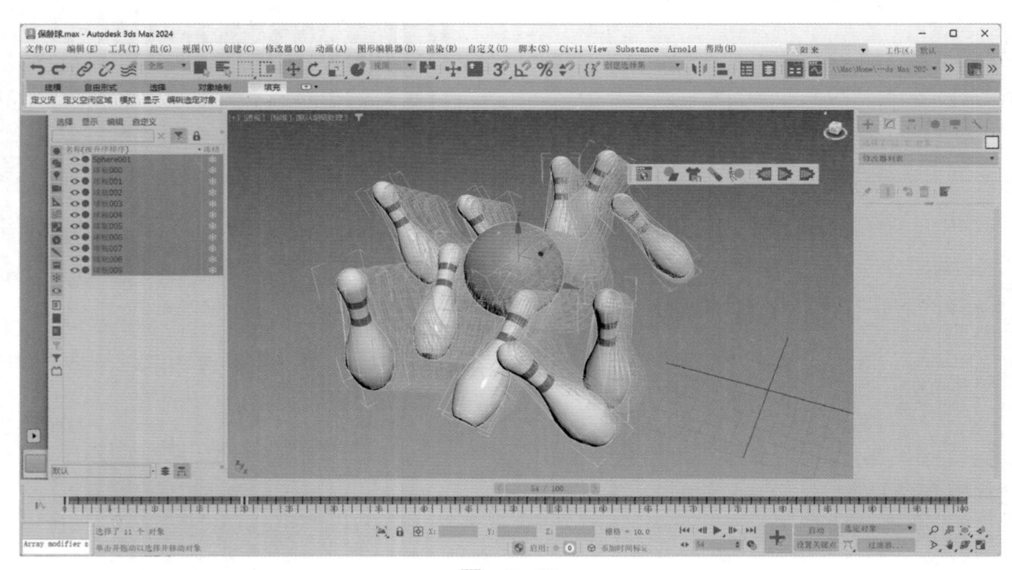

图　6-17

▶17 在“运动”面板中单击“运动路径”按钮，如图6-18所示。

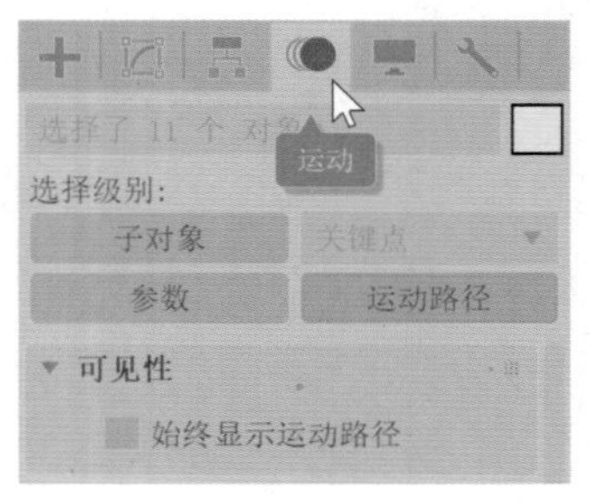

图　6-18

18 这样，我们还可以看到每一个物体的运动路径效果，如图6-19所示。

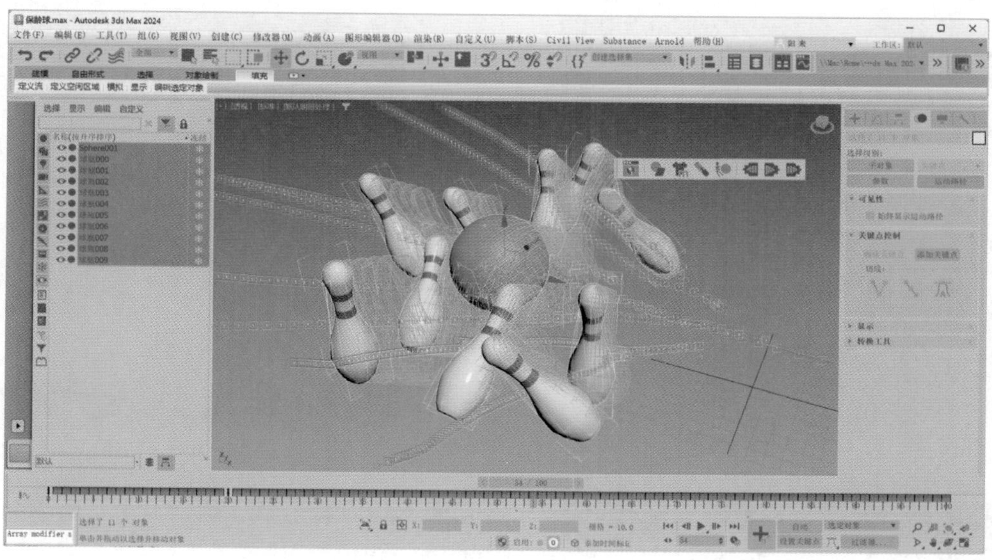

图　6-19

19 本实例最终制作完成的动画效果如图6-20所示。

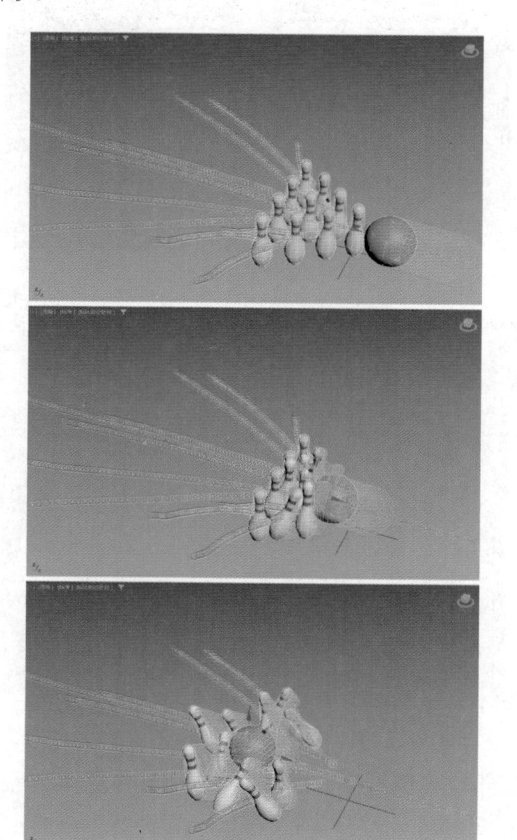

图　6-20

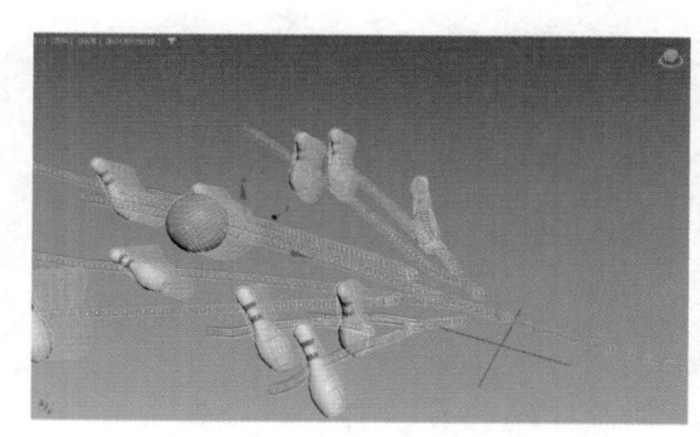

图　6-20（续）

6.2　实例：铁链缠绕动画

本实例讲解如何使用动力学系统来制作铁链缠绕的动画效果，图6-21所示为本实例的动画完成渲染效果。

图　6-21

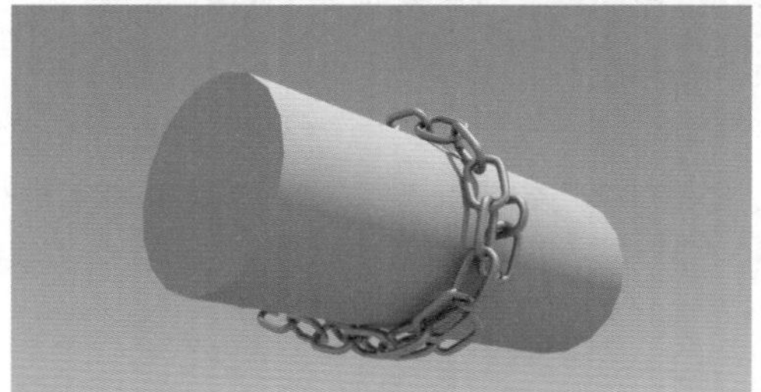

图 6-21（续）

6.2.1 设置铁链动力学

▶01 启动中文版3ds Max 2024软件，打开配套资源文件“铁链.max”，里面有一个铁链单体模型和一个圆柱模型，如图6-22所示。

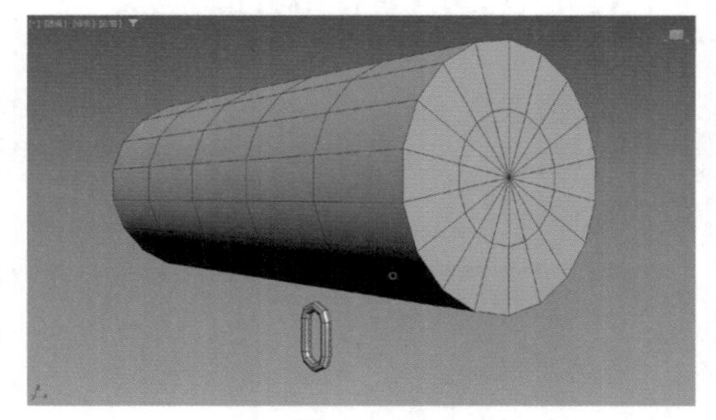

图 6-22

▶02 在“主工具栏”空白位置处右击，在弹出的快捷菜单中选择“MassFX工具栏”选项，如图6-23所示，即可在界面中显示“MassFX工具栏”，如图6-24所示。

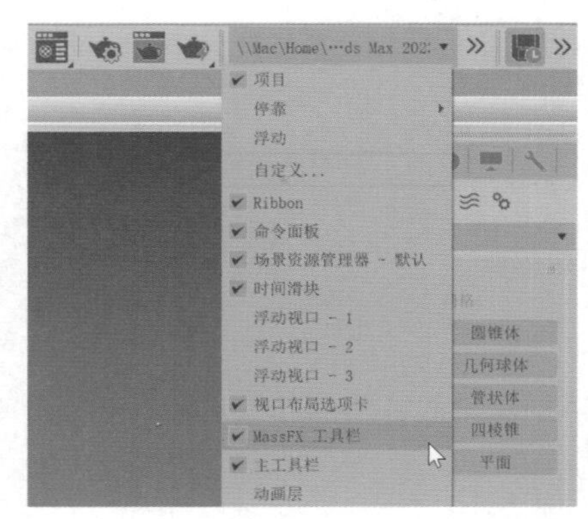

图 6-23

图 6-24

▶03 选择场景中的铁链单体模型，在“MassFX工具栏”中单击“将选定项设置为动力学刚体”按钮，如图6-25所示。

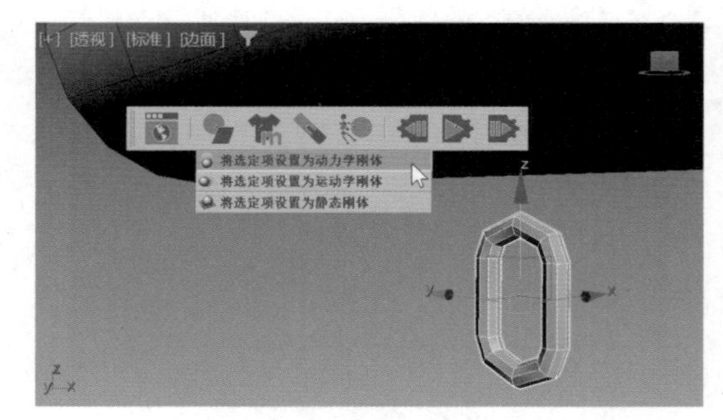

图 6-25

▶04 设置完成后，铁链单体模型的视图显示结果如图6-26所示。

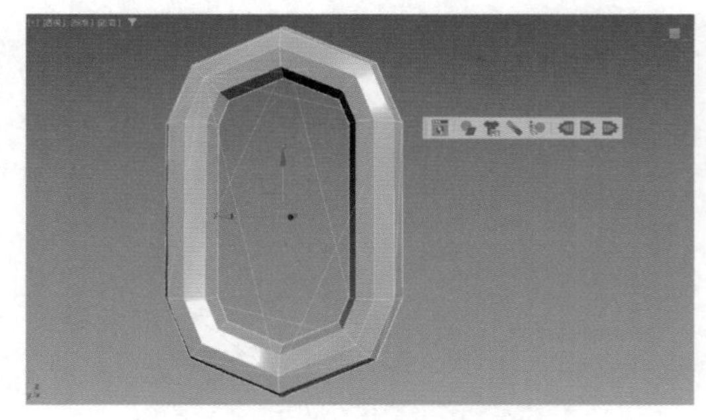

图 6-26

▶05 观察“修改”面板，可以看到铁链单体模型自动添加了一个MassFX Rigid Body修改器，如图6-27所示。

▶06 在“物理图形”卷展栏中，设置“图形类型”为“凹面”，如图6-28所示。

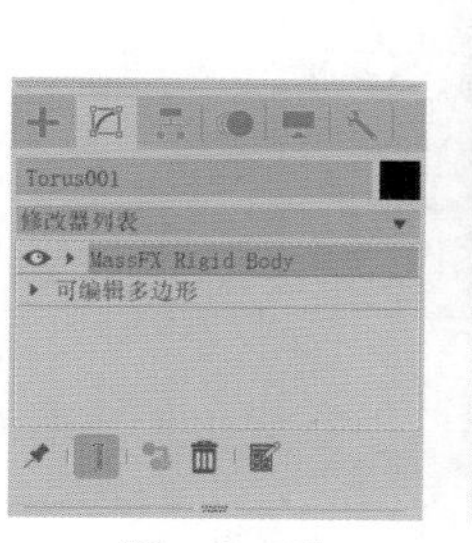

图　6-27

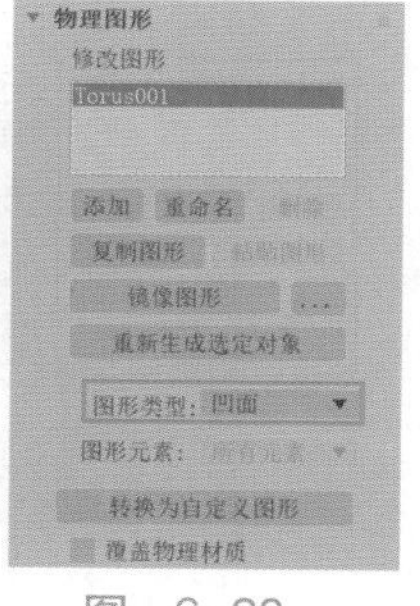

图　6-28

▶07 在“物理网格参数”卷展栏中，单击“生成”按钮，如图6-29所示，即可看到铁链单体模型上生成的网格显示结果如图6-30所示。

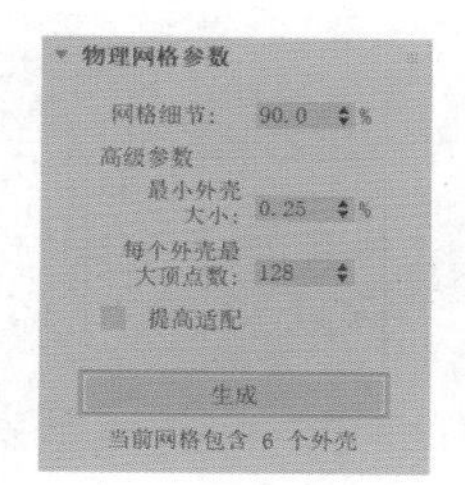

图　6-29

图　6-30

▶08 在“物理网格参数”卷展栏中，设置“网格细节”为100%后，再次单击“生成”按钮，如图6-31所示，即可看到铁链单体模型上生成的网格显示结果如图6-32所示。

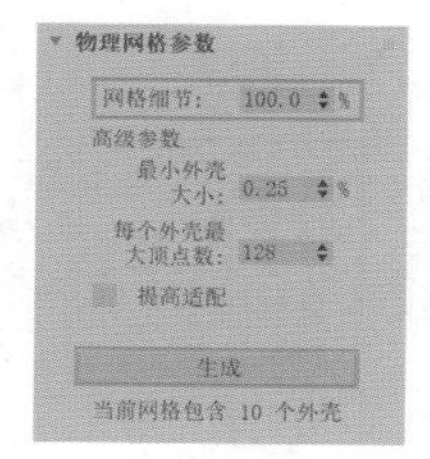

图　6-31

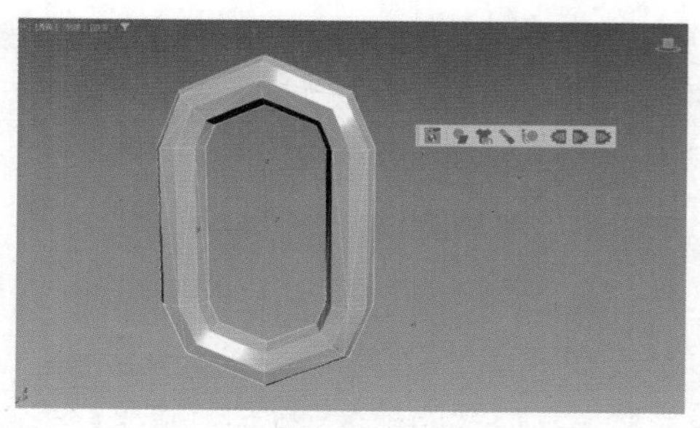
图　6-32

▶09 选择铁链单体模型，对其进行复制并调整角度和位置至图6-33所示。

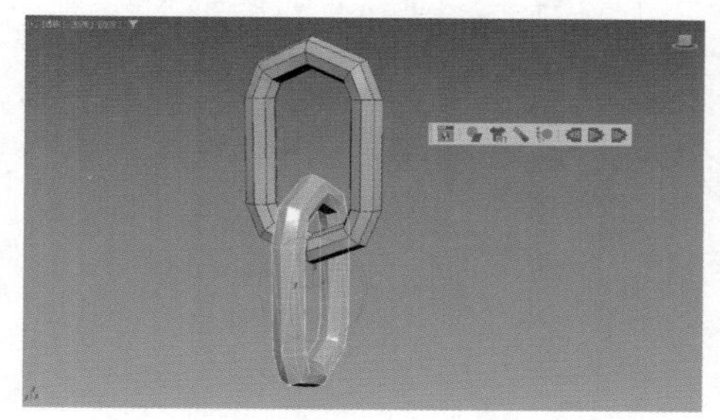
图　6-33

▶10 选择这两个铁链单体模型，再次进行复制，在系统自动弹出的“克隆选项”对话框中设置“副本数”为12，如图6-34所示。制作出如图6-35所示的一段铁链模型。

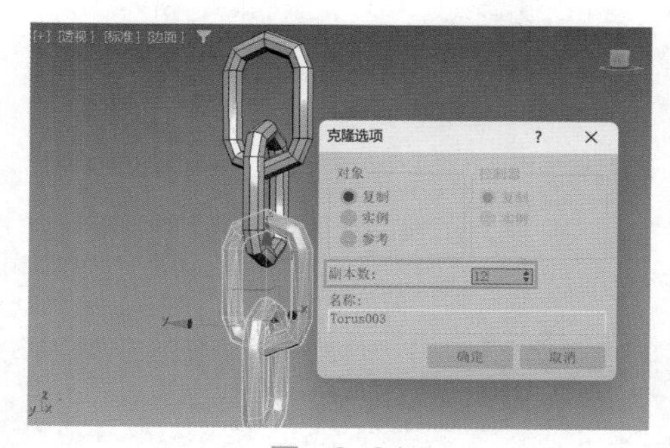

图　6-34

图　6-35

▶11 选择场景中的第一个锁链单体模型，再次对其进行复制并调整位置和角度至图6-36所示，用来制作锁链与圆柱连接的地方。

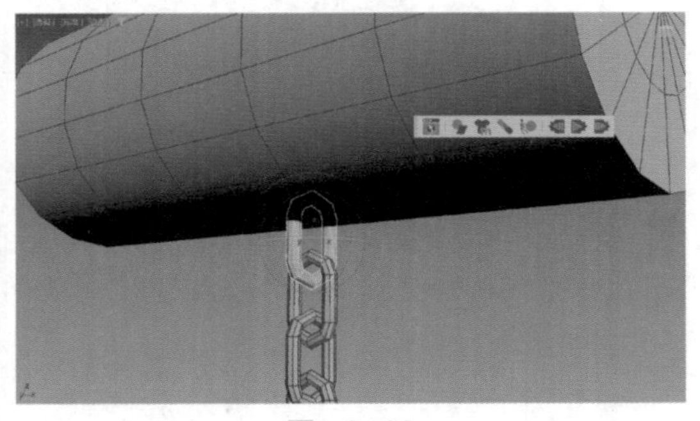

图 6-36

▶12 在“刚体属性”卷展栏中，设置其“刚体类型”为“运动学”，如图6-37所示。

▶13 在“创建”面板中，单击“点”按钮，如图6-38所示。在场景中任意位置处创建一个点。

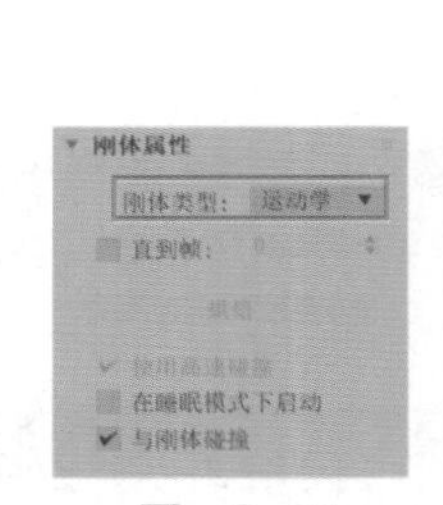

图 6-37　　图 6-38

▶14 选择点，执行菜单栏“动画”|“约束”|“附着约束”命令，再单击圆柱模型，将点附着约束至圆柱模型上，如图6-39所示。

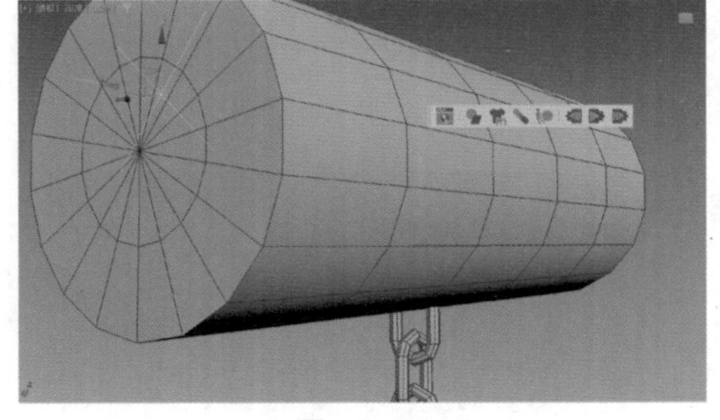

图 6-39

▶15 在0帧位置处，展开“附着参数”卷展栏，单击“设置位置“按钮，如图6-40所示。

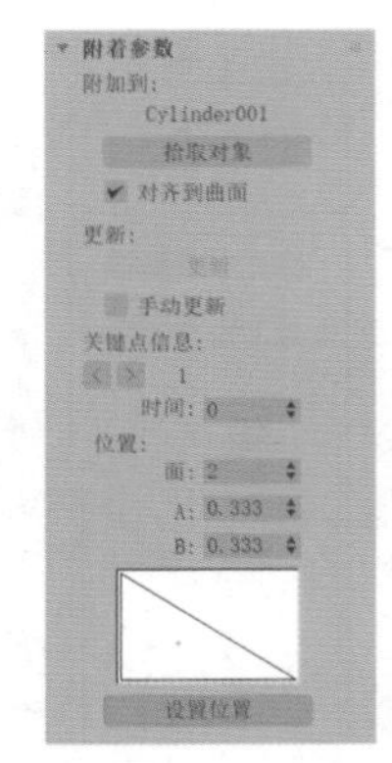

图 6-40

▶16 更改点的位置至图6-41所示。更改完成后，再次单击“设置位置”按钮，使其恢复至未按下状态。

图 6-41

▶17 选择与圆柱体交叉的锁链单体模型，如图6-42所示。

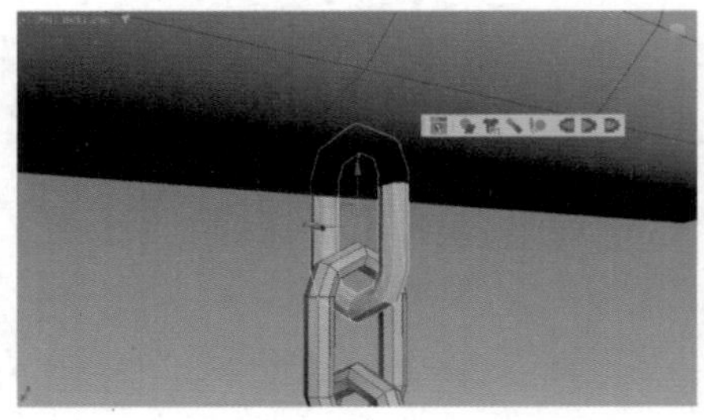

图 6-42

▶18 单击“主工具栏”上的“选择并链接”图标，如图6-43所示。

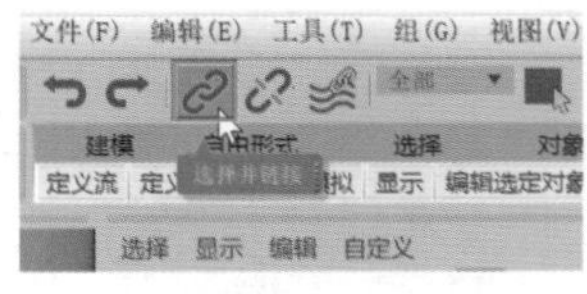

图 6-43

▶19 将锁链单体模型链接至点上，如图6-44所示。

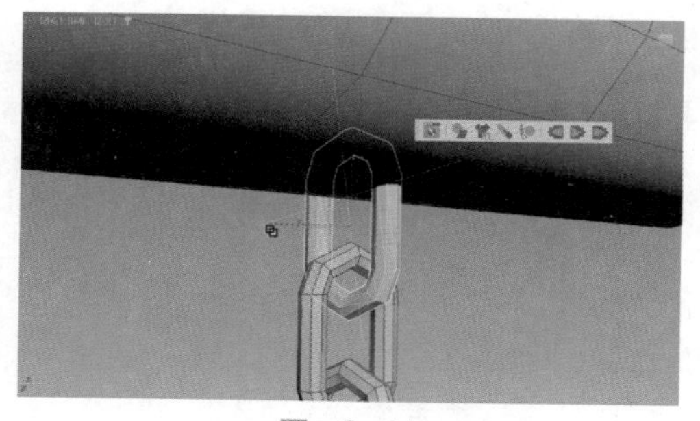

图 6-44

6.2.2 计算铁链缠绕动画

01 单击软件界面下方右侧的“自动”按钮，使其处于背景色为红色的按下状态，如图6-45所示。

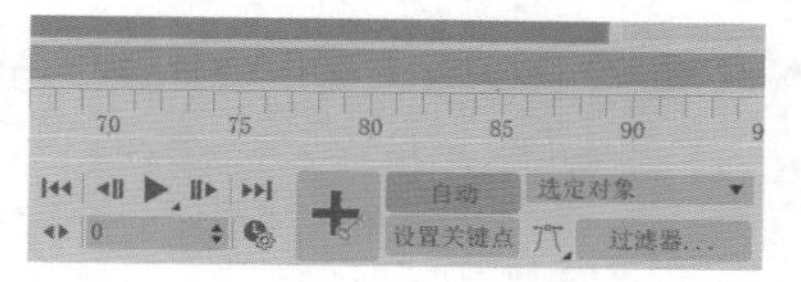

图 6-45

02 选择场景中的圆柱模型，在20帧位置处，旋转其角度至图6-46所示。

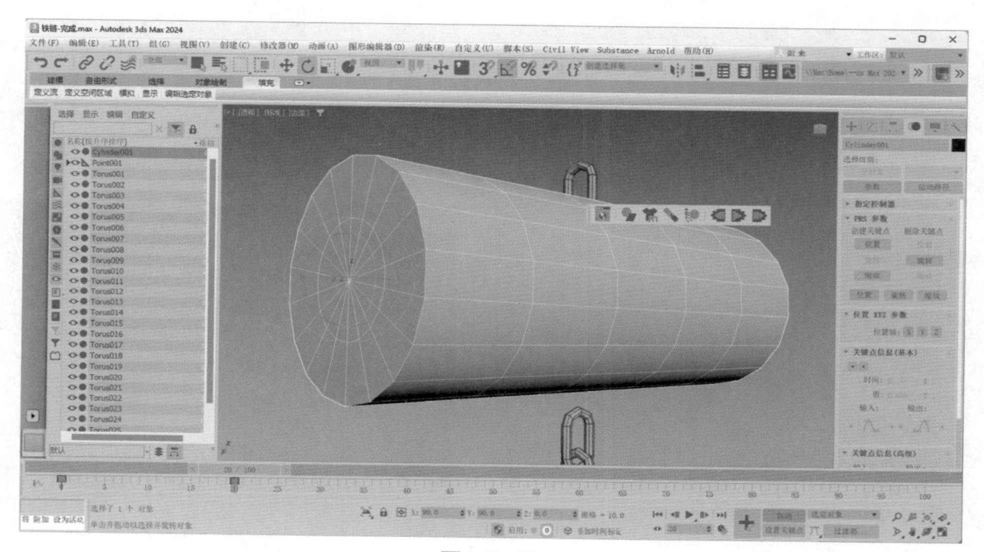

图 6-46

03 选择圆柱模型，右击并在弹出的快捷菜单中执行“曲线编辑器”命令，如图6-47所示。

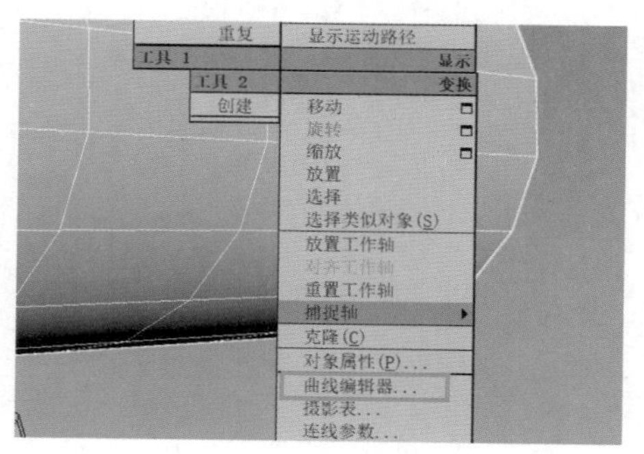

图 6-47

04 在弹出的“轨迹视图-曲线编辑器”面板中，选择如图6-48所示的关键点。

05 单击“将切线设置为线性”图标，调整曲线的形态至图6-49所示。

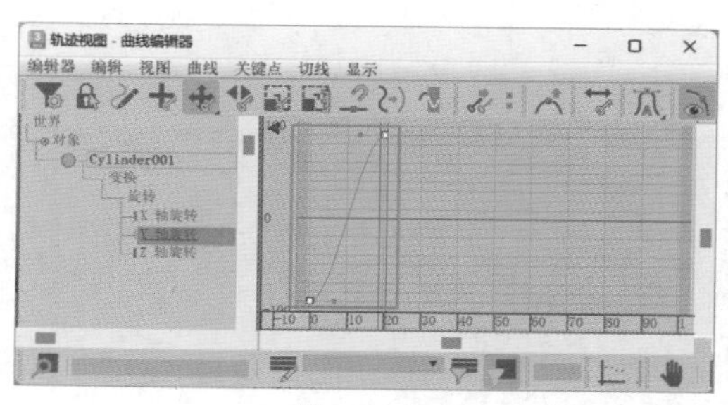

图 6-48

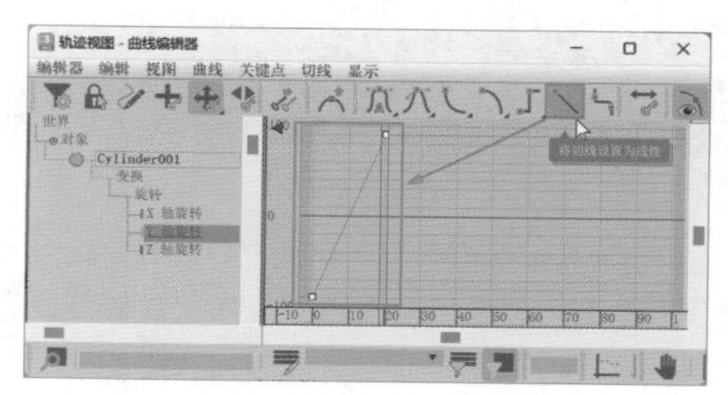

图 6-49

▶06 在“轨迹视图-曲线编辑器”面板中，单击“参数曲线超出范围类型”图标，如图6-50所示。

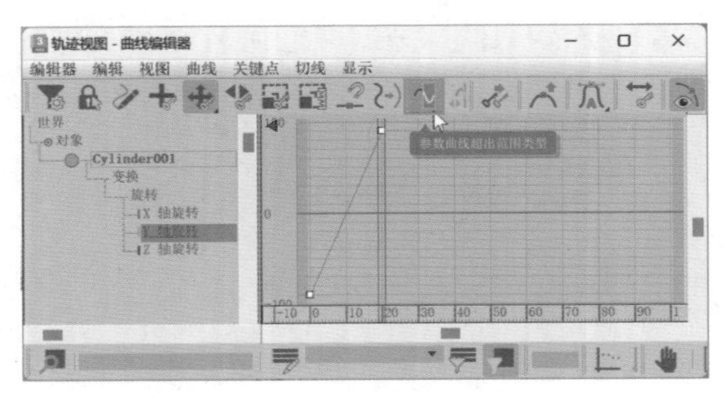

图 6-50

▶07 在弹出的“参数曲线超出范围类型”对话框中选择“相对重复”，如图6-51所示，再单击“确定”按钮关闭该面板。

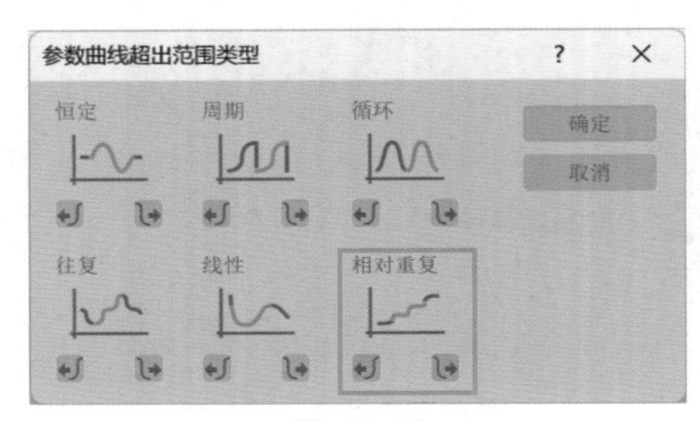

图 6-51

▶08 选择圆柱模型，单击“将选定项设置为运动学刚体”按钮，如图6-52所示。

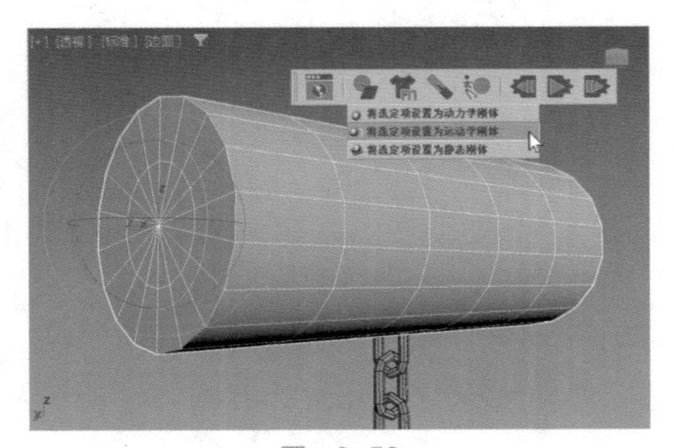

图 6-52

▶09 在“MassFX工具”对话框中，展开“场景设置”卷展栏，设置“子步数”为10，“解算器迭代数”为30，如图6-53所示。

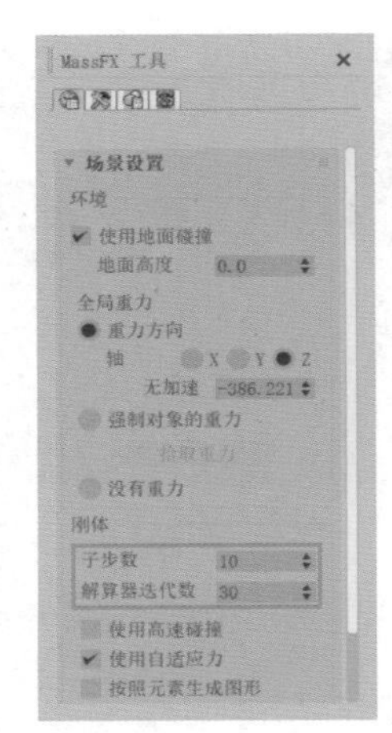

图 6-53

▶10 在场景中，选择构成铁链的所有单体模型，如图6-54所示。

图 6-54

▶11 在“刚体属性”卷展栏中，单击“烘焙”按钮，如图6-55所示。

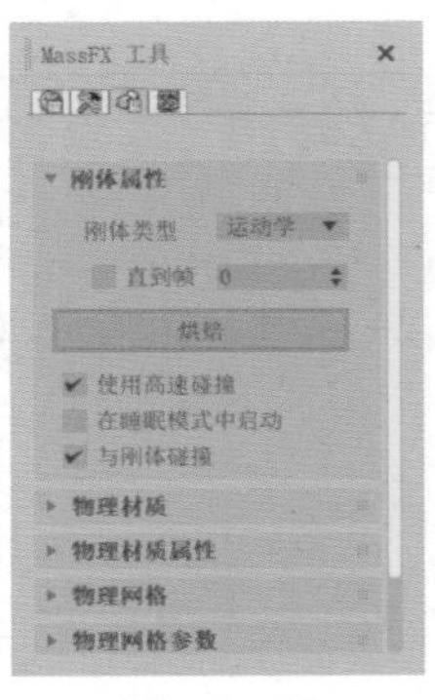

图 6-55

提示

单击“烘焙”按钮前，一定要准确选中需要生成动力学动画的模型。多选或少选都有可能会出现计算错误。

▶12 经过一段时间的计算，即可得到铁链缠绕的动画效果，如图6-56所示。

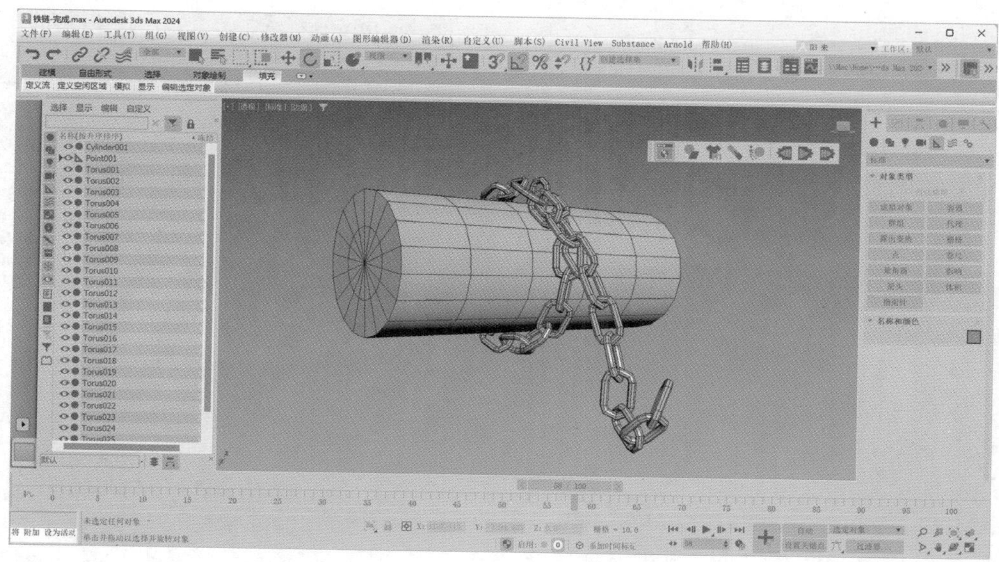

图 6-56

▶13 动力学动画模拟完成后，选择场景中构成铁链的所有单体模型，在“修改”面板中添加“网格平滑”修改器，并设置“迭代次数”为2，如图6-57所示。

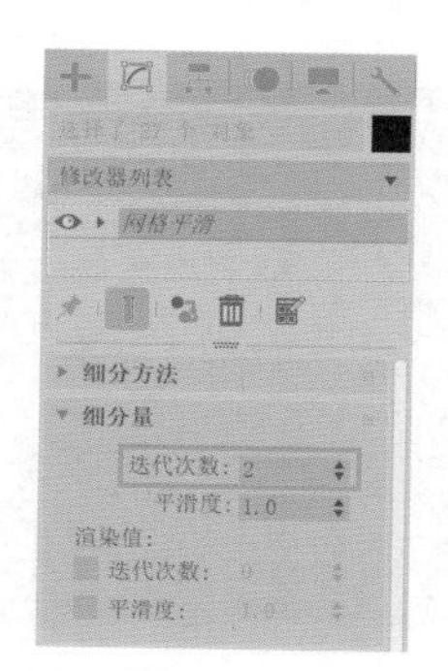

图 6-57

▶14 设置完成后，我们可以得到看起来更加平滑的铁链模型效果，如图6-58所示。

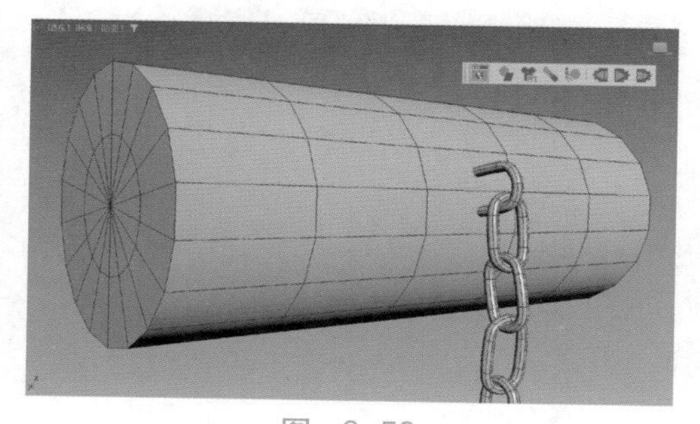

图 6-58

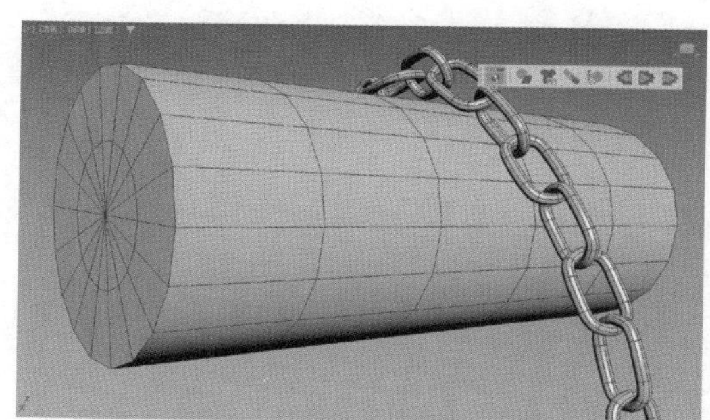

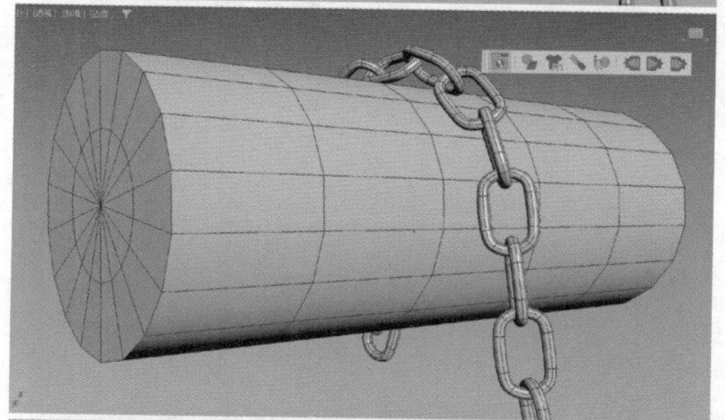

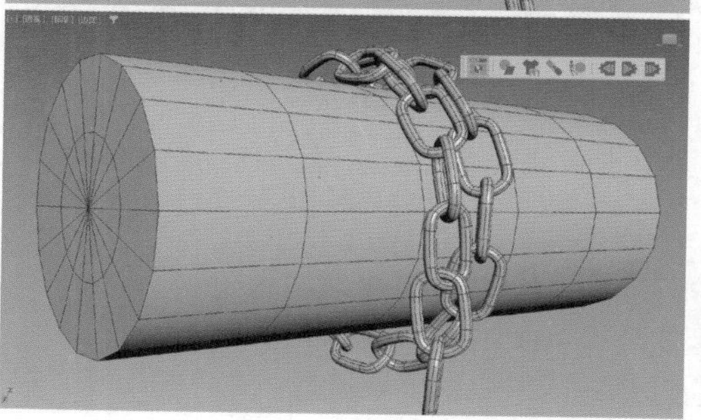

图 6-58（续）

6.3 实例：使用“MassFX工具”制作自由落体动画

本实例讲解如何使用动力学系统来制作物体自由落体运动的动画效果，图6-59所示为本实例的动画完成渲染效果。

图 6-59

▶01 启动中文版3ds Max 2024软件，打开配套资源文件“筐.max”，如图6-60所示。

▶02 选择场景中的苹果模型，在“前”视图中，按Shift键，以拖曳的方式复制出另外两个苹果模型，如图6-61所示。

图 6-60

图 6-61

▶03 选择场景中的3个苹果模型，单击“将选定项设置为动力学刚体”按钮，如图6-62所示。

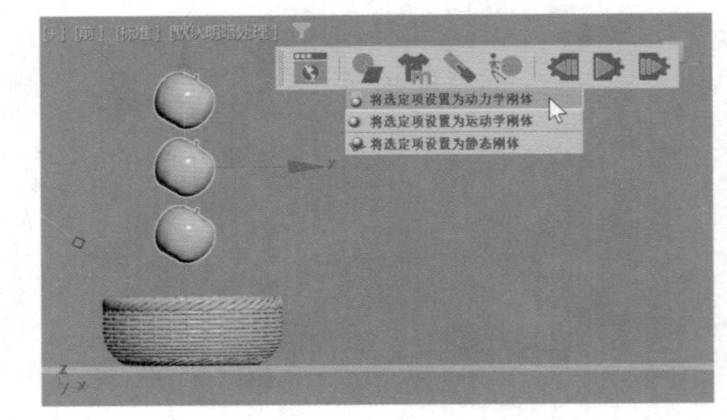

图 6-62

▶04 选择场景中的筐模型，单击“将选定项设置为静态刚体”按钮，如图6-63所示。

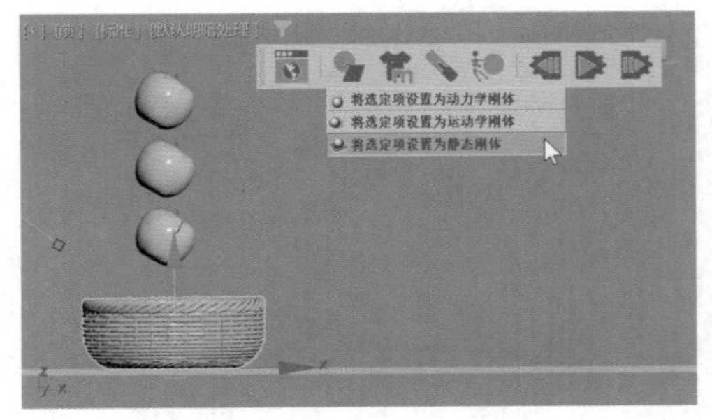

图 6-63

05 设置完成后，筐模型的视图显示结果如图6-64所示。

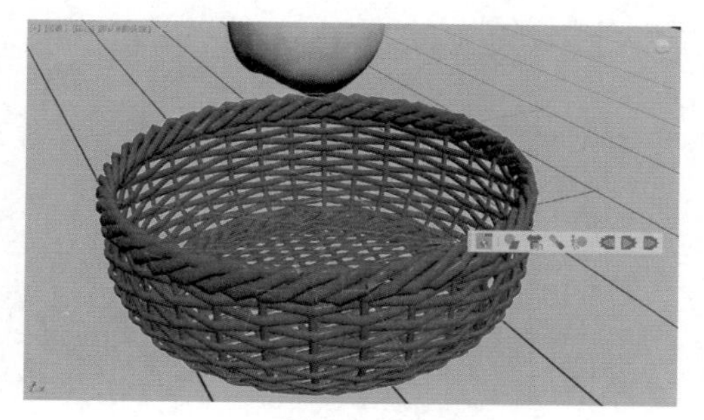

图　6-64

06 在“修改”面板中，展开“物理图形”卷展栏，设置“图形类型”为“凹面”，如图6-65所示。

07 在“物理网格参数”卷展栏中，单击“生成”按钮，如图6-66所示，即可看到筐模型上生成的网格显示结果如图6-67所示。

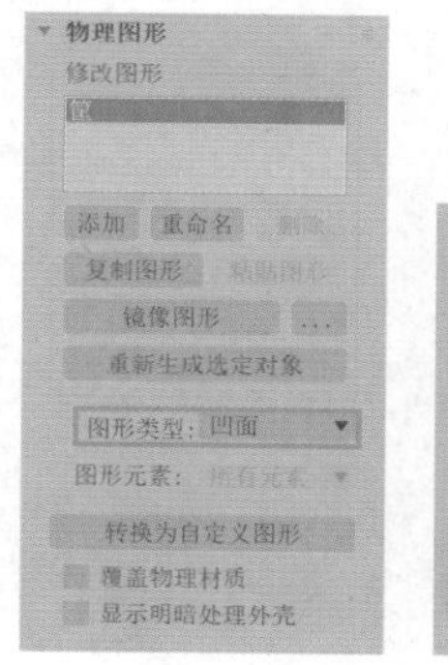

图　6-65

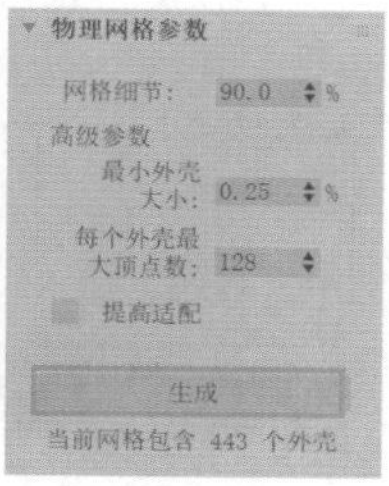

物理网格参数
网格细节：90.0 %
高级参数
最小外壳大小：0.25 %
每个外壳最大顶点数：128
提高适配
生成
当前网格包含 443 个外壳

图　6-66

图　6-67

08 在“MassFX工具”面板中，展开“场景设置”卷展栏，设置“子步数”为8，“解算器迭代数”为30，提高动力学计算的精度，如图6-68所示。

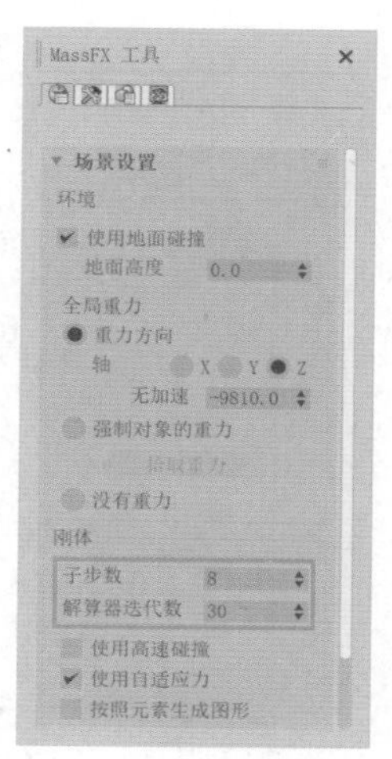

图　6-68

09 在场景中选择3个苹果模型，如图6-69所示。

图　6-69

10 展开“刚体属性”卷展栏，单击“烘焙”按钮，开始动力学动画的计算，如图6-70所示。

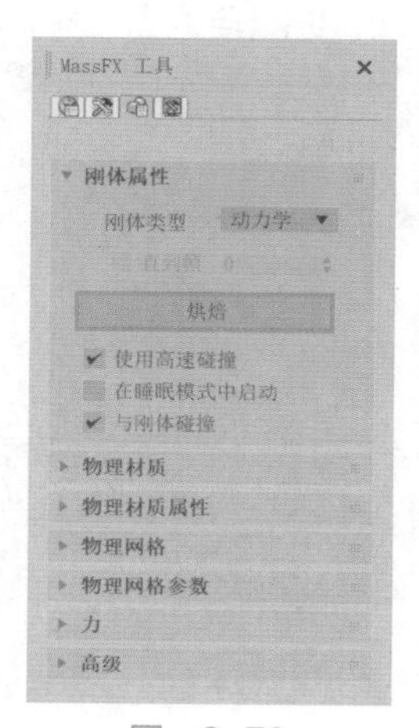

图　6-70

11 计算完成后，播放场景动画，本实例的最终动画完成效果如图6-71所示。

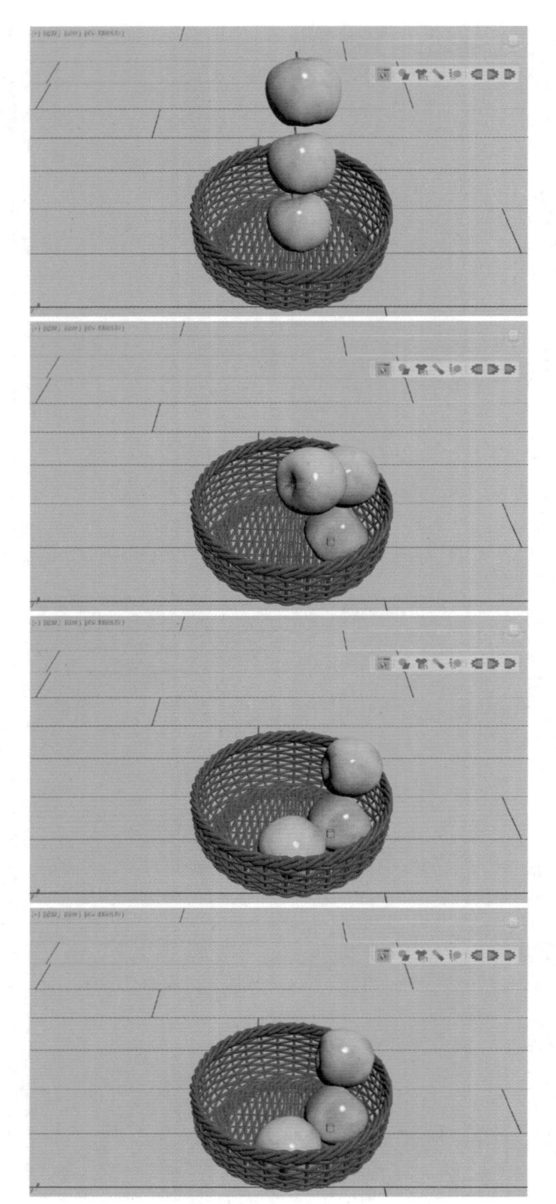

图 6-71

6.4 实例：使用“转枢约束”制作转枢碰撞动画

本实例讲解如何使用动力学系统来制作转枢约束动画效果，图6-72所示为本实例的动画完成渲染效果。

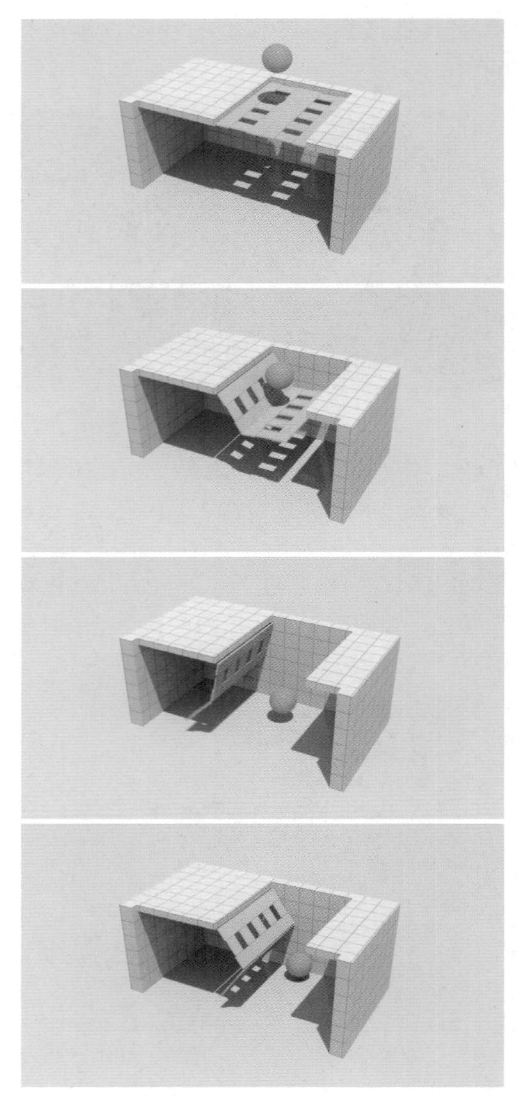

图 6-72

01 启动中文版3ds Max 2024软件，打开配套资源文件“转枢约束.max”，场景有灰色墙体、黄色木板及一个蓝色球体模型，如图6-73所示。

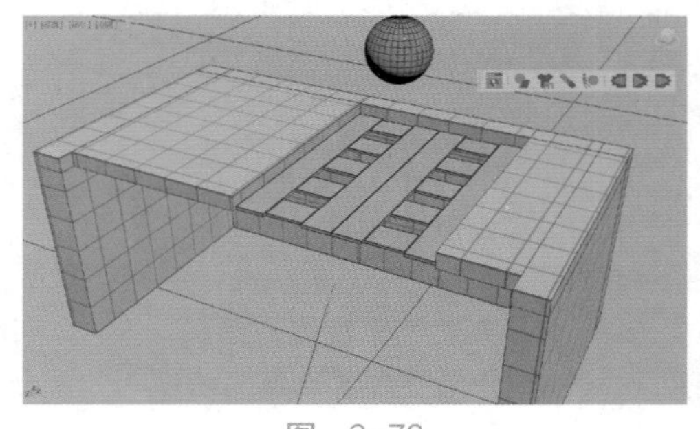

图 6-73

▶02 选择场景的蓝色球体模型，单击“将选定项设置为动力学刚体”按钮，如图6-74所示。

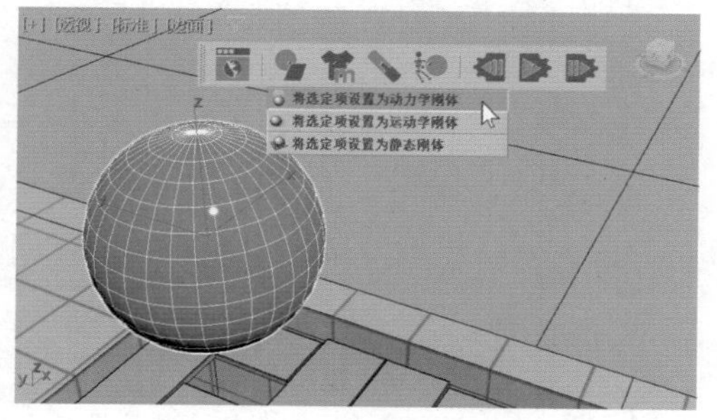

图 6-74

▶03 在“物理材质属性”卷展栏中，设置“反弹力”为1，提高蓝色球体的反弹效果，如图6-75所示。

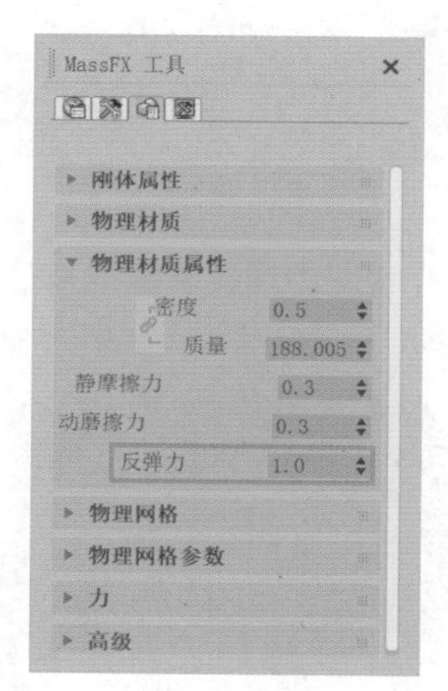

图 6-75

▶04 选择场景的两个黄色木板模型，单击“将选定项设置为动力学刚体”按钮，如图6-76所示。

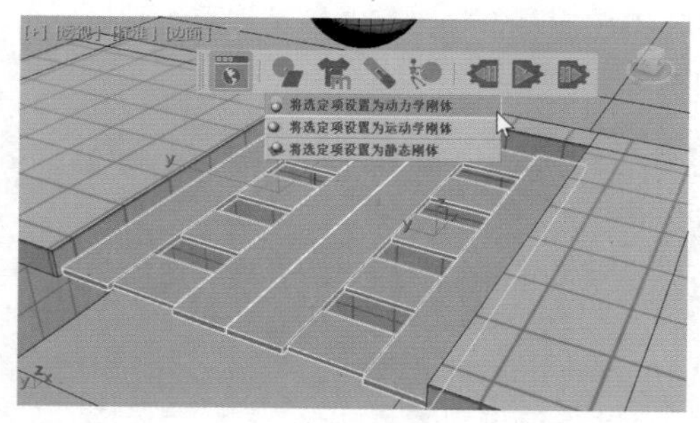

图 6-76

▶05 在“刚体属性”卷展栏中，勾选“在睡眠模式中启动”复选框，如图6-77所示。

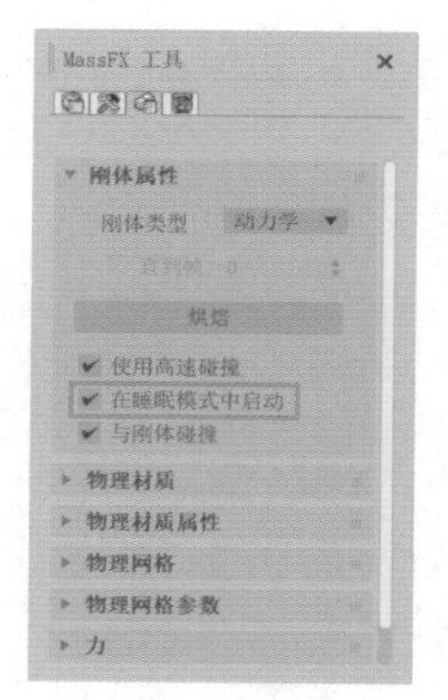

图 6-77

▶06 选择如图6-78所示的木板模型，单击“创建转枢约束”按钮，并在场景中绘制出转枢约束的大小至图6-79所示。

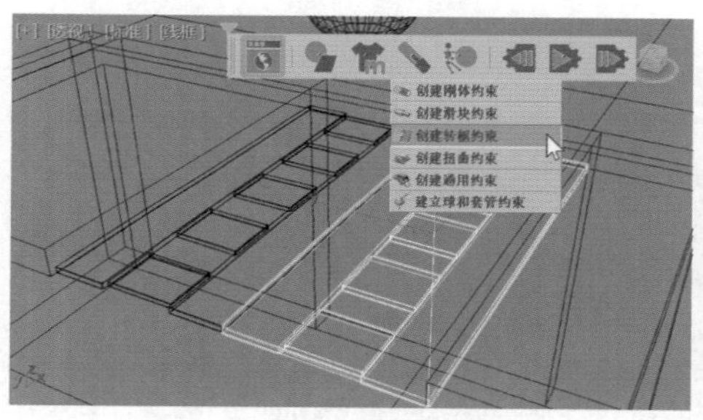

图 6-78

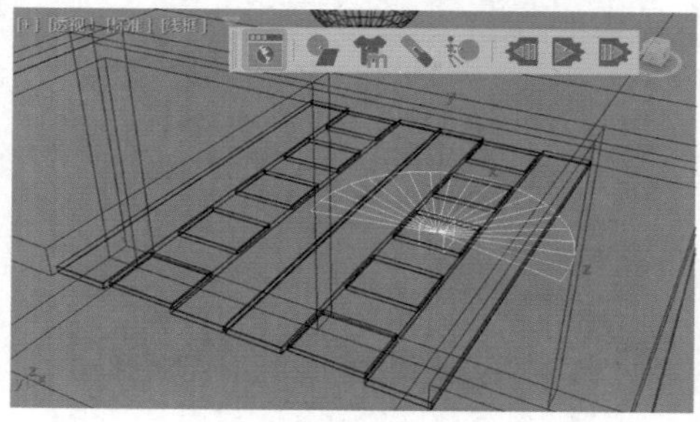

图 6-79

▶07 在“左”视图中调整转枢约束的方向和位置至图6-80所示。

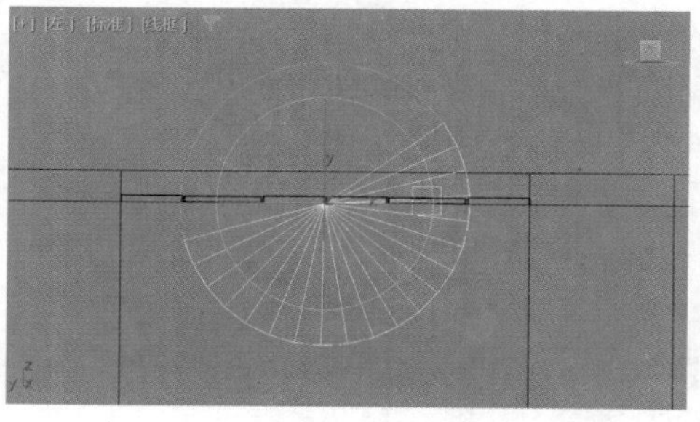

图 6-80

▶08 在“常规”卷展栏中，单击“父对象”下方的“未定义”按钮，如图6-81所示。然后再单击如图6-82所示的木板模型。

图 6-81

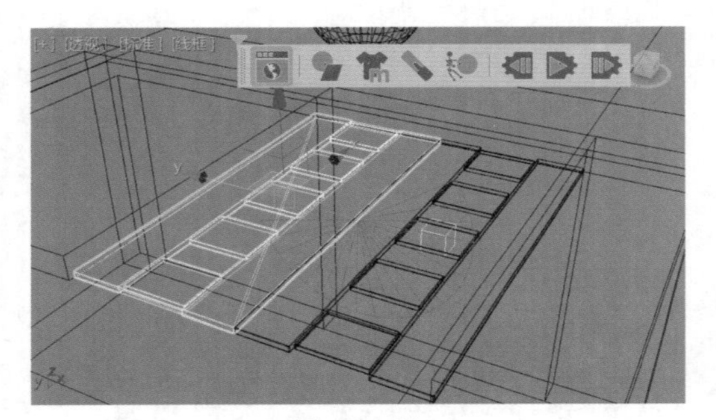

图 6-82

▶09 设置完成后，我们可以看到所选择木板的名称会出现在“父对象”下方的按钮上，如图6-83所示。

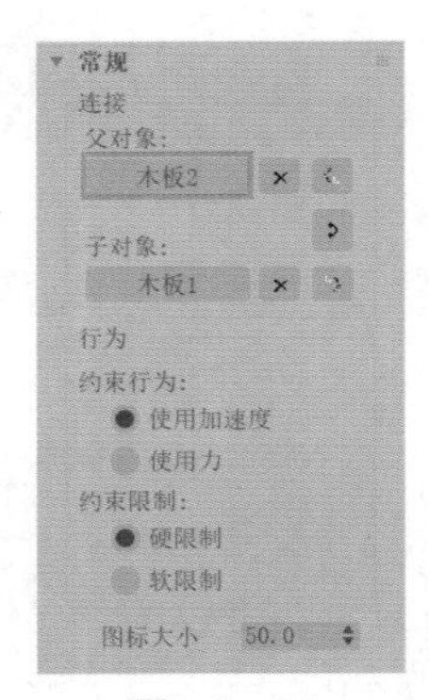

图 6-83

▶10 选择如图6-84所示的木板模型，单击“创建转枢约束”按钮，并在场景中绘制出转枢约束的大小至图6-85所示。

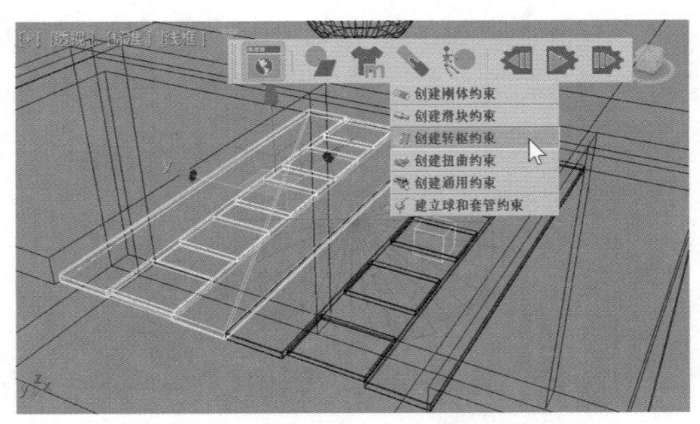

图 6-84

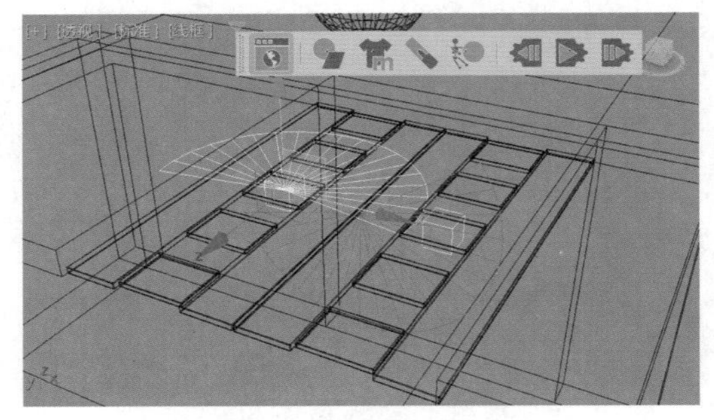

图 6-85

▶11 在“左”视图中调整转枢约束的方向和位置至图6-86所示。

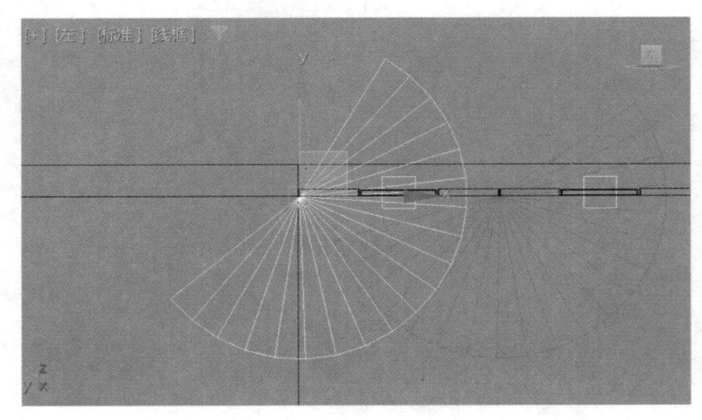

图 6-86

▶12 选择如图6-87所示的墙体模型，单击“将选定项设置为静态刚体”按钮。

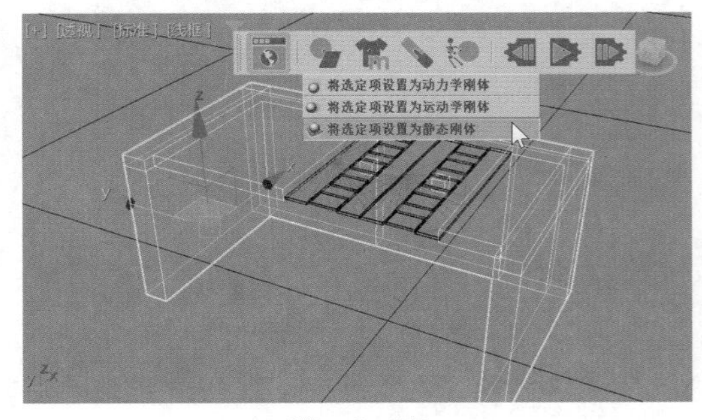

图 6-87

▶13 在“物理图形”卷展栏中，设置“图形类型”为“凹面”，如图6-88所示。

▶14 在“物理网格参数”卷展栏中，单击“生成”按钮，如图6-89所示，即可看到墙体模型上生成的网格显示结果如图6-90所示。

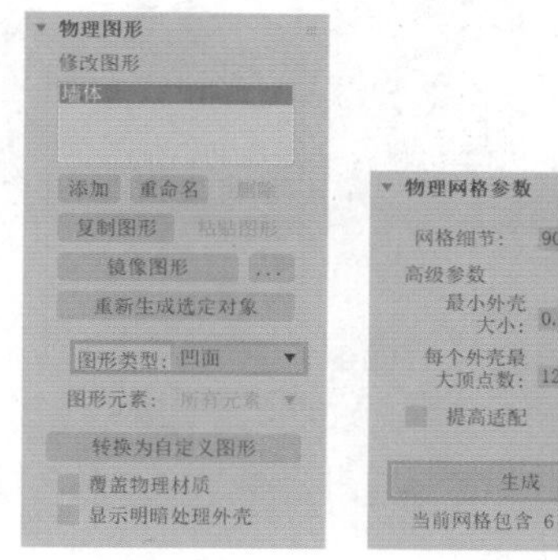

图　6-88

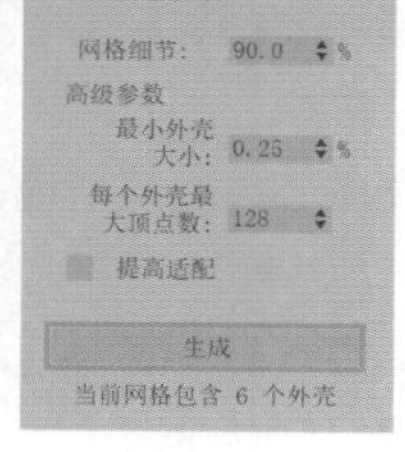

图　6-89

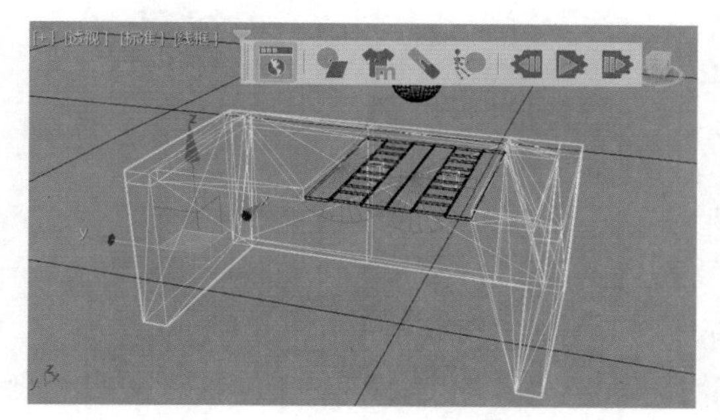

图　6-90

▶15 选择场景中的黄色木板和蓝色球体模型，如图6-91所示。

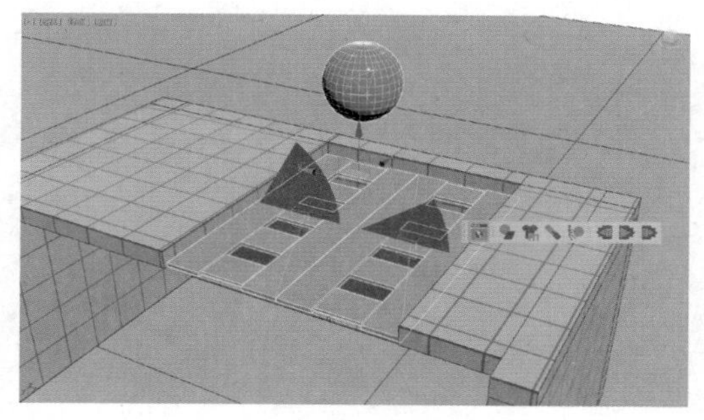

图　6-91

▶16 在“刚体属性”卷展栏中，单击“烘焙”按钮，如图6-92所示。

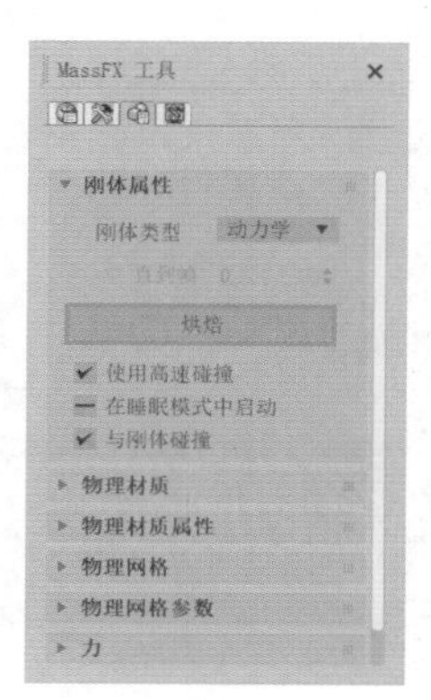

图　6-92

▶17 本实例最终模拟完成的动画效果如图6-93所示。

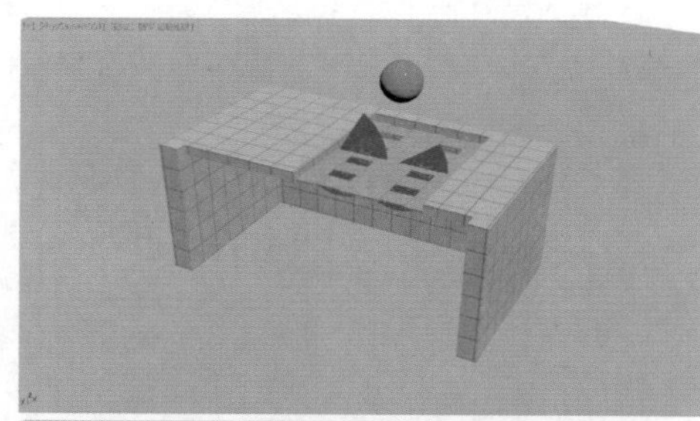

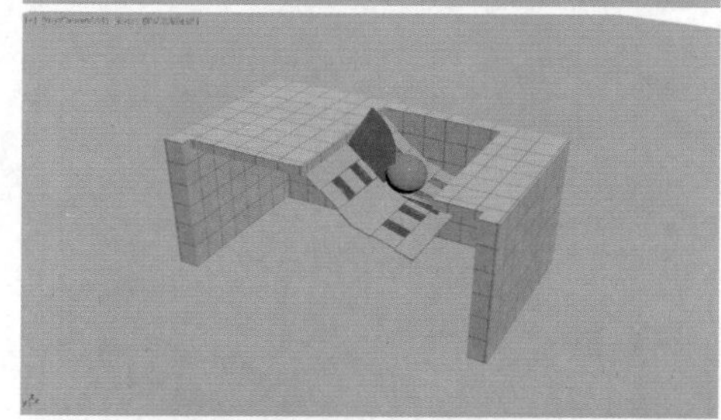

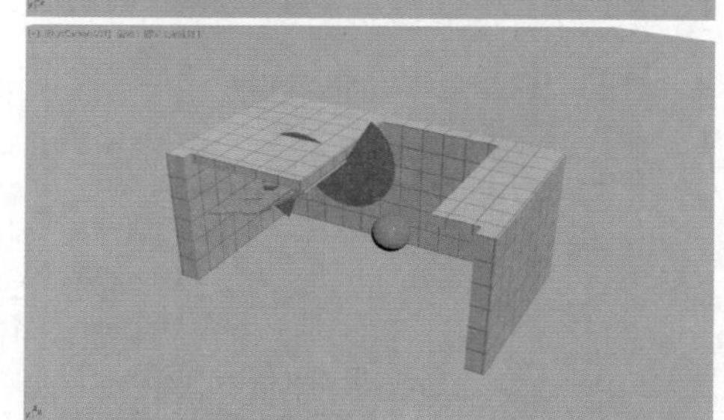

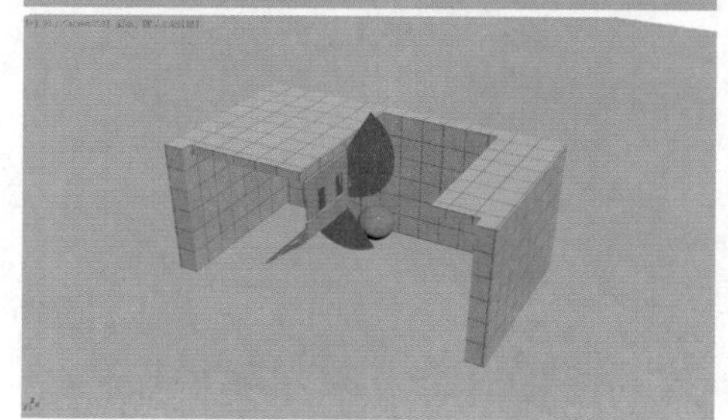

图　6-93

提示 我们还可以使用转枢约束来制作吊桥断裂的动画效果。

6.5 实例：使用Cloth修改器制作门帘飘动动画

本实例讲解如何使用Cloth修改器来制作门帘被风吹动所产生的飘动动画效果，图6-94所示为本实例的动画完成渲染效果。

图 6-94

01 启动中文版3ds Max 2024软件，打开配套资源文件“门.max”，场景有一扇打开的门模型和一个门帘模型，如图6-95所示。

图 6-95

02 选择蓝色的门帘模型，在“修改”面板中，为其添加Cloth修改器，如图6-96所示。

03 在“对象”卷展栏中，单击“对象属性”按钮，如图6-97所示。

图 6-96 图 6-97

04 在“对象属性”对话框中，将门帘设置为“布料”，设置“预设”为Silk（丝绸），如图6-98所示。

05 在“创建”面板中，单击“风”按钮，如图6-99所示。

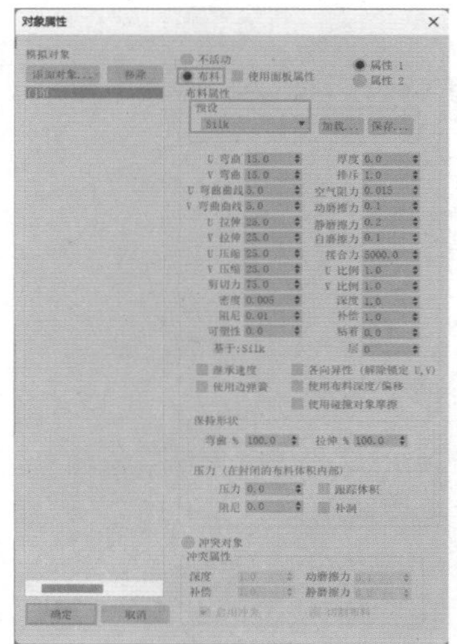

图 6-98 图 6-99

▶06 在“前”视图中创建一个“风”，如图6-100所示。

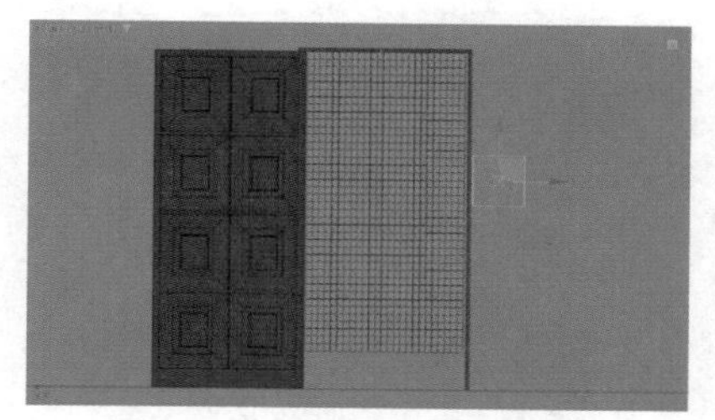

图　6-100

▶07 在“参数”卷展栏中，设置“强度”为5，如图6-101所示。

▶08 在“对象”卷展栏中，单击“布料力”按钮，如图6-102所示。

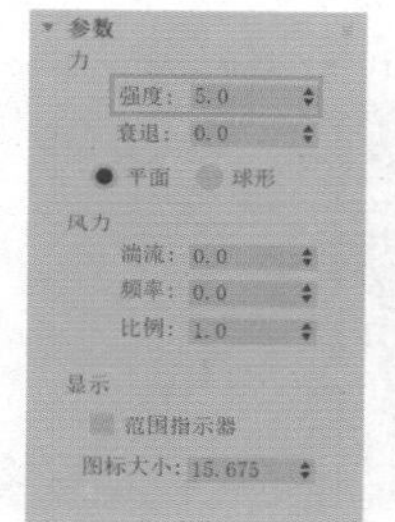

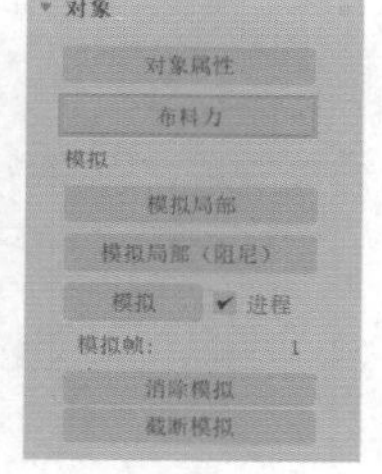

图　6-101　　图　6-102

▶09 在弹出的“力”对话框中，将场景中的风添加至“模拟中的力”下方的文本框中，如图6-103所示。

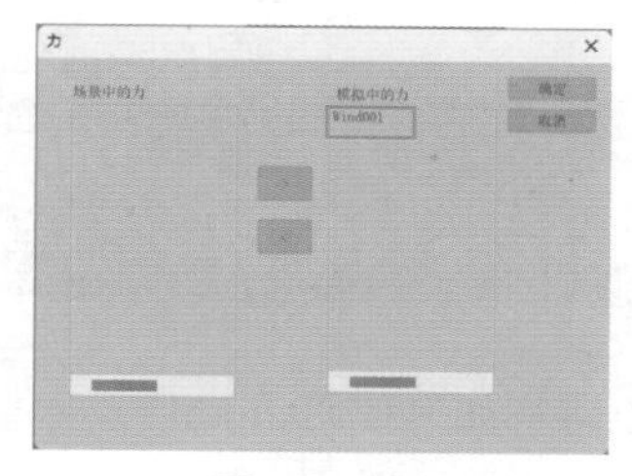

图　6-103

▶10 在“修改”面板中，单击Cloth修改器中的“组”命令，如图6-104所示。

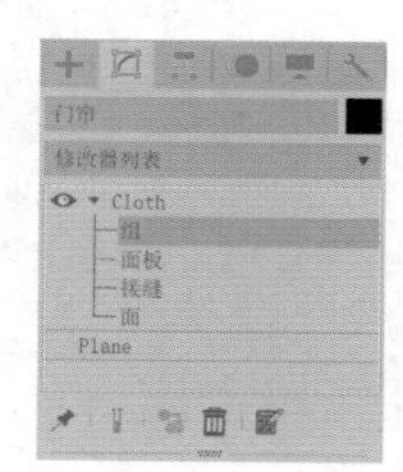

图　6-104

▶11 在“前”视图中，选择如图6-105所示的顶点。

图　6-105

▶12 在“组”卷展栏中，单击“设定组”按钮，如图6-106所示。

▶13 在系统自动弹出的“设定组”对话框中，单击“确定”按钮，如图6-107所示。

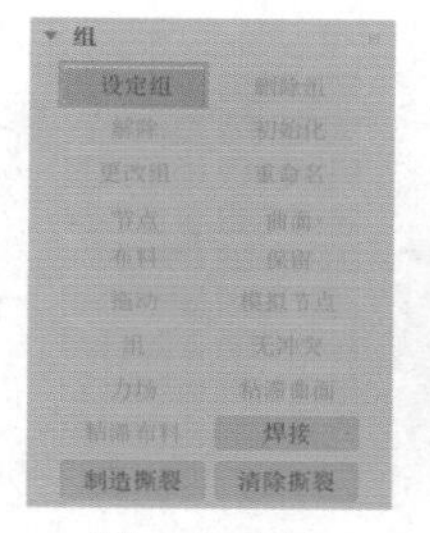

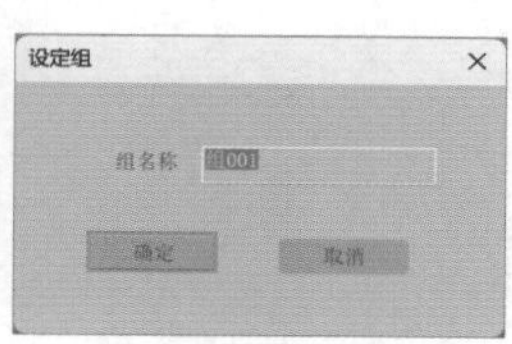

图　6-106　　图　6-107

▶14 在“组”卷展栏中，单击“节点”按钮，如图6-108所示。再单击场景中的门模型，即可将门帘模型上选中的顶点约束至门模型上。

▶15 在“对象”卷展栏中，单击“模拟”按钮，如图6-109所示，即可在视图中看到布料的模拟计算过程，如图6-110所示。

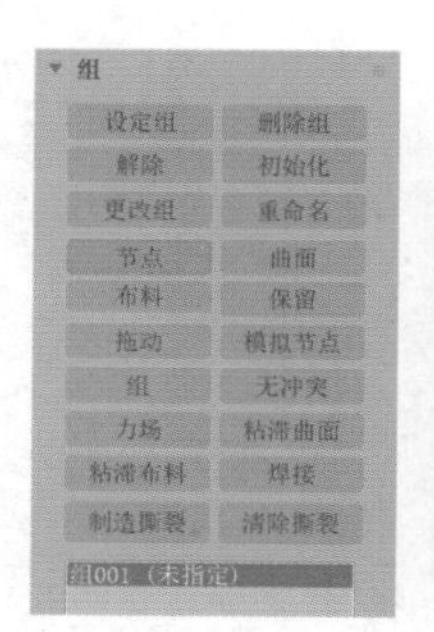

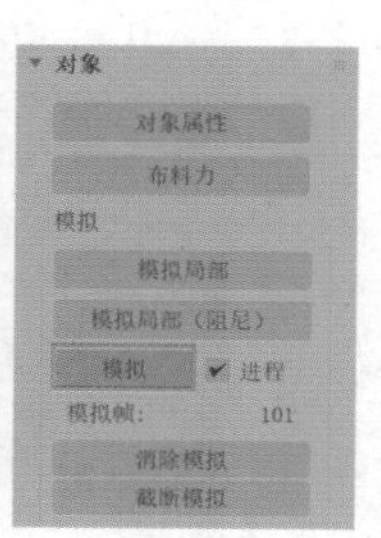

图　6-108　　图　6-109

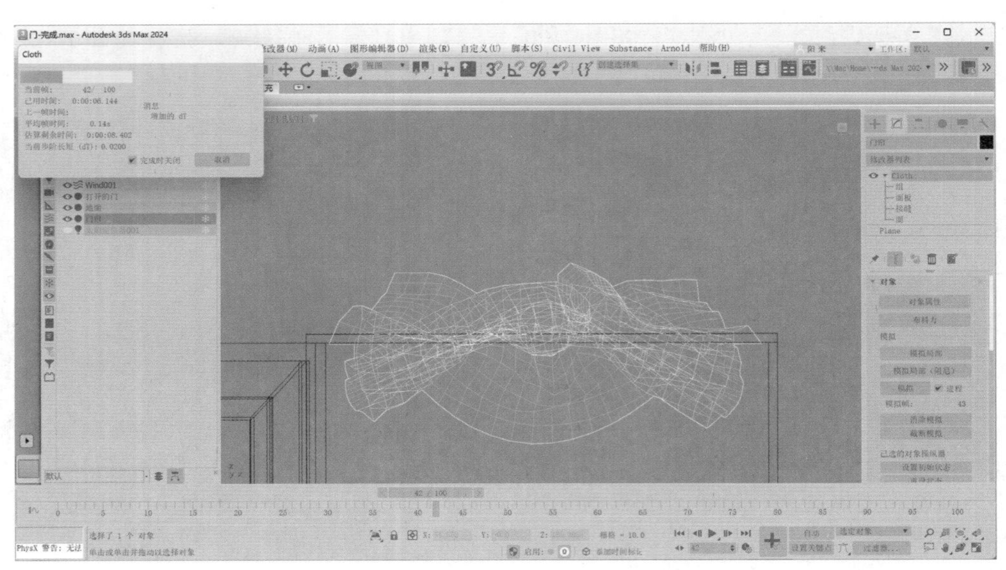

图 6-110

▶16 本实例最终模拟完成的动画效果如图6-111所示。

图 6-111

图 6-111（续）

6.6 实例：使用Cloth修改器制作布料撕裂动画

本实例讲解如何使用Cloth修改器来制作布料撕裂动画效果，图6-112所示为本实例的动画完成渲染效果。

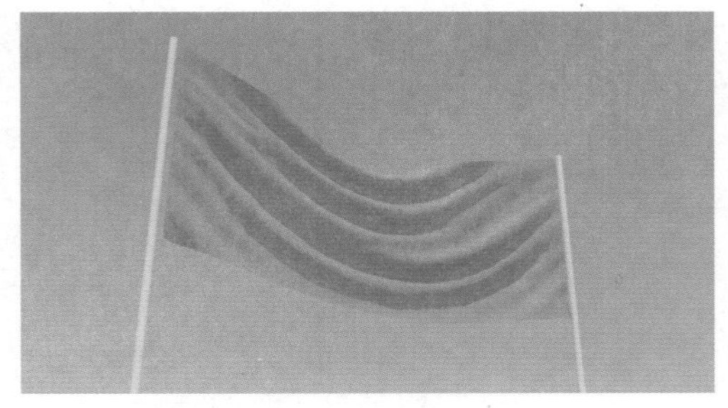

图 6-112

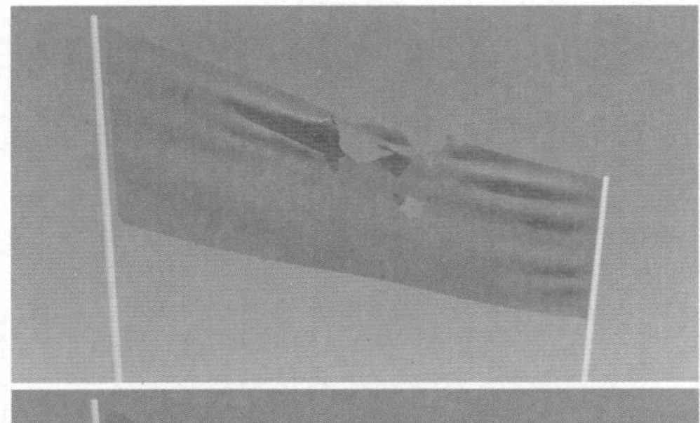

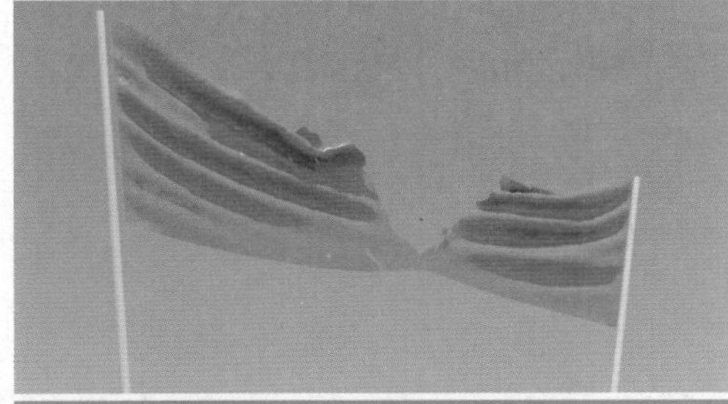

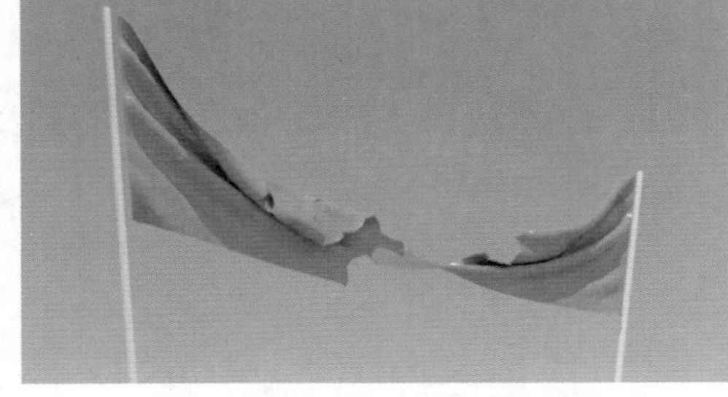

图 6-112（续）

▶01 启动中文版3ds Max 2024软件，打开配套资源文件“布料断裂.max”，如图6-113所示。

图 6-113

提示

本实例中，矩形图形两侧的圆柱体模型已经设置好了简单的动画效果。

▶02 选择场景中的矩形图形，在“修改”面板中为其添加“服装生成器”修改器，并更改其名称为“布料”，如图6-114所示。

图 6-114

▶03 添加完成后，即可将所选择的二维图形转换为一个由三角面所构成的布料模型，如图6-115所示。

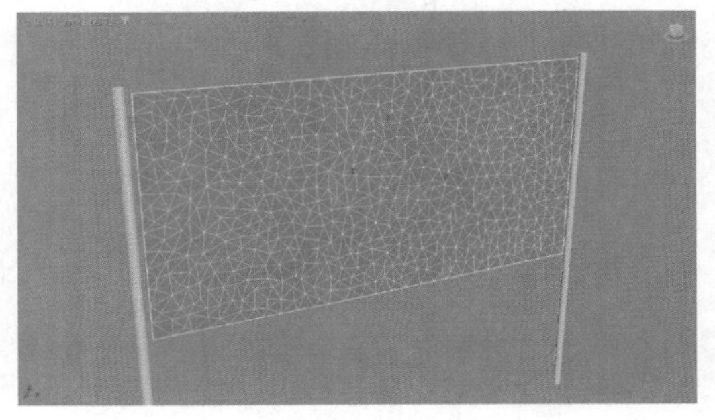

图 6-115

▶04 在“主要参数”卷展栏中，设置“密度”为0.2，如图6-116所示。这样，我们可以发现布料的面数明显增加了，如图6-117所示。

图 6-116

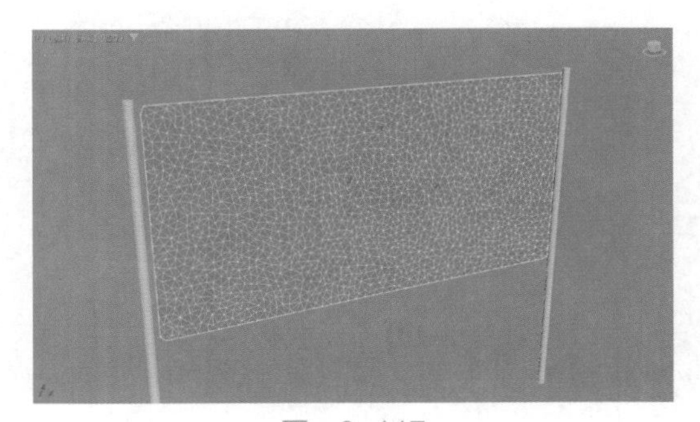

图 6-117

提示

"服装生成器"修改器中的"密度"值调整过大时，有可能会导致3ds Max软件出现无响应状态。

▶05 在"修改"面板中，为布料模型添加Cloth修改器，并单击"对象属性"按钮，如图6-118所示。

图 6-118

▶06 在弹出的"对象属性"对话框中，设置布料模型为"布料"，"预设"为Silk（丝绸），如图6-119所示。

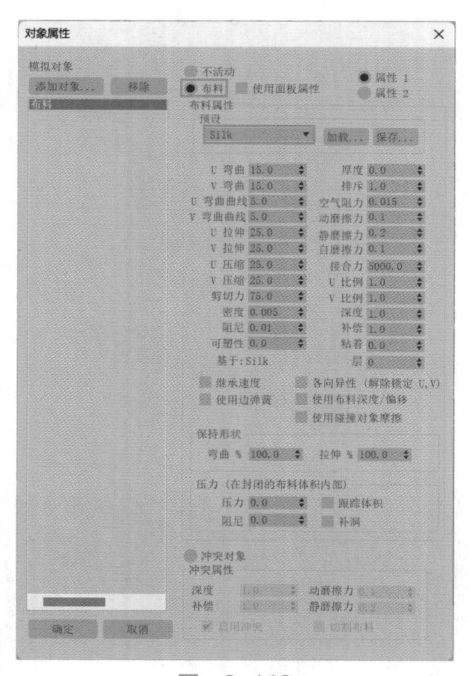

图 6-119

▶07 在"修改"面板中，进入Cloth修改器中的"组"子层级，如图6-120所示。

图 6-120

▶08 在"前"视图中，选择如图6-121所示的顶点。

图 6-121

▶09 在"组"卷展栏中，单击"制造撕裂"按钮，如图6-122所示。

▶10 在自动弹出的"设定组"对话框中，单击"确定"按钮，如图6-123所示。

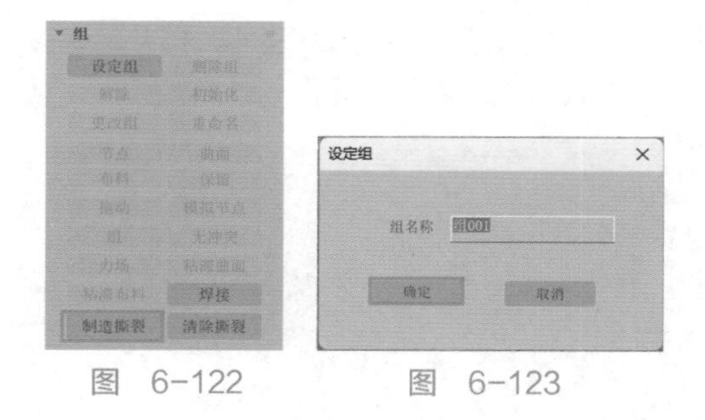

图 6-122　　图 6-123

▶11 在"前"视图中，选择如图6-124所示的顶点。

图 6-124

12 在“组”卷展栏中，单击“设定组”按钮，如图6-125所示。

13 在自动弹出的“设定组”对话框中，单击“确定”按钮，如图6-126所示。

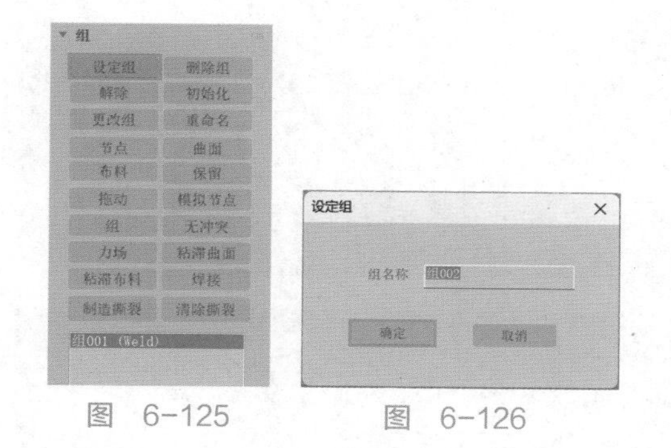

图　6-125　　图　6-126

14 在“组”卷展栏中，单击“节点”按钮，如图6-127所示。再单击场景中如图6-128所示的圆柱体模型，将所选择的顶点约束至该模型上。

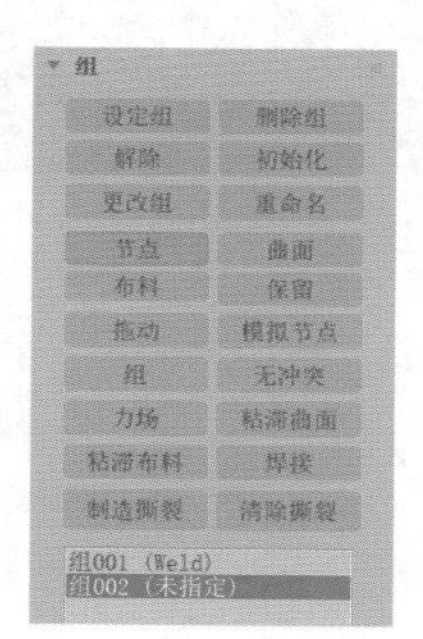

图　6-127

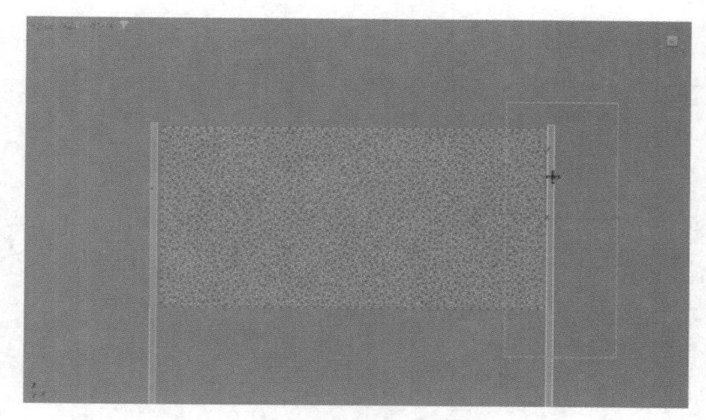

图　6-128

15 以同样的操作步骤将布料模型另一侧的顶点也约束至对应的圆柱体模型上后，在“模拟参数”卷展栏中勾选“自相冲突”复选框，如图6-129所示。

16 在“对象”卷展栏中，单击“模拟”按钮，如图6-130所示，即可开始进行布料撕裂的模拟计算，如图6-131所示。

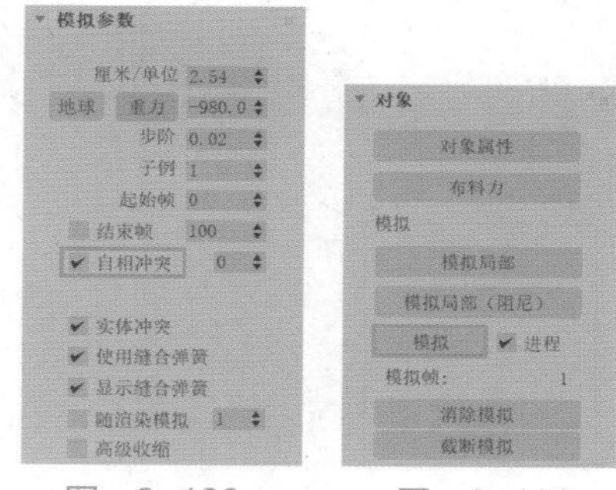

图　6-129　　图　6-130

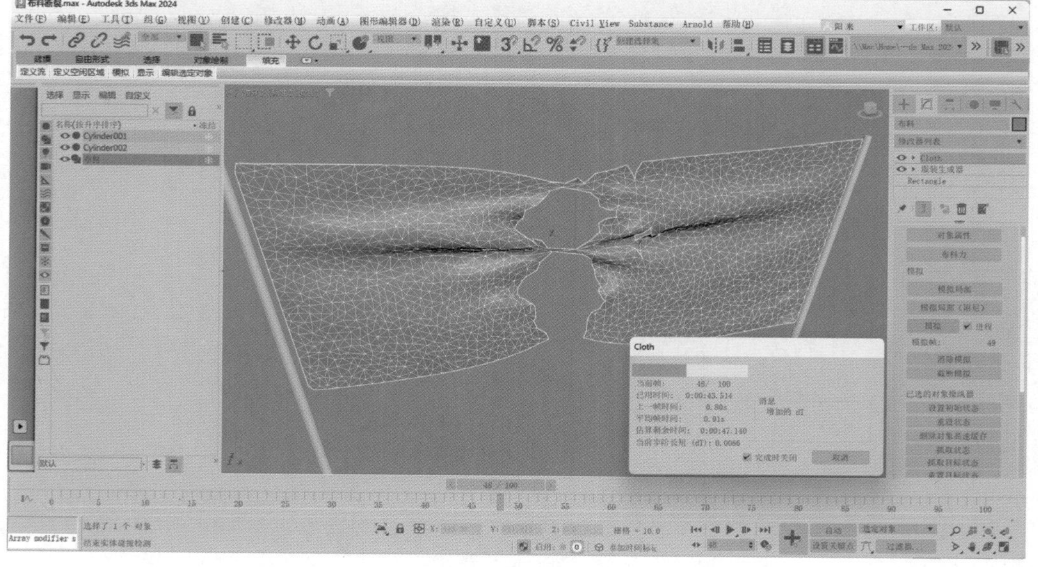

图　6-131

▶17 本实例最终模拟完成的动画效果如图6-132所示。

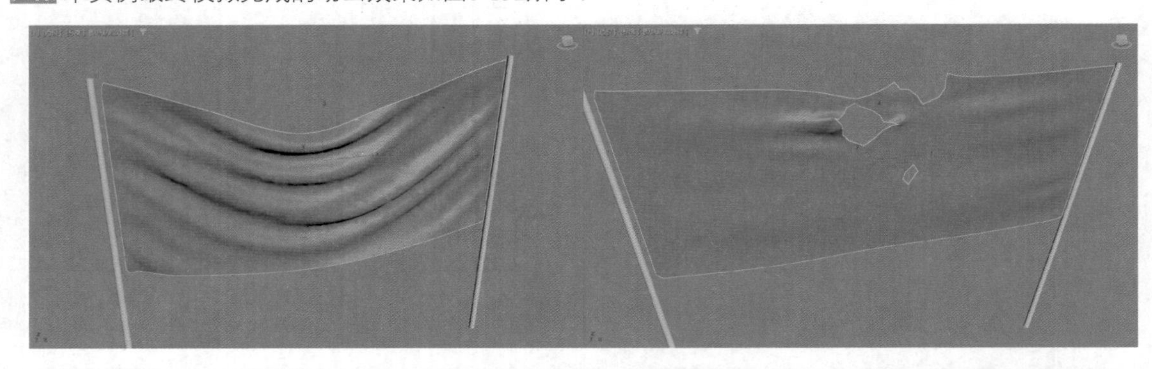

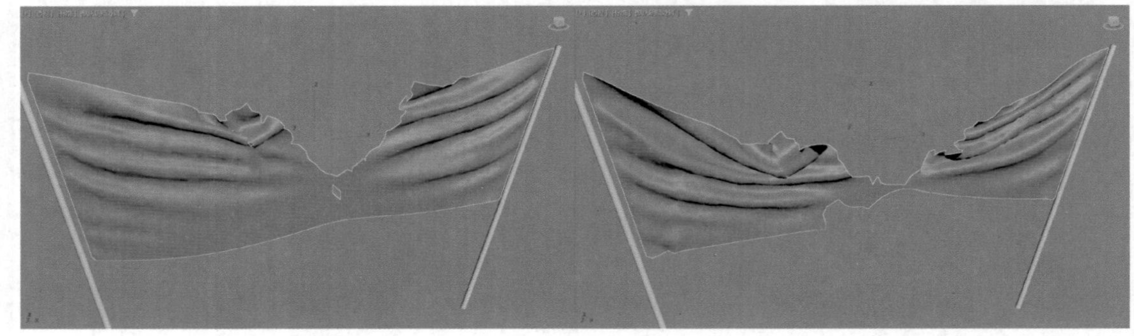

图 6-132

第7章 粒子动画

中文版3ds Max 2024的粒子主要分为“事件驱动型”和“非事件驱动型”两大类。其中，“非事件驱动型”粒子的功能较为简单，并且容易控制，但是所能模拟的效果较为有限；而“事件驱动型”粒子又被称为“粒子流”，其可以使用大量内置的操作符来进行高级动画制作，所能模拟出来的效果也更加丰富和真实。使用粒子系统，特效动画师可以制作出非常逼真的特效动画（如水、火、雨、雪、烟花等），以及众多相似对象共同运动而产生的群组动画。

7.1 实例：使用“全导向器”制作雨滴飞溅动画

本实例详细讲解使用粒子系统来制作雨滴飞溅的特效动画，图7-1所示为本实例的动画完成渲染效果。

图 7-1

01 启动中文版3ds Max 2024软件，打开配套资源文件“雨景.max”，如图7-2所示。

图 7-2

▶02 执行菜单栏“图形编辑器”|“粒子视图”命令，如图7-3所示。

▶03 打开“粒子视图”面板，在“仓库”中选择“空流”操作符，并以拖曳的方式将其添加至“工作区”中作为“粒子流源001”，如图7-4所示。

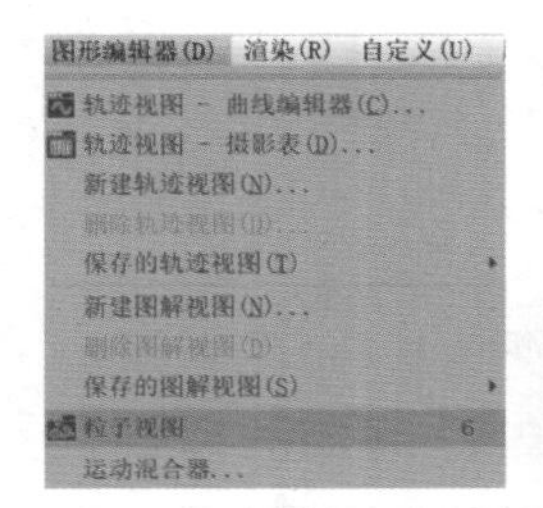

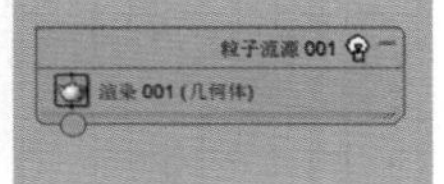

图 7-3　　图 7-4

▶04 在“粒子视图”面板的“仓库”中，选择“出生”操作符，以拖曳的方式将其放置于“工作区”中作为“事件001”，并将其连接至“粒子流源001”上，如图7-5所示。

▶05 在“出生001”卷展栏中，设置“发射开始”值为0，“发射停止”值为100，“数量”值为8000，如图7-6所示。

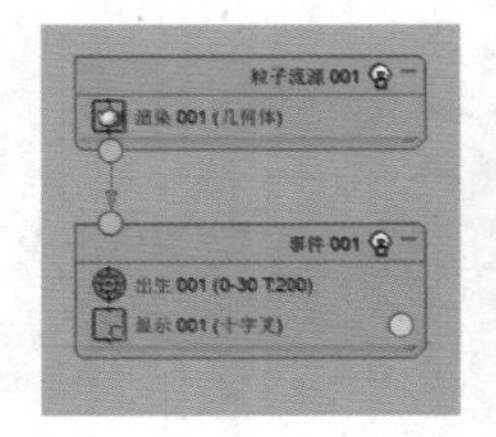

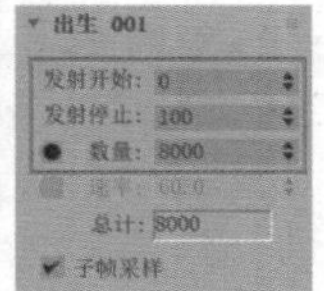

图 7-5　　图 7-6

▶06 在“粒子视图”面板的“仓库”中，选择“位置图标”操作符，以拖曳的方式将其放置于“工作区”中的“事件001”中，如图7-7所示。

▶07 在场景中选择粒子图标，在“修改”面板中调整其“长度”值和“宽度”值均为200，如图7-8所示，并调整其在场景中的坐标位置如图7-9所示。

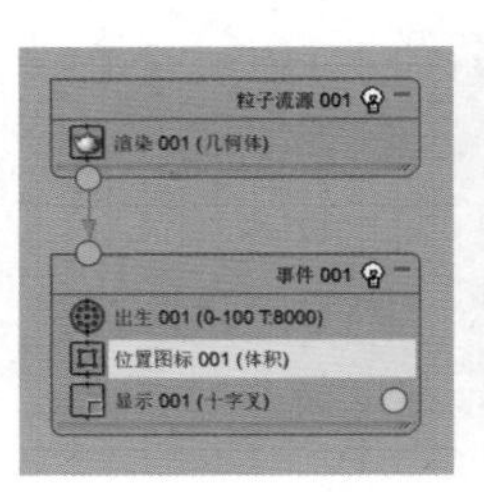

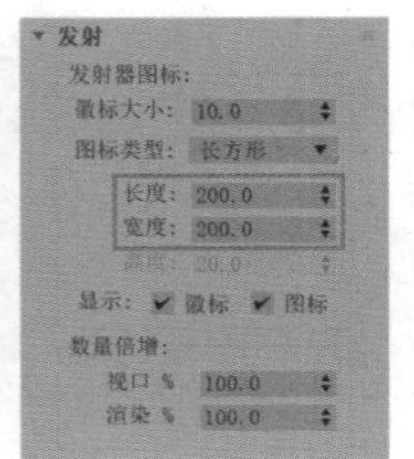

图 7-7　　图 7-8

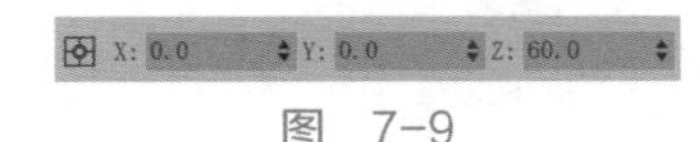

图 7-9

▶08 在“粒子视图”面板的“仓库”中，选择“图形”操作符，以拖曳的方式将其放置于“工作区”中的“事件001”中，如图7-10所示。

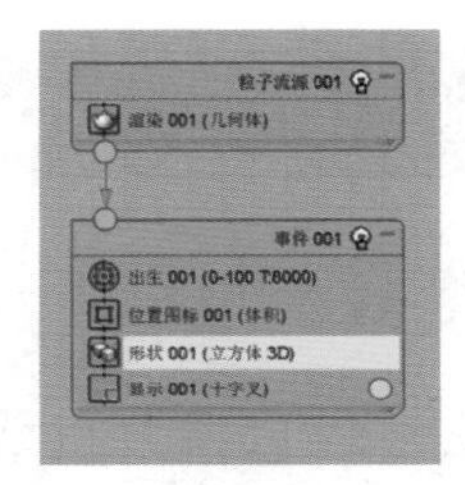

图 7-10

提示

“图形”操作符拖曳至“工作区”后，其名称会自动更改为“形状”。

▶09 在“形状001”卷展栏中，设置粒子的形状为“长菱形”，“大小”值为0.4，如图7-11所示。

▶10 在“粒子视图”面板的“仓库”中，选择“显示”操作符，如图7-12所示。

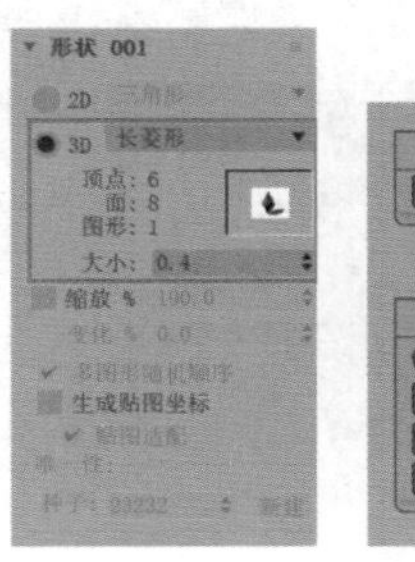

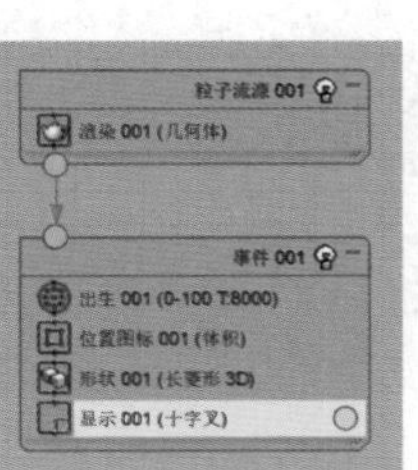

图 7-11　　图 7-12

▶11 在“显示001”卷展栏中，设置粒子的“类型”为“几何体”，如图7-13所示。

12 在“粒子视图”面板的“仓库”中，选择“力”操作符，以拖曳的方式将其放置于“工作区”中的“事件001”中，如图7-14所示。

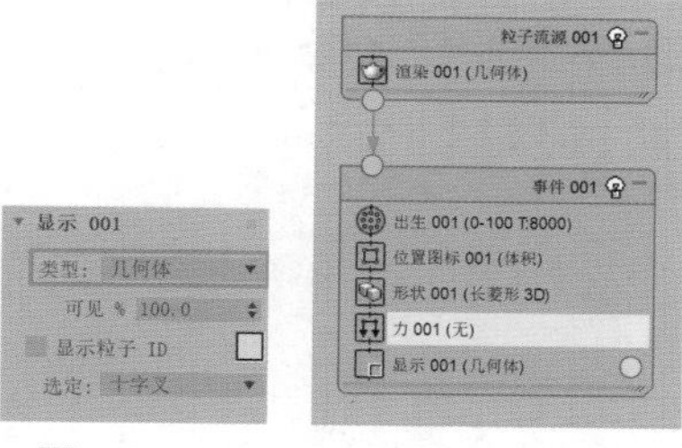

图　7-13　　　图　7-14

13 单击“创建”面板中的“重力”按钮，如图7-15所示。

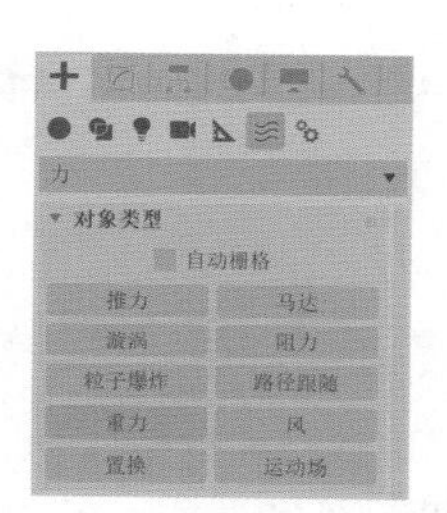

图　7-15

14 在场景中创建一个重力对象，如图7-16所示。

图　7-16

15 在“力001”卷展栏中，单击“添加”按钮，将刚刚创建出来的重力对象添加至“力空间扭曲”文本框内，如图7-17所示。

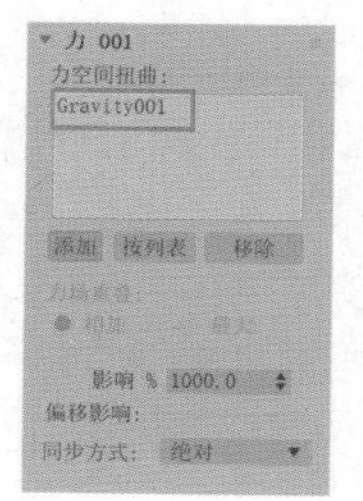

图　7-17

16 设置完成后，我们在视图中可以看到粒子受重力影响产生向下掉落的动画效果，如图7-18所示。

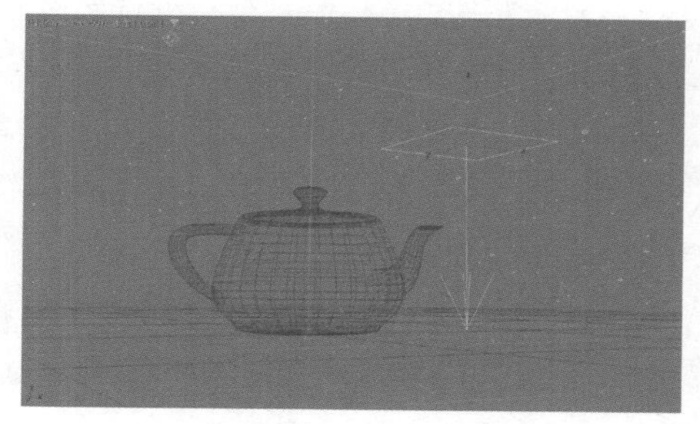

图　7-18

17 单击“创建”面板中的“全导向器”按钮，如图7-19所示。

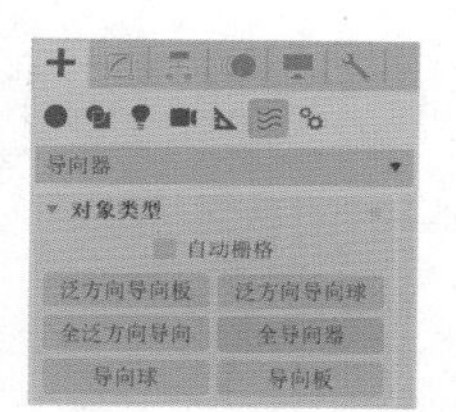

图　7-19

18 在场景中任意位置创建两个全导向器，如图7-20所示。

图　7-20

19 在“修改”面板中分别拾取场景中的“地面”模型和“茶壶”模型，如图7-21所示。

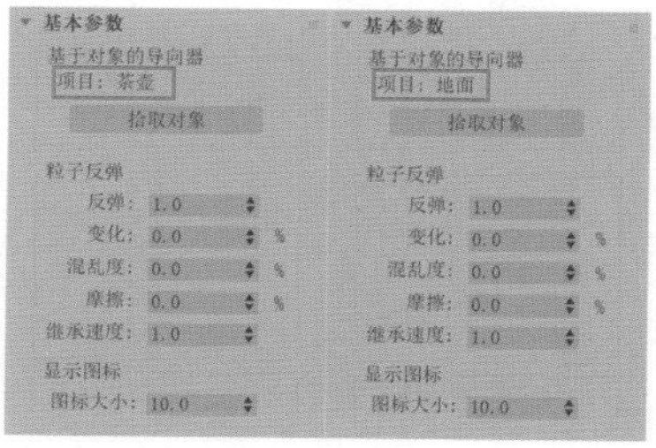

图　7-21

20 在“粒子视图”面板的“仓库”中，选择“碰撞繁殖”操作符，以拖曳的方式将其放置于“工作区”中的“事件001”中，如图7-22所示。

21 在“碰撞繁殖001”卷展栏中，将刚刚创建出来的两个全导向器添加至“导向器”下方的文本框中，设置“子孙数”为12，“继承”为25，“变化”为10，“散度”为30，“比例因子”为30，如图7-23所示。

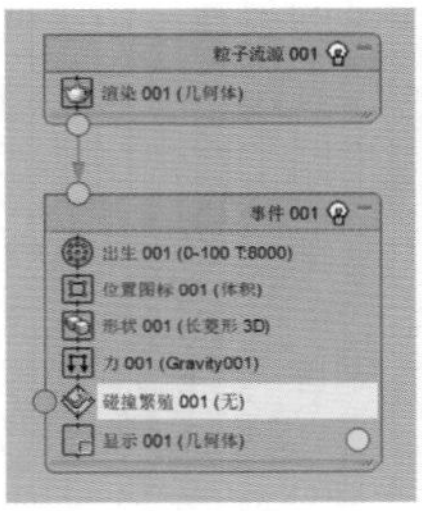

图 7-22

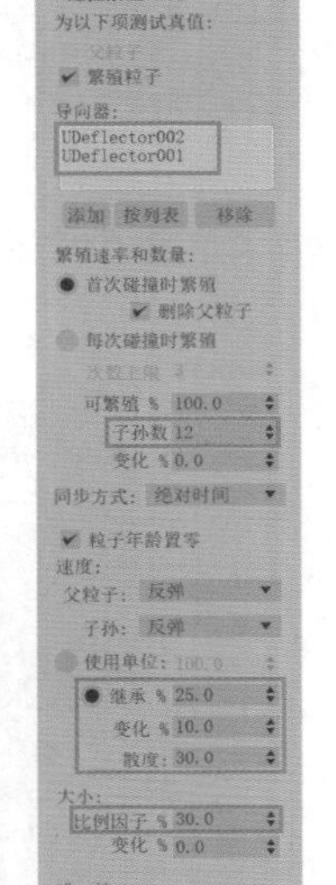

图 7-23

22 在“粒子视图”面板的“仓库”中，选择“力”操作符，以拖曳的方式将其放置于“工作区”中的“事件002”中，并将其与“事件001”中的“碰撞繁殖”操作符连接起来，如图7-24所示。

23 在“力002”卷展栏中，将刚刚创建出来的重力对象添加至“力空间扭曲”文本框内，如图7-25所示。

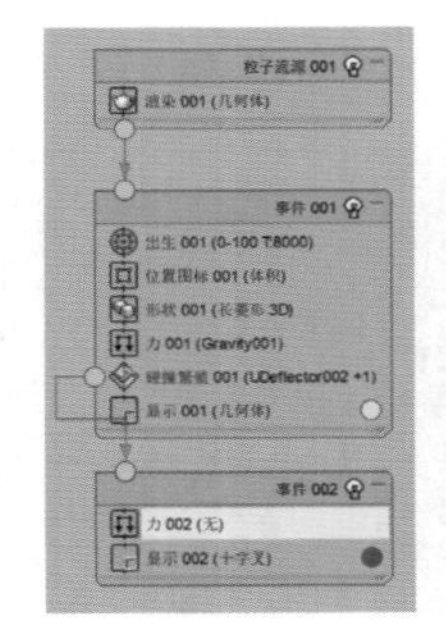

图 7-24

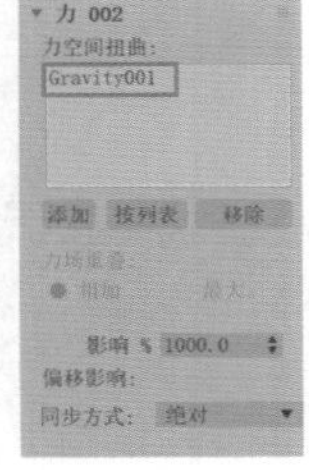

图 7-25

24 在“粒子视图”面板的“仓库”中，选择“删除”操作符，以拖曳的方式将其放置于“工作区”内的“事件002”中，如图7-26所示。

25 在“删除001”卷展栏中，设置“移除”的选项为“按粒子年龄”，设置“寿命”值为5，“变化”值为0，如图7-27所示。

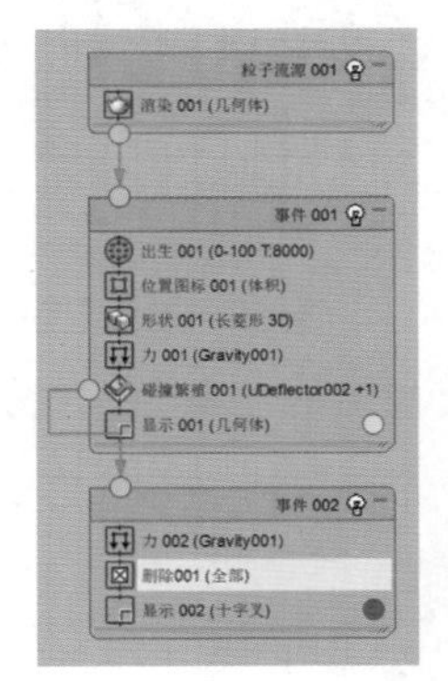

图 7-26

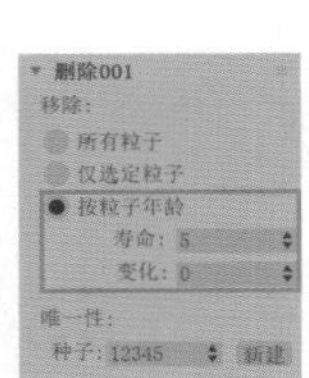

图 7-27

26 本实例最终制作完成的动画效果如图7-28所示。

图 7-28

图　7-28（续）

7.2　实例：瓶子炸裂动画

本实例讲解如何使用粒子系统来制作瓶子炸裂的动画效果，图7-29所示为本实例的动画完成渲染效果。

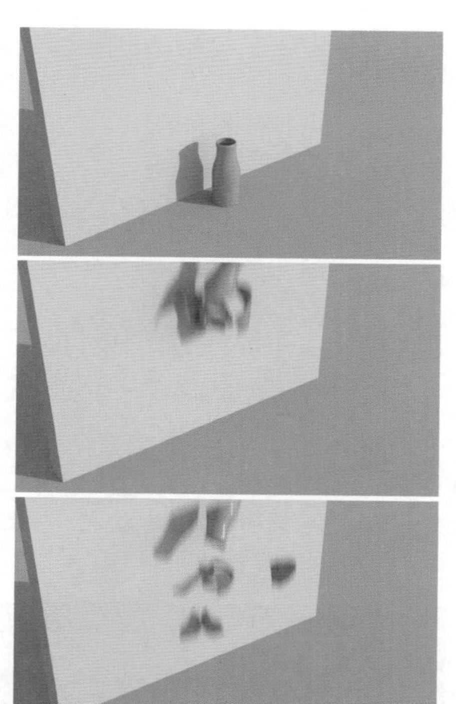

图　7-29

7.2.1　使用ProCutter制作破碎瓶子模型

01 启动中文版3ds Max 2024软件，打开配套资源文件“瓶子.max”，里面有一个瓶子模型和一个墙体模型，如图7-30所示。

图　7-30

02 在“创建”面板中，单击“球体”按钮，如图7-31所示，在场景中创建一个球体模型。

03 在“参数”卷展栏中，设置“半径”为15，如图7-32所示。

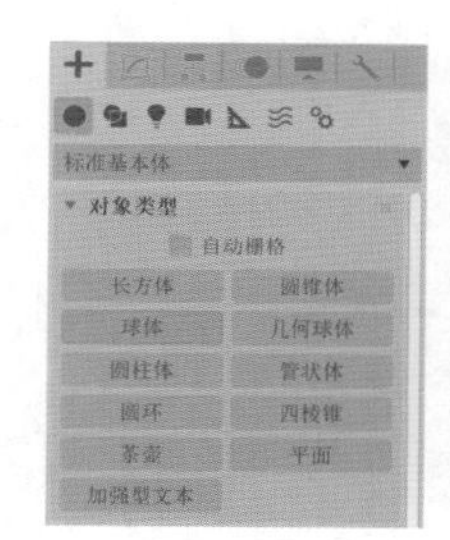

图　7-31

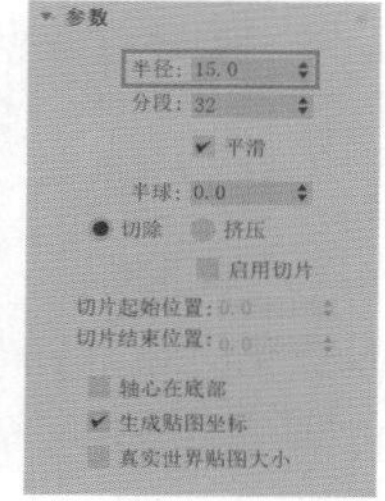

图　7-32

04 设置完成后，球体模型的视图显示结果如图7-33所示。

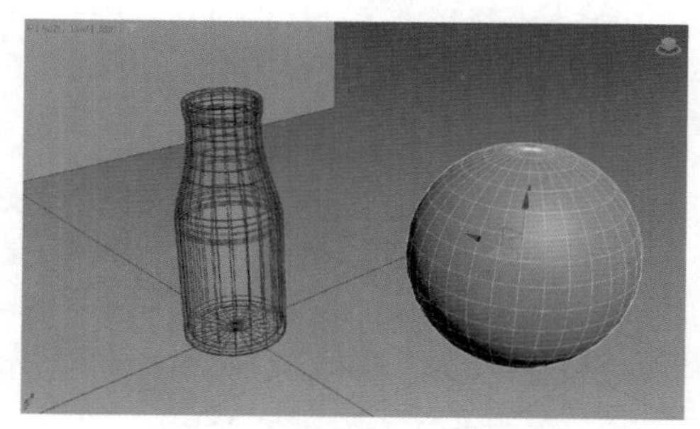

图　7-33

05 对球体模型进行多次复制，并分别调整其位置至图7-34所示。

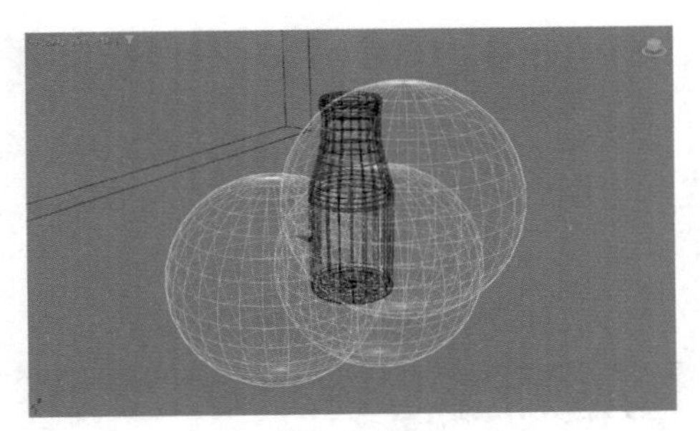

图 7-34

▶06 选中场景中的3个球体模型，在“实用程序”卷展栏中，单击“塌陷”按钮，如图7-35所示。

▶07 在“塌陷”卷展栏中，单击“塌陷选定对象”按钮，如图7-36所示，即可看到所选择的3个球体模型塌陷成了1个模型。

图 7-35

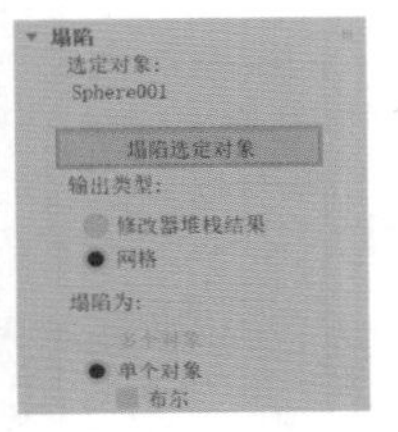

图 7-36

▶08 选择球体模型，单击“创建”面板中的ProCutter按钮，如图7-37所示。

▶09 在“切割器拾取参数”卷展栏中，勾选“切割器工具模式”组内的“自动提取网格”和“按元素展开”复选框，如图7-38所示。

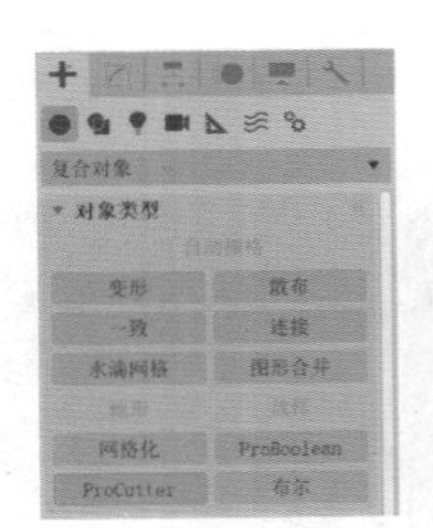

图 7-37

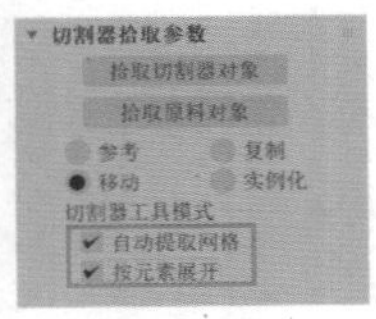

图 7-38

▶10 在“切割器参数”卷展栏中，勾选“被切割对象在切割器对象之内”复选框，如图7-39所示。

▶11 设置完成后，单击“切割器拾取参数”卷展栏中的“拾取原料对象”按钮，如图7-40所示，再单击场景中的瓶子模型，即可将该模型切割成大小不一的破碎效果，如图7-41所示。

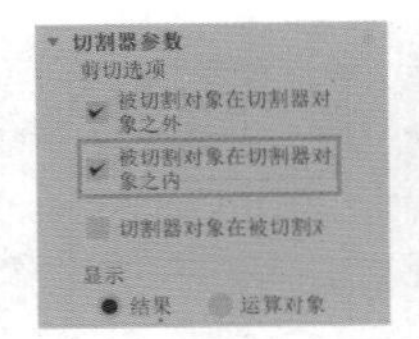

图 7-39

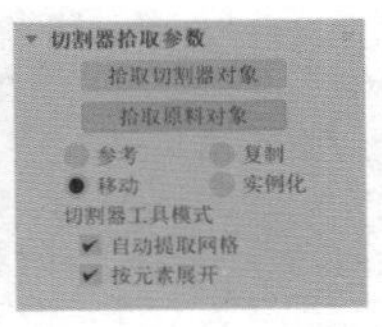

图 7-40

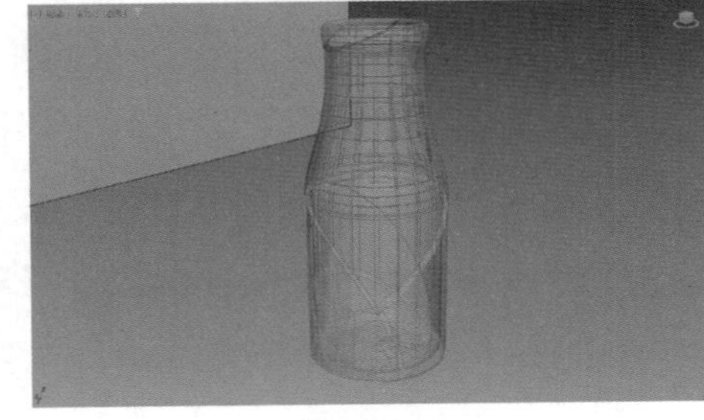

图 7-41

▶12 选择场景中的所有瓶子碎片模型，在“层次”面板中先单击“仅影响轴”按钮，使其处于被按下的状态，再单击“居中到对象”按钮，如图7-42所示。

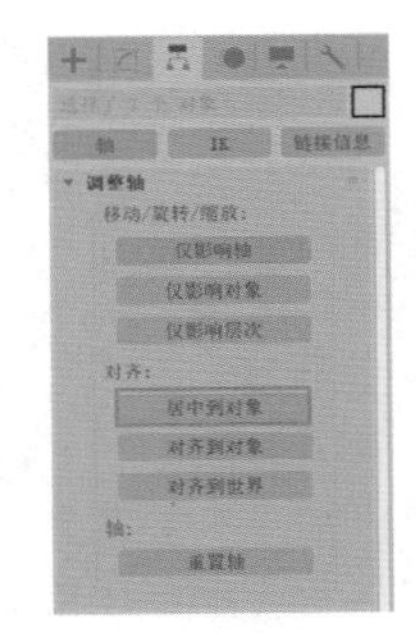

图 7-42

▶13 这样，可以在视图中观察到每一个瓶子碎片模型的坐标轴都会居中到自身模型上，如图7-43所示。

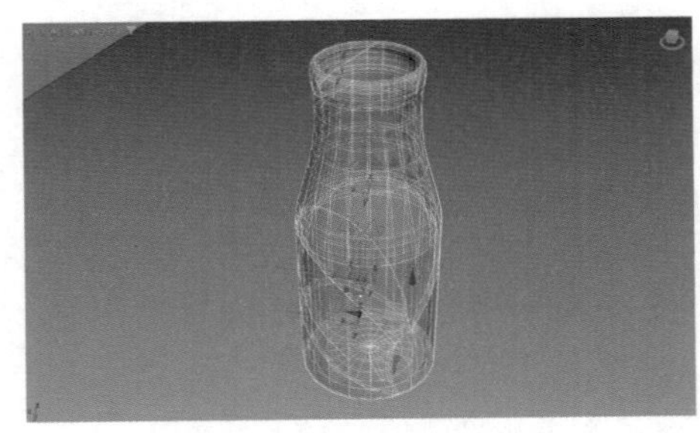

图 7-43

▶14 在“实用程序”面板中，单击“重置选定内容”按钮，如图7-44所示。接下来，我们就可以开始准备使用粒子系统来进行后续的设置工作。

图　7-44

7.2.2　使用“粒子爆炸”制作瓶子炸裂动画

▶01 执行菜单栏“图形编辑器”|“粒子视图”命令，如图7-45所示。

▶02 在“粒子视图”面板中，在“仓库”中选择“空流”操作符，并以拖曳的方式将其添加至“工作区”中作为“粒子流源001”，如图7-46所示。

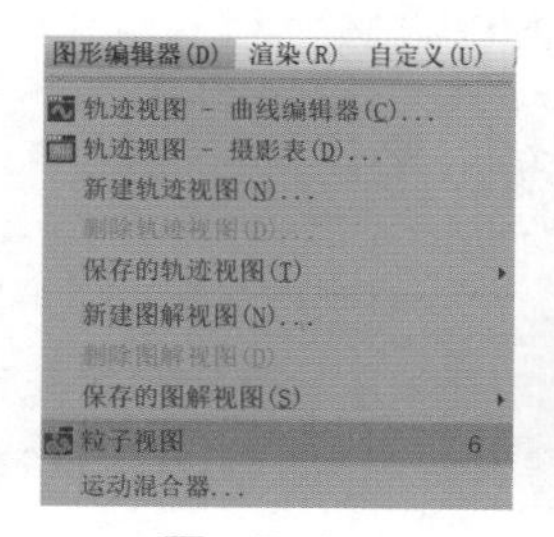

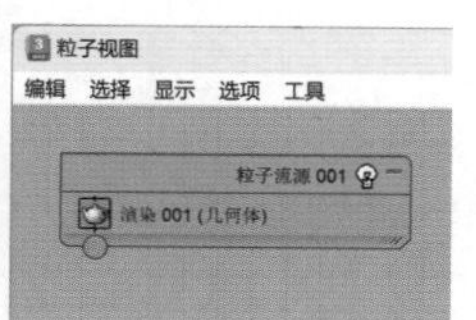

图　7-45　　图　7-46

▶03 在“粒子视图”面板的“仓库”中，选择“出生组”操作符，以拖曳的方式将其放置于“工作区”中作为“事件001”，并将其连接至“粒子流源001”上，如图7-47所示。

▶04 在“出生组001”卷展栏中，单击“按列表”按钮，如图7-48所示。

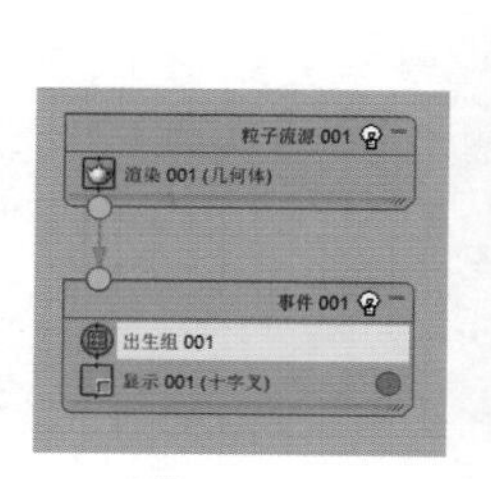

图　7-47　　图　7-48

▶05 这时，系统会自动弹出“选择对象”对话框，将场景中的瓶子碎片模型全部选中，如图7-49所示。单击“选择”按钮即可将所选中的对象添加到“粒子对象”下方的文本框中，如图7-50所示。

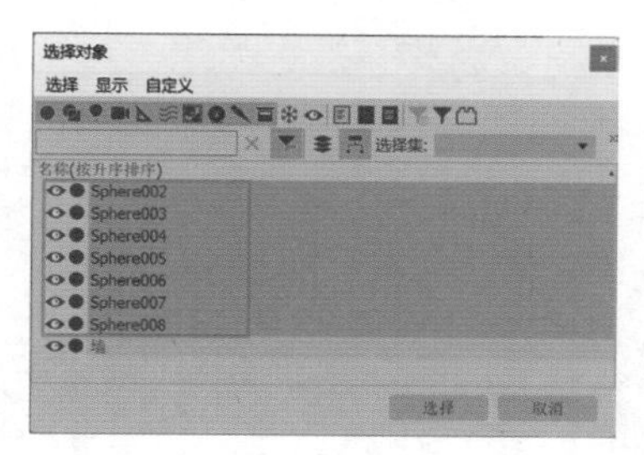

图　7-49

提示

使用名称为Sphere的球体对瓶子模型进行切割后，瓶子碎片的名称全部会以球体的名称为前缀进行重新命名。

▶06 设置完成后，隐藏场景中的玻璃杯碎片模型，在“显示001”卷展栏中，设置“类型”为“几何体”，如图7-51所示。

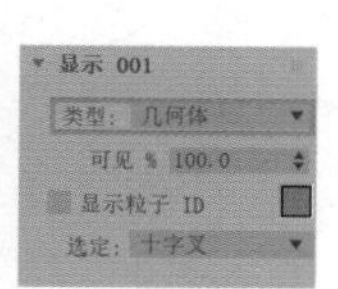

图　7-50　　图　7-51

▶07 这样，我们就可以看到场景中出现了一个完全由粒子生成的瓶子模型，如图7-52所示。

图　7-52

▶08 在“创建”面板中，单击“粒子爆炸”按钮，如图7-53所示。

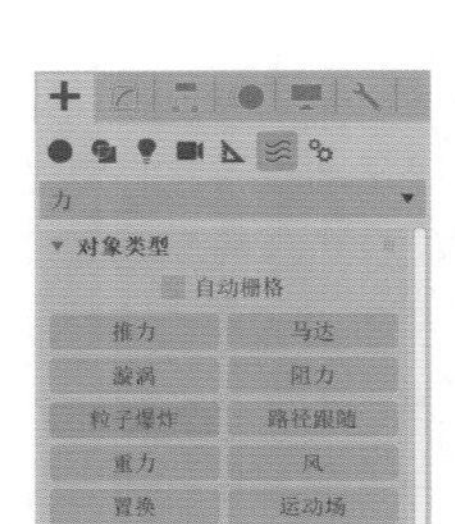

图 7-53

▶09 在场景中创建一个粒子爆炸对象，并调整其位置位于瓶子模型下方，如图7-54所示。

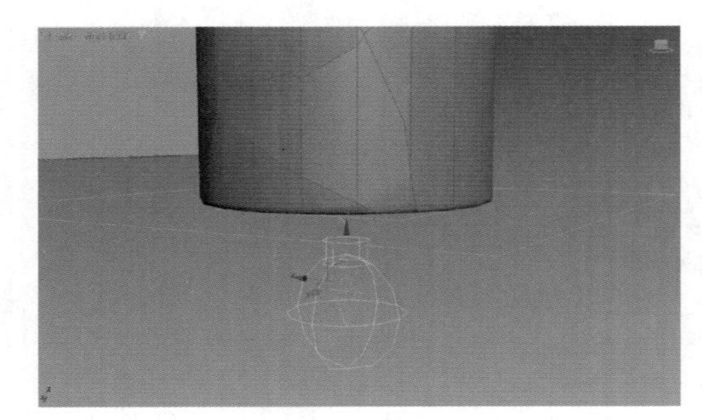

图 7-54

▶10 在“粒子视图”面板的“仓库”中，选择“力”操作符，以拖曳的方式将其放置于“工作区”中的“事件001”中，如图7-55所示。

▶11 在“力001”卷展栏中，单击“添加”按钮，将刚刚创建出来的粒子爆炸对象添加至“力空间扭曲”文本框内，如图7-56所示。

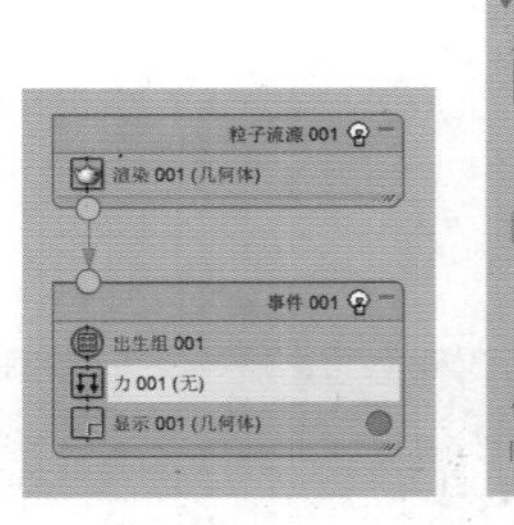

图 7-55

图 7-56

▶12 在“粒子视图”面板的“仓库”中，选择“年龄测试”操作符，以拖曳的方式将其放置于“工作区”中的“事件001”中，如图7-57所示。

▶13 在“年龄测试001”卷展栏中，设置“测试值”为31，“变化”为0，如图7-58所示。

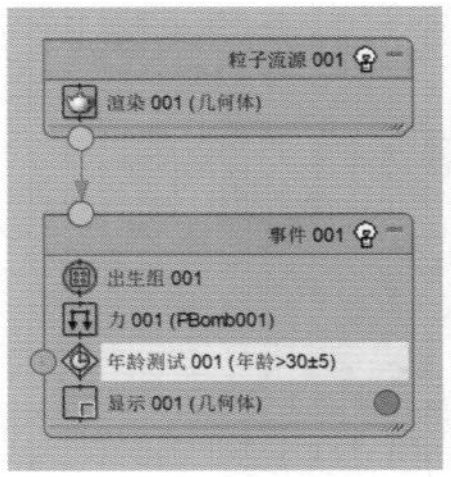

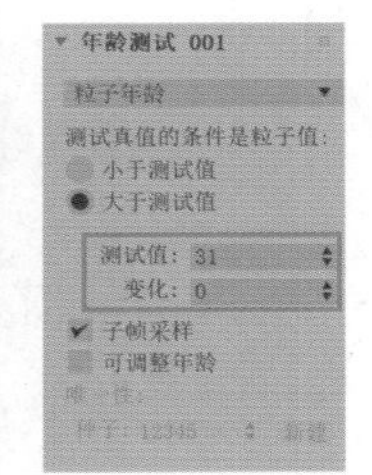

图 7-57　　图 7-58

▶14 在“粒子视图”面板的“仓库”中，选择“速度”操作符，以拖曳的方式将其放置于“工作区”中作为新的“事件002”，并将其与“事件001”中的“年龄测试”操作符相连，如图7-59所示。

▶15 在“速度001”卷展栏中，设置“速度”为400，“方向”为“前向继承”，如图7-60所示。

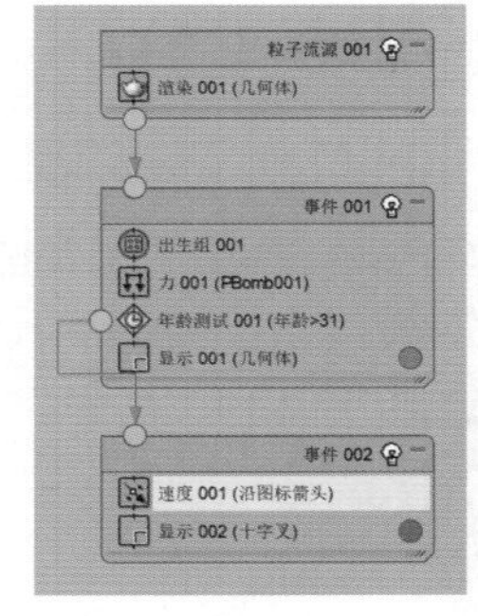

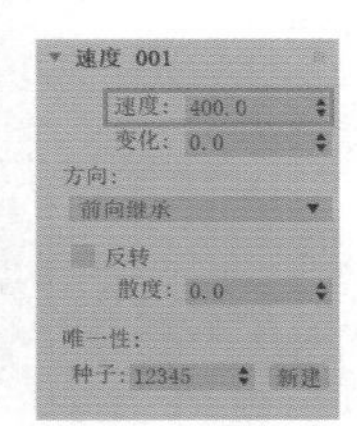

图 7-59　　图 7-60

▶16 设置完成后，播放场景动画，我们可以看到瓶子模型炸开的动画效果，如图7-61所示。

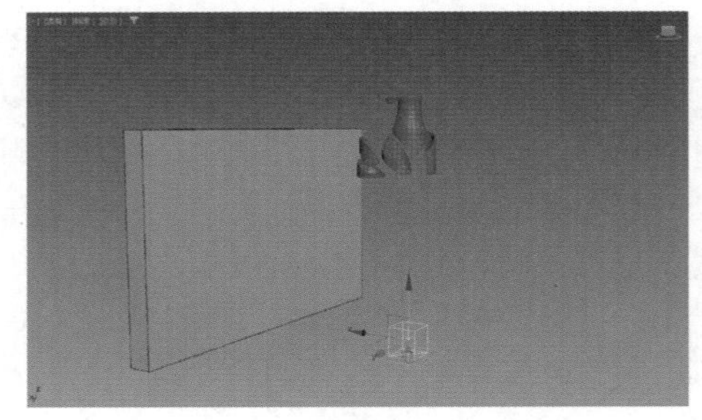

图 7-61

7.2.3 使用mP World为粒子系统应用动力学计算

▶01 在“粒子视图”面板的“仓库”中，选择“mP世界”操作符，以拖曳的方式将其放置于

“工作区”中的“事件002”中，如图7-62所示。

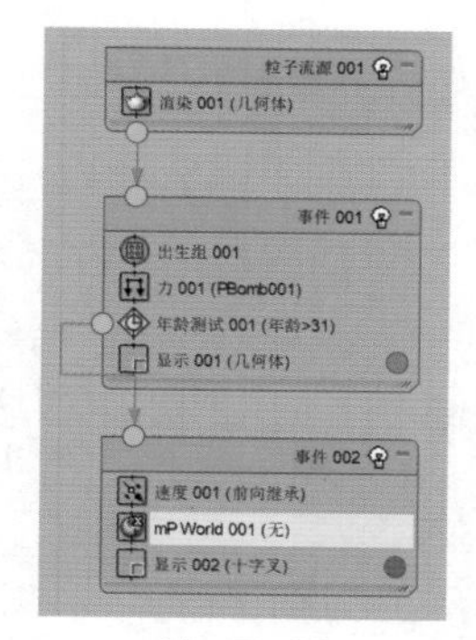

图 7-62

提示

“mP世界”操作符拖曳至“工作区”后，其名称会自动更改为mP World。

02 在mP World 001卷展栏中，单击“创建新的驱动程序”按钮，如图7-63所示。“mP 世界驱动程序”下方的“无”按钮上会显示出mP World 003的字样，单击该按钮后面的“=>”按钮，如图7-64所示。

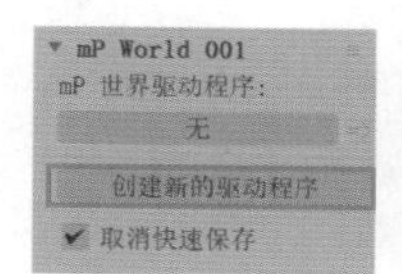

图 7-63　图 7-64

03 在“参数”卷展栏中，勾选“应用重力”和“地面碰撞平面”复选框，如图7-65所示。

04 在“粒子视图”面板的“仓库”中，选择“mP图形”操作符，以拖曳的方式将其放置于“工作区”中的“事件002”中，如图7-66所示。

图 7-65

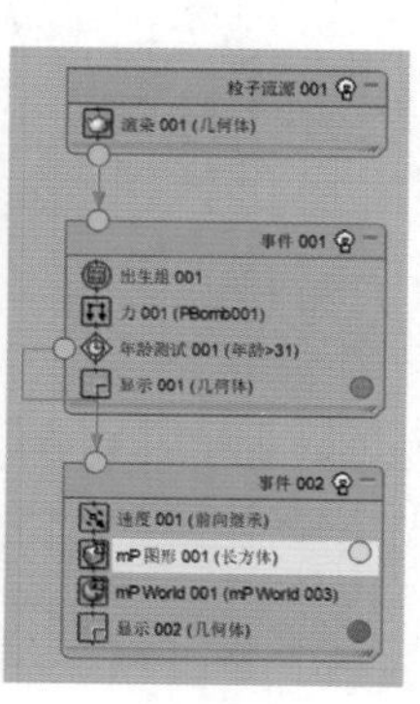

图 7-66

提示

“mP图形”操作符一定要在“mP世界”操作符的上方。

05 在“mP 图形001”卷展栏中，设置“碰撞为”为“凸面外壳”，“显示为”为“线框”，如图7-67所示。

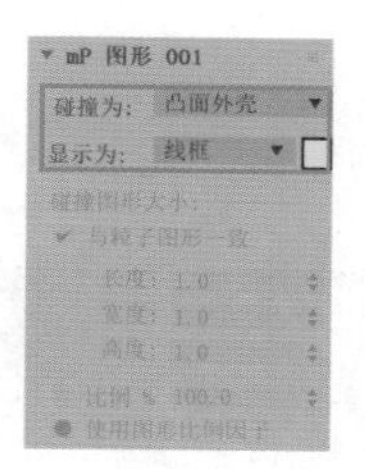

图 7-67

06 设置完成后，我们可以在视图中观察到粒子的视图显示结果，如图7-68所示。

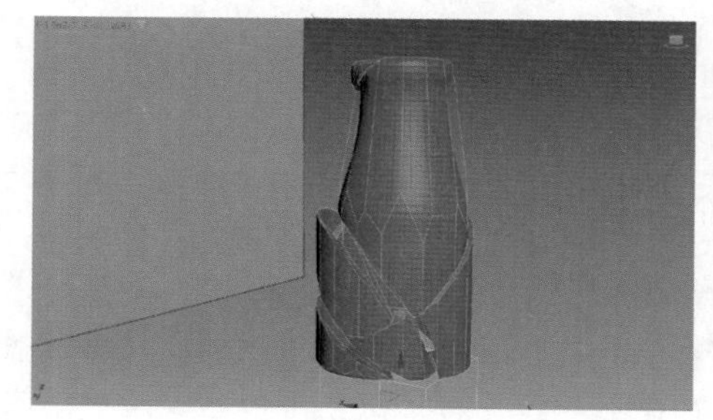

图 7-68

07 在“粒子视图”面板的“仓库”中，选择“自旋”操作符，以拖曳的方式将其放置于“工作区”中的“事件002”中，如图7-69所示。

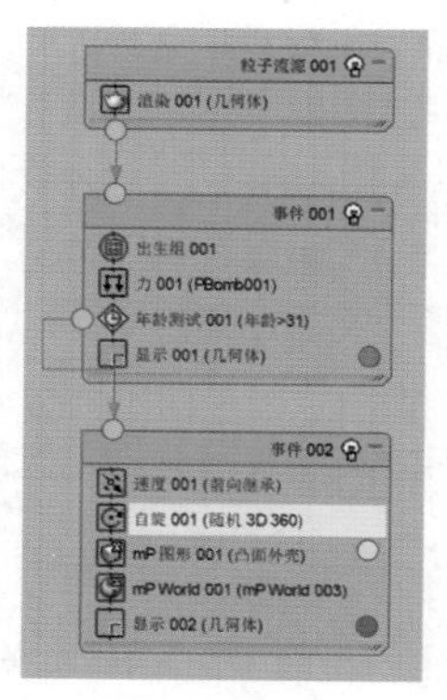

图 7-69

08 播放场景动画，我们可以看到瓶子碎片在空中运动时还会产生旋转效果，如图7-70所示。

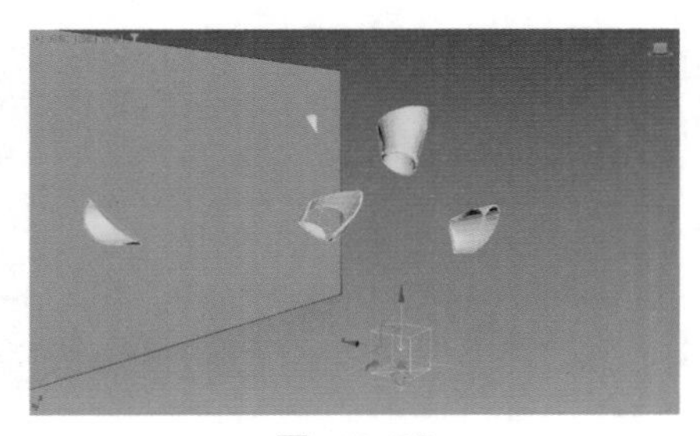

图 7-70

▶09 选择场景中的墙体模型，调整其位置至图7-71所示。

图 7-71

▶10 在“修改”面板中，为其添加“粒子流碰撞图形（WSM）”修改器，并在“参数”卷展栏中单击“激活”按钮，使其处于被按下的状态，如图7-72所示。

▶11 在“粒子视图”面板的“仓库”中，选择“mP碰撞”操作符，以拖曳的方式将其放置于“工作区”中的“事件002”中，如图7-73所示。

▶12 在“mP碰撞001”卷展栏中，单击“添加”按钮，将“墙”模型添加至“导向器”下方的文本框中，如图7-74所示。

▶13 在“参数”卷展栏中，单击“缓存/烘焙模拟”按钮，如图7-75所示，即可对粒子的动力学动画进行烘焙模拟，如图7-76所示。

图 7-72

图 7-73

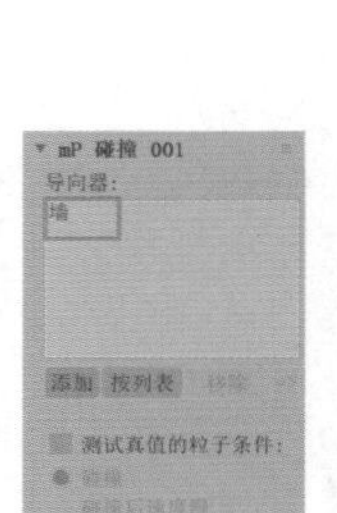

图 7-74

图 7-75

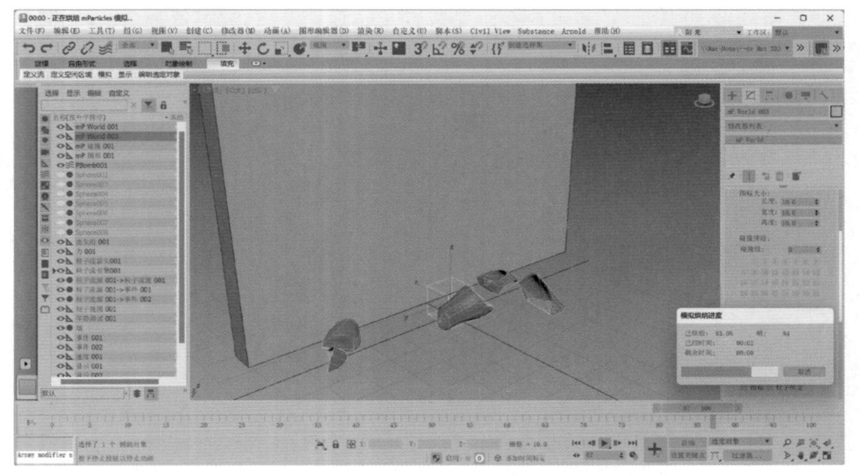

图 7-76

▶14 在“粒子视图”面板的“仓库”中，选择“材质静态”操作符，以拖曳的方式将其放置于“工作区”中的“粒子流源001”中，如图7-77所示。

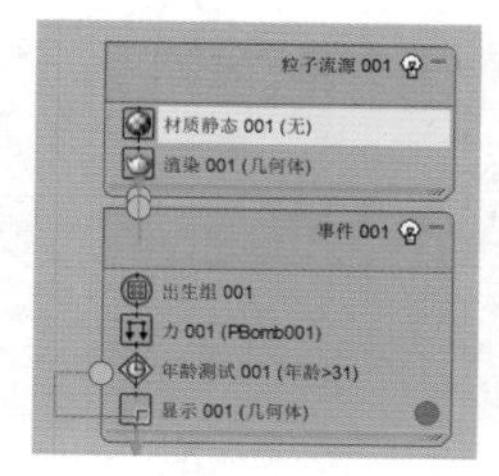

图　7-77

▶15 按M键，选择里面的陶瓷材质，如图7-78所示。将其拖曳至“材质静态001”卷展栏中“指定材质”下方的按钮上，如图7-79所示。

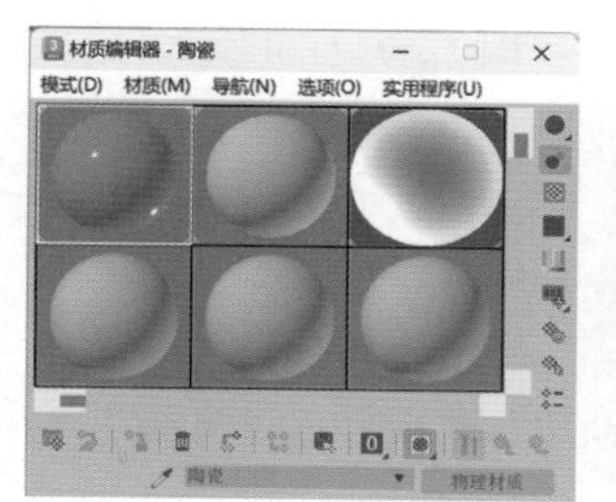

图　7-78

图　7-79

▶16 本实例最终制作完成的动画效果如图7-80所示。

图　7-80

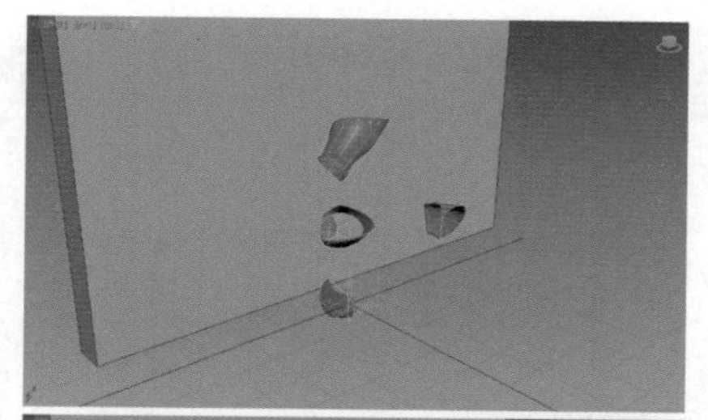

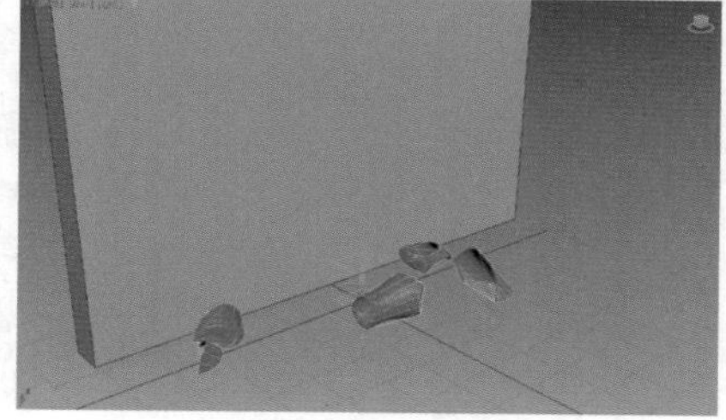

图　7-80（续）

▶17 渲染场景，本实例的最终渲染结果如图7-81所示。

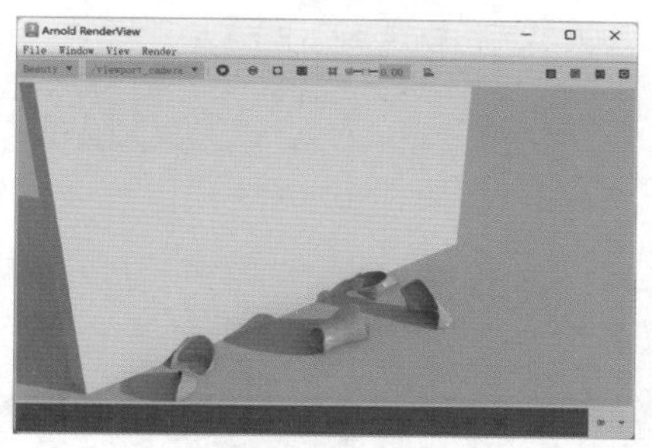

图　7-81

7.3 实例：使用“风”制作蚊香燃烧动画

本实例详细讲解使用粒子系统来制作蚊香燃烧时产生的烟雾升腾特效动画，图7-82所示为本实例的动画完成渲染效果。

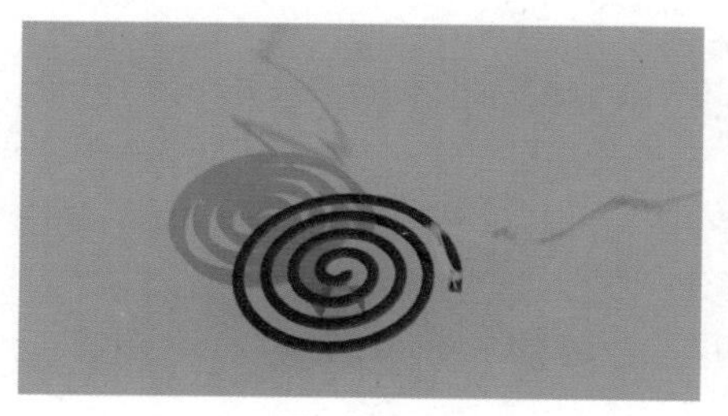

图　7-82

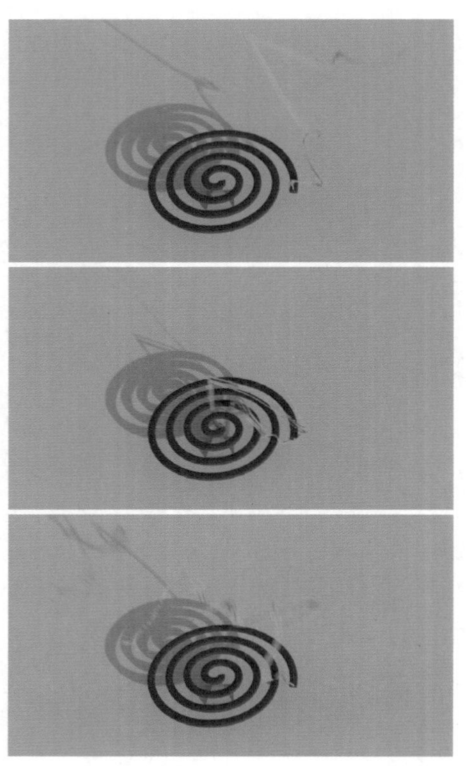

图 7-82（续）

▶01 启动中文版3ds Max 2024软件，打开配套资源文件“蚊香.max”，如图7-83所示。

图 7-83

▶02 执行菜单栏“图形编辑器”|“粒子视图”命令，或者按6键打开“粒子视图”面板，如图7-84所示。

▶03 在“仓库”中选择“空流”操作符，并以拖曳的方式将其添加至“工作区”中作为“粒子流源001”，可以看到该事件内只有一个“渲染001”操作符，如图7-85所示。

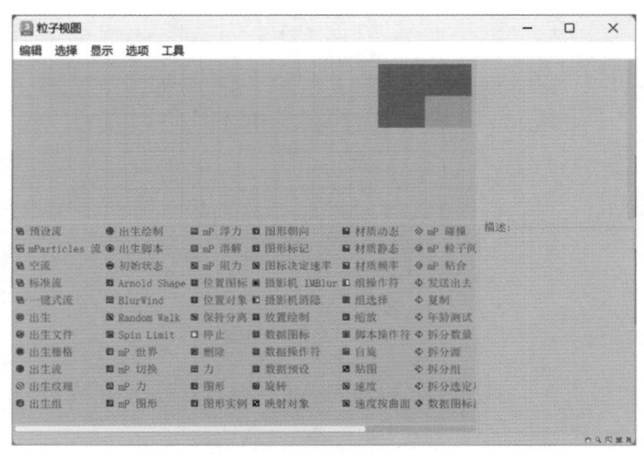

图 7-84

图 7-85

▶04 在“粒子视图”面板的“仓库”中，选择“出生”操作符，以拖曳的方式将其放置于“工作区”中作为“事件001”，并将其连接至“粒子流源001”上，如图7-86所示。

▶05 选择“出生001”操作符，设置其“发射开始”为0，“发射停止”为0，“数量”为3，使得粒子在场景中从0帧开始就有3个粒子，如图7-87所示。

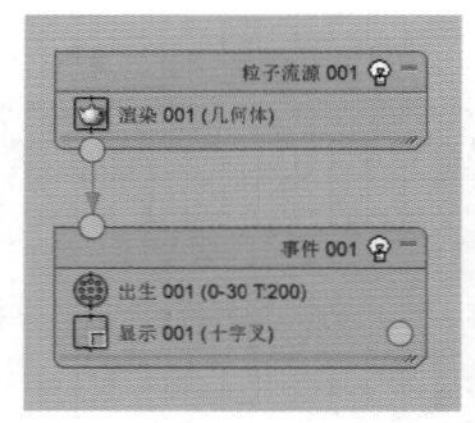

图 7-86

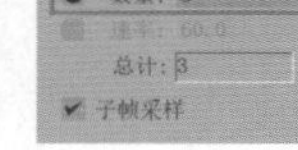

图 7-87

▶06 在“粒子视图”面板的“仓库”中，选择“位置对象”操作符，以拖曳的方式将其放置于“工作区”中的“事件001”中，如图7-88所示。

▶07 在“位置对象001”卷展栏中，单击“添加”按钮，选择场景中的蚊香模型，将其设置为粒子的发射器，同时，将“位置”设置为“选定面”，如图7-89所示。

图　7-88

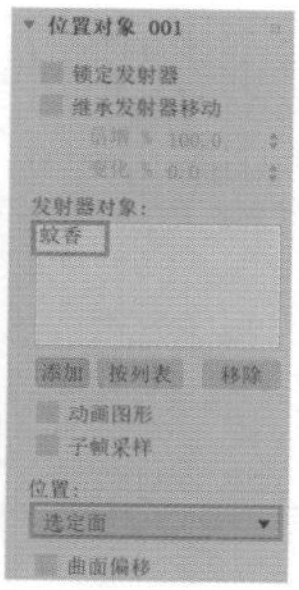

图　7-89

▶08 选择场景中的蚊香模型，在“多边形”子对象层级中选择如图7-90所示的面，然后退出该子对象层级，这时，可以发现粒子的位置被固定到了蚊香模型所选择的面上。

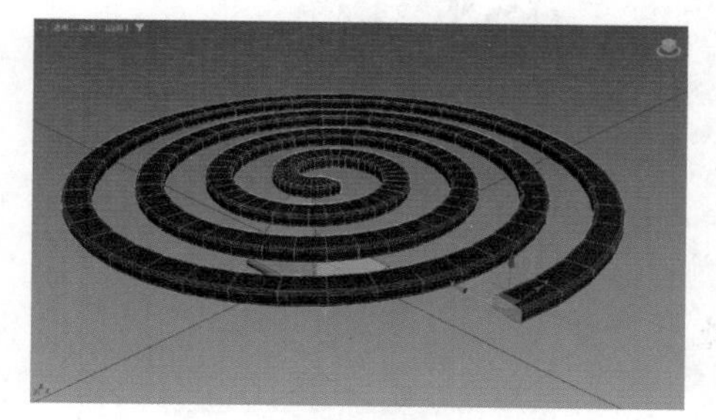

图　7-90

▶09 在“粒子视图”面板的“仓库”中，选择“繁殖”操作符，以拖曳的方式将其放置于“工作区”中的“事件001”中，如图7-91所示。

▶10 在“繁殖001”卷展栏中，设置粒子“繁殖速率和数量”的选项为“每秒”，并设置“速率”的值为1000，如图7-92所示。

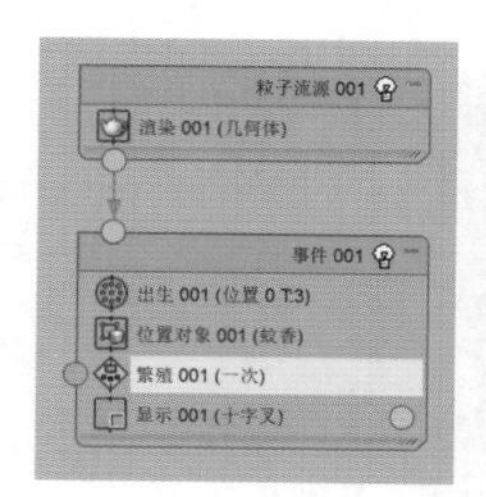

图　7-91

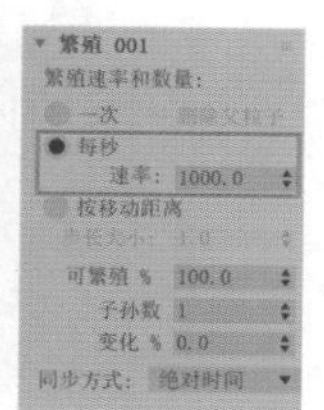

图　7-92

▶11 在“仓库”中，选择“力”操作符，以拖曳的方式将其放置于“工作区”中作为“事件002”，并将其连接至“事件001”的“繁殖”操作符上，如图7-93所示。

▶12 在“创建”面板中，单击“风”按钮，如图7-94所示。

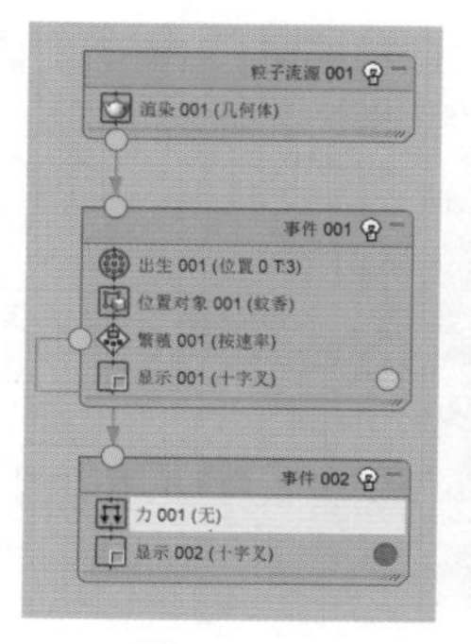

图　7-93

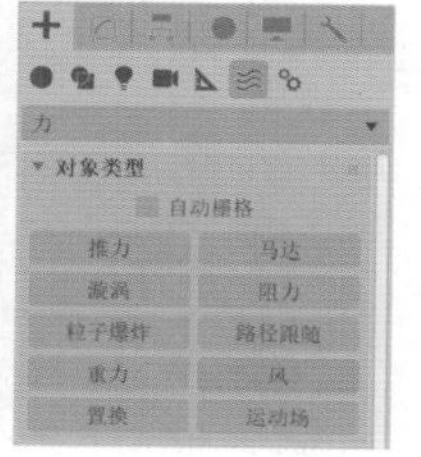

图　7-94

▶13 在场景中创建一个方向向上的“风”，如图7-95所示。

图　7-95

▶14 在“修改”面板中展开“参数”卷展栏，设置风的“强度”为0.3，如图7-96所示。

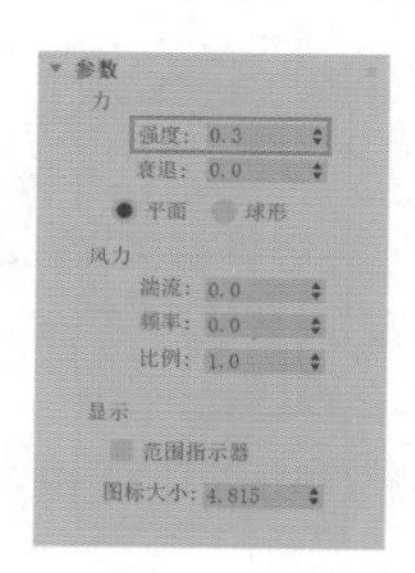

图　7-96

▶15 将场景中的风进行复制，并调整位置和方向至图7-97所示。

图　7-97

▶16 在“修改”面板中，展开“参数”卷展栏，设置第2个风的“强度”为0.2，“湍流”为3，“频率”为8，“比例”为0.02，如图7-98所示。

▶17 在“力001”卷展栏中，单击“添加”按钮，将场景中的两个风分别添加至“力空间扭曲”文本框内，并设置“影响”为10，如图7-99所示。

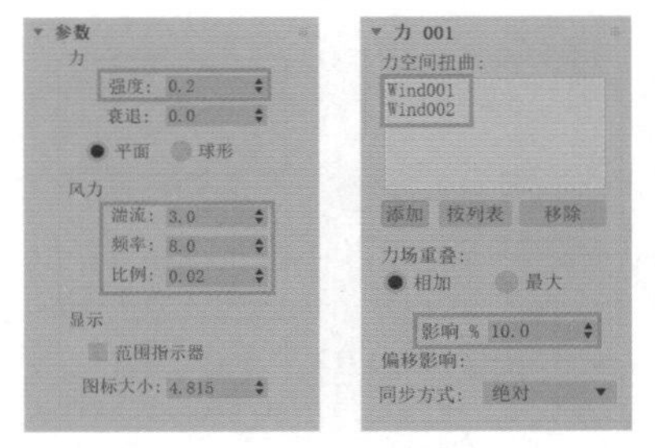

图 7-98　　图 7-99

▶18 拖动“时间滑块”按钮，可以看到场景中的粒子运动轨迹如图7-100所示。

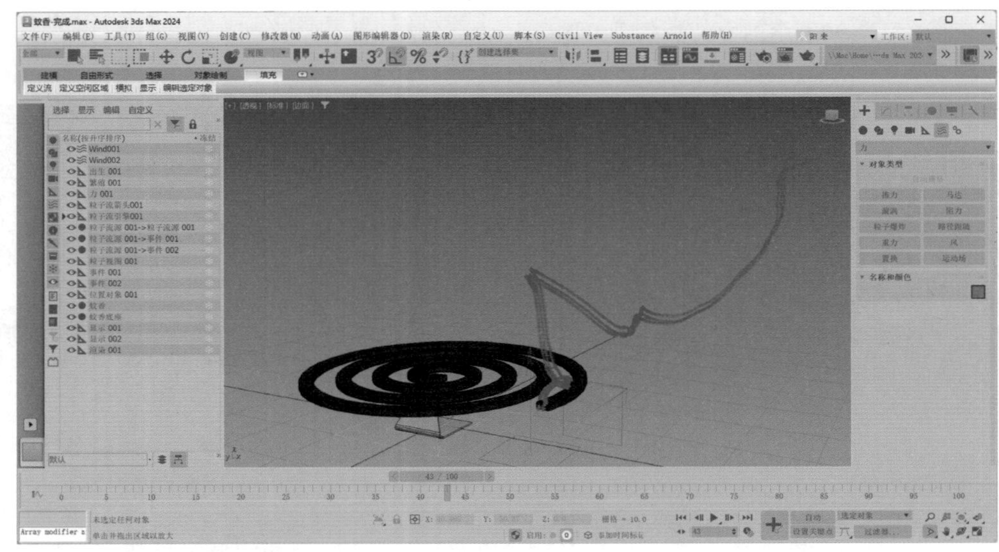

图 7-100

▶19 在“仓库”中选择“年龄测试”操作符，以拖曳的方式将其放置于“工作区”中的“事件002”中，如图7-101所示。

▶20 在“年龄测试001”卷展栏中，设置“测试值”为40，“变化”为6，如图7-102所示。

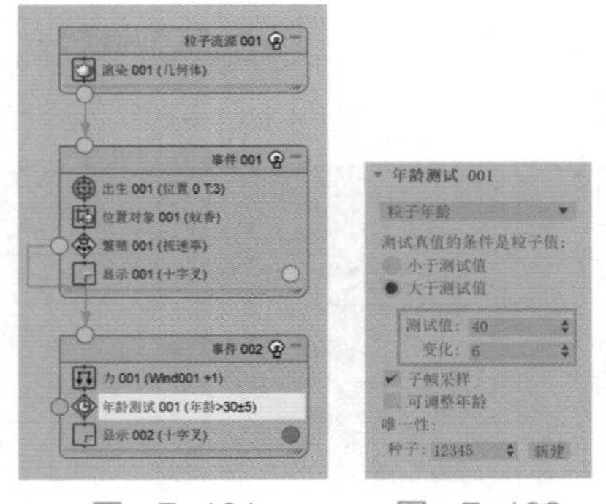

图 7-101　　图 7-102

▶21 在“仓库”中，选择“删除”操作符，以拖曳的方式将其放置于“工作区”中作为“事件003”，并将其连接至“事件002”的“年龄测试”操作符上，如图7-103所示。

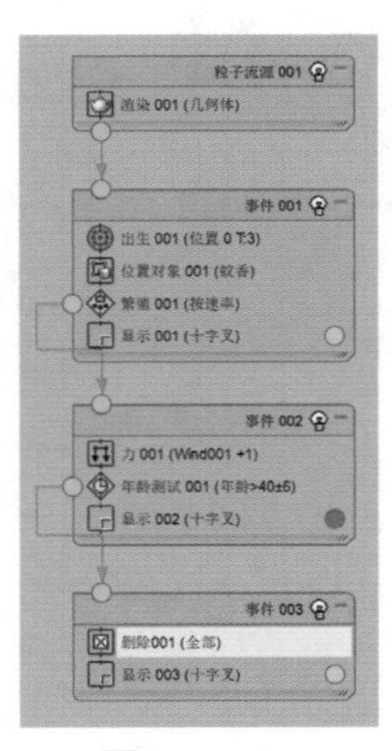

图 7-103

▶22 这样，场景里当“事件002”所产生的粒子年龄大于40帧时，将会被删除，以减少软件不必要的粒子计算，如图7-104所示。

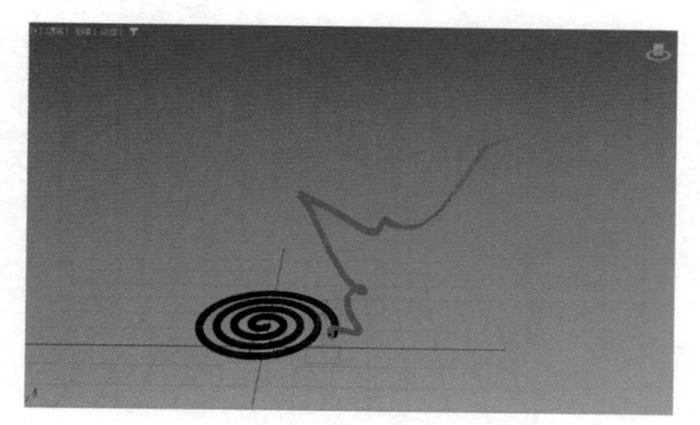

图　7-104

▶23 在“仓库”中，选择“图形朝向”操作符，以拖曳的方式将其放置于“工作区”中的“粒子流源001”中，如图7-105所示。

▶24 在“图形朝向001”卷展栏中，将场景中的物理摄影机作为粒子的“注视摄影机/对象”，如图7-106所示。

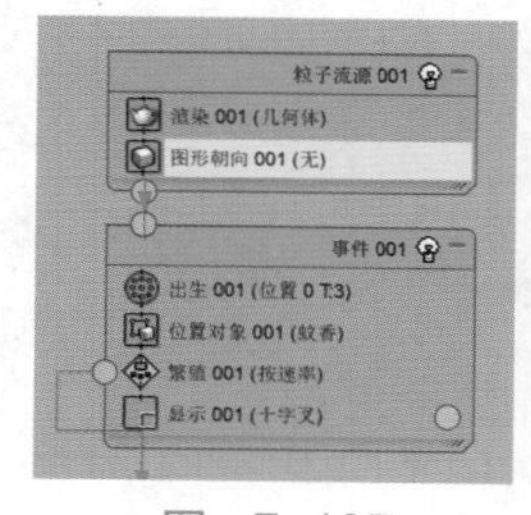

图　7-105

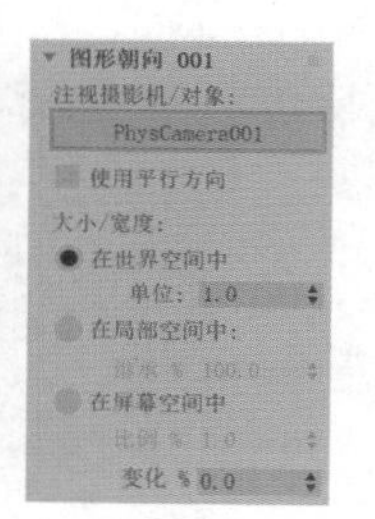

图　7-106

▶25 在“显示002”卷展栏中，设置“类型”为“几何体”，如图7-107所示。

▶26 在“仓库”中，选择“材质静态”操作符，以拖曳的方式将其放置于“工作区”中的“粒子流源001”事件中，为粒子添加材质效果，如图7-108所示。

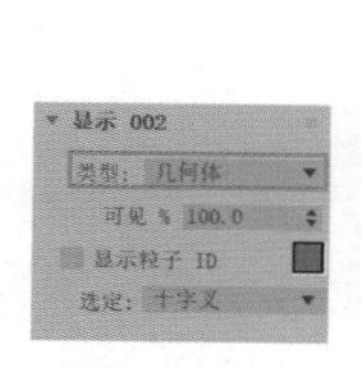

图　7-107

图　7-108

▶27 按M键，打开“材质编辑器”面板，选择一个物理材质并重命名为“烟”，并以拖曳的方式添加到“材质静态001”卷展栏内的“指定材质”属性上，完成粒子材质的指定，如图7-109所示。

▶28 在“基本参数”卷展栏中，设置材质的颜色为蓝灰色，“粗糙度”为1，如图7-110所示。其中，颜色的参数设置如图7-111所示。

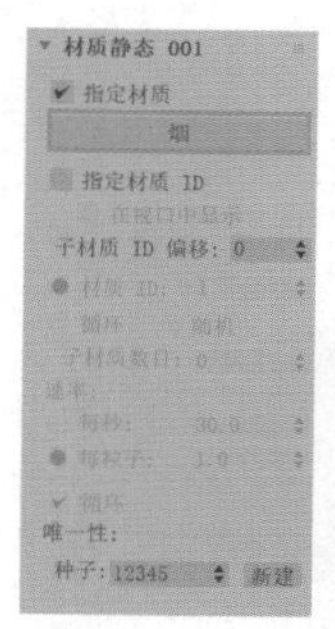

图　7-109

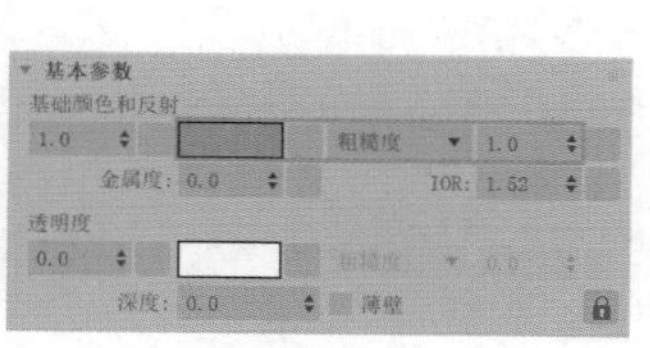

图　7-110

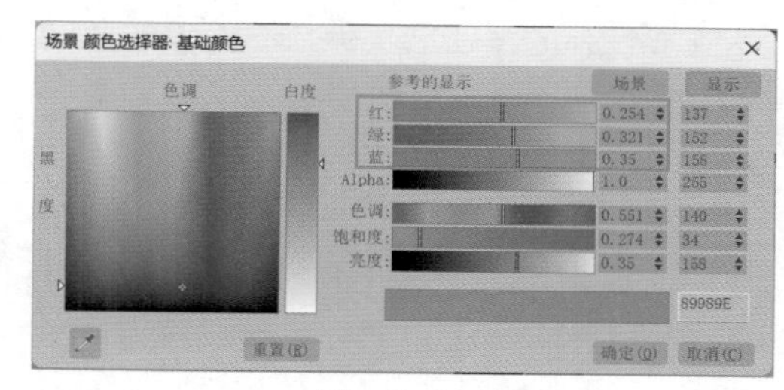

图　7-111

▶29 本实例最终制作完成的动画效果如图7-112所示，渲染结果如图7-113所示。

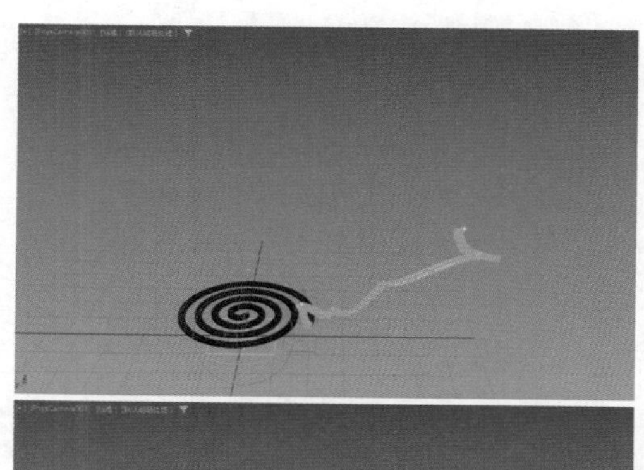

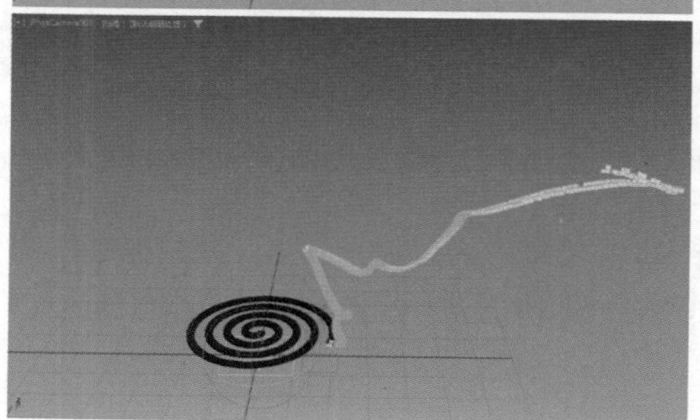

图　7-112

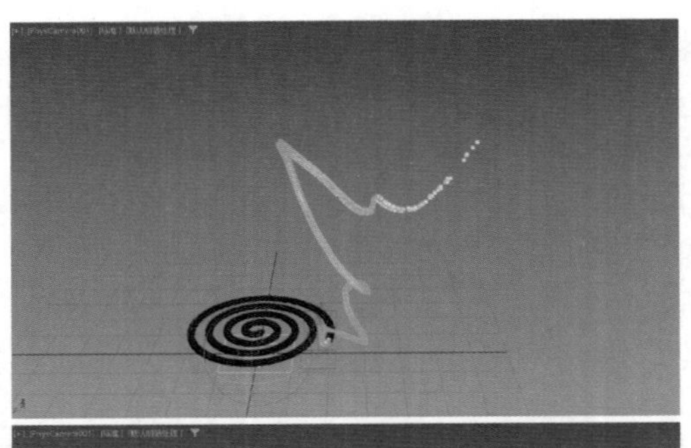
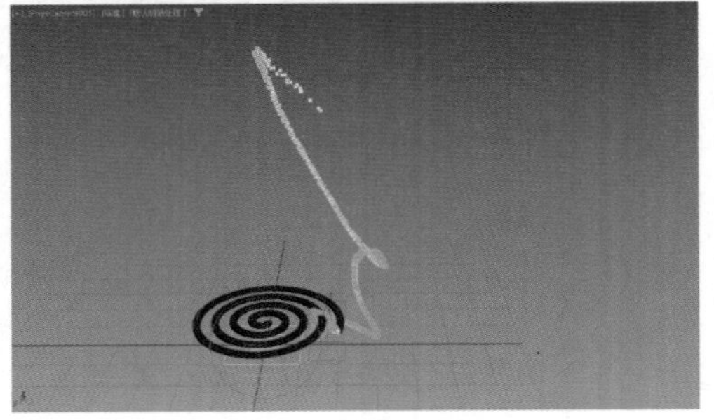

图 7-112（续）

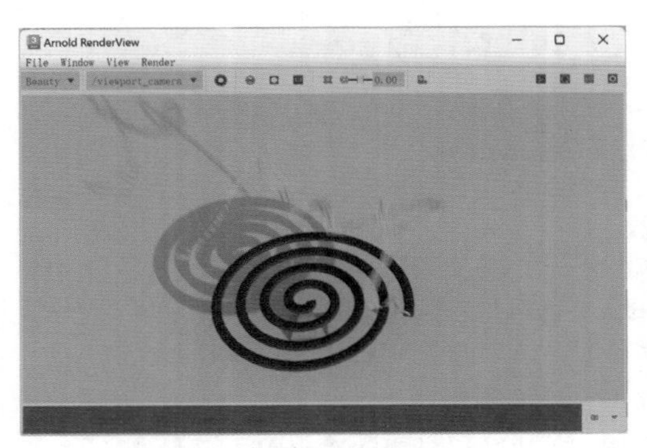

图 7-113

提示

在本小节对应的视频教学中，还讲解了灯光及摄影机方面的一些基本设置技巧。

7.4 实例：粒子变形动画

本实例详细讲解粒子变形特效动画的制作方法，图7-114所示为本实例的动画完成渲染效果。

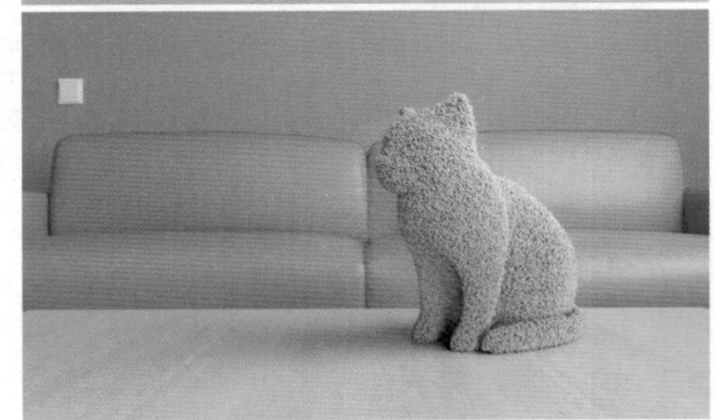

图 7-114

7.4.1 使用“漩涡”力制作模型散开动画

01 启动中文版3ds Max 2024软件，打开配套资源文件“静物.max”，里面是一个室内空间模型，桌子上放了一个字母模型和一只猫的模型，如图7-115所示。

图　7-115

▶02 执行菜单栏“图形编辑器”|“粒子视图”命令，打开“粒子视图”面板。在“仓库”中选择“空流”操作符，并以拖曳的方式将其添加至“工作区”中，如图7-116所示。

▶03 在“粒子视图”面板的“仓库”中，选择“出生”操作符，以拖曳的方式将其放置于“工作区”中作为“事件001”，并将其连接至“粒子流源001”上，如图7-117所示。

图　7-116

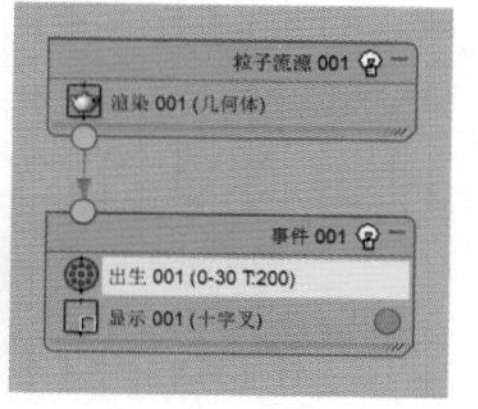

图　7-117

▶04 在“出生001”卷展栏中，设置“发射停止”为0，“数量”为60000，如图7-118所示。

▶05 在“粒子视图”面板的“仓库”中，选择“位置对象”操作符，以拖曳的方式将其放置于“工作区”中的“事件001”中，如图7-119所示。

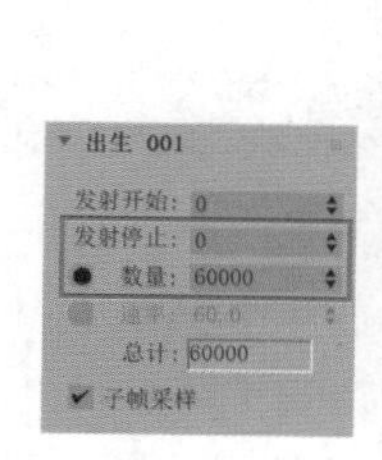

图　7-118

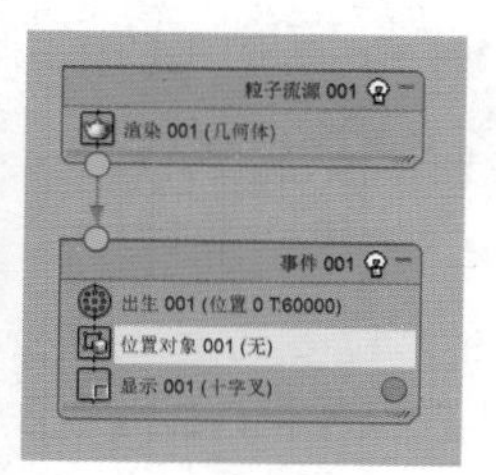

图　7-119

▶06 在“位置对象001”卷展栏中，拾取场景中左侧的字母模型作为粒子的“发射器对象”，如图7-120所示。设置完成后，可以看到该茶壶模型上所生成的粒子效果，如图7-121所示。

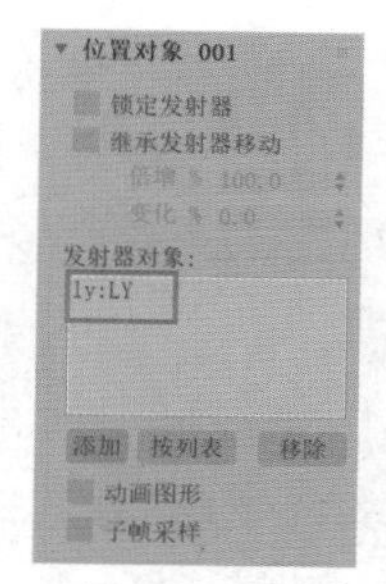

图　7-120

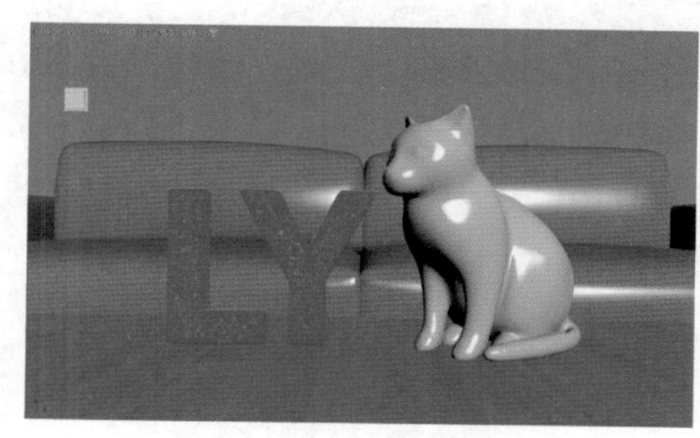

图　7-121

▶07 在“粒子视图”面板的“仓库”中，选择“图形”操作符，以拖曳的方式将其放置于“事件001”中，如图7-122所示。

▶08 在“显示001”卷展栏中，设置“类型”为“几何体”，如图7-123所示。

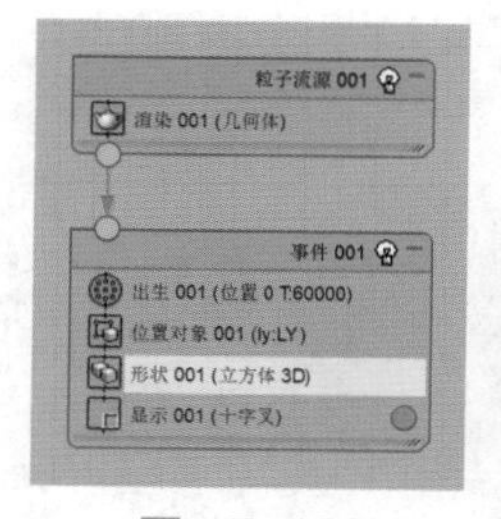

图　7-122

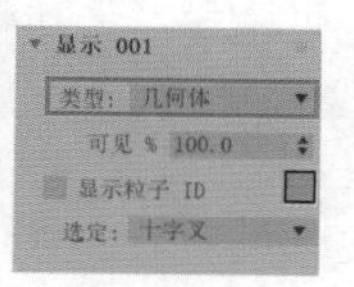

图　7-123

▶09 选择“形状”操作符，在“形状001”卷展栏中，设置粒子的形状为“立方体”，“大小”为0.5，如图7-124所示。

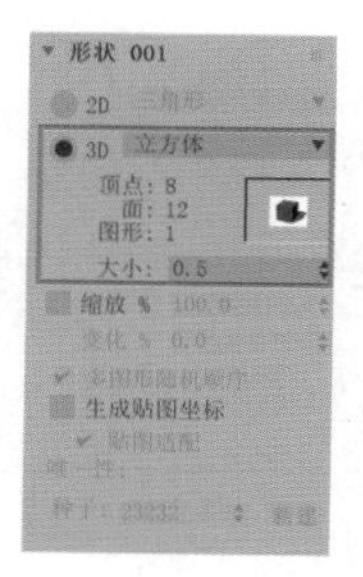

图　7-124

▶10 设置完成后，隐藏左侧的字母模型，观察场景，粒子的视图显示效果如图7-125所示。

图 7-125

▶11 在“创建”面板中，单击“导向板”按钮，如图7-126所示。

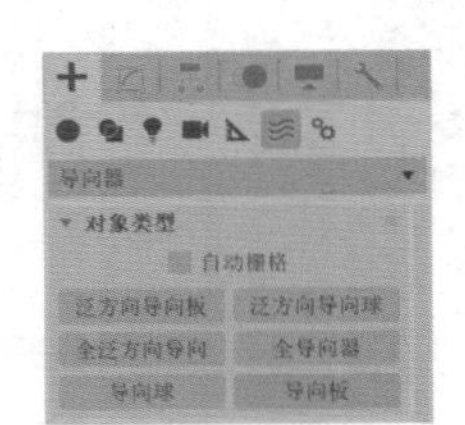

图 7-126

▶12 在粒子下方创建一个导向板，如图7-127所示。

图 7-127

▶13 单击“自动”按钮，如图7-128所示。在35帧位置处，在“修改”面板中，设置导向板的位置至图7-129所示。

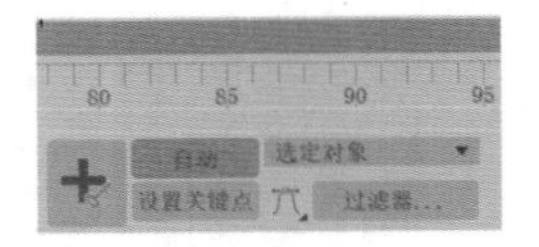

图 7-128

图 7-129

▶14 将0帧的关键帧移动至10帧位置处，使得导向板的位移动画从10帧开始，设置完成后，再次单击“自动”按钮，使得记录关键帧功能处于关闭状态，如图10-143所示。

▶15 在“创建”面板中，单击“漩涡”按钮，如图7-131所示。

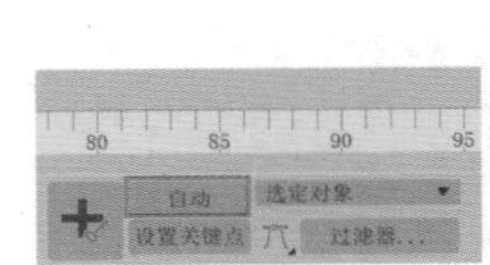

图 7-130　图 7-131

▶16 在场景中粒子的下方创建一个箭头方向向上的漩涡对象，如图7-132所示。

图 7-132

▶17 在“粒子视图”面板的“仓库”中，选择“碰撞”操作符，以拖曳的方式将其放置于“事件001”中，如图7-133所示。拾取场景中的导向板作为粒子的“导向器”，设置“速度”为“停止”，如图7-134所示。

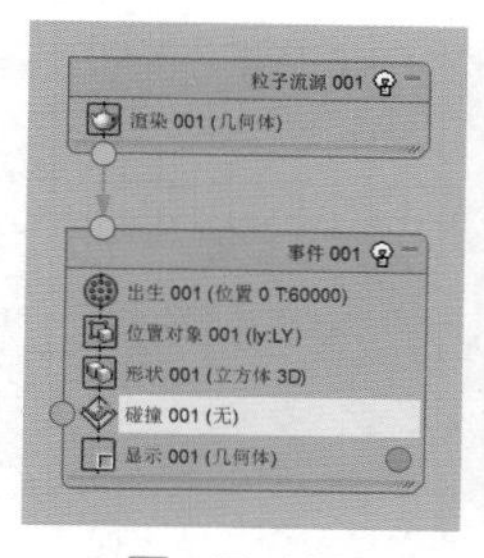

图　7-133

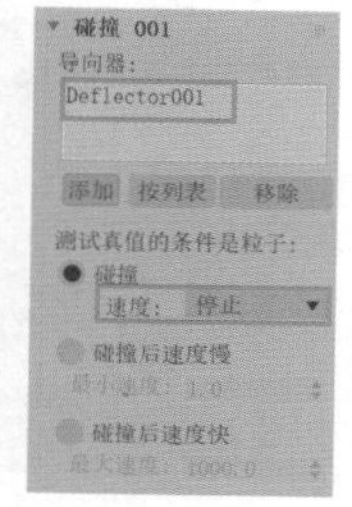

图　7-134

▶18 在“粒子视图”面板的“仓库”中，选择“力”操作符，以拖曳的方式将其放置于“工作区”中作为新的“事件002”，并将其与“事件001”中的“碰撞”操作符链接起来，如图7-135所示。

▶19 在“力001”卷展栏中，拾取场景中的漩涡作为粒子的“力空间扭曲”对象，如图7-136所示。

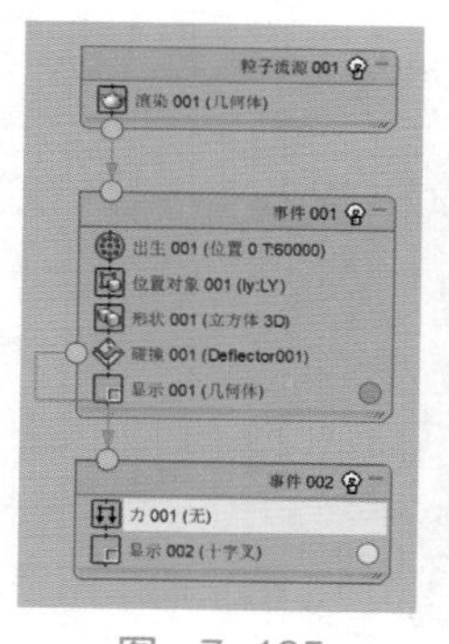

图　7-135

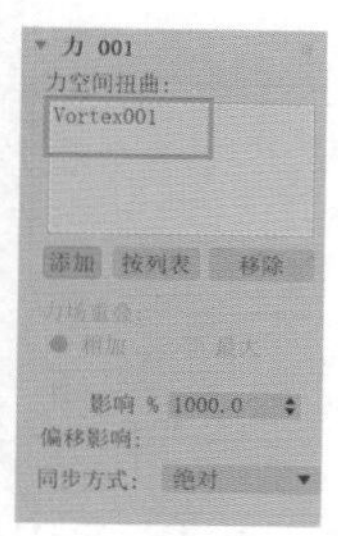

图　7-136

▶20 选择漩涡对象，在“参数”卷展栏中，设置“轴向下拉”为0，“径向拉力”为3.5，如图7-137所示。

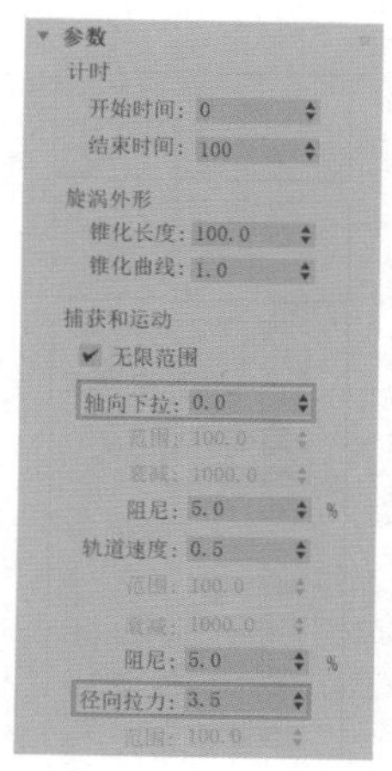

图　7-137

▶21 设置完成后，播放场景动画，粒子受到漩涡对象所产生的动画效果如图7-138所示。

图　7-138

7.4.2　使用“查找目标”操作符制作粒子汇聚动画

▶01 在“粒子视图”面板的“仓库”中，选择“年龄测试”操作符，以拖曳的方式将其放置于“事件002”中，如图7-139所示。

▶02 在“年龄测试001”卷展栏中，设置年龄测试的选项为“事件年龄”，设置“测试值”为20，如图7-140所示。

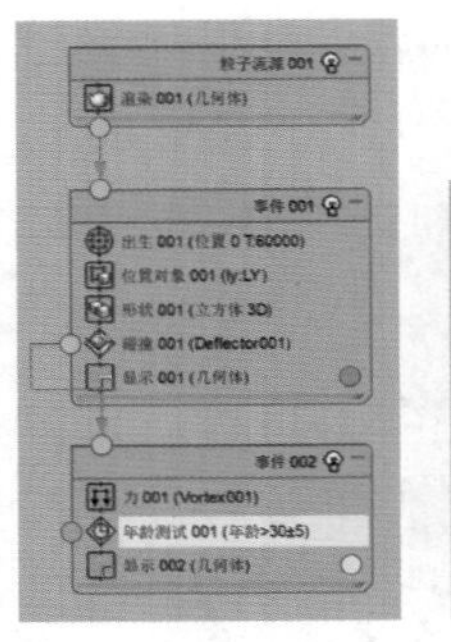

图 7-139

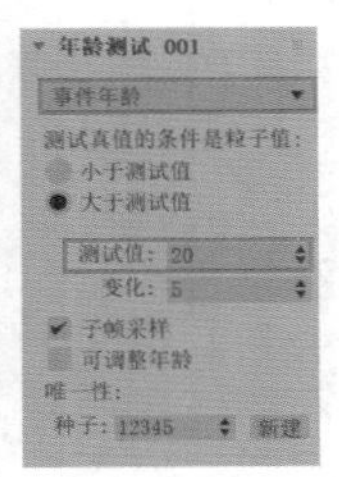

图 7-140

03 在“粒子视图”面板的“仓库”中，选择“停止”操作符，以拖曳的方式将其放置于“工作区”中作为新的“事件003”，并将其与“事件002”中的“年龄测试”操作符连接起来，如图7-141所示。

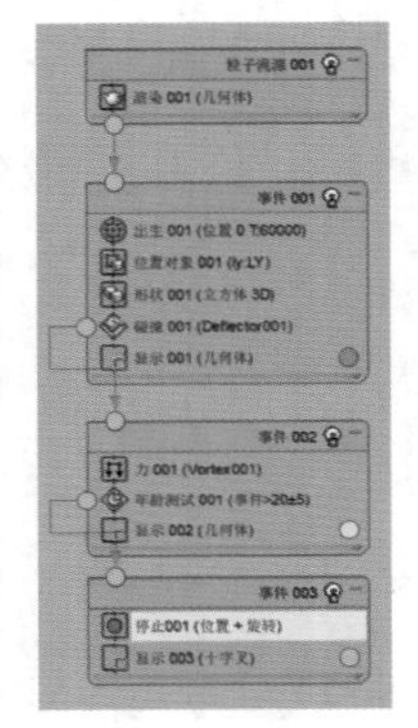

图 7-141

04 在“粒子视图”面板的“仓库”中，选择“查找目标”操作符，以拖曳的方式将其放置于“事件003”中，如图7-142所示。

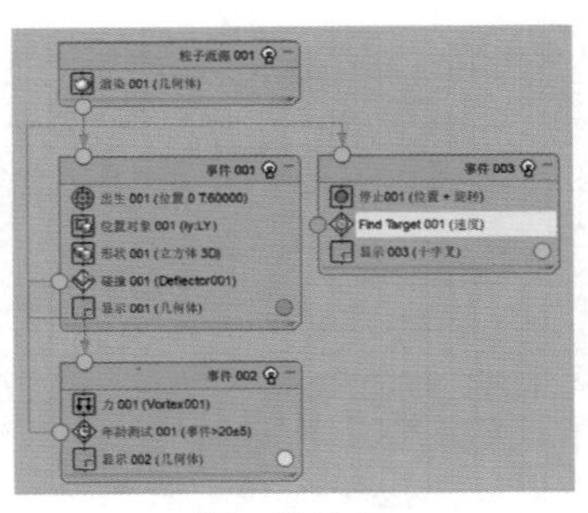

图 7-142

提示 “查找目标”操作符拖曳至“工作区”后，其名称会自动更改为Find Target。

05 在Find Target001卷展栏中，设置目标为“网格对象”，并将场景中右侧的猫模型添加进来，如图7-143所示。

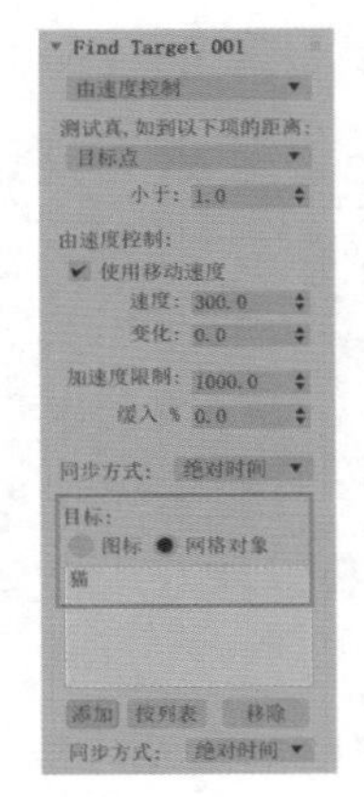

图 7-143

06 设置完成后，播放场景动画，我们可以看到字母组成的粒子散开后，会逐渐向着猫模型身上移动，如图7-144所示。

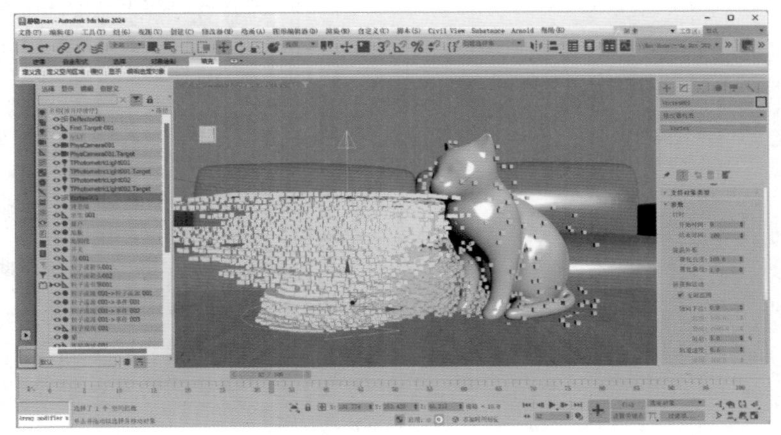

图 7-144

▶07 在“粒子视图”面板的“仓库”中，选择“停止”操作符，以拖曳的方式将其放置于“工作区”中作为新的“事件004”，并将其与“事件003”中的“查找目标”操作符连接起来，如图7-145所示。

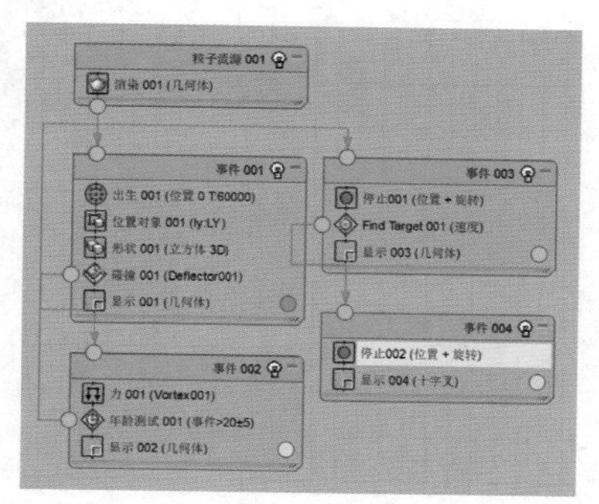

图　7-145

▶08 设置完成后，将猫模型也隐藏起来，播放场景动画，我们看到字母从一个地方散开后到了另一个地方又汇聚起来并变形为了猫模型，如图7-146所示。

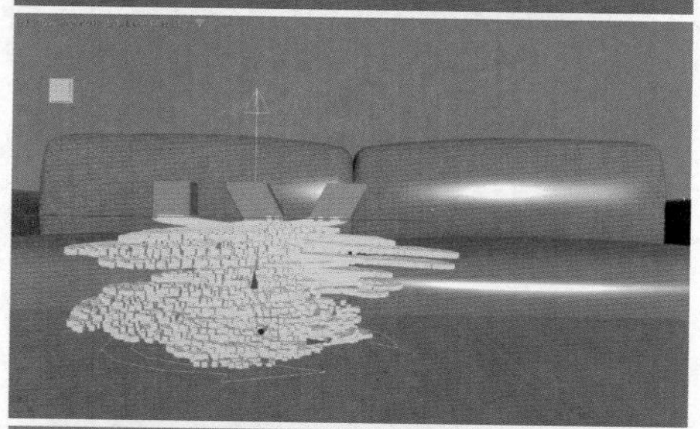

图　7-146

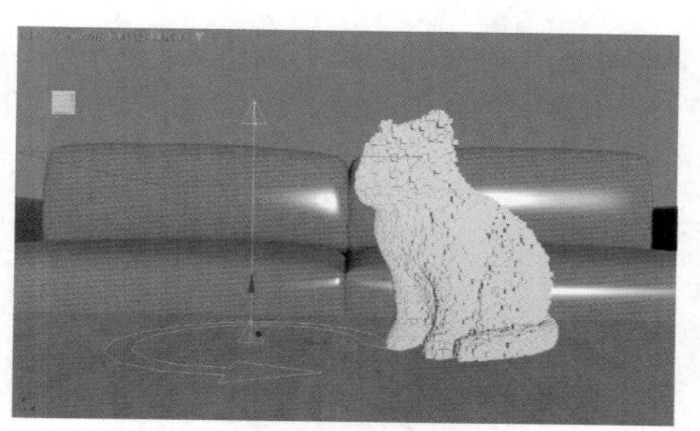

图　7-146（续）

▶09 为了得到更加细致的粒子动画效果，我们可以调高粒子的数量，并适当降低粒子的大小。在“出生001”卷展栏中，设置“数量”为300000，如图7-147所示。

▶10 在“系统管理”卷展栏中，设置粒子数量的“上限”为300000，如图7-148所示。

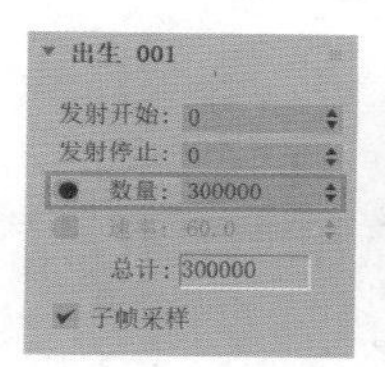

图　7-147

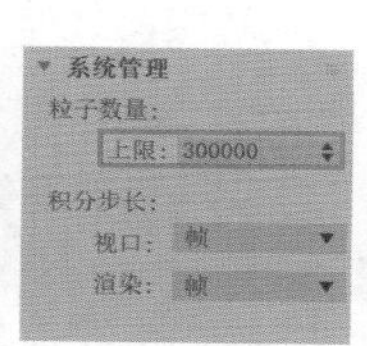

图　7-148

提示

粒子系统中粒子数量“上限”的默认值为100000，也就是说最多只能计算100000个粒子的动画效果。如果场景中的粒子数量大于该“上限”值，就需要将“上限”值也对应提高。

▶11 在“形状001”卷展栏中，设置“大小”为0.1，如图7-149所示。

▶12 在“粒子视图”面板的“仓库”中，选择“材质静态”操作符，以拖曳的方式将其放置于“粒子流源001”中，如图7-150所示。

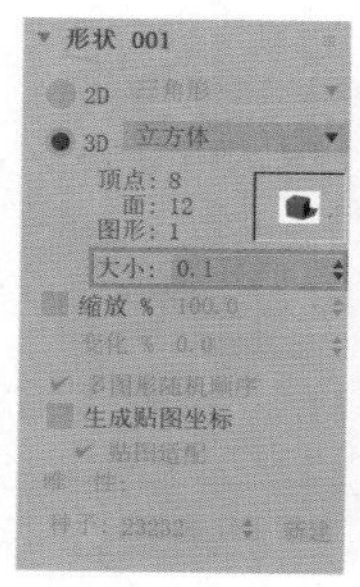

图　7-149

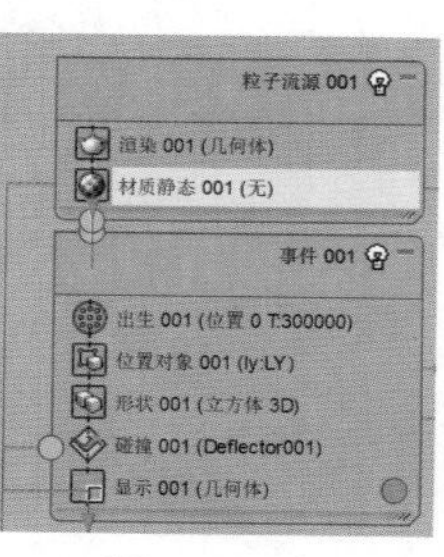

图　7-150

▶13 按M键打开“材质编辑器”面板，将材质名称为“金属”的材质以拖曳的方式添加到“材质静态001”卷展栏内的“指定材质”属性上，完成粒子材质的指定，如图7-151所示。

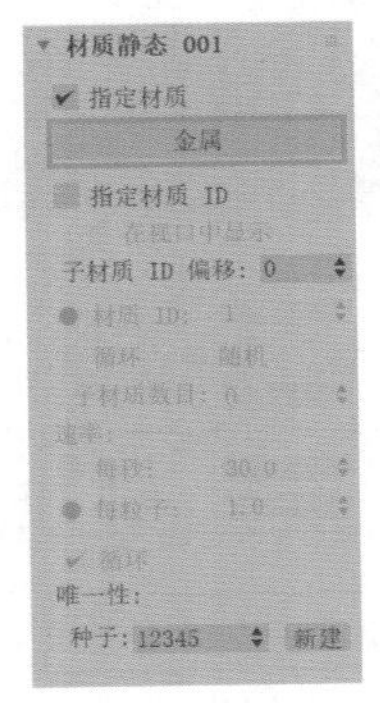

图 7-151

▶14 本实例最终制作完成的动画效果如图7-152所示。

图 7-152

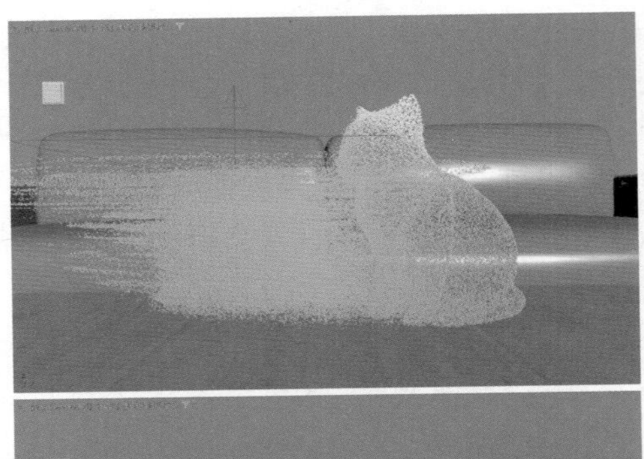

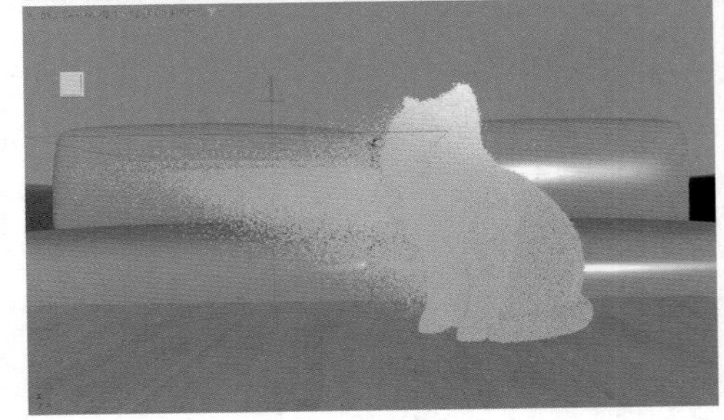

图 7-152

▶15 渲染场景，渲染结果如图7-153所示。

图 7-153

第8章 液体动画

第8章 液体动画

中文版3ds Max 2024为用户提供了功能强大的液体模拟系统——流体，使用该动力学系统，特效师们可以制作出效果逼真的水、油等液体流动动画。

8.1 实例：使用“液体”制作倒入饮料动画

本实例详细讲解使用“流体”系统来制作倒入饮料的动画效果，图8-1所示为本实例的动画完成渲染效果。

图 8-1

01 启动中文版3ds Max 2024软件，打开配套资源文件“水杯.max”，如图8-2所示。

图 8-2

▶02 在“创建”面板中，将下拉列表切换至“流体”，单击“液体”按钮，如图8-3所示。

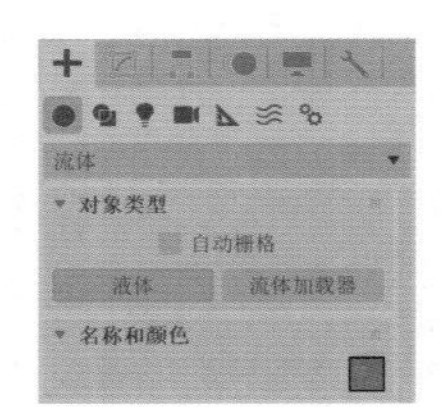

图 8-3

▶03 在“前”视图中绘制一个液体对象，如图8-4所示。

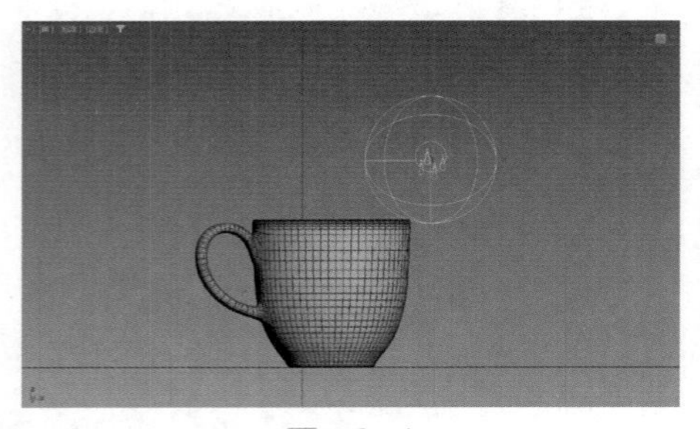

图 8-4

▶04 调整液体对象的坐标位置至图8-5所示。

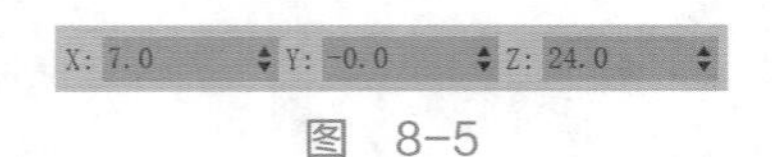

图 8-5

▶05 设置完成后，液体对象的位置如图8-6所示。

图 8-6

▶06 在“修改”面板中，展开“发射器”卷展栏，设置“发射器图标”的“图标类型”为“球体”，设置“半径”为1，“图标大小”为6，如图8-7所示。

▶07 单击“设置”卷展栏中的“模拟视图”按钮，如图8-8所示，打开“模拟视图”面板。

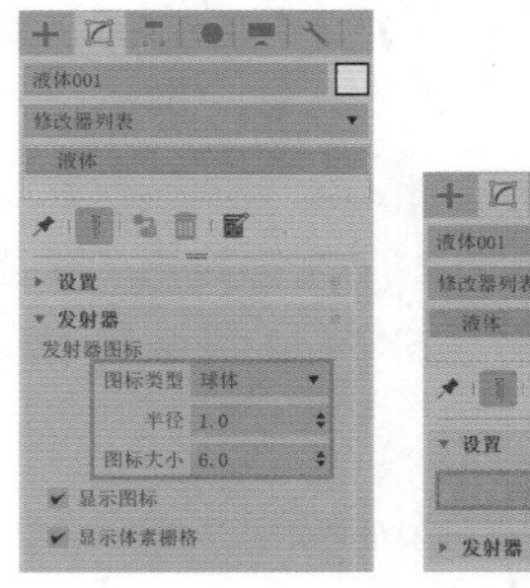

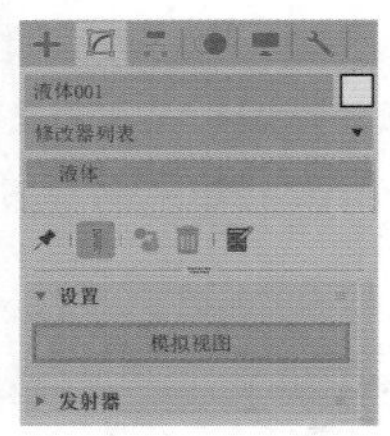

图 8-7　　图 8-8

▶08 在“模拟视图”面板中，展开“碰撞对象/禁用平面”卷展栏，单击“拾取”按钮，将场景中的水杯模型设置为液体的碰撞对象，如图8-9所示。

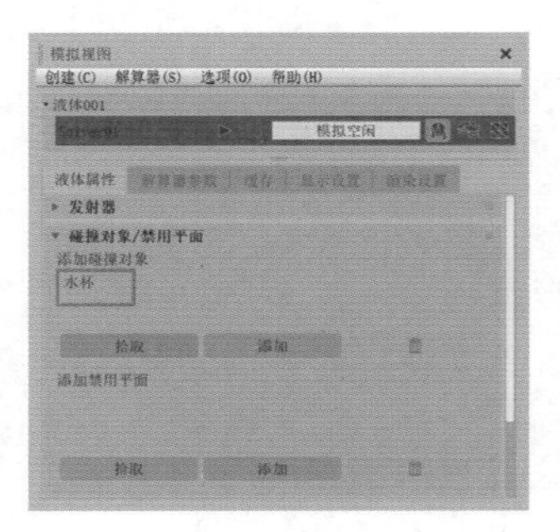

图 8-9

▶09 在“解算器参数”选项卡中，在左侧的列表中单击“模拟参数”按钮，在右侧的参数面板中，设置“解算器属性”的“基础体素大小”为0.3，如图8-10所示。

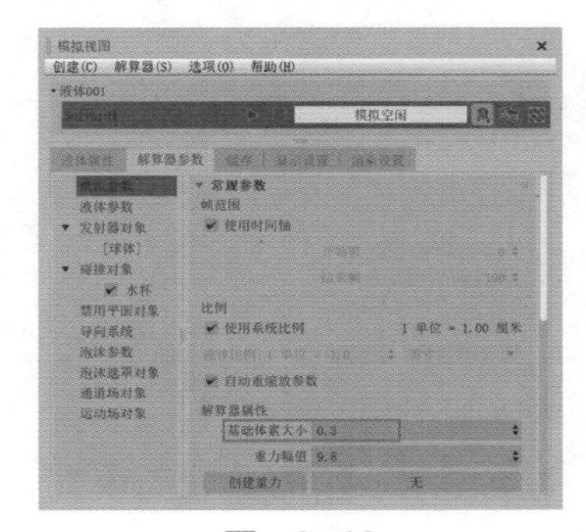

图 8-10

提示

“基础体素大小”值越小，计算出来的液体细节越丰富，消耗的时间也越长。

▶10 单击“开始解算”按钮，开始进行液体模拟计算，如图8-11所示。

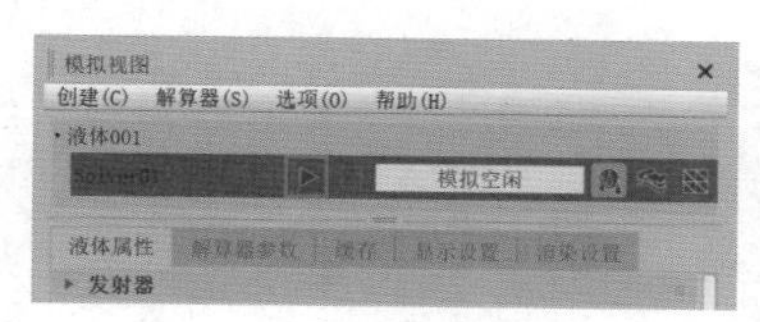

图　8-11

▶11 液体动画的模拟效果如图8-12所示。我们可以看到从液体发射器开始发射出液体，并且液体受重力影响产生的下落效果。

图　8-12

提示

如果无特殊需要，不需要我们单击“创建重力”按钮来创建重力，使用默认的“重力幅值”进行计算即可，如图8-13所示。

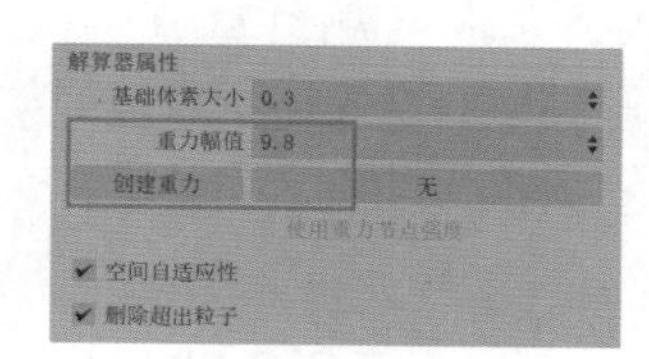

图　8-13

▶12 在“发射器转化参数”卷展栏中，勾选“启用其他速度”复选框，设置“倍增”为0.5，单击“创建辅助对象”按钮，如图8-14所示。

▶13 创建辅助对象后，“创建辅助对象”按钮后面的按钮上会显示出辅助对象的名称，如图8-15所示。同时，场景中的辅助对象视图显示结果如图8-16所示。

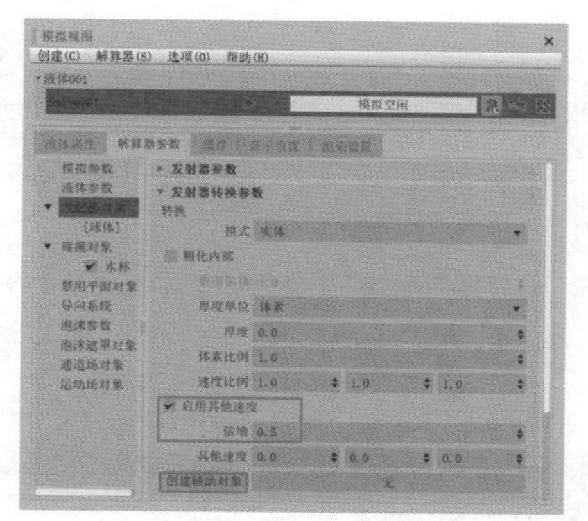

图　8-14

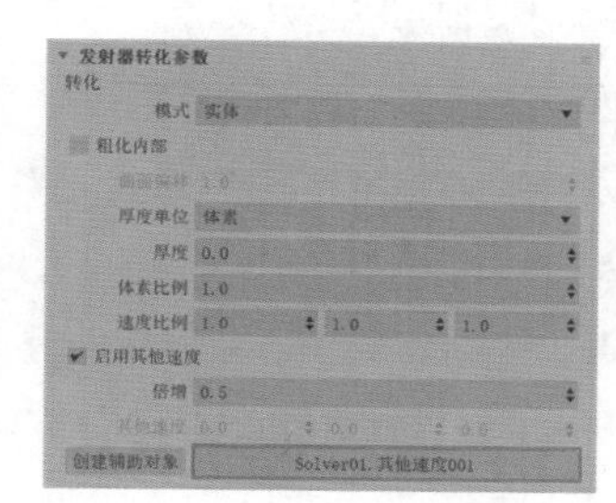

图　8-15

图　8-16

▶14 在场景中旋转辅助对象的角度至图8-17所示。

图　8-17

▶15 单击“播放”按钮，开始进行液体模拟计算，这时，系统会弹出“运行选项”对话框，单击“重新开始”按钮，如图8-18所示。

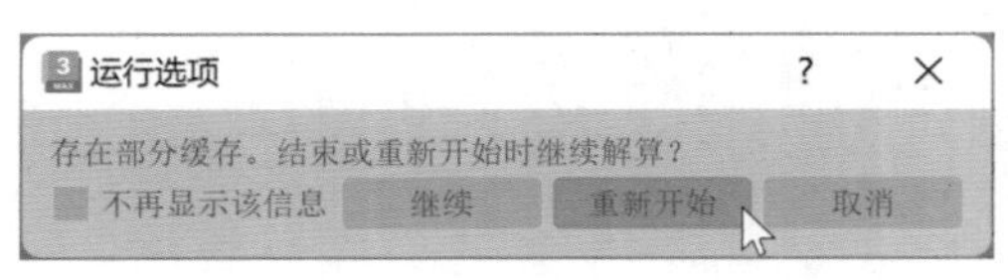

图　8-18

▶16 这一次的液体模拟计算效果如图8-19所示。我们可以看到有一些液体穿透了水杯模型掉落出来。

图　8-19

▶17 在“模拟参数”卷展栏中，设置“自适应性”为0.8，如图8-20所示。

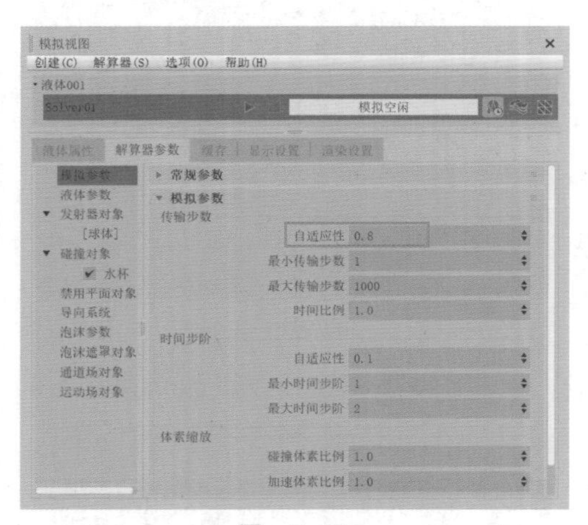

图　8-20

提示

“自适应性”值稍微调高一些，可以有效避免出现液体穿透碰撞模型的情况。

▶18 再次进行液体模拟计算，这一次的液体模拟计算效果如图8-21所示。我们可以看到没有出现液体穿透水杯模型的情况，但是，由于液体源源不断地注入，最终会导致杯子里的水溢出来。

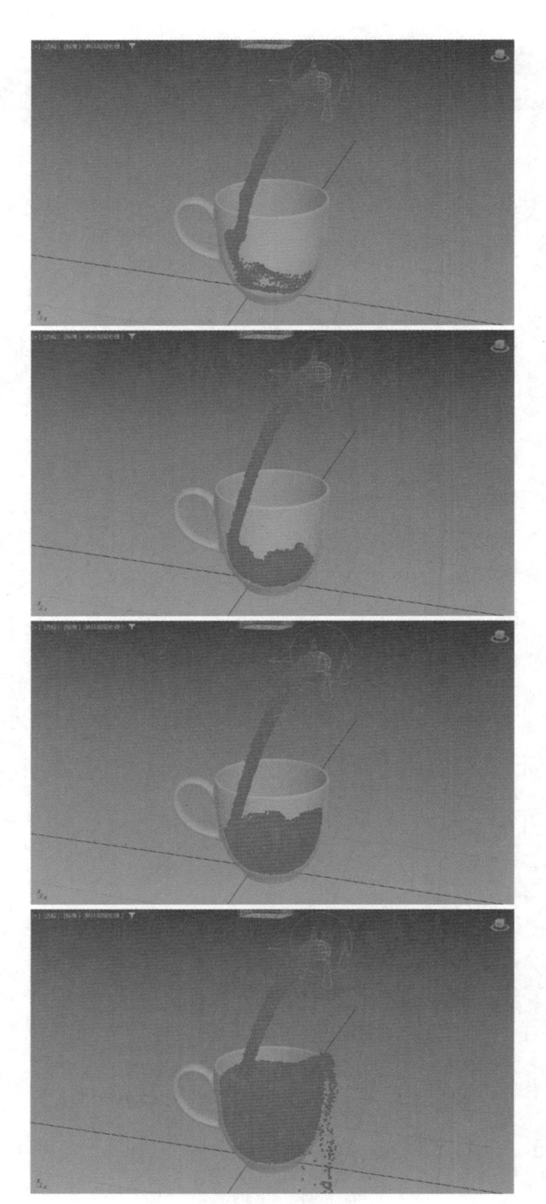

图　8-21

▶19 单击软件界面下方右侧的“自动”按钮，使其处于背景色为红色的按下状态，如图8-22所示。

图　8-22

▶20 在80帧位置处，取消勾选“启用液体发射”复选框，如图8-23所示。

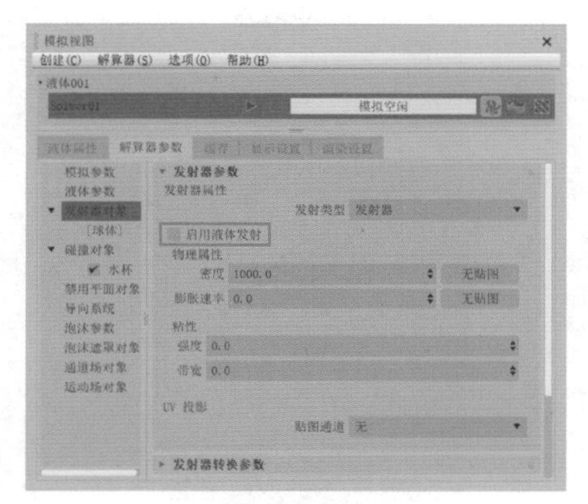

图　8-23

▶21 再次进行液体模拟计算，这一次的液体模拟计算效果如图8-24所示。

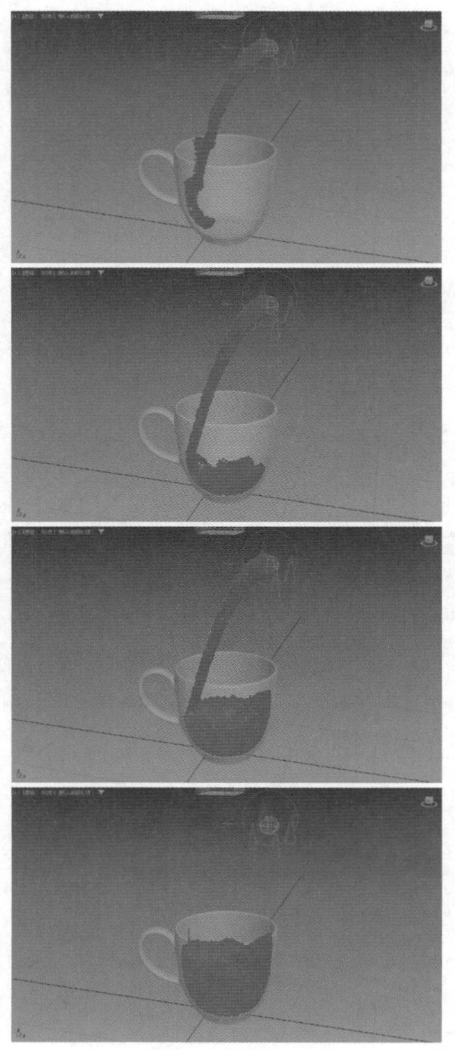

图　8-24

▶22 在“显示设置”选项卡中，将“液体设置”卷展栏内的“显示类型”更改为“Bifrost动态网格”选项，如图8-25所示。

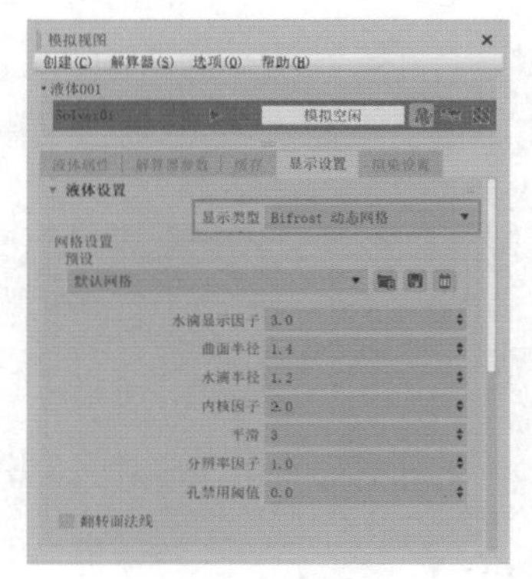

图　8-25

▶23 这样，液体将以实体模型的方式显示，如图8-26和图8-27所示为更改“显示类型”选项前后的液体显示对比。

图　8-26

图　8-27

▶24 本实例的最终动画完成效果如图8-28所示。

图　8-28

图　8-28（续）

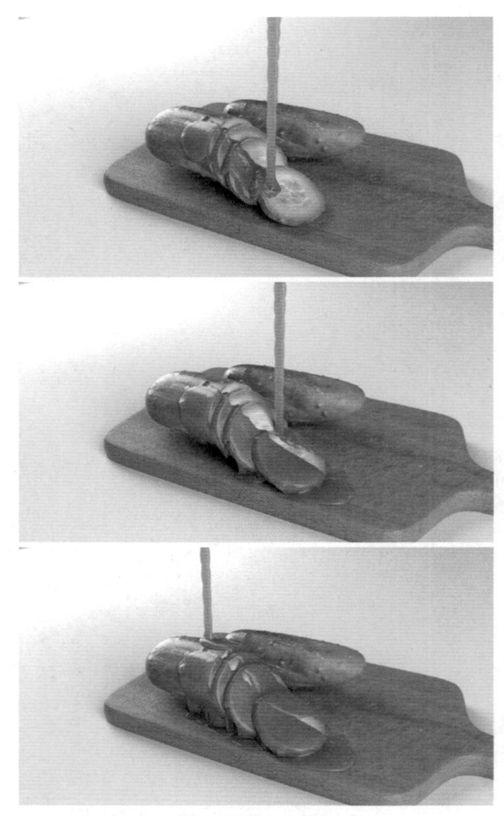

图　8-29（续）

8.2　实例：使用“液体”制作果酱挤出动画

本实例详细讲解使用“流体”系统来制作果酱挤出的动画效果，图8-29所示为本实例的动画完成渲染效果。

图　8-29

01 启动中文版3ds Max 2024软件，打开配套资源文件“黄瓜.max”，如图8-30所示。

图　8-30

02 在“创建”面板中，将下拉列表切换至“流体”，单击“液体”按钮，如图8-31所示。

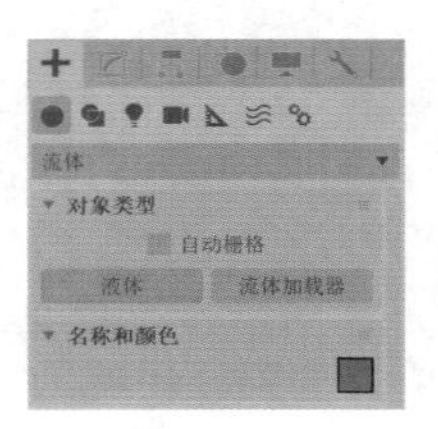

图　8-31

▶03 在“前”视图中创建一个液体图标，如图8-32所示。

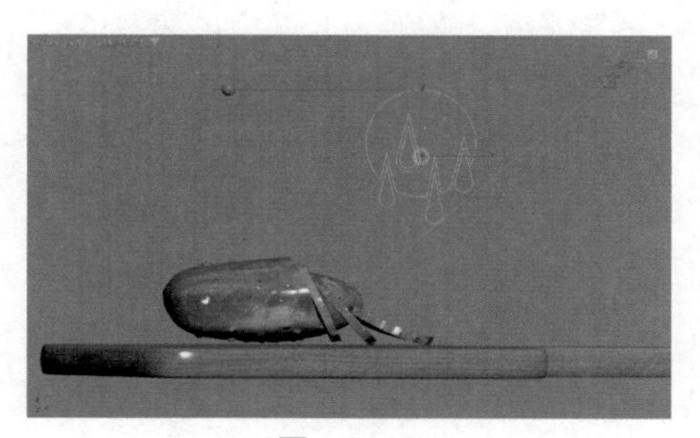

图　8-32

▶04 在“修改”面板中，单击“设置”卷展栏内的“模拟视图”按钮，如图8-33所示，打开“模拟视图”面板。

▶05 在“模拟视图”面板中，设置发射器的“图标类型”为“自定义”，这样就可以使用场景中的对象作为液体的发射器。单击“添加自定义发射器对象”列表下方的“拾取”按钮，单击场景中的球体模型，将其作为液体的发射器，如图8-34所示。

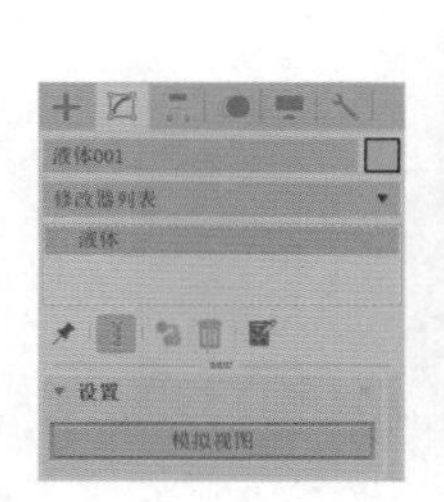

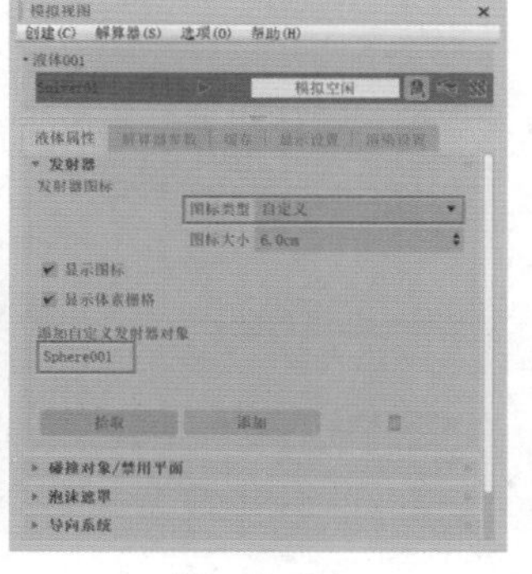

图　8-33　　　　图　8-34

▶06 在“碰撞对象/禁用平面”卷展栏中，单击“添加碰撞对象”列表下方的“拾取”按钮，将场景中的黄瓜模型和菜板模型添加进来，作为液体的碰撞对象，如图8-35所示。

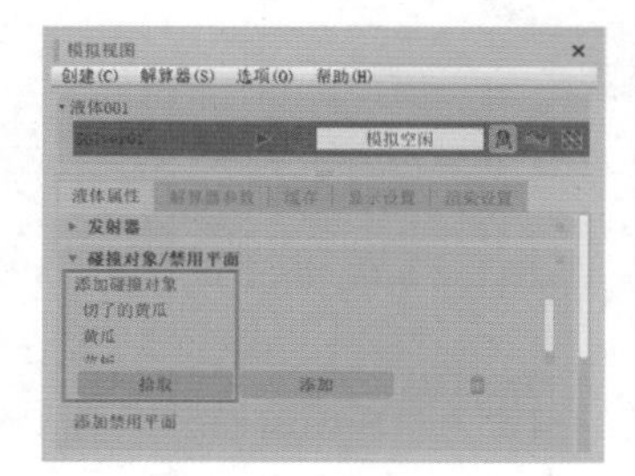

图　8-35

▶07 设置完成后，单击“模拟视图”面板内的“播放”按钮，开始进行液体动画模拟计算，如图8-36所示。

图　8-36

▶08 液体动画模拟计算完成后，拖动“时间滑块”，得到的液体模拟动画效果如图8-37所示。

图　8-37

▶09 可以看到液体模拟出来的与黄瓜模型所产生的碰撞效果没有体现出果酱较为黏稠的特性，同时，在“前”视图中可以看出液体动画模拟还产生了一些位于平面下方不必要的液体动画，如图8-38所示。

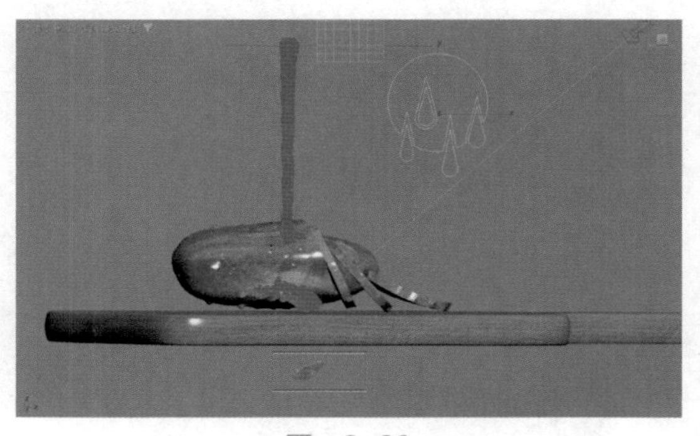

图　8-38

▶10 在“解算器参数”选项卡中，在左侧列表中单击“液体参数”按钮，在右侧的参数面板中，设置液体的“粘度”值为1，增加液体模拟的黏稠程度，如图8-39所示。

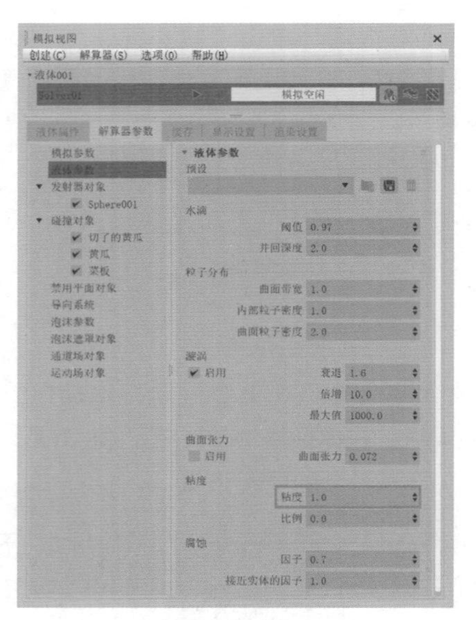

图 8-39

▶11 在“碰撞对象/禁用平面”卷展栏中，单击“添加禁用平面”列表下方的“拾取”按钮，将场景中的平面模型添加进来，作为液体的禁用平面对象，这样，液体将不会在平面的下方进行模拟计算，如图8-40所示。

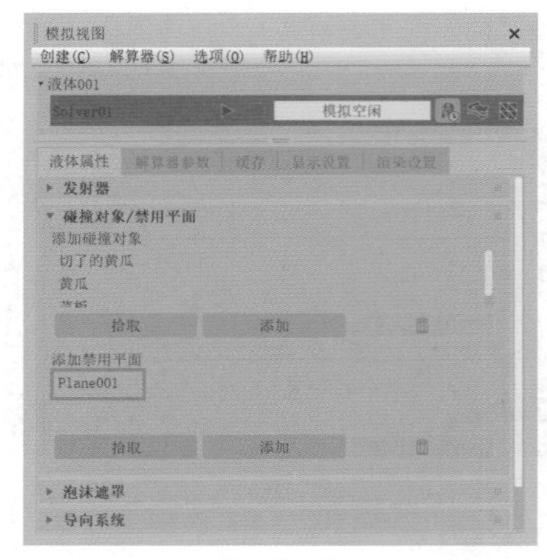

图 8-40

▶12 设置完成后，再次单击“播放”按钮，进行动画模拟。这时，系统会自动弹出“运行选项”对话框，单击“重新开始”按钮即可开始液体动画模拟，如图8-41所示。

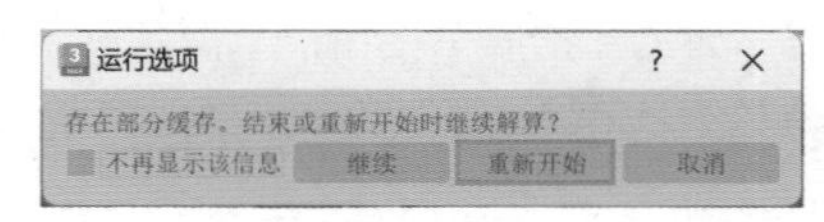

图 8-41

▶13 液体动画模拟计算完成后，拖动“时间滑块”，这次得到的液体模拟动画效果则没有产生之前的溅射效果，如图8-42所示。

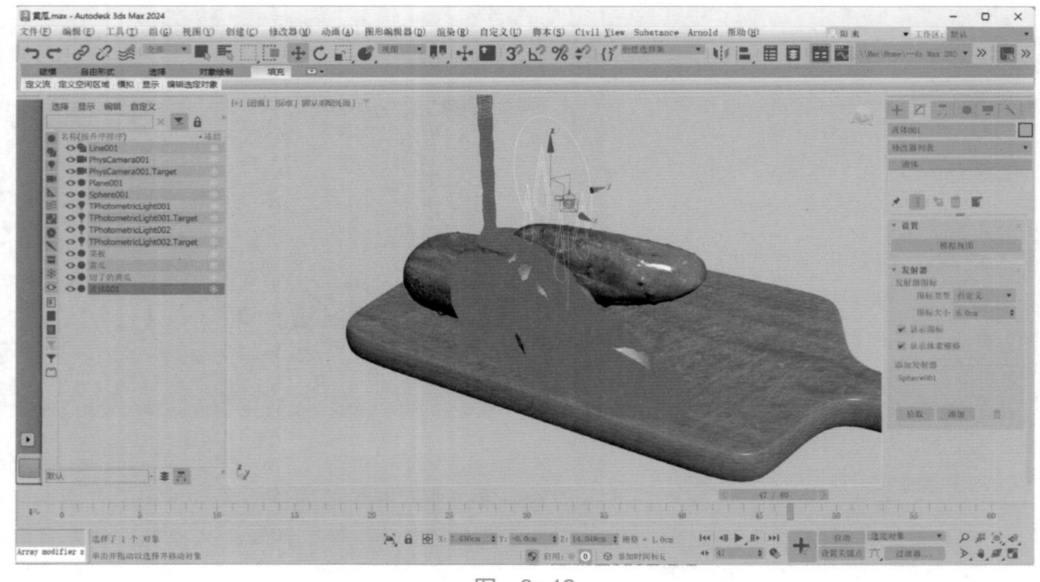

图 8-42

▶14 在“显示设置”选项卡中，将“液体设置”的“显示类型”设置为“Bifrost动态网格”选项，如图8-43所示。这样，液体模拟的果酱效果在场景中看起来会更加直观一些，如图8-44所示。

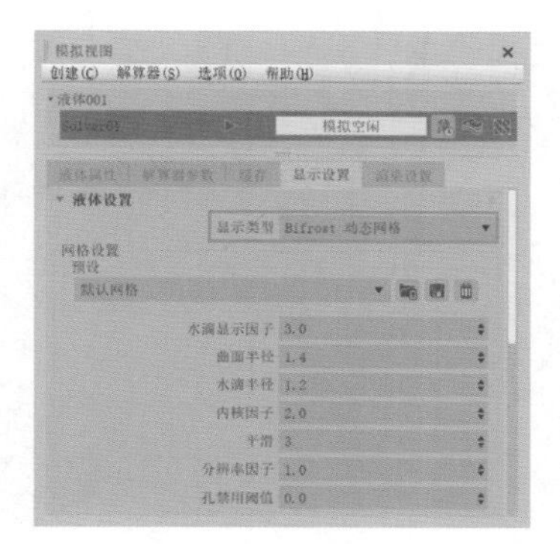

图　8-43

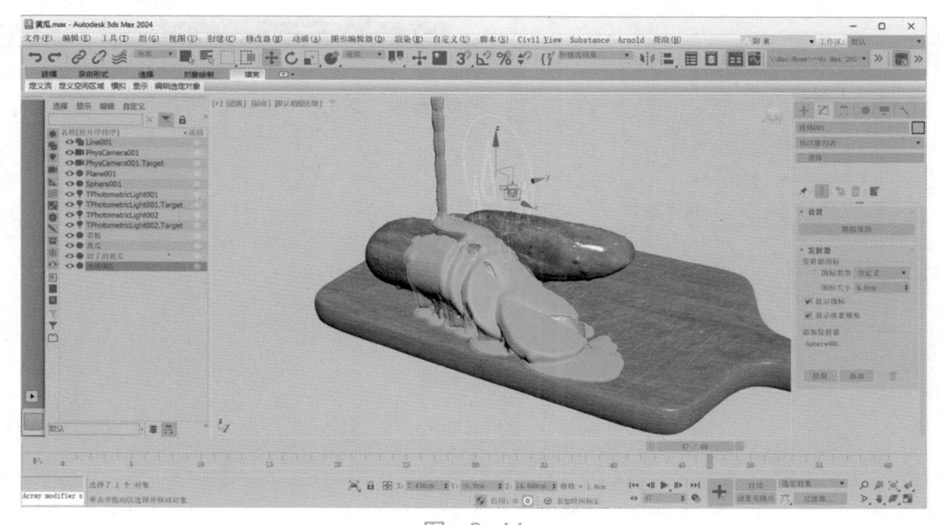

图　8-44

▶15 本实例的果酱动画模拟效果如图8-45所示。

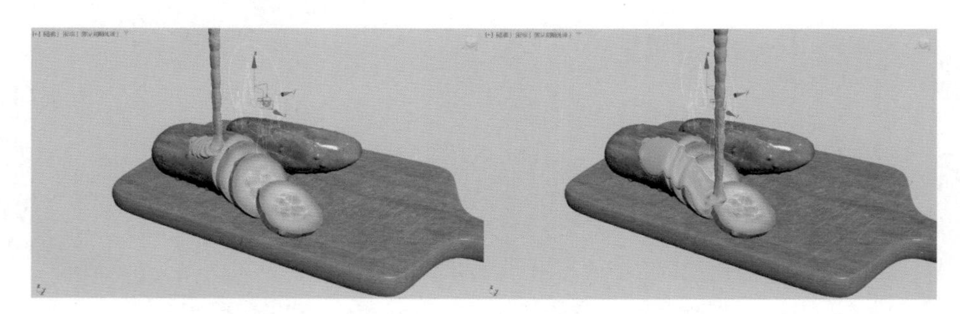

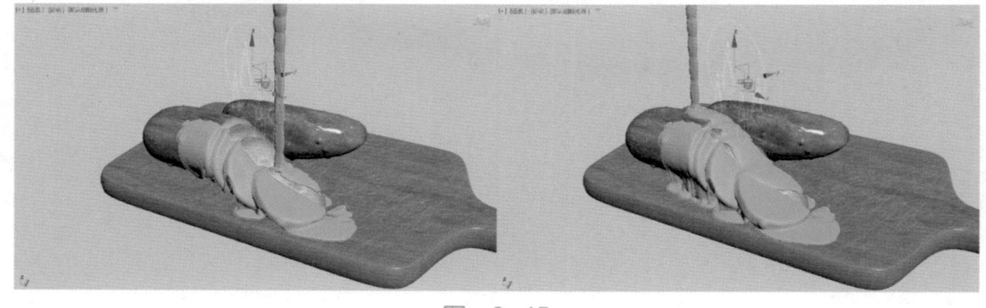

图　8-45

▶16 打开“材质编辑器”，将里面提供的“果酱”材质赋予场景中的液体模型，如图8-46所示。

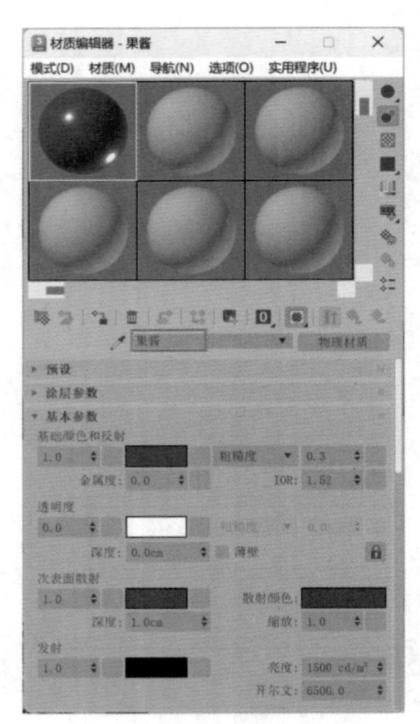

图 8-46

▶17 渲染场景，液体的渲染结果如图8-47所示。

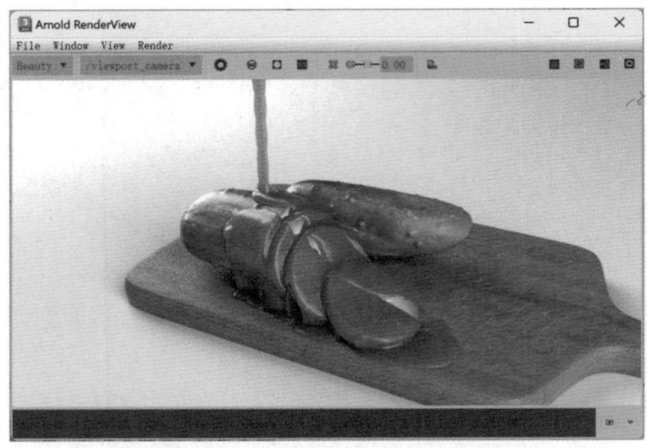

图 8-47